Kosmos Himmelsjahr 2012

Sonne, Mond und Sterne im Jahreslauf

Herausgegeben von Hans-Ulrich Keller

unter Mitarbeit von Erich Karkoschka

6. Juni 2012, 2 Uhr: unser innerer Nachbarplanet Venus nimmt seine Stellung zwischen Sonne und Erde ein. Zum letzten Mal für 105 Jahre kommt es dabei zu einem Venustransit.

KOSMOS

Fujinon FMT-SX
Hervorragende Optik, robuste Marinequalität. 10x50 FMT-SX: „Es besitz eine Sternabbildung, wie man sie sich besser nicht wünschen kann, und zwar über das gesamte Blickfeld!" SuW 7/2004
Techno-Stab
Takahashi
Alle dargestellten Produkte und vieles mehr können Sie in unserer großen Ausstellung besichtigen.
Ferngläser mit Schrägeinblick
Komfortable astronomische Beobachtungen auch im Zenit.
ICS Nebelfilter
machen Cirrus, Helix, Rosetta & Co. ein vielfaches heller.
TheSky
Ihr Sternhimmel für jeden Zeitpunkt und jeden Standort. Kinderleichte Bedienung, professionelle Leistung, komplett deutsche Benutzeroberfläche.
Pentax
Teleskope und ergonomische Okulare
Bild: Eckhard Slawik
M71
Pfeil
M15
TeleVue
Apochromaten und Okulare der Spitzenklasse
Erleben Sie das Weltall von seiner schönsten Seite. Gestochen scharfe Sterne in ihrer unverfälschten Farbenpracht machen den Blick durch Takahashi Refraktoren zum ästhetischen Genuß.
ICS SkyDob
die azimutale Montierung für kleine Refraktoren. Kompakt, ruckfrei und ultrastabil.
Vixen Sphinx
Go-To Computermontierung mit kinderleichter, intuitiver Bedienung in deutscher Sprache.
M2
Celestron
NexStar Computerteleskope mit GPS.
STAR BOOK
Meade
GPS-Go-To Teleskope

Bild: Gerald Rhemann
rch Bildstabilisator
ihändige Beobachtung
ne Zittern.
INTERCON SPACETEC®
So habe ich die Sonne noch nie gesehen.
Coronado PST € 695,-*
Binocular PST € 1.599,-*
M92
Ferngläser
Leica, Zeiss, Swarovski, Docter, Steiner, Pentax, Canon, Kowa, Fujinon u. v. m. stehen zum Test bereit.
Anschauliche Astronomie
vom Verstehen zum Beobachten
Anschauliche Astronomie, eine tolle Einführung in Theorie und Beobachtungspraxis.
120 Seiten, durchgehend farbig. € 19,80
Herkules
Galaxy Dobson
Das Weltall erleben: Galaxy Dobson-Teleskope erschließen Ihnen ein völlig neues Universum. Die große, beugungsbegrenzte Qualitätsoptik sorgt für ein hochaufgelöstes, helles und kontrastreiches Bild. Mit dem D8 sehen Sie Wirbel in den Jupiterbändern, die Cassini-Teilung der Saturnringe über den vollen Umfang, die Polkappe des Mars, fünf Saturnmonde, Pluto, oder wie ein Mond einen rabenschwarzen Schatten auf Jupiter wirft.
Zubehör
Wir führen ein umfassendes Programm an „Problemlösern", z. B. der ICS Universal Digitalkamera Adapter für afokale Fotografie, oder die ICS Kameraplatte (Bild) zur stabilen Montage einer Kamera auf der Gegengewichtsstange. Der ideale Einstieg in die Astrofotografie.
Galaxy Dobson Teleskope bieten eine praxisgerechte Qualität, die Sie überzeugen wird. Sie haben 14 Tage Rückgaberecht bei Nichtgefallen und 10 Jahre Garantie.
Erhältlich mit 200, 250 und 300 mm Öffnung.
Schlange
* Preise Stand Mai 2011
Giro & Manfrotto
Beobachten ohne Verrenkungen. Azimutale Giro-Montierung: klein, leicht, unglaublich stabil. Manfrotto-Stativ mit Kurbelsäule und Rücklaufsperre.
Schild
M16
Alles für die Astronomie
TELESKOPE · FERNGLÄSER · ZUBEHÖR · BÜCHER · STERNKARTEN · SOFTWARE
TAKAHASHI · TELE VUE · PENTAX · MEADE · CELESTRON · VIXEN · SKYWATCHER
ICS · GALAXY · MANFROTTO · GITZO · BERLEBACH · LOSMANDY · LEICA · ZEISS
SWAROVSKI · CANON · DOCTER · MINOX · STEINER · KOWA · FUJINON
INTERCON SPACETEC · Riesenauswahl · Große Ausstellung
Gablinger Weg 9d · D-86154 Augsburg (Zufahrt nur über Talweg)
Mail: info@intercon-spacetec.de · Fax 0821-414 085 · Tel. 0821-414 081
www.intercon-spacetec.de
INTERCON SPACETEC®

Inhalt

Die Monatsthemen Januar – Juni

Abbildungen zu den Planeten

Inhalt

Auf dem Weg zu Pluto 179

Die Monatsthemen Juli – Dezember

Wichtige Abbildungen und Tabellen

Das Kosmos Himmelsjahr – ein Leitfaden durch die Sternenwelt

Für kurze Zeit bist
du der Sterne Gast

Erich Limpach

Die Astronomie, die Himmelskunde, ist unter anderem deshalb eine faszinierende Wissenschaft, weil sie uns bewusst werden lässt, wie kurz doch unser eigenes Dasein ist. Ein Menschenleben dauert nur einen winzigen Augenblick in der Milliarden Jahre langen Geschichte des Universums. Dies will uns der Coburger Poet mit seinem schlichten Satz näher bringen – wir sind nur kurze Zeit auf der Welt, um die Wunder des Weltalls zu bestaunen.

Am meisten beeindrucken uns Himmelsereignisse, die selten auftreten. Wer sich nicht auf Reisen begibt, erlebt in seinem Dasein meist nie das eindrucksvolle kosmische Schattenspiel einer totalen Sonnenfinsternis. Im 20. Jahrhundert zog der Kernschatten des Mondes nur einmal, am 11. August 1999, über Deutschland. Die nächste totale Sonnenfinsternis, die von der äußersten Südwestecke Deutschlands aus zu sehen sein wird, ereignet sich am 3. September 2081.

Nur einmal im Leben, so sagt man, sieht man den Halleyschen Kometen, denn seine mittlere Umlaufzeit beträgt 76 Jahre. Nach seinem Erscheinen 1910 tauchte er im Frühjahr 1986 wieder auf. Erst im Juli 2061 wird man ihn wieder mit bloßen Augen sehen können.

In diesem Jahr findet ein seltenes astronomisches Ereignis statt. Wer es versäumt, wird in seinem Leben keine weitere Chance mehr bekommen. Am 6. Juni tritt unser innerer Nachbarplanet, die Venus, vor die Sonnenscheibe. Letztmals war ein solcher Venustransit bei tiefblauem Sommerhimmel am 8. Juni 2004 von Mitteleuropa aus zu verfolgen. Für alle Erdenbewohner war es das erste Mal in ihrem Leben, einen Venustransit zu beobachten, denn im 20. Jahrhundert gab es keinen. Letztmals davor zog Venus am 6. Dezember 1882 vor der Sonnenscheibe vorbei.

Wem der diesjährige Venustransit entgeht, hat in seinem Leben kaum eine zweite Gelegenheit, einen Venustransit zu beobachten. Erst in 105 Jahren, am 11. Dezember 2117, wird unser innerer Nachbarplanet wieder als dunkler Punkt vor dem grell leuchtenden Sonnenball zu sehen sein.

Himmelsschauspiele im Jahreslauf

Damit niemandem ein Himmelsereignis entgeht, dazu trägt das *Kosmos Himmelsjahr* bei. Es informiert über allen wichtigen und interessanten Geschehnisse am Sternenzelt im Verlauf des Jahres: Welche Finsternisse finden statt, wann und wo sind die hellen Wandelsterne zu sehen, wie und wo findet man die lichtschwachen Planetoiden, wann ist mit vielen Sternschnuppen zu rechnen? Darüber hinaus bietet es aber auch den versierten Amateurastronomen alle nötigen Informationen und Zahlenangaben für ihre systematischen Beobachtungen.

Jedes Jahr kommen stets neue Leserinnen und Leser hinzu, die sich erst in die astronomischen Fachbegriffe und in die spezifische Materie der Himmelskunde einarbeiten wollen. Sie schätzen eine möglichst einfache und doch vollständige Darstellungsweise auch komplizierter Sachverhalte. Für die Erstbenutzer ist das Einführungskapitel „Erläuterungen zum Gebrauch" in erster Linie gedacht (siehe Seite 239). Nicht nur dem Neuling in der Himmelskunde will vorliegendes Jahrbuch dienen. Für fortgeschrittene Sternfreunde und systematisch arbeitende Amateurastronomen bringt es alle notwendigen Zahlenangaben (Ephemeriden) für eigene Beobachtungen. Um möglichst allen Benutzern – vom Einsteiger bis zum versierten Beobachter – zu dienen, wird in den Monatsübersichten eine einfache, beschreibende Darstellung aller interessanten Himmelsvorgänge gebracht, während im Tabellenteil am Schluss wichtige Beobachtungsdaten in Form von Zahlentafeln vermerkt sind.

Die „Kurzhinweise zum Gebrauch" sollen Astronomiekundigen einen raschen Überblick über die in diesem Jahrbuch verwendeten Konventionen verschaffen, ohne dass sie lange das Einführungskapitel durcharbeiten müssen (siehe vordere Umschlagklappe).

Dem Hauptteil ist eine Zusammenfassung der im Jahre 2012 stattfindenden Sonnen- und Mondfinsternisse vorangestellt. Auf Seite 10 findet man eine kalendarische Übersicht für das Jahr 2012 mit chronologischen Daten und Angaben der Festtage.

Der Anhang enthält ein Verzeichnis von Planetarien und Sternwarten sowie eine Liste von amateurastronomischen Einrichtungen, die den Kontakt zu Gleichgesinnten erleichtern soll.

Eine ausführliche Erläuterung zu den einzelnen Fachbegriffen findet man im *Wörterbuch der Astronomie*, in dem alle wichtigen Begriffe verständlich erklärt werden. Das *Wörterbuch der Astronomie* ist im Kosmos-Verlag erschienen (ISBN 978-3-440-09661-1) und im Buchhandel erhältlich.

Mit professionellen Daten

Die Daten für das vorliegende Jahrbuch stammen, soweit nicht nachstehend besonders vermerkt, vom Planetarium Stuttgart. Das Bureau des Longitudes, Paris, lieferte die Daten für die Jupitermonderscheinungen, die Angaben für die Sternbedeckungen die International Occultation Timing Association (IOTA), die Sonnenfleckenrelativzahlen das Observatoire Royal de Belgique, Brüssel, und die Daten für die Sternschnuppenströme die International Meteor Organization (IMO).

Martin Gertz/Sternwarte Welzheim

Der letzte Venustransit war am 8. Juni 2004 zu sehen. Dieses Jahr findet er am 5./6. Juni statt.

Mein besonderer Dank gilt meinem Mitarbeiter, Herrn Erich Karkoschka (Lunar and Planetary Laboratory, University of Arizona, Tucson) für seine Ephemeridenberechnungen und Anfertigung vieler Skizzen.

Dank schulde ich auch Herrn Gerhard Weiland, der mit großer Sorgfalt und Umsicht die Reinzeichnungen der Grafiken angefertigt hat, sowie Herrn Wil Tirion für die Herstellung der Monatssternkarten. Dankbar bin ich auch allen dienstbaren Geistern, die sorgfältig Korrektur gelesen haben.

Zu danken habe ich ferner den Mitgliedern der Beobachtergruppe des Planetariums Stuttgart für die hervorragenden Astroaufnahmen, die sie auf der Sternwarte Welzheim gewonnen haben. Dank gebührt auch Frau Claudia Dintner für die sorgfältige Reinschrift des Manuskripts sowie den Mitarbeiterinnen und Mitarbeitern des Verlages, namentlich den Herren Siegfried Fischer und Sven Melchert, für die hervorragende Zusammenarbeit, ohne die dieses Jahrbuch nicht pünktlich erscheinen könnte.

Stuttgart, im März 2011
Hans-Ulrich Keller

Das Jahr 2012 auf einen Blick

Das Jahr 2012 ist nach dem Gregorianischen Kalender ein Schaltjahr mit **366** Tagen.
Beginn der Jahreszeiten:
Frühling (Tagundnachtgleiche): 20. März, 6^h14^m
Sommer (Sonnenwende): 21. Juni, 0^h09^m
Herbst (Tagundnachtgleiche): 22. September, 15^h49^m
Winter (Sonnenwende): 21. Dezember, 12^h12^m
Sommerzeit: Die Mitteleuropäische Sommerzeit (MESZ) geht gegenüber der Mitteleuropäischen Zeit (MEZ) um eine Stunde vor. Sie soll vom **25. März** bis **28. Oktober** 2012 gelten. Kurzfristige Änderungen sind möglich.

Fest- und Feiertage 2012

Neujahrstag:	**Sonntag,**	1. Januar
Aschermittwoch:		22. Februar
Karfreitag:		6. April
Ostersonntag:		**8. April**
Ostermontag:		9. April
Maifeiertag:	**Dienstag,**	1. Mai
Christi Himmelfahrt:	Donnerstag,	17. Mai
Pfingstsonntag:		27. Mai
Pfingstmontag:		28. Mai
Fronleichnam:	Donnerstag,	7. Juni
Allerheiligen:	Donnerstag,	1. November
Buß- und Bettag:	Mittwoch,	21. November
Totensonntag:		25. November
1. Advent:	Sonntag,	2. Dezember
Heiliger Abend:	Montag,	24. Dezember
1. Weihnachtstag:	**Dienstag,**	25. Dezember
2. Weihnachtstag:	Mittwoch,	26. Dezember
Silvester:	**Montag,**	31. Dezember

Staatsfeiertage 2012

Tag der deutschen Einheit:	Mittwoch,	3. Oktober
Österreich. Nationalfeiertag:	Freitag,	26. Oktober
Schweizer Bundesfeier:	Mittwoch,	1. August
Liechtensteiner Staatsfeiertag:	Mittwoch,	15. August

Kalenderären 2012

Das **jüdische Jahr** 5773 beginnt am 16. September mit Sonnenuntergang. Der jüdische Neujahrstag fällt daher auf den 17. September 2012.

Das **islamische Jahr** 1434 beginnt am 14. November mit Sonnenuntergang. Der erste Tag des islamischen Jahrs 1434 korrespondiert mit dem 15. 11. 2012.

Am 23. Januar 2012 beginnt das 29. Jahr im 79. Zyklus des traditionellen **chinesischen Kalenders**. Es ist das Jahr des Drachens (ren-chen).

Am 14. September beginnt in der **byzantinischen Ära** das Jahr 7521.

Am 1. Januar beginnt das **japanische Jahr** 2672.

Am 11. September beginnt das Jahr 1729 der **Ära Diokletians**.

Am 14. September beginnt das Jahr 2324 der **Seleukidenära**.

Am 14. Januar beginnt das Jahr 2765 der **römischen Ära a.u.c.**

Der 14. Januar 2012 des **Gregorianischen Kalenders** korrespondiert mit dem 1. Januar 2012 des **Julianischen Kalenders**.

Das Jahr 2012 entspricht dem Jahr 6725 der **Julianischen Periode**.

Der 1. Januar 2012 (0^h Weltzeit = 1^h Mitteleuropäische Zeit) hat die **Julianische Tagesnummer** 2 455 927,5.

Chronologie 2012

Sonnenzirkel: 5
Goldene Zahl (Mondzirkel): XVIII
Sonntagsbuchstabe: A, G
Indiktion (Römerzinszahl): 5
Epakte: 6
Jahresregent: Merkur

Kosmos Himmelsjahr *online*
Die wichtigsten Himmelsereignisse, aktuelle Nachrichten aus dem All und ein umfangreiches Wörterbuch astronomischer Fachbegriffe finden Sie im Internet unter

www.kosmos-himmelsjahr.de

Finsternisse 2012

Im Jahr 2012 ereignen sich vier Finsternisse und ein Venustransit. Alle vier Finsternisse bleiben von Mitteleuropa aus unbeobachtbar. Der **Venustransit** vom 5./6. Juni kann nur in seiner letzten Phase von unserem Gebiet aus verfolgt werden.

Am 20./21. Mai findet eine ringförmige Sonnenfinsternis und am 13./14. November eine totale Sonnenfinsternis statt. Der Mond tritt am 4. Juni teilweise in den Kernschatten der Erde, eine partielle Mondfinsternis ereignet sich. Am 28. November geht der Mond durch den Halbschatten der Erde.

Nähere Erläuterungen zu den Finsternissen findet man im Kapitel „Sonnen- und Mondfinsternisse 2012“ auf Seite 12. Der Venustransit wird auf Seite 15 und im Monatsthema Juni auf Seite 125 beschrieben.

Planeten 2012

Merkur zeigt sich Ende Februar bis ins erste Märzdrittel am Abendhimmel tief am Westhimmel. Es ist die günstigste Abendsichtbarkeit des Jahres 2012. Auch Mitte Juni kann man den flinken Planeten einige Tage lang am Abendhimmel erkennen. In der zweiten Augusthälfte sowie Ende November bis Mitte Dezember bietet der sonnennächste Planet je eine Morgensichtbarkeit.

Venus beginnt das Jahr als Abendstern. Ende Mai beendet sie ihre Abendsternperiode. Am 6. Juni zieht sie in unterer Konjunktion als dunkler Punkt vor der Sonne vorbei, es ereignet sich ein **Venustransit**. Von Mitte Juni bis Jahresende spielt sie ihre Rolle als Morgenstern.

Mars kommt am **3. März** in **Opposition** zur Sonne. Der rote Planet zieht seine Oppositionsschleife im Sternbild Löwe. Bis Jahresende kann Mars am Abendhimmel gesehen werden.

Jupiter kommt am **3. Dezember** im Sternbild Stier in **Opposition** zur Sonne. Ab Ende Juni kann der Riesenplanet am Morgenhimmel gesehen werden. Bis zur Opposition dehnt er seine Sichtbarkeitszeit auf die ganze Nacht aus. Am 13. Mai steht er in Konjunktion mit der Sonne. Von Januar bis März kann er am Abendhimmel erkannt werden. Mitte April zieht er sich vom Abendhimmel zurück und wird unsichtbar.

Saturn steht am **15. April** im Sternbild Jungfrau in **Opposition** zur Sonne. Bis Anfang September ist der Ringplanet am Abendhimmel vertreten. Am 25. Oktober wird er von der Sonne überholt und steht in Konjunktion mit ihr. Ende November erscheint der Ringplanet wieder am Morgenhimmel.

Uranus kommt am **29. September** im Sternbild Fische in **Opposition** zur Sonne,

Neptun bereits am **24. August** im Sternbild Wassermann.

Pluto, der prominenteste Zwergplanet unseres Sonnensystems, steht am **29. Juni** im Sternbild Schütze in **Opposition** zur Sonne.

Ausführliche Angaben über die Sichtbarkeit der Planeten entnehme man der Rubrik „Planetenlauf“ in den Monatsübersichten.

Sonnen- und Mondfinsternisse 2012

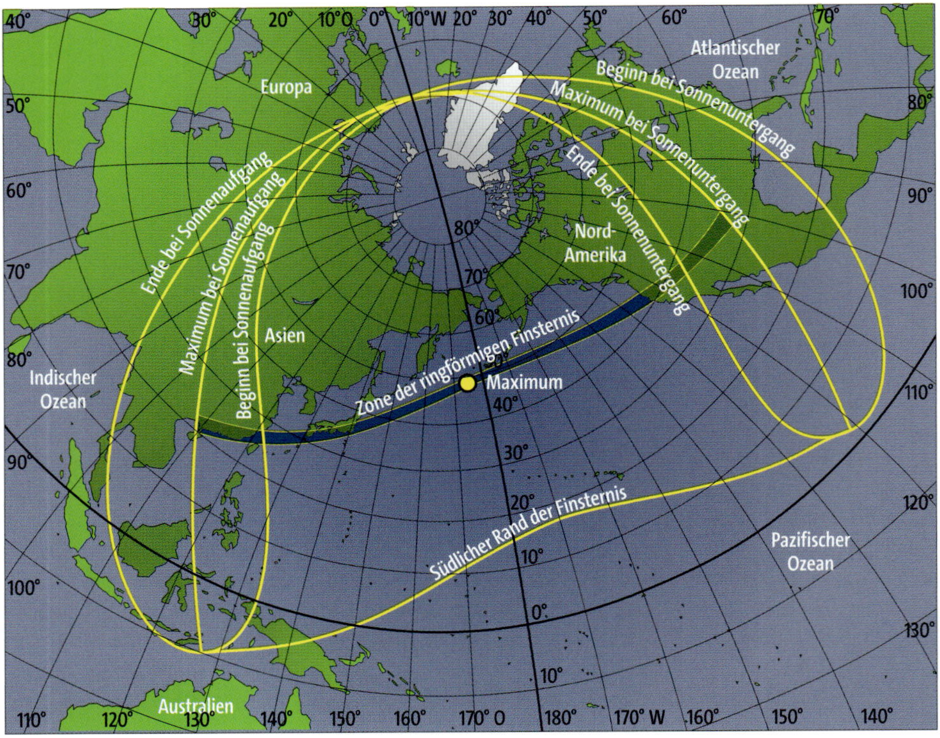

F.1 Globaler Verlauf der ringförmigen Sonnenfinsternis vom 20./21. Mai 2012

Im Jahr 2012 ereignen sich eine ringförmige und eine totale Sonnenfinsternis sowie eine partielle Mondfinsternis und eine Halbschattenfinsternis des Mondes. Alle vier Finsternisse bleiben von Mitteleuropa aus unbeobachtbar. Außerdem findet am 5./6. Juni ein Venustransit statt, dessen Endphase kurz nach Sonnenaufgang vom deutschen Sprachraum aus beobachtbar ist.

Ringförmige Sonnenfinsternis am 20./21. Mai

Diese Sonnenfinsternis findet in der Nacht von Sonntag, 20., auf Montag, 21. Mai 2012, statt. Von Mitteleuropa aus bleibt sie auch in ihren partiellen Phasen unbeobachtbar.

Die Zone der ringförmigen Phase beginnt in Südostasien, zieht über das Gelbe Meer, Japan, den Nordpazifik und trifft die nordamerikanische Westküste in Kalifornien. Sie endet mitten in den USA zu Sonnenuntergang. Der Höhepunkt der Finsternis wird im Pazifischen Ozean am Ort 176°19′ östlicher Länge und 49°05′ nördlicher Breite erreicht, wobei die Breite der Zone ringförmiger Verfinsterung 237 Kilometer misst. Die maximale Dauer der ringförmigen Verfinsterung beträgt 5^m46^s. Zum Maximum steht die Sonne 61° hoch, ziemlich genau im Süden. Der scheinbare Durchmesser der Neumondscheibe entspricht dabei 94,4 % des Durchmessers der Sonnenscheibe.

Die Finsternis beginnt am 20. Mai um 21^h56^m MEZ (1. Kontakt) am Ort 131°04′ östlicher Länge und 10°04′ südlicher Breite und endet am 21. Mai um 3^h49^m am Ort 124°17′ westlicher Länge und 22°48′ nördlicher Breite. Die partielle Phase kann von Ostasien, Japan, dem Nordpolargebiet, fast ganz Grönland, Alaska, Kanada, USA (mit Ausnahme der östlichsten Küstenregion sowie Florida) und weiten Gebieten Mexikos verfolgt werden.

Die Finsternis ist die 58. im Saros-Zyklus Nr. 128, der insgesamt 73 Sonnenfinsternisse umfasst.

Partielle Mondfinsternis am 4. Juni

Diese Mondfinsternis findet in den Vormittags- und Mittagsstunden am Montag, 4. Juni 2012 statt. Zum Höhepunkt der Finsternis um 12^h03^m befindet sich der Vollmond mit 38 % seines scheinbaren Durchmessers im Kernschatten der Erde. Die Finsternis entgeht uns leider in Mitteleuropa, da der Vollmond noch vor Eintritt in den Halbschatten der Erde untergeht.

Die Mondfinsternis nimmt folgenden Verlauf:

	MEZ
Eintritt des Mondes in den Halbschatten	9^h47^m
Eintritt des Mondes in den Kernschatten	10^h59^m
Mitte der Finsternis	12^h03^m
Austritt des Mondes aus dem Kernschatten	13^h07^m
Austritt des Mondes aus dem Halbschatten	14^h20^m

Der Monduntergang erfolgt am 4. Juni 2012 für 50° Nord und 10° Ost um 4^h05^m MEZ (= 5^h05^m MESZ).

Die Größe der Finsternis beträgt das 0,376-fache des scheinbaren Mondscheibendurchmessers. Diese Finsternis ist die Nr. 25 im Saros-Zyklus 140, der insgesamt 80 Mondfinsternisse umfasst. Die Finsternis ist beobachtbar von Ostasien, Japan, Australien, dem Pazifischen

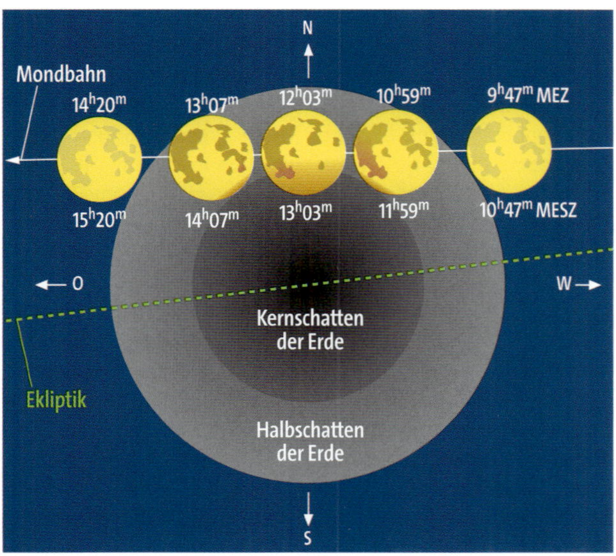

F.2 Verlauf der partiellen Mondfinsternis vom 4. Juni 2012

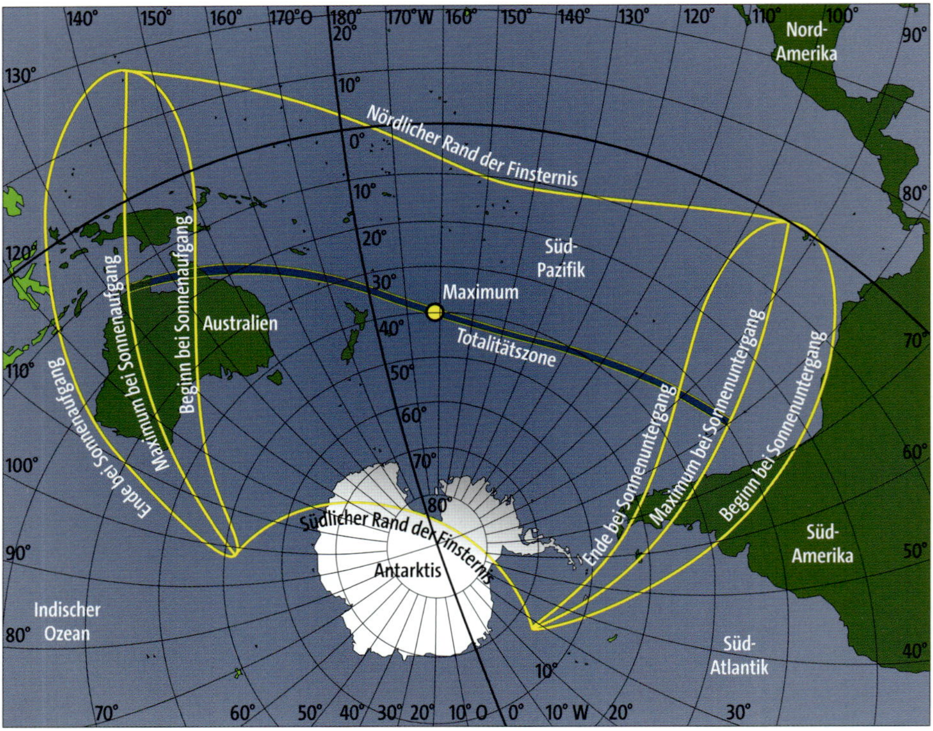

F.3 Globaler Verlauf der totalen Sonnenfinsternis vom 13./14. November 2012

Ozean, der Antarktis und von den westlichen Gebieten Nord- und Südamerikas aus.

Totale Sonnenfinsternis am 13./14. November

Diese Finsternis findet in der Nacht von Dienstag, 13. auf Mittwoch, 14. November statt und bleibt auch in ihren partiellen Phasen von ganz Europa aus unbeobachtbar. Sie ist fast zur Gänze nur von der Südhalbkugel der Erde sichtbar. Auch die Totalitätszone zieht sich fast ausschließlich über die Meeresoberfläche des Südpazifiks.

Die Sonnenfinsternis beginnt (1. Kontakt) am 13. November um 20^h38^m MEZ am Ort 150°08′ östlicher Länge und 4°28′ südlicher Breite. Sie endet (4. Kontakt) am 14. November um 1^h46^m am Ort 97°44′ westlicher Länge und 22°09′ südlicher Breite.

Der Kernschatten des Mondes trifft erstmals die Erde im Nordosten Australiens, überquert die Halbinsel Cape York und das Great Barrier Reef, zieht über Ozeanien weit in den südlichen Pazifik hinein und endet im Pazifik etwa tausend Kilometer westlich der chilenischen Küste.

Der Höhepunkt der Finsternis wird um 23^h12^m MEZ mitten im Südpazifik am Ort 161°20′ westlicher Länge und 39°58′ südlicher Breite erreicht. Diese Position liegt etwa tausend Kilometer östlich von Neuseeland. Für maximal 4^m02^s wird hier die Sonne vom Mond vollständig bedeckt. Die Breite der Totalitätszone misst dort 179 Kilometer.

Diese Sonnenfinsternis ist die 45. im Saros-Zyklus 133, der insgesamt 72 Sonnenfinsternisse umfasst. Die Größe der Finsternis beträgt das 1,05-fache des scheinbaren Sonnendurchmessers.

Die partielle Phase der Finsternis ist sichtbar in Australien, Neuguinea, Ozeanien, dem südlichen Pazifik, einigen Gebieten der Antarktis und von der Südspitze Südamerikas aus.

Halbschattenfinsternis des Mondes am 28. November

Diese Finsternis findet in den Mittags- und frühen Nachmittagsstunden am Mittwoch, 28. November 2012 statt. Sie bleibt daher von Mitteleuropa aus unbeobachtbar.

Die Finsternis nimmt folgenden Verlauf:

	MEZ
Eintritt des Mondes in den Halbschatten	13^h13^m
Mitte der Finsternis	15^h33^m
Austritt des Mondes aus dem Halbschatten	17^h53^m

Zur Mitte der Finsternis stehen 94,2 % des scheinbaren Monddurchmessers im Halbschatten der Erde. Auf 50° Nord und 10° Ost geht der Vollmond am 28. November um 16^h25^m MEZ auf. Dies ist eine knappe Stunde nach dem Höhepunkt der Finsternis. Da Ein- und Austritt aus dem Halbschatten prinzipiell unbeobachtbar sind, entgeht uns in Mitteleuropa diese Finsternis. Zum Höhepunkt ist eine leichte, graue Verfärbung der nördlichen Mondkalotte erkennbar. Von Asien, Australien und dem pazifischen Raum ist dies beobachtbar. Die Finsternis ist die 11. im Saros-Zyklus 145, der insgesamt 71 Mondfinsternisse umfasst.

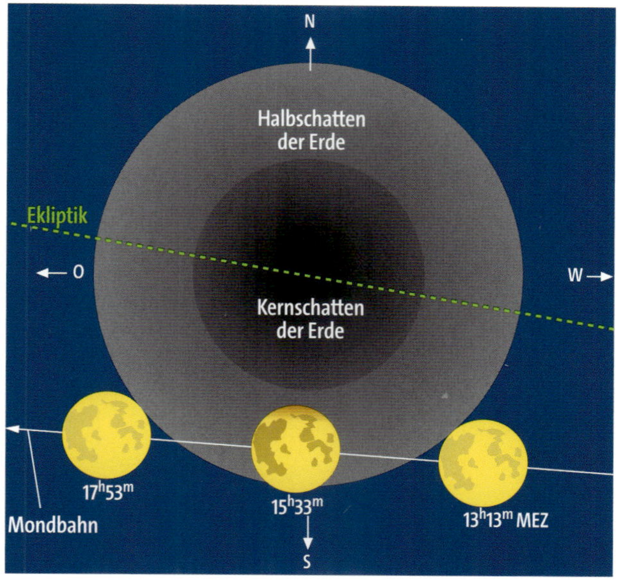

F.4 Verlauf der Halbschattenfinsternis des Mondes vom 28. November 2012

Venusdurchgang am 5./6. Juni 2012

Venusdurchgänge oder -transite, wie sie auch genannt werden, gehören phänomenologisch zu den Finsternissen, auch wenn es zu keiner merkbaren Verdunkelung der Sonne kommt. In der Nacht von Dienstag, 5. auf Mittwoch, 6. Juni zieht das dunkle Venusscheibchen in der Phase Neuvenus vor der Sonne vorbei. Eine ausführliche Beschreibung dieses sehr seltenen Himmelsereignisses findet man im Monatsthema Juni auf Seite 125.

Venus kommt am 6. Juni 2012 um 2^h in untere Konjunktion mit der Sonne. Rund sechzehn Stunden später, am 6. Juni um 18^h passiert sie ihren absteigenden Knoten. Unser innerer Nachbarplanet befindet sich daher zur Zeit der unteren Konjunktion schon nahe der Erdbahnebene. Sonne – Venus – Erde bilden fast exakt eine Linie, weshalb vom Erdmittelpunkt aus betrachtet Venus von 23^h10^m MEZ bis 5^h50^m MEZ vor der Sonnenscheibe vorbeizieht.

Im Gegensatz zu einer Sonnenfinsternis, bei der der Neumond von West nach Ost über die Sonnenscheibe zieht, wandert die dunkle Neuvenus von Ost nach West über die Sonne, da sowohl Venus als auch Merkur in unterer Konjunktion rückläufig sind. Rückläufig be-

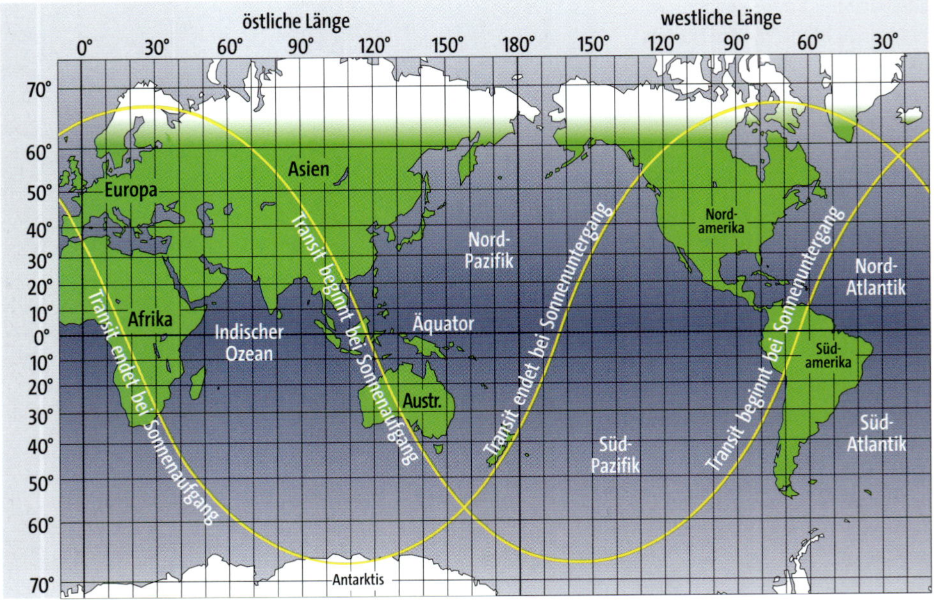

F.5 Globaler Verlauf des Venustransits vom 5./6. Juni 2012

deutet Bewegung in Richtung abnehmender Rektaszension.

P: Positionswinkel, gezählt von Nord (0°) über Ost (90°), Süd (180°) und West (270°). In der Tabelle sind die Kontaktzeiten sowohl geozentrisch in MEZ als auch für den für Mitteleuropa zentralen Referenzpunkt 10° östlicher Länge und 50° nördlicher Breite in MESZ (= Mitteleuropäischer Sommerzeit) vermerkt. Die topozentrischen Kontaktzeiten für einige Orte weltweit sind in der Tabelle „Der Venustransit vom 5./6. Juni 2012" auf Seite 17 angegeben.

Zur Mitte (maximale Phase) des Transits um 2^h30^m (3^h30^m Sommerzeit) wird der geringste Abstand der Venus vom Sonnenscheibenmittelpunkt erreicht. Die Distanz beträgt dabei 9′14″, der scheinbare Sonnenradius misst am 6. Juni 15′46″. Daher beschreibt die Venus nur eine relativ kurze Sehne auf der kreisförmigen Sonnenscheibe (siehe Abb. 6.11 auf Seite 129).

Der Sonnenaufgang erfolgt am 6. Juni für den zentralen Ort in Deutschland 10° östlicher

Der Venustransit vom 5./6. Juni 2012

(siehe auch Abb. 6.11 auf Seite 129)

	Geozentrisch MEZ	P	50° Nord/10° Ost MESZ
1. Kontakt: Venus berührt die Sonnenscheibe	$23^h09^m42^s$	41°	–
2. Kontakt: Venus löst sich vom Sonnenrand	23 27 30	38°	–
Mitte: geringste Distanz der Venus vom Sonnenscheibenmittelpunkt	2 29 37	–	–
3. Kontakt: Venus berührt den Sonnenrand von innen	5 31 44	293°	$6^h37^m32^s$
4. Kontakt: Venus trennt sich von der Sonnenscheibe	5 49 32	290°	6 55 03

Länge und 50° nördlicher Breite um 4^h12^m (= 5^h12^m Sommerzeit). Somit ist bei uns nur das Ende des Venustransits kurz nach Sonnenaufgang tief am Nordosthimmel beobachtbar. Der scheinbare Durchmesser des Venusscheibchens beträgt 58″,3, also knapp eine Bogenminute. Gute Augen können Venus als winzigen, schwarzen Punkt vor der Sonne erkennen. Auf alle Fälle reicht ein gutes Fernglas, um sie zu sehen. **Ohne ausreichenden Schutz darf man jedoch niemals in die Sonne schauen**, schon gar nicht mit einem Fernglas oder Teleskop! Auch in Horizontnähe können Sonnenstrahlen sehr gefährlich sein!

F.6 Stellung der Erde relativ zur Venus bei geozentrischem Beginn und Ende des Venustransits vom 5./6. Juni 2012

Der Venustransit vom 5./6. Juni 2012 global

Ort	Breite	Länge	1. Kontakt	P1	2. Kontakt	Mitte	d	3. Kontakt	4. Kontakt	P4
Skibotn (Norwegen)	+69°21′	+20°22′	$22^h04^m35^s$	42°,2	$22^h22^m10^s$	$1^h29^m29^s$	8′53″	$4^h36^m06^s$	$4^h53^m33^s$	288°,7
Murmansk	+68 59	+33 08	22 04 56	42,2	22 22 31	1 29 42	8 53	4 36 01	4 53 26	288,8
Ulan Bator (Mongolei)	+47 54	+106 52	22 08 59	42,1	22 26 36	1 30 40	9 01	4 33 08	4 50 28	289,5
Hongkong	+22 16	+114 13	22 11 54	41,6	22 29 39	1 31 29	9 09	4 31 26	4 48 49	290,2
Peking	+39 55	+116 26	22 10 06	41,9	22 27 45	1 30 41	9 04	4 32 04	4 49 25	289,8
Manila	+14 37	+120 58	22 12 52	41,4	22 30 38	1 31 22	9 13	4 30 24	4 47 49	290,4
Taipeh (Taiwan)	+25 05	+121 32	22 11 50	41,6	22 29 32	1 31 00	9 09	4 30 52	4 48 16	290,2
Seoul	+37 30	+127 00	22 10 36	41,8	22 28 13	1 30 17	9 06	4 31 05	4 48 28	289,9
Wladiwostok	+43 09	+131 53	22 10 01	41,8	22 27 37	1 29 51	9 05	4 31 04	4 48 28	289,7
Tokio	+35 40	+139 46	22 10 54	41,6	22 28 30	1 29 40	9 08	4 30 00	4 47 27	289,9
Sidney	−33 55	+151 10	22 16 08	39,9	22 34 05	1 30 24	9 32	4 26 23	4 44 15	291,5
Mauna Kea (Hawaii)	+19 49	−155 28	22 10 10	40,6	22 27 41	1 26 15	9 17	4 26 39	4 44 31	290,0
Fairbanks (Alaska)	+64 50	−147 50	22 06 17	41,7	22 23 43	1 27 00	9 01	4 31 17	4 48 54	289,0

Alle Zeiten UTC (Weltzeit) / Östliche Länge: Positiv / Westliche Länge: Negatives Vorzeichen / P1 – Positionswinkel bei Eintritt / P4 – Positionswinkel bei Austritt / d – Minimalabstand vom Mittelpunkt der Sonnenscheibe

Januar 2012

- Venus eröffnet den Jahresreigen als hell strahlender Abendstern.
- Riesenplanet Jupiter beherrscht die erste Nachthälfte.
- Mars und Saturn sind am Morgenhimmel vertreten.
- Die Erde kommt am 5. mit 147 Millionen Kilometer in Sonnennähe.

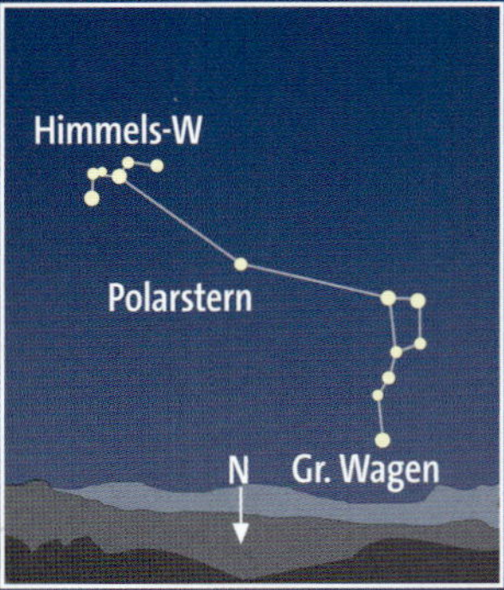

Großer Wagen und Himmels-W Anfang Januar um 22 Uhr

1.1 Himmelsanblick am 26. Januar gegen 19h MEZ. Tief am Südwesthimmel strahlt Venus, zu der sich die Sichel des zunehmenden Mondes gesellt. Höher steht der Riesenplanet Jupiter.

1	So	Neujahr, Mond im ersten Viertel
2	Mo	Mond in Erdferne
3	Di	Mond bei Jupiter (Mitternacht)
4	Mi	
5	Do	Erde in Sonnennähe
6	Fr	Heilige drei Könige
7	Sa	
8	So	
9	Mo	**Vollmond**
10	Di	
11	Mi	
12	Do	
13	Fr	
14	Sa	
15	So	
16	Mo	Mond im letzten Viertel
17	Di	Mond in Erdnähe
18	Mi	
19	Do	
20	Fr	
21	Sa	
22	So	
23	Mo	**Neumond**
24	Di	
25	Mi	
26	Do	Mond bei Venus (Abendhimmel)
27	Fr	
28	Sa	
29	So	
30	Mo	Mond in Erdferne Mond bei Jupiter (Abendhimmel)
31	Di	Mond im ersten Viertel

Sonne – Sternbilder

20.1. 13^h^:
Sonne tritt in das Sternbild Steinbock
20.1. 17^h^:
Sonne tritt in das Tierkreiszeichen Wassermann
Julianisches Datum am
1. Januar, 1^h^ MEZ: 2 455 927,5

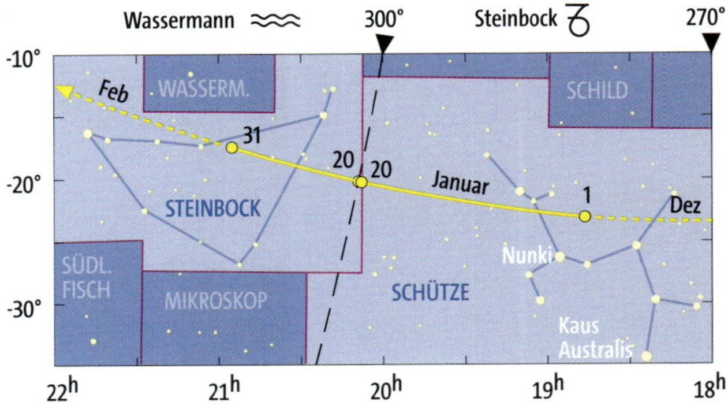

Tabelle Sonnenlauf

Tag	Dämmerg. Anfang	Aufgang MEZ	Kulmination	Untergang MEZ	Dämmerg. Ende	Mittagshöhe	Zeitgleichg.	Rektaszension	Deklination
	h m	h m	h m	h m	h m	o	m	h m	o
1.	6 59	8 18	12 23	16 28	17 48	17,0	– 3	18 42	–23,1
5.	6 59	8 18	12 25	16 32	17 51	17,3	– 5	19 00	–22,7
10.	6 58	8 16	12 27	16 38	17 57	18,0	– 7	19 22	–22,1
15.	6 56	8 13	12 29	16 45	18 03	18,8	– 9	19 44	–21,3
20.	6 52	8 09	12 31	16 53	18 09	19,8	–11	20 05	–20,3
25.	6 48	8 03	12 32	17 01	18 16	20,9	–12	20 26	–19,2
31.	6 42	7 56	12 33	17 11	18 25	22,5	–13	20 51	–17,7

Tages- und Nachtstunden

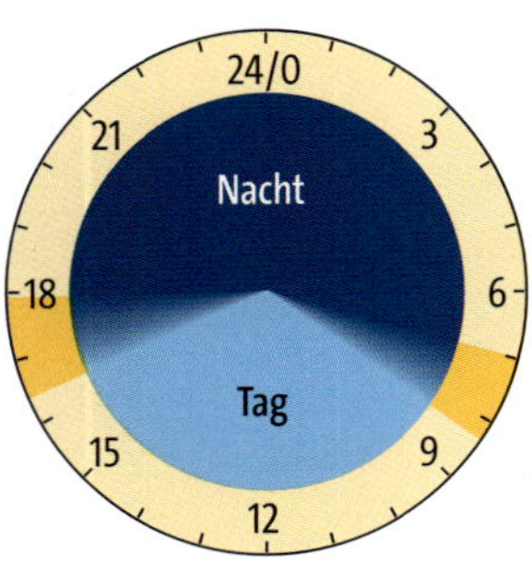

5. Januar

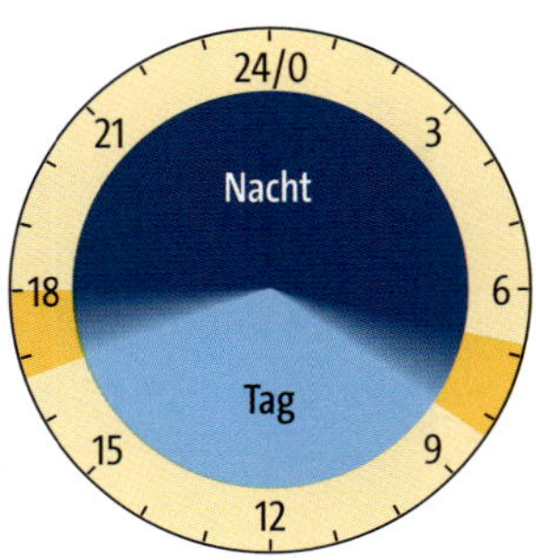

15. Januar

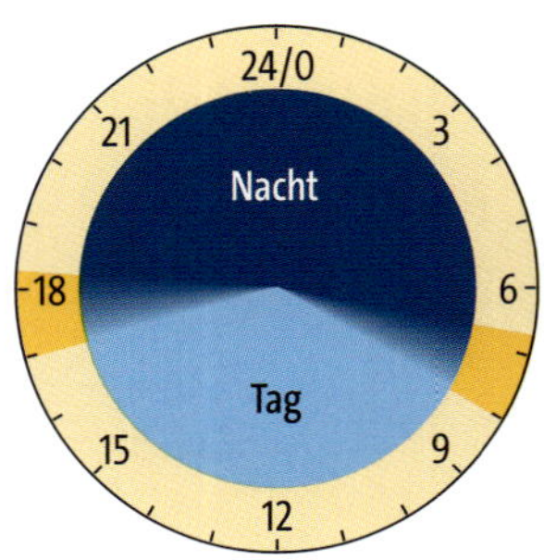

25. Januar

Tabelle Mondlauf

Datum		Aufg. MEZ	Kulmination	Unterg. MEZ	Rektaszension	Deklination	Sterne und Sternbilder	Phase	MEZ
		h m	h m	h m	h m	°			
So	1.	11 33	18 28	0 31	0 18	+ 7,2	Fische	**Erstes Viertel**	**7^h 15^m**
Mo	2.	11 54	19 11	1 36	1 03	+11,4	Fische	Erdferne 405/29′,5	21^h
Di	3.	12 19	19 56	2 40	1 49	+15,1	Widder		
Mi	4.	12 48	20 43	3 44	2 37	+18,2	Widder		
Do	5.	13 24	21 32	4 46	3 26	+20,6	Stier, Plejaden		
Fr	6.	14 09	22 23	5 45	4 18	+22,1	Stier, Hyaden	Absteigender Knoten	
Sa	7.	15 02	23 15	6 37	5 12	+22,5	Stier, Al Nath		
So	8.	16 03	–	7 23	6 06	+21,9	Zwillinge		
Mo	9.	17 12	0 08	8 02	7 00	+20,1	Alhena	**Vollmond**	**8^h 30^m**
								Libration Ost	
Di	10.	18 24	0 59	8 34	7 55	+17,2	Zwillinge		
Mi	11.	19 39	1 50	9 02	8 48	+13,4	Krebs, Krippe		
Do	12.	20 55	2 40	9 26	9 40	+ 8,8	Löwe, Regulus		
Fr	13.	22 11	3 29	9 49	10 31	+ 3,8	Sextant	Größte Südbreite	
Sa	14.	23 29	4 18	10 12	11 22	– 1,5	Löwe		
So	15.	–	5 08	10 35	12 14	– 6,8	Jungfrau		
Mo	16.	0 47	6 00	11 02	13 08	–11,7	Spica	**Letztes Viertel**	**10^h 08^m**
Di	17.	2 05	6 54	11 34	14 03	–16,0	Jungfrau	Erdnähe 370/32′,3	22^h
Mi	18.	3 22	7 50	12 13	15 01	–19,4	Waage		
Do	19.	4 34	8 49	13 01	16 01	–21,6	Antares	Aufsteigender Knoten	
Fr	20.	5 38	9 48	14 00	17 02	–22,5	Schlangenträger		
Sa	21.	6 31	10 47	15 07	18 03	–21,9	Schütze		
So	22.	7 13	11 43	16 20	19 02	–20,0	Schütze, Nunki		
Mo	23.	7 46	12 36	17 35	19 58	–17,0	Schütze	**Neumond Nr. 1102**	**8^h 39^m**
Di	24.	8 14	13 26	18 48	20 52	–13,1	Wassermann	Libration West	
Mi	25.	8 37	14 12	19 59	21 42	– 8,7	Steinbock		
Do	26.	8 58	14 57	21 08	22 30	– 3,9	Wassermann	Größte Nordbreite	
Fr	27.	9 17	15 40	22 14	23 17	+ 0,8	* Fische		
Sa	28.	9 37	16 22	23 20	0 02	+ 5,4	Fische		
So	29.	9 58	17 05	–	0 47	+ 9,8	Fische		
Mo	30.	10 22	17 50	0 25	1 33	+13,7	Fische	Erdferne 404/29′,6	19^h
Di	31.	10 49	18 35	1 29	2 20	+17,0	* Widder, Hamal	**Erstes Viertel**	**5^h 10^m**

Der Mond zieht an Jupiter vorbei

2. Jan. 17^h MEZ

3. Jan. 2^h MEZ

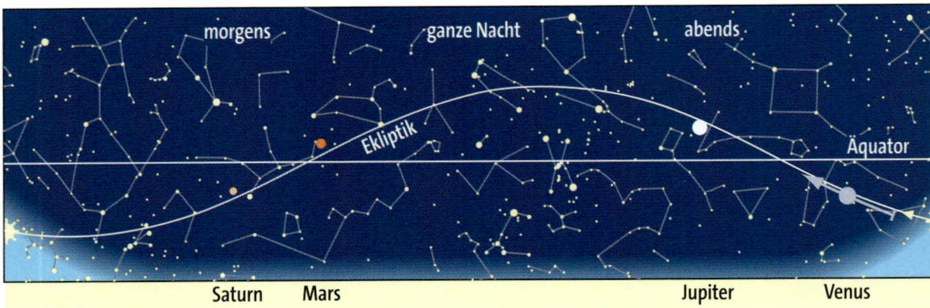

Merkur hatte Ende des Vorjahres eine respektable Morgensichtbarkeit geboten. Der flinke Planet hat sich nun vom Morgenhimmel zurückgezogen. Er eilt der Sonne rechtläufig im Tierkreis nach, wird sie aber erst Anfang Februar einholen. Erfahrene Beobachter mögen Merkur noch zu Monatsbeginn knapp über dem Südosthorizont mit einem Fernglas erspähen. Am 1. geht der $-0\overset{m}{,}4$ helle Merkur um 6^h48^m auf. Etwa zwanzig Minuten später kann man mit Aussicht auf Erfolg nach ihm suchen. Gegen 7^h30^m verblasst er in der zunehmenden Morgenhelle.

Am 18. passiert Merkur das Aphel seiner stark exzentrischen Bahn. Im sonnenfernsten Bahnpunkt trennen ihn 69,8 Millionen Kilometer (= 0,467 AE) vom

1.2 Heliozentrischer Anblick des Planetensystems im ersten Jahresviertel 2012. Eingetragen sind im linken Teil die Positionen der inneren Planeten für den 1. Januar (1), 1. Februar (2) sowie 1. März (3) und 1. April (4). Der rechte Teil zeigt das äußere Planetensystem samt einiger Planetoiden zu Anfang und Ende des ersten Jahresviertels. Die Pfeile deuten die Richtungen zu den ferneren Planeten sowie zum Frühlingspunkt an.

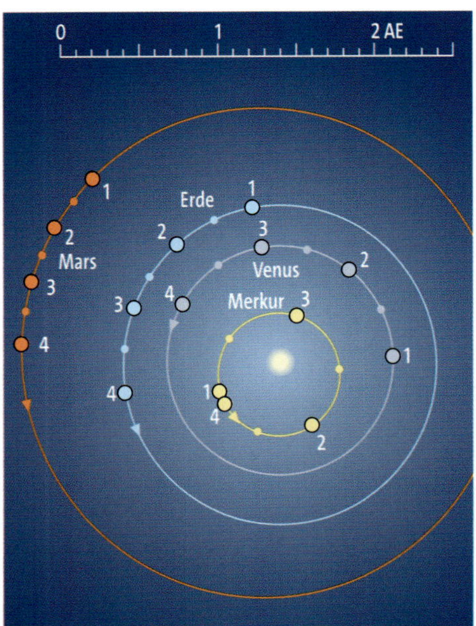

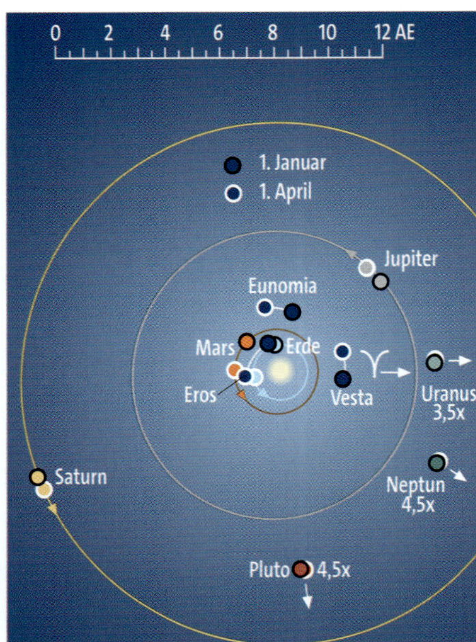

Zentralgestirn Sonne. Die Begegnung mit dem abnehmenden Mond am 22. bleibt unbeobachtbar.

Venus zeigt sich zu Jahresbeginn als hell strahlender Abendstern. Unser Nachbarplanet leuchtet als erster in der beginnenden Dämmerung auf, noch lange bevor die anderen Gestirne sichtbar werden.

Nach Sonne und Mond ist Venus das hellste Gestirn am irdischen Firmament. Nach Einbruch der Dunkelheit leuchtet sie als hell glänzender Lichtpunkt am Südwesthimmel (siehe auch Abb. 3.5 auf Seite 61).

Im Laufe des Monats verspäten sich ihre Untergänge. Zu Jahresanfang erfolgt der Untergang der $-4\overset{m}{,}0$ hellen Venus um 19^h20^m. Am 31. geht sie hingegen erst um 20^h50^m unter.

Am 13. zieht Venus 1°10′ südlich am fernen und lichtschwachen Neptun vorbei. Um Neptun zu erkennen, ist ein Fernglas oder Teleskop erforderlich.

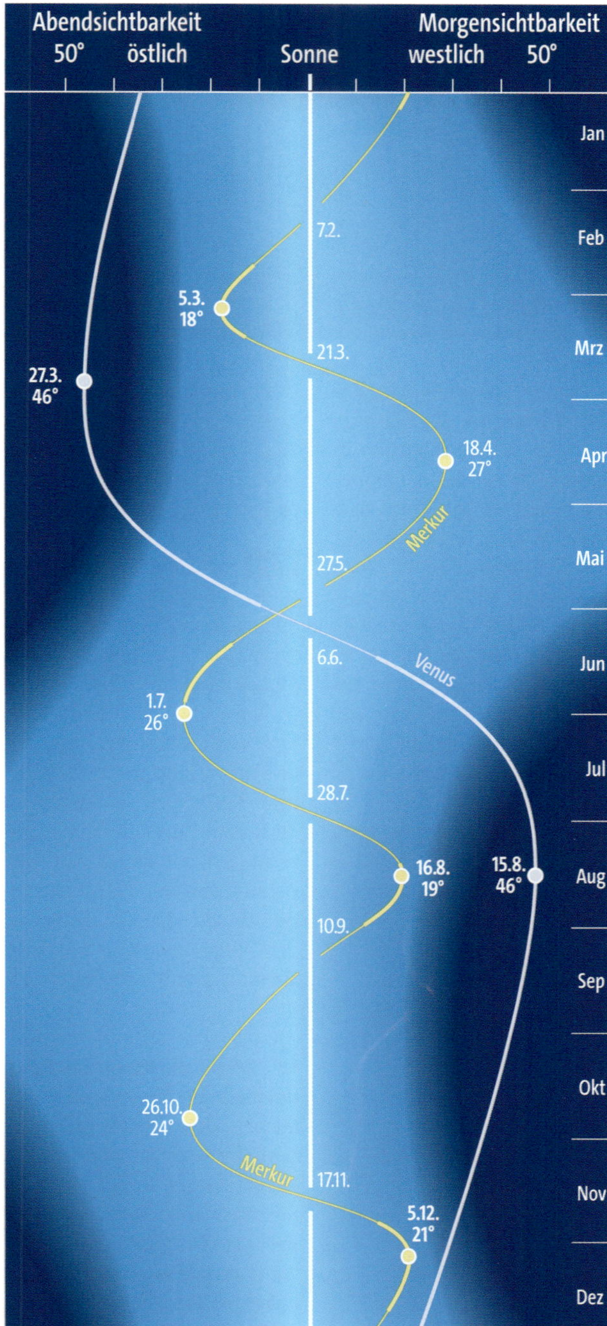

1.3 Winkelabstand zur Sonne von Merkur und Venus:
Elongationen und Konjunktionen der inneren Planeten Merkur und Venus von der Sonne im Jahre 2012. Die Datumsangaben beziehen sich jeweils auf die größten Elongationen sowie die Konjunktionen. Fettgedrucktes Datum bedeutet: in Mitteleuropa mit freiem Auge sichtbar. Unterbrochener Sonnenbalken weist auf eine untere Konjunktion hin, unterbrochene Planetenlinie auf eine obere Konjunktion.

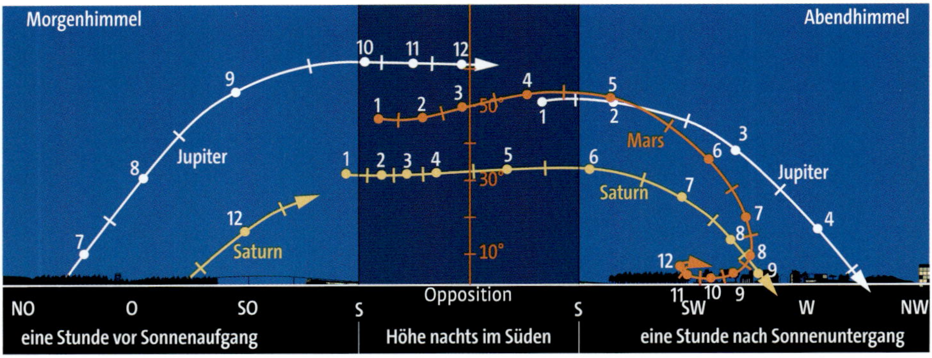

1.4 Mars, Jupiter und Saturn: **Stellungen der Planeten Mars, Jupiter und Saturn im Jahr 2012. Im linken Teil sind die Positionen am Morgenhimmel jeweils eine Stunde vor Sonnenaufgang eingetragen, im rechten Teil die Positionen am Abendhimmel jeweils eine Stunde nach Sonnenuntergang. Im Mittelteil sind die Stellungen zur Kulminationszeit angegeben sowie die Kulminationshöhe.**

Ein netter Himmelsanblick ergibt sich am 26. abends, wenn tief am Südwesthimmel die schmale Sichel des zunehmenden Mondes neben Venus zu sehen ist (s. Abb. 1.1 auf Seite 18).

Im Teleskop erscheint Venus noch relativ klein und rundlich. Am 29. sind 75 % des nur 15″ großen Planetenscheibchens beleuchtet. Zu Jahresbeginn sind es noch 83 %. In den kommenden Monaten wächst der scheinbare Venusdurchmesser an, der Beleuchtungsgrad nimmt hingegen ab. Im Mai zeigt sich dann Venus als große, schmale Sichel ähnlich wie der Erdmond wenige Tage nach Neumond.

Mars im Sternbild Löwe strebt seiner Oppositionsstellung zu, die er aber erst Anfang März erreicht. Die nahende Oppositionszeit macht sich durch immer frühere Aufgänge und eine kräftige Helligkeitssteigerung bemerkbar. Geht der $0^{m}{,}2$ helle, rote Planet zu Jahresbeginn noch um 22^h30^m auf, so erscheint er am 31. bereits um 20^h44^m auf der Horizontlinie. Bis Monatsende erreicht die Marshelligkeit den beachtlichen Wert von $-0^{m}{,}5$. Damit sind nur noch Venus, Jupiter sowie Sirius im Großen Hund heller als Mars.

Die nahende Opposition macht sich auch durch die immer langsamer werdende Bewegung bemerkbar. In der Nacht vom 24. auf 25. kommt Mars zum Stillstand und setzt zu seiner Oppositionsschleife an; der scheinbare Marsdurchmesser steigt auf knapp 12″.

Am 8. erreicht Mars seine größte heliozentrische Nordbreite. Er steht dann 1°51′ über der Erdbahnebene (von der Sonne aus gesehen). Am 14. wechselt der rote Planet aus dem Löwen in das Sternbild Jungfrau (siehe Abb. 3.8 auf Seite 62).

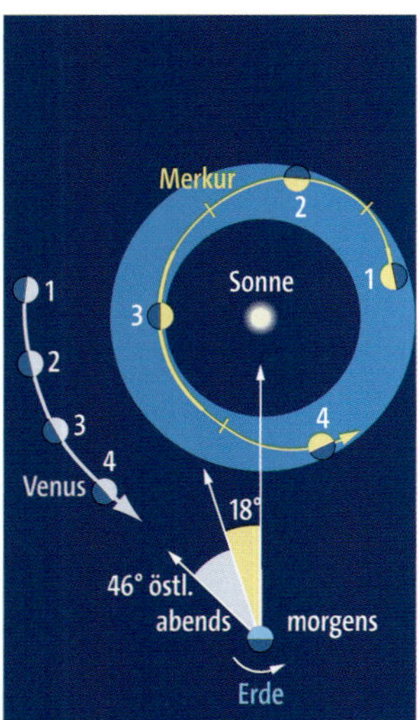

1.5 Bahnen von Merkur und Venus **Heliozentrische Bewegungen von Merkur und Venus relativ zur Erde. In den dicker ausgezogenen Bahnteilen sind die Planeten beobachtbar. Die Zahlen markieren die Positionen jeweils zum Monatsersten. Östlicher Winkelabstand bedeutet Abendsichtbarkeit, westliche Elongation: Planet steht am Morgenhimmel.**

Jupiter ist strahlender Planet am abendlichen Winterhimmel. Der Riesenplanet wandert rechtläufig durch das Sternbild Fische und wechselt am 8. in das Sternbild Widder. Jupiter wird von der eindeutig helleren und schnelleren Venus im Tierkreis verfolgt. Mitte März wird Venus den Riesenplaneten dann überholen (s. auch Abb. 3.6 auf Seite 61).

Seine Untergänge verlagert Jupiter in die Stunde nach Mitternacht. Am 1. geht der $-2^{m},6$ helle Riesenplanet um $2^{h}29^{m}$ unter, am 15. um $1^{h}38^{m}$ und am Monatsletzten bereits um $0^{h}43^{m}$. Die Jupiterhelligkeit sinkt im Laufe des Monats auf $-2^{m},3$ merklich ab.

Im Teleskop zeigt sich das Jupiterscheibchen oval, denn der Riesenplanet ist stark abgeplattet. Zu Jahresbeginn beträgt sein scheinbarer Äquatordurchmesser 43,″4 und der Poldurchmesser 40,″6. Der Poldurchmesser ist um 1:16 kürzer als der Äquatordurchmesser von Jupiter.

Am 1. Januar ist Jupiter 679 Millionen Kilometer (= 4,54 AE) von der Erde und 744 Millionen Kilometer (= 4,97 AE) von der Sonne entfernt. Das Sonnenlicht ist somit 41 Minuten und 20 Sekunden zum Riesenplaneten unterwegs.

In der Nacht vom 2. auf 3. wandert der zunehmende Halbmond rund 5° nördlich an Jupiter vorbei (siehe auch Mondlaufgrafik auf Seite 21).

Saturn kann zu Jahresbeginn am Morgenhimmel gesehen werden. Der Ringplanet bremst seine ohnehin langsame rechtläufige Wanderung durch die östlichen Gefilde des Sternbildes Jungfrau merkbar ab – der Stillstand ist nicht mehr fern (siehe Abb. 4.8 auf Seite 85).

Saturn verlagert seine Aufgänge von $2^{h}06^{m}$ am 1. auf $1^{h}15^{m}$ am 15. und auf $0^{h}14^{m}$ am Monatsletzten. Seine Helligkeit nimmt während des Monats leicht von $0^{m},7$ auf $0^{m},6$ zu, ein Hinweis auf die kommende Opposition zur Sonne Mitte April. Ende Januar kulminiert (= höchste Stellung im Süden einnehmen) der Ringplanet bereits eine gute Stunde vor Beginn der Morgendämmerung.

Mit 2°29′ erreicht Saturn am 31. seine größte heliozentrische Nordbreite. Am 13. Februar 2020 wird er seinen absteigenden Knoten passieren.

Uranus, wieder rechtläufig in den Fischen, kann noch am Abendhimmel aufgefunden werden. Seine Sichtbarkeitszeit verkürzt sich aber um zwei Stunden. Am 1. geht der nur $5^{m},9$ helle, grünliche Planet um $23^{h}42^{m}$ unter, am 15. um $22^{h}49^{m}$ und am 31. schon um $21^{h}50^{m}$. Jeweils eine Stunde vor Untergang wird es aussichtslos, nach dem lichtschwachen Planeten Ausschau zu halten (siehe auch Abb. 9.3 auf Seite 173).

Neptun im Ostteil des Wassermanns an der Grenze zum Steinbock hat sich vom Abendhimmel zurückgezogen und bleibt unauffindbar. Der sonnenfernste der acht Planeten wird von der Sonne verfolgt, die ihn Mitte nächsten Monats einholt. Die

Konstellationen und Ereignisse

Datum	MEZ	Ereignis
3.	4^{h}	**Mond bei Jupiter**, Mond 5,°0 nördlich, **Abstand 4,°3 um 2^{h}**
5.	1	Erde im Perihel (Sonnennähe), Abstand Erde – Sonne 147,097 Millionen Kilometer
13.	8	**Venus bei Neptun,** Venus 1,°2 südlich, **Abstand 1,°1 um 18^{h}** (Fernglas!)
14.	8	Mond bei Mars, Mond 9,°1 südlich
16.	20	Mond bei Saturn, Mond 6,°4 südlich
18.	7	Merkur im Aphel
22.	14	Mond bei Merkur, Mond 4,°8 nördlich
25.	2	Mars im Stillstand, anschließend rückläufig
25.	13	Mond bei Neptun, Mond 5,°9 nördlich
26.	20	**Mond bei Venus**, Mond 6,°8 nördlich, **Abstand 5,°9 um 18^{h}**
28.	3	Mond bei Uranus, Mond 6,°0 nördlich
30.	16	**Mond bei Jupiter**, Mond 4,°5 nördlich, **Abstand 4,°5 um 18^{h}**

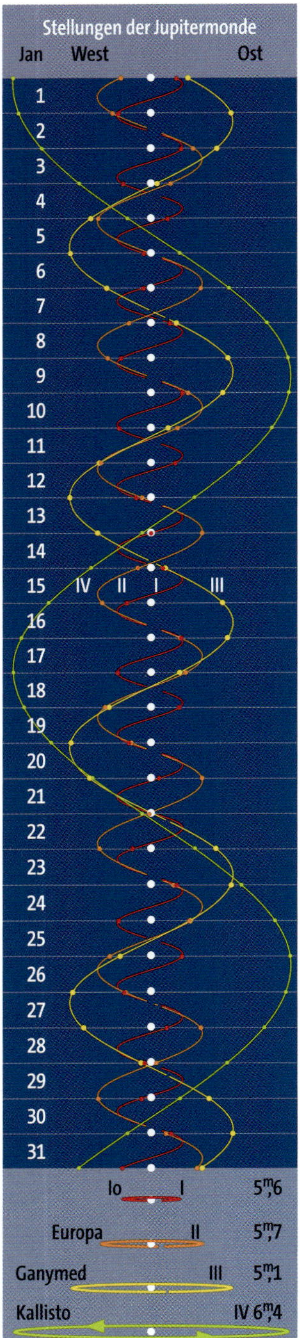

Jupitermonde

Tag	MEZ h m	Vorgang	
1.	17 03	I	DE
	18 18	I	SE
4.	1 49	III	DA
5.	23 22	II	BA
6.	1 04	I	BA
	22 18	I	DA
	23 36	I	SA
7.	0 28	I	DE
	1 45	I	SE
	17 40	III	BE
	18 09	II	DA
	19 32	I	BA
	20 37	II	DE
	20 45	II	SA
	20 58	III	VA
	22 49	III	VE
	23 00	I	VE
	23 08	II	SE
8.	18 05	I	SA
	18 56	I	DE
	20 14	I	SE
9.	17 29	I	VE
	17 49	II	VE
14.	0 12	I	DA
	19 26	III	BA
	20 42	II	DA
	21 26	I	BA
	21 35	III	BE
	23 10	II	DE
	23 21	II	SA
15.	0 56	I	VE
	1 00	III	VA
	18 41	I	DA
	20 01	I	SA
	20 51	I	DE
	22 10	I	SE
16.	17 46	II	BE
	18 02	II	VA
	19 24	I	VE
	20 28	II	VE
21.	23 16	II	DA
	23 21	I	BA

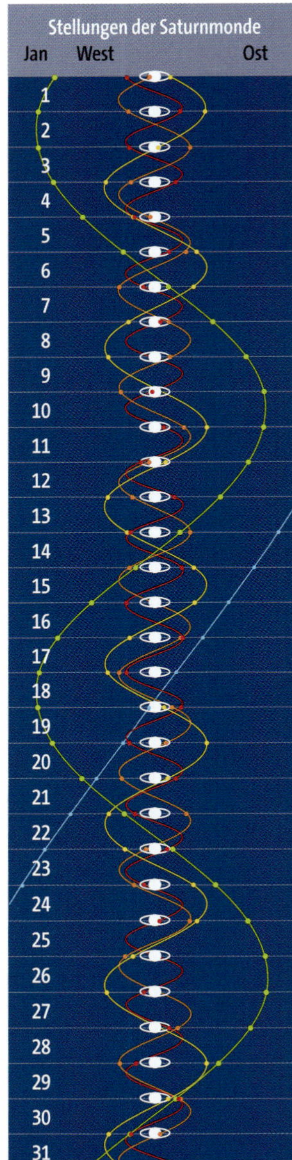

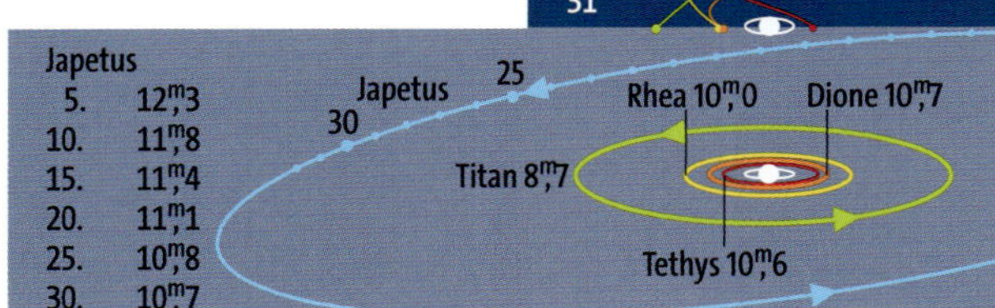

Begegnung mit Venus am 13. können allenfalls noch Spezialisten mit lichtstarker Optik gegen 18^{h} verfolgen.

Pluto, der Zwergplanet, ist mit 14^{m} nur besser ausgerüsteten Amateurastronomen zugänglich. In den Planetenläufen April, Juni, September und Dezember wird auf Pluto hingewiesen. Am 29. Juni kommt Pluto im Sternbild Schütze in Opposition zur Sonne (siehe Abb. 6.6 auf Seite 120).

Im Jahr 2012 wird Pluto zehnmal vom Mond bedeckt. Die meisten Bedeckungen bleiben von der Nordhalbkugel der Erde unbeobachtbar, keine der Bedeckungen ist von Europa aus zu verfolgen. Die Daten der Bedeckungen sind in der Rubrik „Konstellationen und Ereignisse" vermerkt.

Jupitermonde

Tag	MEZ		Vorgang	
	h	m		
21.	23	24	III	BA
22.	20	36	I	DA
	21	57	I	SA
	22	46	I	DE
23.	0	06	I	SE
	17	50	I	BA
	17	53	II	BA
	20	25	II	BE
	20	41	II	VA
	21	20	I	VE
	23	07	II	VE
24.	18	35	I	SE
25.	17	38	II	SE
	19	17	III	SA
	21	04	III	SE
29.	22	33	I	DA
	23	53	I	SA
30.	19	46	I	BA
	20	33	II	BA
	23	05	II	BE
	23	15	I	VE
	23	20	II	VA
31.	18	22	I	SA
	19	12	I	DE
	20	31	I	SE

Planetoiden

Ceres – Planetoid Nr. 1 – kommt am 18. Dezember 2012 im Sternbild Stier in Opposition zur Sonne (siehe Seite 228 und Abb. 12.5 auf Seite 225). Mit $6{,}^{\mathrm{m}}7$ Oppositionshelligkeit ist sie schon mit einem kleinen Fernglas auszumachen. Zudem steht sie bei uns wegen ihrer hohen Deklination von +25° um die Kulmination recht hoch am Himmel. Die diesjährige Ceres-Opposition ist die günstigste im ersten Viertel des 21. Jahrhunderts.

Pallas – Planetoid Nr. 2 – kommt am 25. September 2012 im Grenzgebiet Fische/Walfisch (Cetus) in Opposition zur Sonne. Mit $8{,}^{\mathrm{m}}3$ Oppositionshelligkeit kann sie in einem lichtstarken Fernglas gesehen werden (siehe auch Abb. 9.3 auf Seite 173).

Juno – Planetoid Nr. 3 – erreicht ihre Oppositionsstellung zur Sonne am 20. Mai 2012. Mit nur $10{,}^{\mathrm{m}}2$ Oppositionshelligkeit ist sie kein lohnendes Beobachtungsobjekt für angehende Sternfreundinnen und Sternfreunde.

Vesta – Planetoid Nr. 4 – hat ihren Oppositionstermin am 9. Dezember 2012. Mit $6{,}^{\mathrm{m}}4$ Oppositionshelligkeit ist sie ausgesprochen leicht schon mit kleinem Fernglas im Sternbild Stier zu entdecken (siehe Abb. 12.5 auf Seite 225). Letztmals stand Vesta am 5. August 2011 im Sternbild Steinbock in Opposition zur Sonne und konnte mit $5{,}^{\mathrm{m}}6$ scheinbarer Helligkeit fast mit bloßem Auge (bei sehr dunklem Himmel ohne Störung durch irdische Lichtquellen) erkannt werden.

Astraea – Planetoid Nr. 5 – steht am 12. März im Sternbild Löwe in Opposition zur Sonne.

Eunomia – Planetoid Nr. 15 – eilt rasch südwärts strebend durch den Stier an der Grenze zum Perseus (siehe Abb. 1.6 auf Seite 28). Ihre Helligkeit geht während des Monats von $8{,}^{\mathrm{m}}6$ auf $9{,}^{\mathrm{m}}3$ zurück. Damit wird Eunomia zu einem schwierigen Objekt. Am 1. kulminiert sie um $21^{\mathrm{h}}19^{\mathrm{m}}$, am 15. um $20^{\mathrm{h}}26^{\mathrm{m}}$ und am 31. bereits um $19^{\mathrm{h}}33^{\mathrm{m}}$.

Eros – Planetoid 433 – erreicht seine Opposition zur Sonne am 1. März 2012. Da er unser Zentralgestirn auf einer langgestreckten Ellipsenbahn umrundet und vergleichsweise nahe an der Erde vorbeiläuft, erreicht er schon am 31. Januar seine geringste Entfernung von der Erde. Ihn trennen an diesem Tag „nur" 27 Millionen Kilometer (= 0,179 AE) von uns. Im Laufe des Januars nimmt die Eros-Helligkeit von $9{,}^{\mathrm{m}}4$ auf $8{,}^{\mathrm{m}}5$ erheblich zu.

Eros bewegt sich wegen seiner Erdnähe schnell über den irdischen Himmel und rast süd-

1.6 Bahn von Eunomia:
Scheinbare Bahn des Kleinplaneten (15) Eunomia im Gebiet des Sternbildes Perseus. Die Zahlen geben die Eunomia-Positionen zum jeweiligen Monatsersten an (9–12 in 2011).

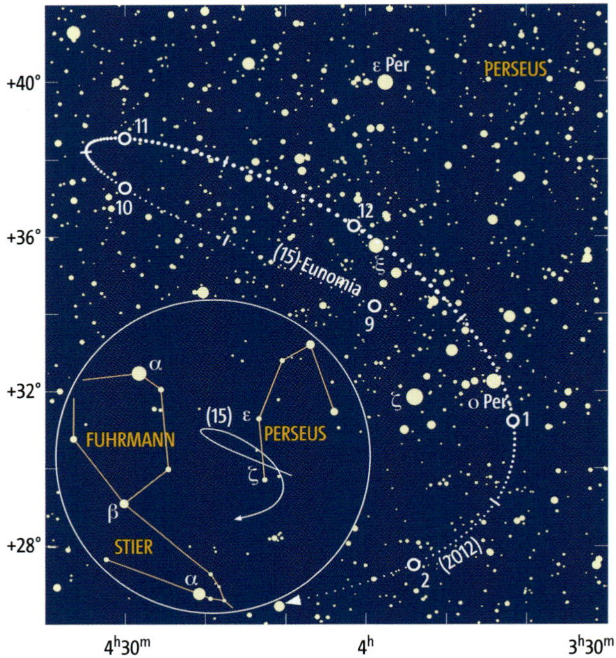

wärts durch den Löwen (Abb. 3.8 Seite 62). Am 17. wird er stationär und ist anschließend rückläufig. Das „rückläufig“ bezieht sich lediglich auf seine Bewegung in Rektaszension. Näheres zu diesem ungewöhnlichen Kleinplaneten, der der Erde bis auf 22 Millionen Kilometer (= 0,147 AE) nahe kommen kann und auf dem schon eine irdische Raumsonde gelandet ist, findet man im Monatsthema „Die Erforschung des Eros“ im *Kosmos Himmelsjahr 2002* auf Seite 43.

Periodische Sternschnuppenströme

Gleich zu Jahresbeginn sind die **Quadrantiden** (Ausstrahlungspunkt oder Radiant im Sternbild Bootes) zu erwarten. Vom 1. bis 6. Januar flammen sie in der zweiten Nachthälfte auf. In der Nacht vom 3. auf 4. Januar tritt das spitze Maximum mit 100 bis 120 Objekten pro Stunde auf. In manchen Jahren wurden sogar über zweihundert pro Stunde beobachtet. Helle Sternschnuppen kommen dabei nur selten vor. Ein Erzeugerkomet ist nicht bekannt. Die einzelnen Meteore haben mittlere Geschwindigkeiten um 40 Kilometer pro Sekunde. Da der Radiant im Sternbild Bootes liegt, wird dieser Strom auch **Bootiden** genannt.

Ein wenig bekannter Strom sind die **Delta-Cancriden**. Sie erscheinen zwischen dem 1. und 24. Januar.

Das Maximum fällt auf den 17. Januar. Die Meteore entströmen dem Sternbild Krebs. Es handelt sich um langsame Sternschnuppen mit Geschwindigkeiten um 30 Kilometer pro Sekunde. Pro Stunde ist lediglich mit etwa vier Meteoren zu rechnen.

Veränderliche Sterne im Januar

Algol-Minima	3. 0^h24^m	5. 21^h13^m	8. 18^h02^m	23. 2^h09^m	25. 22^h57^m	28. 19^h47^m
β-Lyrae-Minima	6. 17^hN	13. 4^hH	19. 16^hN	26. 3^hH		
δ-Cephei-Maxima	4. 10^h	9. 18^h	15. 3^h	20. 12^h	25. 21^h	31. 5^h
Mira-Helligkeit	1. 6^m	10. 6^m	20. 7^m	31. 7^m		

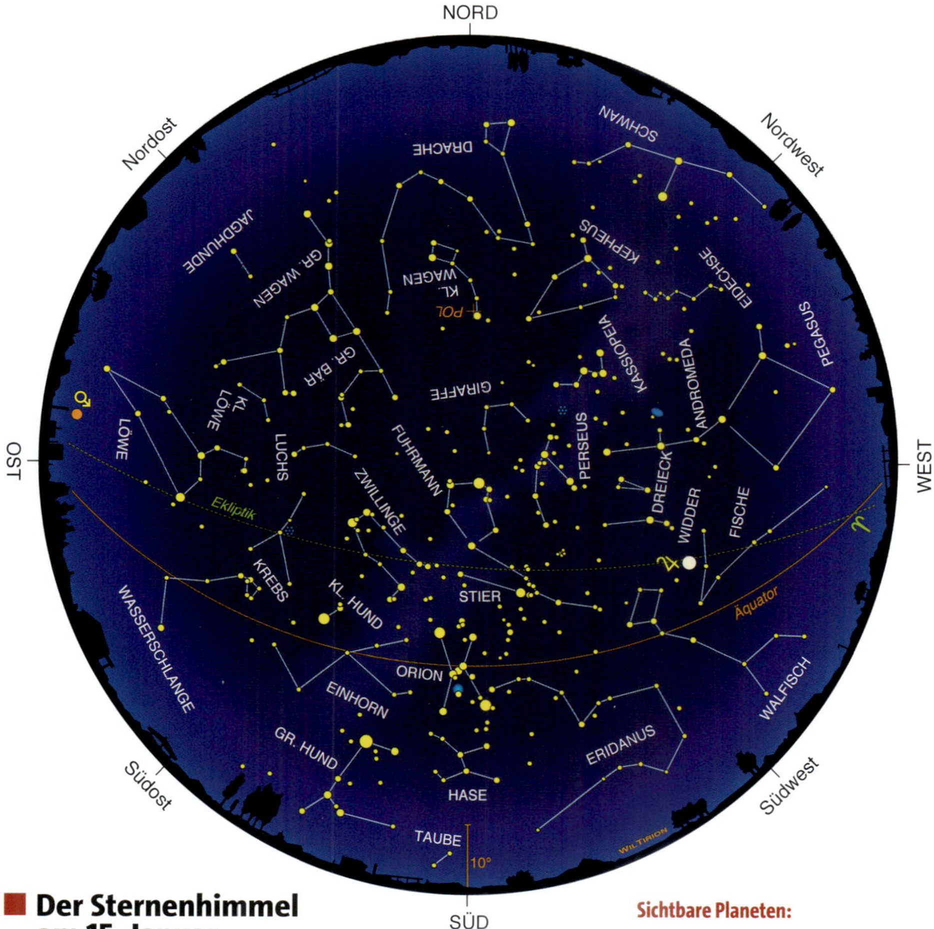

Der Sternenhimmel am 15. Januar um 22h MEZ

Sichtbare Planeten:
Jupiter (♃), Mars (♂)

Die Sternkarte ist auch gültig für:

	MEZ	MESZ
1.10.	5^h	6^h
15.10.	4	5
1.11.	3	
15.11.	2	
1.12.	1	
15.12.	0	
1. 1.	**23**	
15. 1.	**22**	
31. 1.	**21**	
15. 2.	20	

Der Winterhimmel weist abends die meisten hellen Sterne auf. In keiner anderen Jahreszeit ist das abendliche Sternenzelt so reich bestückt an Glanzlichtern. Blickt man fast senkrecht nach oben, so entdeckt man einen gelblichen Stern erster Größe. Er wird Kapella genannt und ist der hellste Stern im Fuhrmann. Der Fuhrmann ist leicht zu erkennen: Ein Fünfeck mit Kapella an der Spitze. Häufig sieht man jedoch ein Sechseck – so werden auch die Linien in vielen Sternkarten gezeichnet.

Auch in unserer Monatssternkarte bilden die Skelettlinien ein Sechseck, das den Fuhrmann markiert. Der Stern gegenüber der Kapella gehört jedoch schon zum Stier und firmiert unter β Tauri. Mit Eigennamen heißt er Al Nath und deutet die eine

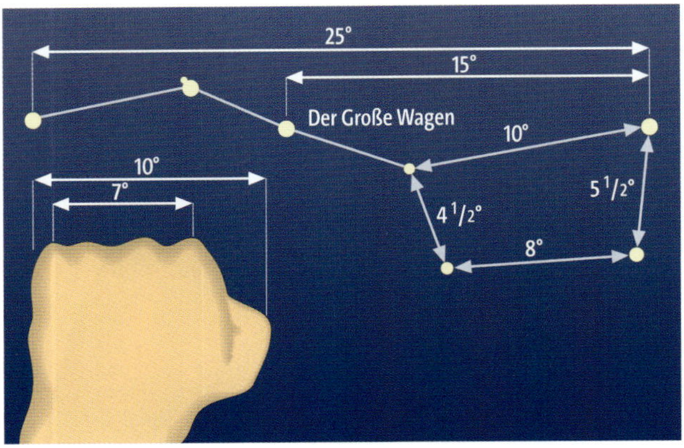

1.7 Den Himmel vermessen: **Der Große Wagen dient als universelle Himmelselle. Mit ihr lässt sich das Abschätzen von Sterndistanzen am Firmament leicht üben. Zum Vergleich ist eine ausgestreckte Durchschnittsfaust eingetragen.**

Hornspitze des Stierkopfes an. Die scheinbare Sonnenbahn, die Ekliptik, geht knapp südlich an Al Nath vorbei. Der Stier nimmt jetzt hoch im Süden seinen Platz ein. Auffällig leuchtet sein hellster Stern, der rötliche Aldebaran. Aldebaran selbst steht mitten im eindrucksvollen Sternhaufen der Hyaden. Allerdings ist er nicht Mitglied dieses Sternhaufens. Mit 65 Lichtjahren Entfernung ist er nur halb so weit weg wie die Hyadensterne. Er steht somit im Vordergrund der Hyaden.

Ein weiterer einprägsamer offener Sternhaufen ist im Stier zu sehen, die Plejaden (das Siebengestirn). Im Fernglas machen die blau-weißen Plejadensterne einen nachhaltigen Eindruck.

Unübersehbar – der Orion

Das bekannteste Wintersternbild, der Himmelsjäger Orion, fällt halbhoch im Süden jedem auf, der jetzt zum Sternenhimmel blickt. Die beiden hellsten Sterne im Orion sind der rötliche Schulterstern Beteigeuze und der bläulich-weiße Fußstern Rigel. Dazwischen markieren drei Sterne zweiter Größe in einer Linie den Gürtel. Ganz allgemein spricht man daher von den drei Gürtelsternen des Orion. Sie haben die Fantasie der Menschen häufig angeregt, weshalb es viele Bezeichnungen für sie gibt. Die Landbevölkerung sah in ihnen die drei Mahder oder Schnitter, die die Ernte einbringen. Sie sind nämlich zur Erntezeit im August am Morgenhimmel im Südosten zu sehen, wenn die Feldarbeiter ihr Tagwerk beginnen.

Im Südosten strahlt Sirius als hellster Stern des Himmels und Hauptstern im Großen Hund. Ein wenig höher leuchtet Prokyon im Kleinen Hund. Prokyon ist die griechische Bezeichnung für „Vorhund“: Prokyon geht in unseren Breiten vor Sirius auf. Sirius und Prokyon sind relativ nahe Sterne, sie gehören zu den unmittelbaren Nachbarn unserer Sonne. Sirius ist knapp neun und Prokyon etwas mehr als elf Lichtjahre von unserem Sonnensystem entfernt. Beide Hundssterne besitzen je einen Weißen Zwerg als Begleiter.

Hoch im Osten haben sich die beiden Sternenketten der Zwillinge eingefunden. Ihre beiden hellsten Sterne heißen Kastor und Pollux. Das Sternenpolygon, das aus Kapella im Fuhrmann, Aldebaran im Stier, Rigel im Orion, Sirius im Großen Hund, Prokyon im Kleinen Hund und Pollux in den Zwillingen gebildet wird, nennt man Wintersechseck. Es ist gewissermaßen das Pendant zum Sommerdreieck.

Vorboten des Frühlings

Der Blick nach Osten lässt den kommenden Frühling erahnen. Knapp über dem Osthorizont ist der mächtige Löwe erschienen. Der Löwe ist das bekannteste Frühlingssternbild. Im April geht der Löwe zur Standardbeobachtungszeit (= 22^h MEZ) gerade durch den Meridian. Der Löwe ist Mitglied im Tierkreis. Zu den Tierkreisbildern zählen jene dreizehn Sternbilder, durch die die scheinbare Sonnenbahn

1.8 Das Wintersechseck:
Es setzt sich aus den sechs hellen Sternen Kapella im Fuhrmann, Aldebaran im Stier, Rigel im Orion, Sirius im Großen Hund, Prokyon im Kleinen Hund und Pollux in den Zwillingen zusammen.

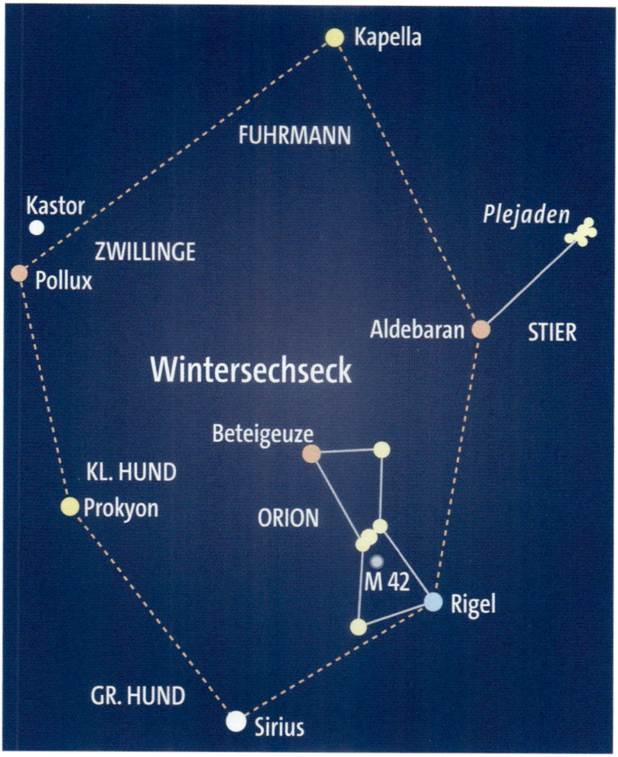

zieht. In den Tierkreisbildern findet man daher auch den Mond und die Planeten.

Hoch in der westlichen Himmelshälfte zeigt sich die Kassiopeia, ein Sternbild, das recht leicht zu erkennen ist. Es sieht aus wie ein großes „W", weshalb man auch vom Himmels-W spricht. In der gegenwärtigen Position hat man eher den Eindruck eines großen „M". Die mittlere Spitze des Himmels-W deutet ungefähr auf den Polarstern, der am Deichselende des Kleinen Wagens steht. Der Kleine Wagen ist nicht ganz einfach zu erkennen, denn bis auf drei Sterne sind alle recht lichtschwach. Es müssen schon gute Sichtbedingungen herrschen – keinesfalls dürfen irdische Lichter stören –, um den Kleinen Wagen zu finden.

Viel leichter sieht man den Großen Wagen. Nimmt man den Polarstern als Zentrum, dann stehen Himmels-W und Großer Wagen einander diametral gegenüber. Da beide Sternbilder bei uns zirkumpolar sind (= niemals untergehen), kann man sie in jeder klaren Nacht des Jahres sehen. An ihnen kann man auch sehr schön die Drehung des himmlischen Uhrwerks im Laufe der Nacht verfolgen.

Von den Herbstbildern hält sich noch Perseus fast im Zenitbereich auf, während Andromeda und Pegasus sowie die Tierkreisbilder Widder und Fische den Westhimmel bevölkern.

Tief im Nordwesten ist noch Deneb im Schwan auszumachen. Im Südwesten findet man nur lichtschwache Sternbilder: den Walfisch und den Fluss Eridanus. Der zoologisch gebildete Leser weiß natürlich, dass der Wal zu den Säugetieren gehört und nicht zu den Fischen. Die lateinische Bezeichnung für ihn lautet Cetus. Der Cetus ist weder ein Wal noch ein Fisch, sondern schlicht ein Fabelwesen.

Fernab irdischer Lichtquellen kann man jetzt gut das schimmernde Band der winterlichen Milchstraße bewundern. Vom Südosten steigt es empor, zieht vorbei an Sirius durch die Zwillinge, Fuhrmann, Perseus und Kassiopeia und sinkt zum Nordwesthorizont hinab.

Doch nur wenige Menschen finden heutzutage noch die Gelegenheit, einmal die Milchstraße mit eigenen Augen am Himmel zu sehen. Fast nirgendwo mehr in unseren beleuchteten Gegenden ist der Nachthimmel dunkel genug, um die Milchstraße wirklich beeindruckend zu erleben.

Der Ursprung unseres Kalenders

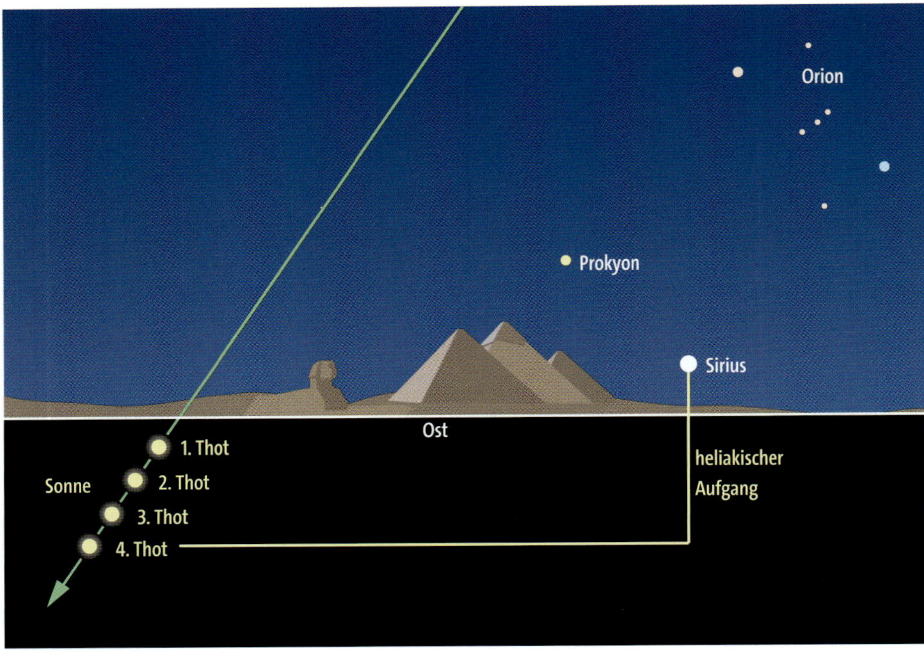

1.9 Heliakischer Siriusaufgang. Sirius wird erstmals in der Morgendämmerung sichtbar.

Das Jahr 2012 ist nach dem Gregorianischen Kalender ein Schaltjahr mit 366 Tagen. Der Februar hat demnach 29 statt 28 Tage wie in einem Gemeinjahr zu 365 Tagen. Meist macht man sich keine Gedanken darüber, warum jedes vierte Jahr einen Tag länger ist. Seit Jahrhunderten gibt es Schaltjahre zu 366 Tagen. Doch warum gibt es überhaupt Schaltjahre?

Schon im frühen Altertum lernte man die astronomischen Vorgänge kennen, die es erlauben, den Zeitablauf zu bestimmen, die Zeit einzuteilen und die Rhythmen der Natur für eine verlässliche Zeitrechnung zu nutzen. Diese drei Rhythmen sind der Sonnentag, der Wechsel von hellem Tag und dunkler Nacht, die periodisch wechselnden Lichtgestalten (Mondphasen) des Monats und das Jahr. Auch wer sich nicht für die Himmelskunde interessiert, bemerkt diese Rhythmen unmittelbar. Täglich wird es dunkel, in unseren Breiten ändert sich das Klima, auf kalte Winter folgen heiße Sommer, die Sonne beschreibt im Winter einen kleinen Tagbogen, die Nächte sind lang, die Tage kurz. Im Sommer fällt der Tagbogen der Sonne groß aus, sie steht zu Mittag hoch am Himmel, die Tage sind lang und die Nächte kurz.

Auch der Mond fällt unmittelbar auf, wenn er voll beleuchtet die Nacht erhellt. Vierzehn Tage später sieht man ihn nicht mehr – er steht als Neumond mit der Sonne am Taghimmel. Vor allem vor Erfindung der elektrischen Beleuchtung war man nachts auf den milden Schein des Mondes als natürliche Lichtquelle angewiesen. Insbesondere in den Ländern mit heißem Klima traf man sich nachts bei Vollmond zu Versammlungen und Festen.

Unpassende Zeitrhythmen

Schon früh wurde klar, dass diese drei Zeitrhythmen inkommensurabel sind, das heißt, in keinem kleinen Zahlenverhältnis zueinander stehen. Ein Jahr hat weder 365 noch 366 Tage sondern 365,24219 ... Tage. Eine volle Lunation – die Zeitspanne von einem bis zum nächsten Neumond – dauert weder 29 noch 30 Tage sondern 29,53059 ... Tage. Und zwölf Mondmonate sind um elf Tage kürzer als ein Jahr. Diese drei periodischen, astronomischen Zeitabläufe in ein praktikables System zu bringen war stets die Aufgabe der Kalendermacher. Die Kulturhöhe eines Volkes lässt sich daran ermessen, wie es dieses Grundproblem bei der Aufstellung eines Kalenders gelöst hat.

Im Prinzip gibt es drei Grundtypen von Kalendern: der reine Sonnenkalender, der Mondkalender und die Kombination aus beiden, der Lunisolarkalender, auch als gebundener Mondkalender bezeichnet. Der Sonnenkalender lässt die Mondphasen unberücksichtigt. Neu- und Vollmondtermine fallen in jedem Jahr auf ein anderes Datum. Der Mondkalender wiederum stellt keine Koinzidenz mit den Jahreszeiten her. Nach zwölf synodischen Monaten, also zwölf Neumondterminen, beginnt im Mondkalender wieder ein neues Jahr. Da das Mondjahr elf Tage kürzer ist als die Zeit zwischen zwei aufeinander folgenden Passagen der Sonne durch den Frühlingspunkt (= tropisches Jahr), verschiebt sich der Beginn eines neuen Mondjahres jeweils elf Tage rückwärts durch die Jahreszeiten. Beginnt ein Mondjahr im Dezember, so fällt nach einigen Jahren der Beginn in den Herbst, dann in den Sommer und schließlich in den Frühling. Erst nach 33 Jahren fällt schließlich der Jahresbeginn wieder in den Dezember. Das ist unbefriedigend.

Babylons Kalender

Die Babylonier fanden eine Lösung, um Mondphasen und Sonnenjahr in Einklang zu bringen. Sie erkannten, dass 235 synodische Monate („Mondmonate“) ziemlich genau 19 tropischen Jahren („Sonnenjahre“) entsprechen. Nach 19 Jahren fallen die Mondphasen wieder auf das gleiche Datum. Ist in einem Jahr am 1. Januar Vollmond, so ist nach 19 Jahren wieder am 1. Januar Vollmond. Sie führten damit einen 19-jährigen Zyklus ein mit zwölf Jahren zu zwölf Mondmonaten und sieben Jahren zu 13 Mondmonaten ($12 \times 12 + 7 \times 13 = 235$). Diesen kombinierten Mond-Sonnenkalender übernahm für die Griechen der Athener Meton. Seither spricht man vom Metonschen Zyklus, einem Lunisolarkalender. Noch heute findet der Metonsche Zyklus im Jüdischen Kalender Anwendung, während beispielsweise der Islamische Kalender ein reiner Mondkalender ist. Denn der Koran (Sure 9, Vers 36) verbietet es den Muslimen, Schaltmonate einzufügen.

Der Metonsche Zyklus ist nicht die einzige Möglichkeit für einen Lunisolarkalender. Noch raffinierter ist die Lösung, den die Chinesen in ihrem Lunisolarkalender einführten (siehe Monatsthema „Der Kalender im alten China“ auf Seite 113 im *Kosmos Himmelsjahr 2006*).

Unsere heute in Verkehr, Wirtschaft und Wissenschaft international gebräuchliche Zeitrechnung beruht auf der Kalenderreform, die Papst Gregor XIII. im Jahre 1582 veranlasst hat. Man spricht daher heute vom Gregorianischen Kalender. Er ist ein reiner Sonnenkalender. Jahresbeginn und Jahreslänge werden allein durch den Sonnenlauf bestimmt und sind unabhängig vom Mondlauf. Es wird keine Koinzidenz mit dem Beginn eines synodischen Mondmonats hergestellt. Dabei spielt es keine Rolle, dass der Termin des christlichen Osterfestes nach wie vor an den ersten Frühlingsvollmond gekoppelt ist.

Ägyptischer Sonnenkalender

Seine Wurzeln hat der Gregorianische Kalender im ägyptischen Sonnenkalender. Die ägyptischen Priesterastronomen bestimmten die Länge des Sonnenjahres zu 365 Tagen, indem sie feststellten, wann der hellste Fixstern des Him-

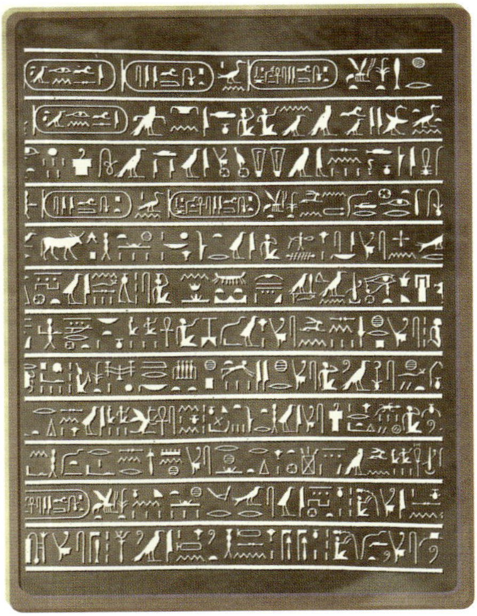

1.10 Das Edikt von Canopus

mels, Sirius, erstmals wieder in der Morgendämmerung auftauchte. Der Astronom spricht vom heliakischen Aufgang eines Gestirns, wenn es nach der „Sonnenlücke" morgens erstmals wieder zu sehen ist, bevor die Sonne aufgeht. Und kurz nach dem ersten Sichtbarwerden von Sirius setzte die für Ägypten so bedeutsame Nilüberflutung ein. Schon der griechische Historiker Herodot schrieb: „Ägypten ist ein Geschenk des Nils." Ohne Nilüberschwemmung kein Ernteertrag.

Bei den Ägyptern verkörperte Sirius die Gottheit Sodpet, auch griechisch Sothis genannt. Sie beobachteten, wann sich Sothis erstmals aus den Strahlen des Sonnengottes Ra befreien konnte. Der heliakische Aufgang des Sothis markierte den Beginn des ägyptischen Sonnenjahres. Es hatte 365 Tage und wurde in zwölf Monate zu je dreißig Tagen unterteilt. Dies ergibt 360 Tage, an die noch fünf Tage angehängt wurden. Man nannte diese zusätzlichen Tage Epagomenen. Allerdings trat bald ein Problem auf. Ging Sirius am 1. Thot (Thot: erster Monat im Ägyptischen Kalender) auf, so verspätete sich sein Erscheinen am Morgenhimmel im Laufe der Jahre. Nach vier Jahren erfolgte der heliakische Siriusaufgang erst am 2. Thot, nach acht Jahren am 3. Thot, usw. Jeweils nach vier Jahren erfolgte der Frühaufgang von Sothis einen Tag später als davor.

Der Grund war bald gefunden: Die Sonne benötigt einen Vierteltag länger, um wieder am gleichen Stern vorbeizuziehen. Ein siderisches Jahr (von lat.: sidus – das Gestirn) dauert sechs Stunden länger als 365 Tage, nämlich 365,25 Tage. Deshalb wanderte der ägyptische Jahresbeginn durch alle Jahreszeiten. Die Nilüberschwemmungen erfolgten im ägyptischen Wanderjahr immer zu einem anderen Datum. Nach 4 × 365 siderischen Jahren, also nach 1460 Jahren, dies sind 1461 ägyptische Wanderjahre, fiel der Sothisaufgang wieder auf das gleiche Datum im ägyptischen Jahr. Den Zeitraum von 1460 Jahren nennt man eine Sothisperiode.

Im Jahr 238 v. Chr. erließ König Ptolemaios III., auch Euergetes genannt, sein berühmtes Edikt von Canopus. Es legte fest, dass alle vier Jahre statt fünf Epagomenen deren sechs an die zwölf Monate anzuhängen sind. Damit war gewissermaßen das Schaltjahr eingeführt. Jedes vierte Jahr hatte damit 366 statt 365 Tage.

Der neue ägyptische Kalender sah somit eine mittlere Jahreslänge von 365,25 Tagen (= [365 × 3 + 366]/4) vor.

Diese Kalenderreform stieß auf den erbitterten Widerstand der ägyptischen Priesterschaft. Denn von nun an wäre die jährliche Nilüberschwemmung stets auf das gleiche Datum im neuen ägyptischen Kalender gefallen. Pharaonen und Könige sowie das Volk wären nicht mehr auf die Priesterastronomen und ihre Beobachtungen des heliakischen Sothisaufganges angewiesen. So blieb alles beim Alten: Der Frühaufgang des Sothis wanderte in 1461 Jahren durch den gesamten alten ägyptischen Kalender von stets 365 Tagen. Und die Priesterastronomen beobachteten das erstmalige Erscheinen von Sothis am Morgenhimmel. Sie teilten dann dem Herrscher mit, wann die Nilüberschwemmung zu erwarten sei. Der Pharao informierte wie seit Jahrhunderten das Volk über den Zeitpunkt der Nilflut.

Caesars Reform

Als der römische Feldherr und spätere Imperator Gaius Julius Caesar die Königin von Ägypten, Kleopatra, besuchte, lernte er auch vom alexandrinischen Mathematiker und Astronomen Sosigenes den neuen ägyptischen Sonnenkalender mit dem alle vier Jahre anzuhängenden sechsten Epagomenen kennen. Caesar nahm Sosigenes als Berater mit nach Rom, denn der Imperator hatte als oberster Priester (pontifex maximus) auch den römischen Kalender zu überwachen. Dieser war jedoch aus vielerlei Gründen arg in Unordnung geraten. Im Jahre 46 v. Chr. reformierte Caesar den römischen Kalender, wobei ihn sein Berater Sosigenes unterstützte.

Ursprünglich begann das römische Jahr mit den Kalenden des März, also dem 1. März. Dieser Monat war dem Kriegsgott Mars gewidmet. Noch heute erinnern die Monatsnamen September, Oktober, November und Dezember, also der Siebente, der Achte, der Neunte und der Zehnte (Monat) an den Jahresbeginn des alten römischen Kalenders. Caesar verlegte den Jahresbeginn auf den 1. Januar, den Monat des doppelgesichtigen Grenzgottes Januarius. Ferner glich er die Jahreslänge dem Sonnenjahr an: Jedes vierte Jahr hat 366 Tage statt 365. Damit ergibt sich eine mittlere Jahreslänge von 365,25 Tagen. Allerdings hängte er den zusätzlichen Tag nicht am Jahresende an, wie das Edikt von Canopus es vorsah, sondern er dekretierte die Einschaltung des zusätzlichen Tages am 24. Februar. Dies hatte einen historischen Grund: Am 24. Februar, dem „dies sextilis" vor den Kalenden des März, feierte man das Fest der Terminalien, wobei im alten römischen Mondkalender gegebenenfalls der 13. Monat Mercedonius eingeschoben wurde. Die Römer waren es also gewohnt, an diesem ursprünglichen „Jahreserstfest" eine Schaltung zu erleben. Nach Caesars Reform wurde aber nur ein Tag, der „dies bisextilis" (der „zweite sechste Tag") vor den Kalenden des März eingeschoben, statt eines ganzen Monats. Caesars Kalender berücksichtigte die Mondphasen nicht mehr – Schaltmonate waren überflüssig geworden.

Der später nach seinem Reformator „Julianischer Kalender" genannt ist ein reiner Sonnenkalender. Der ursprünglich fünfte Monat Quintilis („der Fünfte") wurde zu Ehren von Caesar in Julius umbenannt. Später hat der Senat von Rom den Sextilis („der Sechste") in August umgetauft. Noch bis zum Jahre 1984 ist in Schaltjahren der 24. Februar als Schalttag im Kalender vermerkt worden. Unsere etwas komplizierte Regelung der Monatslänge geht somit auf den römischen

Kalender zurück. Bei den Ägyptern war dies einst simpler: Jeder Monat hatte 30 Tage, wie bereits erwähnt. Im Julianischen Kalender hat der Februar in Gemeinjahren 28 Tage, in Schaltjahren jedoch 29.

Wechselnder Frühlingsbeginn

Ein Julianisches Jahr hat somit eine Länge von 365,25 Tagen oder 365 Tage und 6 Stunden. Ein voller Umlauf der Erde um die Sonne (siderisches Jahr) dauert 365,256363 Tage = $365^d06^h09^m10^s$, ist also um gut neun Minuten länger als ein Julianisches Jahr von exakt 365^d06^h. Unser Kalender richtet sich aber nach den Jahreszeiten und nicht nach den Sternen. Maßgebend ist somit, wann jeweils der Frühling beginnt. Infolge der Präzessionsbewegung der Erde kommt der Frühlingspunkt dem Sonnenlauf entgegen, und zwar pro

Jahr um 50″,2. Somit vergehen zwischen zwei aufeinanderfolgenden Passagen der Sonne durch den Frühlingspunkt genau 365,242190 Tage = $365^d05^h48^m45^s$ (= tropisches Jahr). Ein tropisches Jahr ist also um elf Minuten und fünfzehn Sekunden kürzer als ein Julianisches Jahr. Damit eilt die Sonne jedes Jahr um diese 11,25 Minuten dem kalendarischen Frühlingsbeginn voraus. Die Differenz von 0,00781 Tagen zwischen Julianischer Jahreslänge und Länge des tropischen Jahres summiert sich in 128 Jahren zu einem ganzen Tag. Nach 128 Jahren passiert die Sonne den Frühlingspunkt einen Tag früher als es dem Julianischen Kalender entspricht.

Das Osterdatum

Das Konzil von Nikaia beschloss im Jahre 325 nach Chr., das Osterfest an dem Sonntag zu feiern, der dem ersten Frühlingsvollmond folgt. Damals begann der Frühling am 21. März im Julianischen Kalender. Da die Sonne jedes Jahr um 11^m15^s dem Julianischen Frühlingsbeginn vorauseilt, passierte sie nach 128 Jahren bereits am 20. März, nach weiteren 128 Jahren schon am 19. März den Frühlingspunkt.

Bis ins 16. Jahrhundert war die Differenz schon auf zehn Tage angewachsen. Die Sonne überschritt bereits zwischen dem 10. und 11. März den Himmelsäquator in Richtung Nord. Aufgefallen war die Verschiebung des Frühlingsäquinox schon früher, doch etliche Reformversuche blieben im Ansatz stecken. Erst Papst Gregor XIII. ordnete die Reform des Julianischen Kalenders im Jahre 1582 an. Wie Caesar hatte auch er seine Berater, nämlich den deutschen Mathematiker und Astronomen Christopher Clavius, den Arzt und Mathematiker Aloigi Giglio (latinisiert: Aloysius Lilius) und dessen Bruder Antonio Giglio (Antonius Lilius), Erzbischof von Peruga.

Am 24. Februar 1582 ordnete Gregor XIII. in seiner päpstlichen Bulle „Inter gravissimas" Folgen-

1.12 Mondkrater Clavius – mit 225 km Durchmesser der größte Ringwall auf dem Mond (Foto: M. Weigand).

des an: Auf Donnerstag, den 4. Oktober, hat unmittelbar der Freitag, 15. Oktober 1582, zu folgen. Damit wurde die inzwischen aufgelaufene Differenz zwischen astronomischem und kalendarischem Frühlingsbeginn wieder ausgeglichen. Um zu vermeiden, dass es wieder zu Abweichungen vom Sonnenlauf kommt, bestimmte die Reform folgende modifizierte Schaltregel: Alle restlos durch 4 teilbaren Jahre sind wie bisher Schaltjahre mit 366 Tagen. Ausgenommen sind jedoch die Säkularjahre, also die restlos durch 100 teilbaren Jahre wie 1700, 1800, 1900 und 2100. Sie sind keine Schaltjahre, sondern Gemeinjahre mit 365 Tagen. Von dieser Regelung gibt es wieder eine Ausnahme. Ist ein Säkularjahr aber restlos durch 400 teilbar, dann ist es ein Schaltjahr. Somit sind die Jahre 1600, 2000 und 2400 Schaltjahre mit 366 Tagen.

Der Gregorianische Kalender hat somit eine vierhundertjährige Periode. Die Länge eines Gregorianischen Jahres ergibt sich zu $(365 \times 400 + 97)/400 = 365{,}2425$ Tage. Danach ist ein Gregorianisches Jahr nur 0,0003 Tage oder 26 Sekunden länger als ein tropisches Jahr. Erst nach 3300 Jahren wird die Sonne wieder einen Tag Vorsprung vor dem kalendarischen Frühlingsbeginn haben. Für die nächsten dreitausend Jahre ist also keine weitere Korrektur oder Reform des Gregorianischen Kalenders erforderlich. Es gibt Überlegungen, die Jahre 4000, 8000 und 12 000 zu Gemeinjahren zu machen (nach der Gregorianischen Regel wären es Schaltjahre). Dadurch würde die Sonne erst nach 20 000 Jahren um einen Tag vom kalendarischen Frühlingsbeginn abweichen.

Zögerliche Kalenderreform

Da nach dem Julianischen Kalender die Jahre 1700, 1800 und 1900 Schaltjahre waren, ist die Differenz zwischen beiden Kalendern inzwischen auf dreizehn Tage angewachsen. Der 1. Januar 2012 des Julianischen Kalenders entspricht dem 14. Januar des Gregorianischen Kalenders. Der astronomische Frühlingsbeginn am 20. März 2012 fällt im Julianischen Kalender auf den 7. März. So entspricht der erste Weihnachtsfeiertag, der 25. Dezember 2011, im Julianischen Kalender dem 7. Januar 2012 im Gregorianischen Kalender.

Die Gregorianische Kalenderreform setzte sich nur allmählich durch. Denn nicht alle Herrscher, Regierungen und Staaten befolgten den Satz: „Roma locuta, causa finita" – Rom hat gesprochen, die Sache ist erledigt. Zunächst übernahmen die katholischen Länder wie Italien, Frankreich, Bayern und Österreich den Gregorianischen Kalender. Das protestantische Deutschland ließ erst am 18. Februar 1700 sofort den 1. März

Einführung des Gregorianischen Kalenders

Land/Stadt	Letztes jul. Datum	Erstes gregor. Datum
Italien, Vatikan, Spanien, Polen, Portugal	4. Okt. 1582	15. Okt. 1582
Frankreich	9. Dez. 1582	20. Dez. 1582
Niederlande, Luxemburg	21. Dez. 1582	1. Jan. 1583
Bayern	5. Okt. 1583	16. Okt. 1583
Salzburg, Tirol, Brixen,	5. Okt. 1583	17. Okt. 1583
Aachen, Köln	3. Nov. 1583	14. Nov. 1583
Kärnten, Steiermark	14. Dez. 1583	25. Dez. 1583
Österreich, Böhmen, Mähren	6. Jan. 1584	17. Jan. 1584
Schweiz	11. Jan. 1584	22. Jan. 1584
Ungarn	21. Okt. 1587	1. Nov. 1587
Preußen	22. Aug. 1610	2. Sep. 1610
Deutschland (protestantische Länder), Norwegen	18. Feb. 1700	1. März 1700
Basel, Bern, Biel, Neuchatel, Sargans, Schaffhausen, Thurgau, Zürich	31. Dez. 1700	12. Jan. 1701
Großbritannien	2. Sep. 1752	14. Sep. 1752
Finnland, Schweden	17. Feb. 1753	1. März 1753
Japan	–	1. Jan. 1873
China	–	20. Nov. 1911
Bulgarien	31. März 1916	14. April 1916
Russland (Sowjetunion)	31. Jan. 1918	14. Feb. 1918
Serbien	18. Jan. 1919	1. Feb. 1919
Rumänien	18. Jan. 1919	1. Feb. 1919
Griechenland	9. März 1924	23. März 1924
Türkei	18. Dez. 1925	1. Jan. 1926
Ägypten	17. Sep. 1928	1. Okt. 1928

folgen. Russland stellte erst nach der Oktoberrevolution um: Auf den 31. Januar 1918 folgte in Moskau sofort der 14. Februar 1918. Ägypten ging erst 1928 zum Gregorianischen Kalender über (siehe Tabelle oben). Bei historischen Datumsangaben ist stets zu berücksichtigen, auf welchen Kalender sich die Angaben beziehen. So ist Isaac Newton am 5. Januar 1643 geboren worden. In Großbritannien erfolgte die Umstellung erst 1752, auf den 2. September folgte der 14. September. Nach dem Julianischen Kalender lautet daher Newtons Geburtsdatum: 25. Dezember 1642. Dieses Datum ist auch auf seinem Grabstein eingemeißelt. Die orthodoxen Kirchen verwenden heute noch den Julianischen Kalender. Nach dem Julianischen Kalender wird die Sonne dann im Jahre 6620 bereits am 1. Januar im Frühlingspunkt stehen.

Heute wird der Gregorianische Kalender in Wirtschaft, Verkehr und Wissenschaft weltweit benutzt. In den meisten Staaten ist er auch gesetzlich verankert, auch wenn aus alter Tradition noch der eine oder andere historische Kalender in Gebrauch ist.

Februar 2012

- Venus und Jupiter beherrschen den Abendhimmel.
- Der flinke Merkur zeigt sich Ende Februar am Abendhimmel.
- Mars wird zum Planeten der gesamten Nacht.
- Saturn ist Planet der zweiten Nachthälfte.

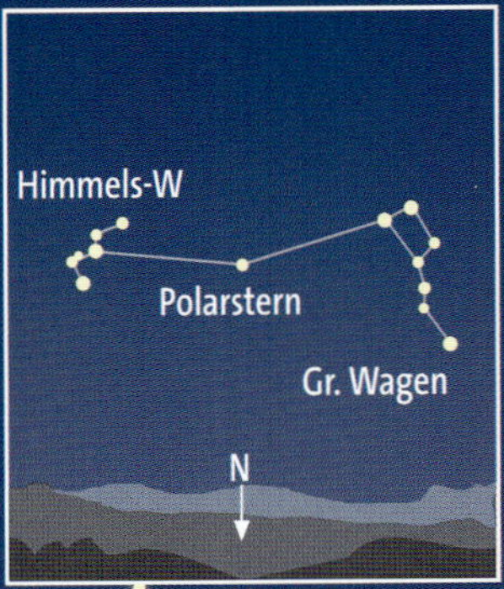

Großer Wagen und Himmels-W Anfang Februar um 22 Uhr

2.1 Anblick des westlichen Abendhimmels am 25. Februar gegen 21h MEZ. Über dem Westhorizont strahlen die hellen Planeten Jupiter und Venus, an denen die Sichel des zunehmenden Mondes vorbeizieht.

1 Mi	
2 Do	
3 Fr	
4 Sa	
5 So	
6 Mo	
7 Di	Vollmond
8 Mi	
9 Do	
10 Fr	Venus bei Uranus (Abendhimmel)
11 Sa	Mond in Erdnähe
12 So	
13 Mo	
14 Di	Mond im letzten Viertel
15 Mi	
16 Do	
17 Fr	
18 Sa	
19 So	
20 Mo	
21 Di	Neumond
22 Mi	
23 Do	
24 Fr	
25 Sa	Mond bei Venus (Abendhimmel)
26 So	
27 Mo	Mond in Erdferne Mond bei Jupiter (Abendhimmel)
28 Di	
29 Mi	

Sonne – Sternbilder

16. 2. 24^h:
Sonne tritt in das Sternbild Wassermann
19. 2. 8^h:
Sonne tritt in das Tierkreiszeichen Fische
Julianisches Datum am
1. Februar, 1^h MEZ: 2 455 958,5

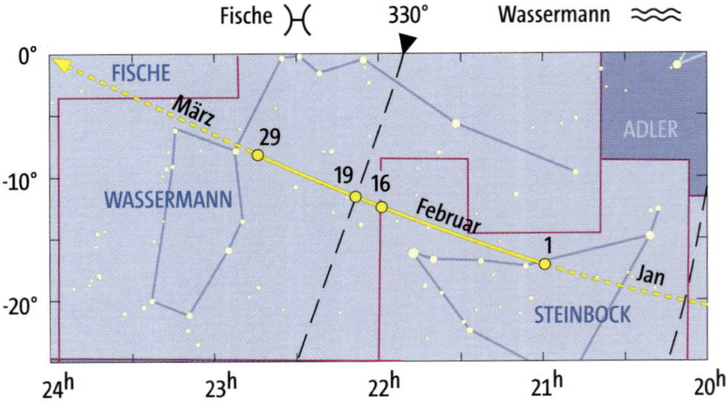

Tabelle Sonnenlauf

Tag	Dämmerg. Anfang	Aufgang MEZ	Kulmination	Untergang MEZ	Dämmerg. Ende	Mittagshöhe	Zeitgleichg.	Rektaszension	Deklination
	h m	h m	h m	h m	h m	o	m	h m	o
1.	6 41	7 54	12 33	17 13	18 27	22,8	–13	20 55	–17,4
5.	6 35	7 48	12 34	17 20	18 33	24,0	–14	21 11	–16,2
10.	6 28	7 40	12 34	17 28	18 40	25,5	–14	21 31	–14,7
15.	6 20	7 32	12 34	17 37	18 48	27,2	–14	21 51	–13,0
20.	6 12	7 22	12 34	17 45	18 56	28,9	–14	22 10	–11,3
25.	6 03	7 13	12 33	17 54	19 04	30,8	–13	22 29	– 9,5
29.	5 55	7 05	12 32	18 01	19 11	32,3	–12	22 45	– 8,0

Tages- und Nachtstunden

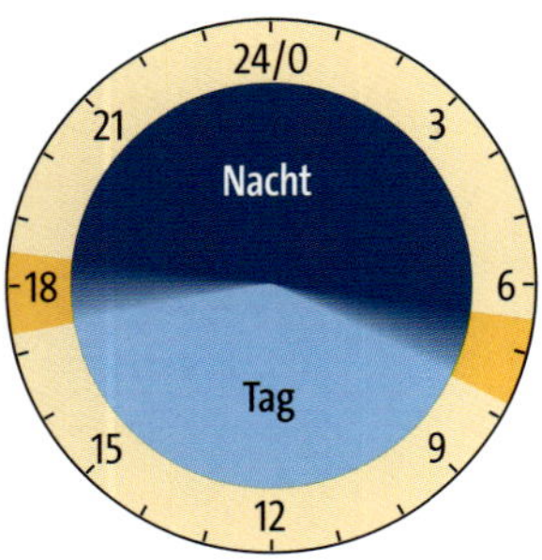

5. Februar

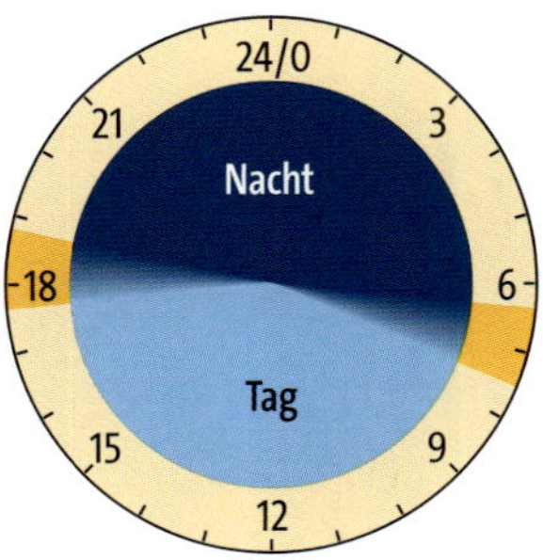

15. Februar

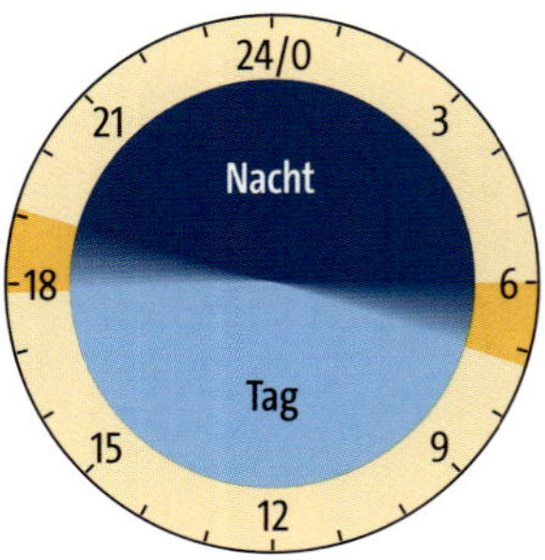

25. Februar

Tabelle Mondlauf

Datum		Aufg. MEZ	Kulmination	Unterg. MEZ	Rektaszension	Deklination	Sterne und Sternbilder	Phase	MEZ
		h m	h m	h m	h m	°			
Mi	1.	11 22	19 23	2 32	3 09	+19,7	Widder		
Do	2.	12 01	20 13	3 31	4 00	+21,5	Stier, Plejaden	Absteigender Knoten	
Fr	3.	12 50	21 04	4 26	4 52	+22,3	* Aldebaran		
Sa	4.	13 47	21 56	5 15	5 46	+22,1	Stier		
So	5.	14 53	22 48	5 57	6 40	+20,8	Alhena	Libration Ost	
Mo	6.	16 04	23 40	6 32	7 34	+18,3	Zwillinge		
Di	7.	17 19	–	7 03	8 29	+14,9	Krebs, Krippe	**Vollmond**	**22^h 54^m**
Mi	8.	18 37	0 32	7 29	9 22	+10,5	Löwe		
Do	9.	19 55	1 22	7 54	10 15	+ 5,5	Regulus	Größte Südbreite	
Fr	10.	21 14	2 13	8 17	11 08	+ 0,2	Löwe		
Sa	11.	22 34	3 04	8 41	12 01	– 5,2	Jungfrau	Erdnähe 368/32′,5	20^h
So	12.	23 53	3 56	9 07	12 55	–10,3	Spica		
Mo	13.	–	4 50	9 38	13 51	–14,9	Spica		
Di	14.	1 11	5 46	10 14	14 48	–18,5	Waage	**Letztes Viertel**	**18^h 04^m**
Mi	15.	2 25	6 44	10 59	15 47	–21,0	Waage	Aufsteigender Knoten	
Do	16.	3 30	7 42	11 54	16 47	–22,2	Antares		
Fr	17.	4 25	8 40	12 57	17 47	–22,0	Schütze		
Sa	18.	5 10	9 35	14 06	18 45	–20,5	* Schütze, Nunki		
So	19.	5 46	10 28	15 18	19 41	–17,9	Schütze		
Mo	20.	6 15	11 18	16 30	20 34	–14,4	Steinbock	Libration West	
Di	21.	6 40	12 05	17 41	21 25	–10,2	Wassermann	**Neumond Nr. 1103**	**23^h 35^m**
Mi	22.	7 02	12 50	18 50	22 14	– 5,7	Wassermann	Größte Nordbreite	
Do	23.	7 22	13 34	19 58	23 01	– 1,0	Fische		
Fr	24.	7 42	14 17	21 04	23 47	+ 3,7	Fische		
Sa	25.	8 03	15 00	22 10	0 32	+ 8,2	Fische		
So	26.	8 25	15 44	23 14	1 18	+12,2	Fische		
Mo	27.	8 51	16 29	–	2 05	+15,7	* Widder	Erdferne 405/29′,5	15^h
Di	28.	9 21	17 16	0 17	2 53	+18,6	Widder		
Mi	29.	9 58	18 04	1 18	3 43	+20,7	* Stier, Plejaden	Absteigender Knoten	

Der Mond zieht nördlich an den Hyaden vorüber

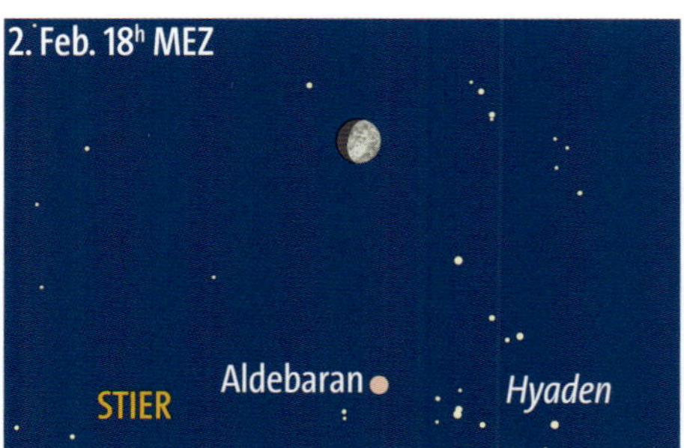

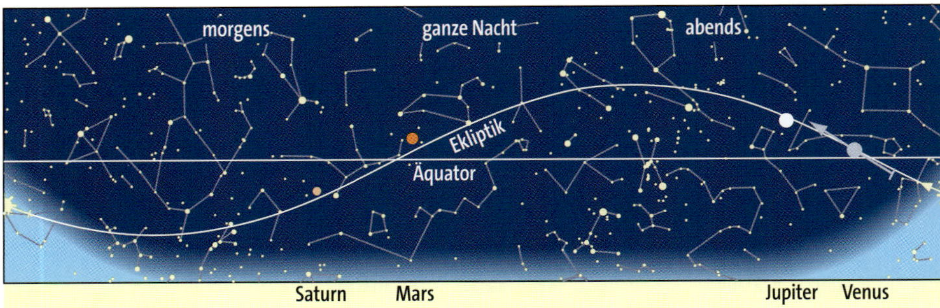

Merkur eilt der Sonne im Tierkreis nach und holt sie am 7. ein. An diesem Tag steht er in oberer Konjunktion mit ihr. Der sonnennächste Planet hält sich am Taghimmel auf und bleibt nachts unbeobachtbar unter dem Horizont. Nach seiner oberen Konjunktion eilt er der Sonne voraus und vergrößert seinen östlichen Winkelvorsprung. In der letzten Februarwoche erscheint der schwierig zu beobachtende Planet am Abendhimmel.

Am 22. geht der $-1^{m}{,}2$ helle Merkur um $18^{h}55^{m}$ unter. Gegen $18^{h}20^{m}$ ist es bereits dunkel genug, um mit Aussicht auf Erfolg nach dem flinken Planeten Ausschau zu halten. Wenige Minuten später verschlucken ihn die Dunstschichten knapp über dem Westhorizont (siehe auch Abb. 3.2 und Abb. 3.3 auf Seite 60). Bis Monatsende verspäten sich die Merkuruntergänge auf $19^{h}36^{m}$, die Merkurhelligkeit nimmt leicht auf $-0^{m}{,}9$ ab.

In der Nacht vom 13. auf 14. zieht Merkur $1^{\circ}{,}3$ südlich an Neptun vorüber. Die Begegnung bleibt unbeobachtbar.

2.2 Venus trifft Uranus:
Begegnung von Venus mit Uranus am 9. Februar 2012. Fernglasanblick bei 5° Gesichtsfelddurchmesser.

Venus baut ihre Stellung am Abendhimmel aus. Sie verlässt das Sternbild Wassermann und wechselt am 3. in das Sternbild Fische. Dabei stößt sie immer weiter nach Norden vor. Am 8. passiert sie ein halbes Grad südlich den Frühlingspunkt im Sternbild Fische. Ihre Höhe über dem Südwesthorizont jeweils eine Stunde nach Sonnenuntergang nimmt zu (siehe auch Abb. 3.5 auf Seite 61).

Ihre Untergänge verschiebt Venus von $20^{h}53^{m}$ zu Monatsbeginn auf $22^{h}10^{m}$ zum Monatsende. Ihre scheinbare Helligkeit nimmt um $0^{m}{,}2$ auf $-4^{m}{,}3$ zu.

Am fernen und lichtschwachen Uranus zieht Venus am 10. rund ein halbes Grad nördlich vorbei. Um Uranus zu sehen, ist mindestens ein gutes Fernglas erforderlich (siehe Abb. 2.2 unten links).

Am 25. erhält Venus wieder Besuch vom zunehmenden Mond. Seine Sichel und der strahlende Abendstern leuchten unübersehbar am abendlichen Westhimmel. Als dritter im Bunde steht Jupiter ein wenig höher über dem Westhorizont (siehe Abb. 2.1 auf Seite 40).

Mars, rückläufig im Sternbild Jungfrau, wechselt am 4. wieder in das Sternbild Löwe. Der rote Planet strebt seiner Opposition zur Sonne entgegen, die er zu Monatsende fast erreicht (siehe auch Abb. 3.8 auf Seite 62).

Die Marshelligkeit steigt weiter kräftig an und erreicht Ende Februar $-1^{m}{,}2$. Damit ist der rötlich-gelbe Mars nach Untergang von Venus und Jupiter das dominierende Gestirn des Nachthimmels.

Mars verlagert seinen Aufgang in die frühen Abendstunden. Steigt er am 1. um $20^{h}39^{m}$ über die östliche Horizontlinie, so geht er am 15. um $19^{h}27^{m}$ und am 29. bereits um $18^{h}04^{m}$ auf. Damit ist Mars Planet der gesamten Nacht; der Sonnenuntergang erfolgt am Monatsletzten nämlich um 18^h01^m.

Bis Ende Februar wächst das inzwischen voll beleuchtete Marsscheibchen auf knapp 14″ an. In den Abendstunden des 15. passiert Mars seinen sonnenfernsten Bahnpunkt, das Aphel. Von der Sonne trennen ihn zu diesem Zeitpunkt 249,2 Millionen Kilometer (= 1,666 AE), dies entspricht einer Lichtlaufzeit von 13 Minuten 51 Sekunden.

Jupiter beschleunigt seine rechtläufige Wanderung durch das Sternbild Widder (siehe Abb. 4.7 auf Seite 84). Er ist Planet der ersten Nachthälfte, verlegt allerdings seine Untergänge in die Zeit deutlich vor Mitternacht. Am 1. erfolgt der Untergang des Riesenplaneten um 0^h40^m, am 15. um 23^h53^m und am 29. schon um 23^h11^m. Die Jupiterhelligkeit sinkt leicht auf $-2\overset{m}{,}2$ ab.

Venus rückt immer näher an Jupiter heran. Am 25. und 26. gesellt sich die Sichel des zunehmenden Mondes zu dem Planetenduo (siehe auch Abb. 2.1 auf Seite 40).

Saturn in den östlichen Gebieten des Sternbildes Jungfrau kommt am 8. zum Stillstand und setzt zu seiner Oppositionsschleife an (siehe Abb. 4.8 auf Seite 85). Seine Helligkeit nimmt im Laufe des Februars um $0\overset{m}{,}2$ zu und erreicht zu Monatsende $0\overset{m}{,}4$.

Seine Aufgänge verlagert Saturn in die späten Abendstunden. Am 1. überschreitet er die östliche Horizontlinie um 0^h10^m, am 15. um 23^h11^m und am 29. schon um 22^h14^m. Die beste Zeit, um den Ringplaneten zu beobachten, ist die zweite Nachthälfte.

Im Teleskop erkennt man ab etwa 30-facher Vergrößerung den prächtigen Ring. Zurzeit sehen wir auf die Nordseite des knapp 15 % geöffneten Ringes.

Uranus, rechtläufig in den Fischen, kann noch in der ersten Februarhälfte in den frühen Abendstunden mit guter Optik aufgespürt werden. Am 1. geht der mit $5\overset{m}{,}9$ recht lichtschwache Uranus um 21^h46^m unter. Ab 18^h20^m ist es dunkel genug, um nach dem grünlichen Planeten mit Fernglas oder Teleskop mit Erfolg zu suchen. Gegen 20^h40^m verschwindet er im Horizontdunst (siehe auch Abb. 9.3 auf Seite 173). Bis 15. verfrühen sich die Uranusuntergänge auf 20^h54^m. Danach kann man Uranus als Beobachtungsobjekt streichen. Zu Monatsanfang stört helles Mondlicht bei der Suche nach dem grünlichen Planeten.

Am 10. zieht Venus nur ein Drittelgrad nördlich an Uranus vorbei. Der strahlend helle Abendstern kann beim Aufsuchen von Uranus hilfreich die Richtung anzeigen (siehe auch Abb. 2.2 auf Seite 44).

Neptun, rechtläufig im Wassermann, wird am 19. abends von der Sonne eingeholt und steht in Konjunktion mit ihr. Neptun bleibt somit unbeobachtbar. Zur Konjunktion ist der sonnenfernste Planet 4636 Millionen Kilometer (= 30,99 AE) von der Erde entfernt. Die Begegnung mit Merkur am 14. entgeht uns ebenfalls.

Konstellationen und Ereignisse

Datum	MEZ	Ereignis
7.	10^h	Merkur in oberer Konjunktion mit der Sonne
8.	13	Saturn im Stillstand, anschließend rückläufig
10.	6	**Venus bei Uranus**, Venus $0\overset{\circ}{,}3$ nördlich, **Abstand $0\overset{\circ}{,}5$ um 19^h am 9.** (Fernglas!)
10.	13	Mond bei Mars, Mond $9\overset{\circ}{,}7$ südlich
13.	2	Mond bei Saturn, Mond $6\overset{\circ}{,}2$ südlich
14.	2	Merkur bei Neptun, Merkur $1\overset{\circ}{,}3$ südlich
15.	22	Mars im Aphel
19.	22	Neptun in Konjunktion mit der Sonne
22.	0	Mond bei Neptun, Mond $5\overset{\circ}{,}9$ nördlich
23.	7	Mond bei Merkur, Mond $6\overset{\circ}{,}1$ nördlich
24.	14	Mond bei Uranus, Mond $5\overset{\circ}{,}7$ nördlich
25.	23	**Mond bei Venus**, Mond $3\overset{\circ}{,}3$ nördlich, **Abstand $2\overset{\circ}{,}7$ um 21^h**
27.	7	Mond bei Jupiter, Mond $3\overset{\circ}{,}8$ nördlich

Jupitermonde

Tag	MEZ	Vorgang
	h m	
1.	17 41	II DE
	17 44	I VE
	17 45	III DA
	17 51	II SA
	19 56	III DE
	20 14	II SE
	23 19	III SA
6.	21 43	I BA
	23 15	II BA
7.	19 00	I DA
	20 18	I SA
	21 10	I DE
	22 27	I SE
8.	19 39	I VE
	20 21	II DE
	20 27	II SA
	21 54	III DA
	22 50	II SE
12.	18 57	III VE
14.	20 59	I DA
	22 14	I SA
	23 09	I DE
15.	18 10	I BA
	20 33	II DA
	21 35	I VE
	23 02	II DE
	23 04	II SA
16.	18 52	I SE
17.	17 55	II BE
	17 58	II VA
	20 23	II VE
19.	18 15	III BE
	21 11	III VA
	22 59	III VE
21.	22 58	I DA
22.	20 09	I BA
23.	18 39	I SA
	19 38	I DE
	20 48	I SE
26.	20 18	III BA
	22 33	III BE
29.	22 08	I BA

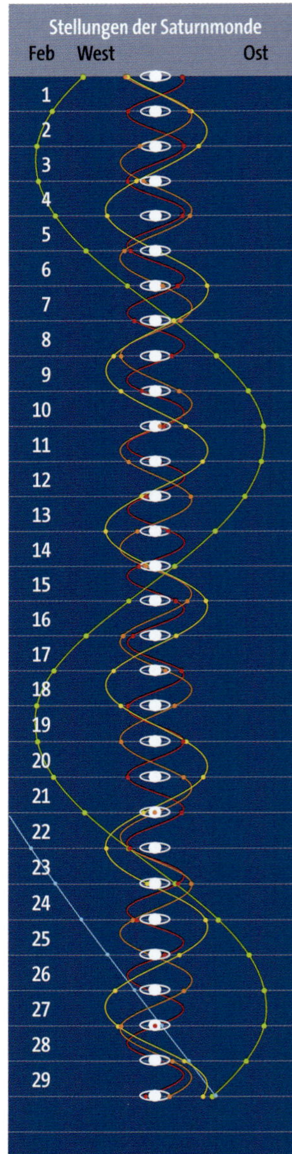

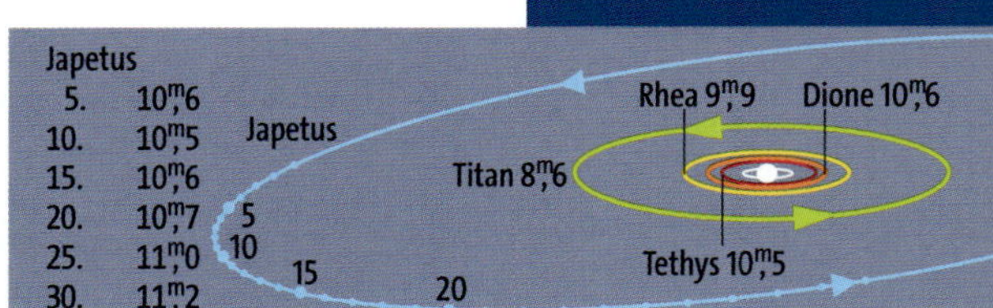

Planetoiden

Pallas (2) steht am 22. um 19^h in Konjunktion mit der Sonne. Von der Erde ist Pallas zu diesem Zeitpunkt 640 Millionen Kilometer (= 4,28 AE) entfernt. Ihre Sonnendistanz beträgt 495 Millionen Kilometer (= 3,31 AE).

Astraea (5) wird am 4. im Sternbild Jungfrau an der Grenze zum Löwen stationär und setzt zu ihrer Oppositionsschleife an (siehe Abb. 3.8 auf Seite 62). Ihre Helligkeit nimmt um $0^m\!,6$ im Laufe des Monats zu und erreicht Ende Februar $9^m\!,3$. Am 1. passiert sie um 3^h33^m den Meridian, nachdem sie um 21^h12^m aufgegangen ist. Ihre Kulmination erfolgt am 15. um 2^h36^m und am 29. schon um 1^h34^m. Am letzten Tag des Monats geht sie um 18^h57^m auf.

Eros (433) eilt rasch südwärts und in Rektaszension rückläufig durch das Sternbild Wasserschlange, auch Hydra genannt (siehe Abb. 3.9 auf Seite 65). Obwohl der Planetoid seiner Opposition zur Sonne zustrebt, nimmt die Helligkeit von $8^m\!,5$ auf $9^m\!,1$ deutlich ab.

Wegen seiner ungewöhnlichen Bahn entfernt sich Eros schon vor der Opposition am 1. März wieder von der Erde. Zu Monatsbeginn noch 27 Millionen Kilometer (= 0,179 AE) von der Erde entfernt, wächst diese Strecke bis zum 29. auf 33 Millionen Kilometer (= 0,222 AE) an.

Eros passiert am 1. um 2^h11^m den Meridian, am 15. um 0^h57^m und am 29. schon um 23^h38^m.

Periodische Sternschnuppenströme

Die **Alpha-Aurigiden** sind zwischen dem 6. und 9. Februar zu erwarten. Ihr Maximum ist nicht sehr ausgeprägt. Der Ausstrahlungspunkt liegt in der Nähe von Kapella. Nur wenige, aber helle und langsame Meteore tauchen auf. Die beste Beobachtungszeit ist um Mitternacht. In den letzten Jahren scheint der Strom versiegt zu sein.

Die **Delta-Leoniden** erreichen ihr Maximum um den 25. Februar. Sie sind ein schwacher Strom, der sich zwischen dem 15. Februar und dem 10. März bemerkbar macht, wobei es sich um langsame Objekte handelt (um 23 Kilometer pro Sekunde).

Zum Monatsende erscheinen die ersten **Virginiden** am Morgenhimmel.

Der Fixsternhimmel

Der Anblick des abendlichen Sternenhimmels hat sich im Vergleich zum Vormonat nicht allzu verändert, er sieht noch ziemlich winterlich aus. Die gesamte Sternbilderszenerie hat sich allerdings merkbar nach Westen verschoben. Zur Standardbeobachtungszeit, gegen 23^h zu Monatsbeginn beziehungsweise 22^h zur Monatsmitte, hat der Himmelsjäger Orion den Meridian bereits überschritten. Sirius zieht im Süden die Blicke auf sich. Auch die Zwillinge kulminieren eben.

Das Himmels-W sinkt langsam im Nordwesten herunter, während sich der Große Wagen im Nordosten immer höher schiebt. Im Westen erinnern noch Perseus und tiefer Andromeda an vergangene Herbsttage. Die übrigen Herbstbilder sind unter dem Horizont verschwunden oder gerade im Untergang begriffen wie Pegasus, Fische und Walfisch.

Im Südosten ist der Löwe auf der Himmelsbühne erschienen. Er kündigt den baldigen Frühling an. Der Löwe ist das bekannteste der Frühlingssternbilder. Sein hellster Stern wurde von Nikolaus Kopernikus Regulus getauft, was soviel wie Kleiner König heißt. Bereits die alten Babylonier sahen im Löwenhauptstern einen König.

Zwillinge in bester Position

Hoch im Süden wandern gerade die Zwillinge durch den Meridian. Sie werden durch zwei Sternenketten dargestellt, die das

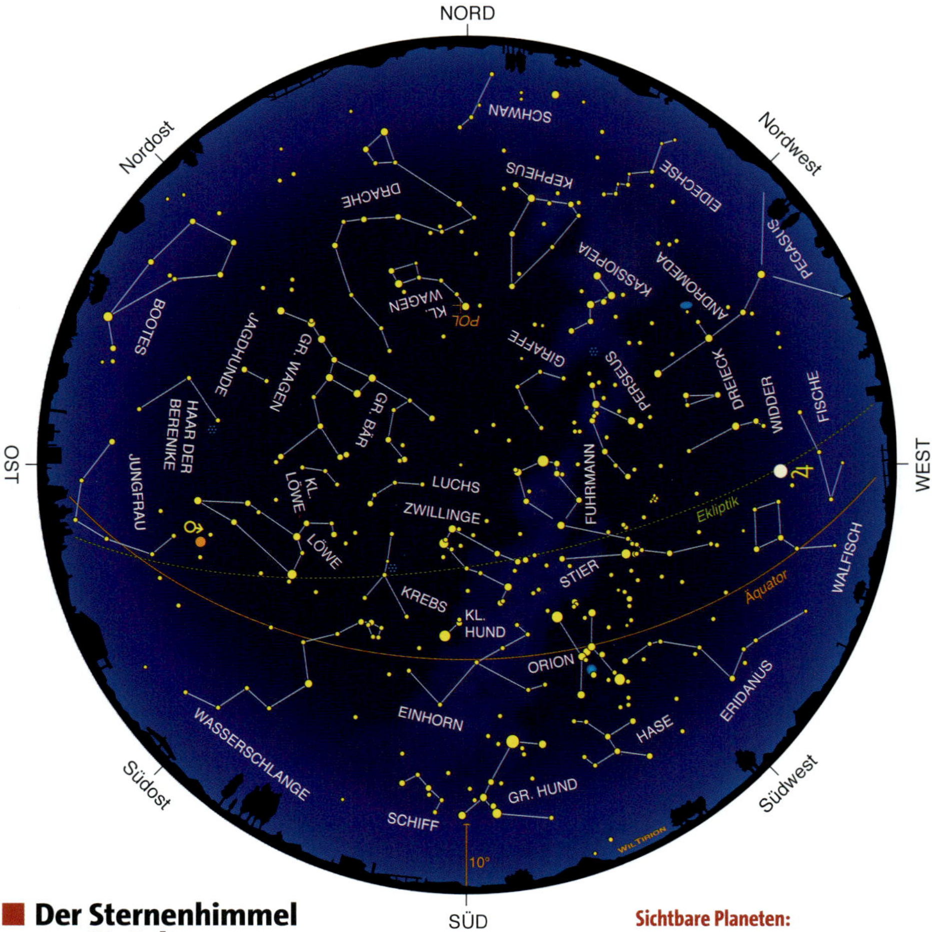

Der Sternenhimmel am 15. Februar um 22h MEZ

Sichtbare Planeten:
Jupiter (♃), Mars (♂)

Die Sternkarte ist auch gültig für:		
	MEZ	MESZ
1.11.	5h	
15.11.	4	
1.12.	3	
15.12.	2	
1. 1.	1	
15. 1.	0	
1. 2.	**23**	
15. 2.	**22**	
29. 2.	**21**	
15. 3.	20	

ungleiche Brüderpaar Kastor und Pollux repräsentieren sollen. So heißen auch die beiden hellsten und östlichsten Sterne der Ketten. Der griechischen Mythologie nach war Pollux unsterblich, Kastor als Sterblicher wurde jedoch einst im Kampf getötet. Da die nördlichsten Abschnitte der Ekliptik durch die Zwillinge verlaufen, gehören sie wie der Krebs zum Tierkreis.

Der Krebs liegt zwischen den Zwillingen im Meridian und dem Löwen halbhoch über dem Osthorizont. Da sich keine hellen Sterne im Krebs finden, fällt er kaum auf. Zwar kennt ihn dem Namen nach fast jeder, da er ebenfalls ein Tierkreissternbild ist, aber am Firmament ist er nicht leicht zu entdecken.

Auch der offene Sternhaufen Praesepe (lat., die Krippe) liegt im Krebs und ist ein wunderschönes Fernglasobjekt. Die Katalogbezeichnung der Krippe lautet M 44. Das M steht für Messier, den französischen Kometenjäger, der die auffälligsten Sternhaufen und Nebel in einem Katalog zusammengefasst hat (siehe auch das Monatsthema auf Seite 214).

Schwierige Sternbilder

Wer die helleren Sterne und die markanten Bilder schon gut kennt und schnell am Nachthimmel entdeckt, sollte ab und zu auch einmal nach lichtschwächeren und darum weniger bekannten Bildern Ausschau halten. Als geeignetes Übungsobjekt empfiehlt sich die Wasserschlange, deren Kopf ein wenig südlich vom Krebs liegt und die sich nach Südosten hinunterschlängelt. Ein kleines Fernglas kann beim Aufsuchen gute Dienste leisten. Vergleichsweise auffallend ist der Hauptstern der Wasserschlange, Alphard oder Hydrae genannt. „Hydra" ist die lateinische Bezeichnung für Wasserschlange. Alphard steht in einer sonst an helleren Sternen armen Gegend und ist deshalb leicht zu identifizieren. Alphard markiert das Herz der Wasserschlange und ist $2^{m}{,}0$ hell.

Die Wasserschlange ist das ausgedehnteste Sternbild am Himmel. Es zieht sich rund sieben Rektaszensionsstunden am Firmament entlang. Der Kopf der Wasserschlange liegt noch nördlich des Himmelsäquators und südwestlich von Regulus im Löwen. Außer Alphard sind alle übrigen Sterne der Wasserschlange schwächer als 3. Größenklasse. Südlich von Alphard knickt die Wasserschlange in Richtung Osten ab und zieht sich südlich von Becher, Rabe und Jungfrau bis zu ihrem Schwanz, der zwischen den Sternbildern Waage und Zentaur liegt.

Objekte für Feldstecher und Fernrohr

Der Winterhimmel bietet eine Fülle von typischen Paradeobjekten für Beobachter mit Feldstecher und Fernrohr: Die beiden offenen Sternhaufen Hyaden und Plejaden (Katalognummer: M 45), den großen Orionnebel (M 42) südlich der Gürtelsterne des Himmelsjägers und den offenen Sternhaufen Krippe (M 44) im Krebs, lateinisch Praesepe genannt. Alles Objekte, die relativ leicht zu finden sind, weil sie auch mit bloßen Augen zu sehen sind – gute Sichtbedingungen vorausgesetzt, also unter Vermeidung von hellem Mondlicht und künstlicher Beleuchtung. Erst im Fernglas bemerkt man aber die Pracht dieser Paradeobjekte des Winterhimmels. Es sind die Objekte, die auch bei Führungen auf einer Sternwarte gerne den Besuchern gezeigt werden und meist großes Staunen bewirken.

Sternhaufen im Fuhrmann: Weniger bekannt, aber durchaus lohnenswert, sind die drei offenen Sternhaufen M 36, M 37 und M 38. Sie liegen alle im Sternbild Fuhrmann, das jetzt zur abendlichen Beobachtungsstunde hoch über unseren Köpfen steht. Somit sind sie relativ leicht zu finden. Der größte von ihnen ist M 37 mit 24 scheinbarem Durchmesser, dies sind vier Fünftel des Vollmonddurchmessers. M 37 setzt sich aus rund 150 Mitgliedssternen heller als $12^{m}{,}5$ zusammen. Insgesamt beherbergt dieser Haufen rund zweitausend Sterne. Die hellsten sind dabei 9. Größe. Im Fernglas hat man eher den Eindruck eines nebeligen Lichtfleckchens. Erst im Tele-

Veränderliche Sterne im Februar

Algol-Minima	12. 3^h53^m	15. 0^h43^m	17. 21^h32^m	20. 18^h22^m	
β-Lyrae-Minima	1. 14^hN	8. 1^hH	14. 13^hN	21. 0^hH	27. 11^hN
δ-Cephei-Maxima	5. 14^h	10. 23^h	16. 8^h	21. 17^h	27. 1^h
Mira-Helligkeit	1. 7^m	10. 8^m	20. 8^m	29. 9^m	

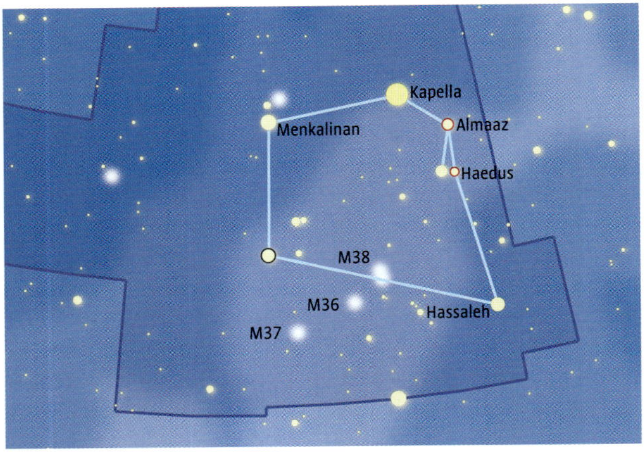

2.3 Der Fuhrmann:
Das Sternbild Fuhrmann mit den Positionen der offenen Sternhaufen M 36, M 37 und M 38.

skop zeigt sich ein prachtvolles Sternengewimmel. Trümpler-Klassifikation: I-1-r. Erläuterungen zur Trümpler-Klassifikation findet man im *Kompendium der Astronomie* auf Seite 212.

Etwas kleiner ist der Sternhaufen M 38. Dieser offene Haufen zählt etwa hundert Mitglieder in einem Bereich von 21 Durchmesser. Die hellsten Mitglieder weisen $9^{m}_{,}5$ scheinbare Helligkeit auf, wobei das hellste Haufenmitglied $8^{m}_{,}4$ hat. Trümpler-Klassifikation: II-2-r.

Deutlich der kleinste dieser drei offenen Haufen im Fuhrmann ist M 36 mit nur 12 scheinbarem Durchmesser. Mit sechzig Mitgliedssternen besitzt er auch die geringste Sternenzahl. Die scheinbar hellsten Sterne haben $8^{m}_{,}9$ und lassen sich gut im größeren Feldstecher in einzelne Lichtpunkte auflösen. Trümpler-Klasse: I-3-r.

Alle drei Haufen stehen in ähnlichen Distanzen: M 36 ist 4300 Lichtjahre entfernt, M 37 rund 4500 Lichtjahre und von M 38 trennen uns 3500 Lichtjahre.

Doppelsternbeobachter prüfen ihre Augen zunächst an Mizar und Alkor im großen Wagen. Mizar ist der mittlere Deichselstern (UMa). Halbwegs gute Augen sollten knapp neben Mizar ein Sternchen vierter Größe erkennen. Seine Distanz von Mizar beträgt knapp zwölf Bogenminuten. Der Begleiter heißt Alkor oder das Reiterlein. Bereits in einem kleinen Teleskop ab 6 cm Objektivöffnung gelingt es, Mizar als echten Doppelstern zu trennen. Zwei weiße, $2^{m}_{,}3$ und $3^{m}_{,}9$ helle Sterne stehen in 14 Distanz voneinander (siehe auch Monatsthema April Seite 90).

Ein interessanter und wenig bekannter Doppelstern ist $_2$ im Fluss Eridanus. Die $4^{m}_{,}4$ helle, orangene Hauptkomponente (Spektraltyp K1) hat in 83 einen $9^{m}_{,}5$ hellen, weißen Begleiter (A2 VII), der ein Weißer Zwergstern ist. Jedes gute Fernglas trennt $_2$ Eridani spielend. $_2$ Eridani B ist von allen bekannten Weißen Zwergen am leichtesten zu beobachten. Sirius B hingegen wird vom Hauptstern Sirius A überstrahlt, sodass es viel schwieriger ist, ihn zu sehen als den Begleiter von $_2$ Eridani. Um $_2$ Eridani zu finden, kann die Sternkarte E2 im *Atlas für Himmelsbeobachter* von Erich Karkoschka gute Dienste leisten. $_2$ Eridani zählt mit nur 16,5 Lichtjahren Entfernung zu den Nachbarsternen unserer Sonne.

Ein leicht zu trennender Doppelstern ist Mintaka Orionis). Mintaka ist der westliche Gürtelstern im Orion. Die Hauptkomponente ist $2^{m}_{,}2$ hell, der Begleiter hingegen nur $6^{m}_{,}8$. Beide Sonnen sind heiße, blaue und junge Sterne (O9 II und B2 V). Sie stehen in einem Abstand von $52''_{,}4$. Mintaka ist rund 1200 Lichtjahre entfernt.

Als Galaxie sei NGC 2903 im Sternbild Löwe empfohlen. Man findet sie relativ leicht, wenn man von Leonis ausgeht und leicht nach Westen zu Leonis schwenkt. Ein wenig südlich von Leo stößt man auf dieses Milchstraßensystem in 25 Millionen Lichtjahren Entfernung. Das Zentrum von NGC 2903 erscheint vergleichsweise hell und oval. Die Gesamthelligkeit liegt bei 9^{m}. Als Aufsuchhilfe bediene man sich der Sternkarte E11 im Karkoschka-Atlas.

Tobias Mayer – Vermesser des Himmels, der Erde und der Meere

2.4 Der Mond als natürliche Himmelsuhr

Vor 250 Jahren, am 20. Februar 1762, starb einer der bedeutendsten Astronomen, Mathematiker und Geodäten des 18. Jahrhunderts im Alter von nur 39 Jahren an einer schweren Infektion. Sein Name ist in die Annalen der exakten Wissenschaften eingegangen: Tobias Mayer. In seinem kurzen Leben hat Mayer als Autodidakt schier Unglaubliches geleistet. Er hat nicht nur der Astronomie und Kartografie große Dienste erwiesen, sondern wohl auch vielen Seefahrern das Leben gerettet, indem er das sogenannte Längengradproblem löste.

Tobias Mayer erblickte am 17. Februar 1723 in Marbach am Neckar das Licht dieser Welt. Sein Geburtshaus wurde von seinem Vater, einem Wagenmeister, nach dem verheerenden Stadtbrand von 1693 im Jahre 1711 auf einem „Scheurenplätzle" nahe der Stadtmauer und dem oberen Torturm neu erbaut. Schon 1725 erfolgte der Umzug nach Esslingen am Neckar. Sein Vater sollte dort eine Wasserleitung zum Schlösschen der Herren von Palm bauen und wie vorher in Marbach die städtischen Brunnen betreuen.

Mit Hilfe des Vaters lernt der fünfjährige Tobias Lesen und Schreiben und zeigt ein ausgesprochenes Zeichentalent. Ab 1729 besucht er die deutsche Schule. 1731 stirbt der Vater. Seine Mutter findet zwar Arbeit im St.-Katharinen-Spital, allein ihre Mittel reichen nicht aus, um Tobias zu ernähren. Auf ihren Antrag hin wird er in ein Waisenhaus aufgenommen. Den aufgeweckten Knaben unterstützen dabei der Bürgermeister Schlossberg, der Füsilier Geiger und der Schuhmacher Kandler. 1738 wird Tobias in die Lateinschule aufgenommen und bezieht das dazugehörige Schülerwohnheim, nachdem auch seine Mutter 1737 verstarb.

Frühe Publikationen

Als geschickter Zeichner fertigt Mayer 1739 einen Esslinger Stadtplan an, der 1741 als Kupferstich in Augsburg gedruckt wird. Schon 1741 veröffentlicht er als Autodidakt sein erstes Werk: *Neue und allgemeine Art, alle Aufgaben aus der Geometrie vermittelst der geometrischen Linien leicht aufzulösen* ... Sein erstes Buch gibt analytische Methoden zur Lösung geometrischer Probleme an. 1743 entwirft er einen verbesserten Stadtplan von Esslingen. Sein Weg führt ihn 1744 nach Augsburg, wo sein älterer Stiefbruder als Kupferschmied tätig ist. Tobias erhält Arbeit in einem Landkartenverlag. 1745 erscheint sein *Mathematischer Atlas, in welchem auf 60 Tabellen alle Theile der Mathematik vorgestellt* ... und ein Werk über den Bau von Verteidigungsanlagen.

Aufgrund seiner Reputation erhält Mayer 1746 eine Anstellung im Homannschen Kartenoffizin, einer Landkartenanstalt in Nürnberg. Seinen Namen tragen dreißig Karten, die nacheinander bis 1753 erscheinen.

In Nürnberg widmet er sich außerdem, wie schon davor begonnen, astronomischen Beobachtungen. Er fertigt eine Mondkarte mit einem Durchmesser von 20 cm an, wobei er die Mondformationen mikrometrisch vermisst, was bis dahin nicht üblich war. Die Mayersche Mondkarte wird zum Standardwerk der Selenografie für die nächsten fünfzig Jahre. Auch beobachtet er die ringförmige Sonnenfinsternis vom 25. Juli 1748, deren Höhepunkt gegen halb zwei Uhr mittags erfolgt und deren Zentrallinie über Norddeutschland verläuft. Das Maximum dieser Finsternis fand am Ort $24^{\circ}{,}5$ östlicher Länge und $48^{\circ}{,}7$ nördlicher Breite statt mit einer Dauer der ringförmigen Phase von $5^{m}12^{s}$ bei einer Breite der ringförmigen Zone von 231 Kilometer.

Umfangreiches Schaffen

Mayer wird 1747 Mitglied der Kosmographischen Gesellschaft Nürnberg. In zahlreichen Publikationen beschreibt er seine astronomischen Beobachtungen, gibt aber auch geografische und insbesondere kartografische Darstellungen. Auch beschreibt er ein neues Mikrometer, mit dem er die Mondformationen vermisst. Er entdeckt die Libration des Mondes und beweist, dass dieser keine Lufthülle besitzt. Zusammen mit Johann Michael Franz (1700–1761) gibt er einen *Bericht von den Mondkugeln* ... inklusive seiner ersten vermessenen Mondkarte heraus. Mayer erhält daraufhin 1750 eine Einladung an die erst 1734 vom englischen König Georg August II. gegründete Universität Göttingen (Göttingen gehörte damals zur britischen Krone). Ein Jahr später wird er prompt zum Professor für Mathematik und Ökonomie an die Göttinger Universität berufen. Dies kann durchaus als politischer Schachzug im Wettbewerb der beiden Großmächte jener Zeit, England und Frankreich, gesehen werden. Für Mayer, der nie ein Studium absolviert und sein Wissen als Autodidakt erworben hat, ist diese Berufung eine ganz besondere Auszeichnung. Auch wird ihm zusammen mit Johann Andreas von Segner (1704–1777) die Leitung der ebenfalls neu gegründeten Göttinger Sternwarte übertragen, die er ab 1754 als alleiniger Direktor betreut. Die Erwartungen seiner obersten Dienstherren erfüllt Mayer, indem er Abhandlungen über Geschütz-, Befestigungs- und Belagerungswesen verfasst. Mit einer sicheren Stellung versehen, findet er den Mut, eine Familie zu gründen. 1751 heiratet er Maria Victoria Gnüg (1723–1780), die ihm acht Kinder schenkt, von denen allerdings nur drei überleben. Sein ältester Sohn Johann-Tobias (5. Mai 1752–30. November 1830) hat sich ebenfalls als Astronom und Physiker einen Namen gemacht. Nach einem Universitätsstudium lehrte er als Professor für Mathematik in Altdorf, Erlangen und Göttingen.

Zwist mit Segner

Leonhard Euler (1707–1783) lobt im Sommer 1754 bei einem Vortrag an der Berliner Akademie der Wissenschaften die Mayerschen Mondephemeriden. Prompt folgt ein Ruf auf eine Professur in Berlin. Kurze Zeit später erreicht Mayer ein ähnliches Angebot der russischen Akademie in St. Petersburg. Doch in Göttingen will man den inzwischen weithin berühmten Gelehrten nicht einfach ziehen lassen. Man erhöht sein Gehalt um sechzig Prozent und zahlt zusätzlich ein Jahreshonorar von 700 Reichstalern. Mayer stellt aber noch eine Bedingung: Er will alleiniger Leiter der Göttinger Sternwarte sein. Denn sein Kodirektor Segner bereitet ihm Kummer. Segner ist nicht nur Mayer gegenüber feindselig eingestellt, er torpediert sogar dessen Beobachtungstätigkeit. Mayer selbst beklagt, die Uhren würden verstellt und tausend andere unangenehme Streiche würden gespielt, um ihm seine Beobachtungen zu erschweren: „... ich wäre niemals sicher über die Exaktheit meiner Beobachtungen unter diesen Umständen. Sie sind schließlich die Grundlage für alles. Meine Anstrengungen wären vergeblich und ich würde nur meine Zeit verschwenden.“ Auch anderen war aufgefallen, dass der wesentlich ältere Segner die Arbeit Mayers offensichtlich sabotiert. Segner wird das Ultimatum gestellt, die Sternwarteschlüssel abzugeben. Mayer wird 1754 zum alleinigen Direktor der königlichen Sternwarte zu Göttingen ernannt.

Die Göttinger Jahre sind durch unermüdliche Arbeit gekennzeichnet. Neben seiner Lehrtätigkeit an der Universität und Forschungsaufgaben im Rahmen der Sozietaet der Wissenschaften führt Mayer umfangreiche astronomische Beobachtungen durch und leistet bedeutende Beiträge zur Instrumentenkunde. Er beseitigt den Fehler des Göttinger Mauerquadranten, entwirft und fertigt den „Spiegelkreis“ für astrometrische Messungen, den Franz Xaver Freiherr von Zach (1754–1832) für die größte astronomische Erfindung des 18. Jahrhunderts hält. Der Spiegelkreis, ein astronomisches Winkelmessgerät, quasi ein Spiegelsextant, ging aus dem Repetitionskreis für Landvermessung hervor, den Mayer ebenfalls erfunden hat.

Präzise Mondtafeln

Seine genauen Bestimmungen von Fixsternörtern vergleicht Mayer mit den Beobachtungen, die Ole Roemer achtzig Jahre zuvor gemacht hat. Dabei entdeckt er die Eigenbewegung der Fixsterne. Auch fertigt er einen Katalog der Zodiakalsterne an, um insbesondere seine Berechnung der Mondörter durch Meridiankreisbeobachtungen zu überprüfen. Dabei gelingt es ihm, in seinen Mondtafeln eine Genauigkeit der Mondpositionen von einer Bogenminute zu erzielen. In seinen Tafeln gibt er die genauen Mondpositionen im Zwölf-Stunden-Takt an. Bei seinen Ephemeridenberechnungen führt Mayer eine rege Korrespondenz mit dem Schweizer Mathematiker Leonhard Euler. Mayers präzise Mondtafeln erlauben es, den Mond als natürliche Uhr zu benutzen. Denn aus der Mondposition unter den Sternen ergibt sich die Uhrzeit. In Abb. 2.4 auf Seite 51 erkennt man, wie der Mond sich innerhalb weniger Stunden unter den Sternen weiterbewegt. Misst man nun genau den Abstand des Mondes vor den Sternen im Hintergrund, so erhält man den Zeitpunkt der Messung aus der Mondephemeride.

Das Längengradproblem

Damit konnte man im Prinzip ein uraltes Problem der Seefahrt lösen, das als Längengradproblem in die Geschichte eingegangen ist. Bis in die jüngste Zeit waren die Kapitäne auf hoher See auf die Gestirne angewiesen, wollten sie die geografische Position ihres Schiffes bestimmen. Die geografische Breite ist dabei noch relativ leicht mit Hilfe eines Sextanten zu ermitteln: Man misst die Höhe des Polarsterns über dem Horizont. Die Polhöhe entspricht unmittelbar der geografischen Breite (abgesehen von einer kleinen Korrektur, die anzubringen ist, da Polaris nicht exakt am Ort des Himmelsnordpols steht). Ganz allgemein kann man jedes Gestirn benutzen, dessen Deklination (δ) man kennt, um die geografische Breite (φ) zu bestimmen, denn es gilt bei oberer Kulmination des Gestirns die Beziehung: $\varphi = 90 - h + \delta$. Dabei ist h die gemessene Gestirnshöhe beim Meridiandurchgang. Vor allem auf der Südhalbkugel der Erde ist diese Methode anzuwenden. Denn dort bleibt Polaris unter dem Horizont und der südliche Polarstern (σ Octantis) ist so lichtschwach, dass man ihn kaum erkennen kann (siehe auch Monatsthema: „Polaris, der Nordstern" im *Kosmos Himmelsjahr 2006*, Seite 197).

Viel schwieriger jedoch ist es, die geografische Länge auf hoher See zu bestimmen. Dazu ist es erforderlich, die genaue Uhrzeit von seinem Ausgangsort zu kennen und mit der Ortszeit der Schiffsposition zu vergleichen. Hat man an Bord eine Uhr, die Weltzeit (= mittlere Ortssonnenzeit des Null-Meridians von Greenwich) anzeigt und misst man die Kulmination der Sonne um 15^h44^m, so befindet sich das Schiff 56° westlich von Greenwich. Kulminiert die Sonne, so lautet die Ortszeit 12^h00^m. In Greenwich am Nullmeridian ist es laut Borduhr aber 15^h44^m. Die Differenz von 3^h44^m entspricht somit einer Längendifferenz von 56° ($24^h = 360° / 1^h = 15° / 4^m = 1°$). Die Zeitgleichung ist ebenfalls anhand einer Tabelle zu berücksichtigen.

Doch welche Uhr erlaubt es, über Tage und Wochen die genaue Zeit von Greenwich anzuzeigen? Die alte Methode des „Glasens" (Sanduhren, die nach drei Stunden gewendet werden) versagt hier vollends. Ein Fehler von nur einer Minute bedeutet eine falsche Längenbestimmung von 28 Kilometern oder 15 Seemeilen auf dem Äquator und immer noch knapp 18 Kilometer beziehungsweise 9,6 Seemeilen auf 50° geografischer Breite. Schon nach wenigen Tagen an Bord wuchs der Fehler in der Zeitmessung auf eine Stunde an, was einer Unsicherheit von 1670 Kilometer in Länge auf dem Äquator bedeutet und immer noch 1073 Kilometer auf 50° Breite. Kein Wunder, wenn viele Schiffe wegen falscher Ortsbestimmung auf Riffe aufliefen und mit Mann und Maus untergingen.

Fatale Folgen für die Marine

Besonders schmerzlich wurde das Längengradproblem bewusst, als es in der nebligen Nacht vom 22. Oktober 1707 zu einem Desaster kam, bei dem die englische Marine vier von fünf Schiffen verlor und zweitausend Marinesoldaten, Matrosen und Offiziere ihr Seegrab fanden. Auf der Heimfahrt der britischen Flotte, die im Gefecht die französische Mittelmeerflotte besiegt hatte, hatten Admiral Sir Clowdisley Shovell und seine Kapitäne die Position ihrer fünf Schiffe völlig falsch bestimmt. Die Scilly-Inseln wurden ihnen zum Verhängnis. Als erstes zerschellte das Flaggschiff, die „Association", an der Felsenküste und sank innerhalb weniger Minuten mit Mann und Maus. Es folgten die „Eagle" und die „Romney" in die Tiefen des Ozeans.

Dies war der Höhepunkt einer Reihe langer und tragischer Schiffskatastrophen, die nicht nur viel menschliches Leid hervorriefen, sondern auch erhebliche wirtschaftliche Verluste bescherten. Der Druck der Seefahrer auf die britische Regierung, das Längengradproblem zu lösen, wuchs ständig. Am 8. Juli 1714 schließlich verabschiedete das Parlament in Westminster unter Queen Anne den „Longitude Act". Er sah drei Preise für die Lösung vor, wie man auf hoher See die geografische Längenposition eines Schiffes ermitteln kann. 10 000 englische Pfund (heute etwa eine Million Euro) sollte derjenige bekommen, der ein exaktes und handhabbares Verfahren vorlegt, mit dem der Längenstandort eines Schiffes auf ein Grad genau bestimmt werden kann. Wessen Verfahren 2/3 eines Grades an Genauigkeit erreicht, sollte 15 000 Pfund erhalten und bei einer Genauigkeit von einem halben Grad schließlich 20 000 Pfund.

Es wurde eine 22-köpfige Jury, The Board of Longitude, berufen. Ihr gehörten kraft Amtes der Astronomer Royal, der Präsident der Royal Society, der Erste Seelord, der Staatssekretär der Flotte, der Speaker des Unterhauses sowie die Mathematikprofessoren der Universitäten von Cambridge und Oxford an.

Mondpositionen als mögliche Lösung

Im Prinzip empfahlen sich zwei Methoden zur Bestimmung der Weltzeit (Universal Time): Genaue Uhren oder exakte Gestirnpositionen. Pendeluhren waren wegen der Schwankungen der Schiffe auf See völlig ungeeignet. Christiaan Huygens (1629–1695) und Robert Hooke (1635–1703) hatten zwar schon Uhren mit Spiralfedern konstruiert, allein ihre Genauigkeit war viel zu unbefriedigend. Erst die Schiffschronometer von John Harrison (1693–1776) erreichten schließlich die erforderliche Genauigkeit, weshalb sich Harrison auch den Hauptpreis erstreiten konnte.

Bereits 1514 bemerkte der deutsche Astronom Johannes Werner (1468–1528), dass der Mondlauf zur Längenbestimmung verwendet werden kann. Werner schlug vor, alle Sterne in der Nähe der Mondbahn genau zu vermessen und zu katalogisieren. Sodann sind Tafeln zu berechnen, zu welchen Zeiten der Mond die einzelnen Zodiakalsterne passiert. Die Methode war lange nicht praktikabel, da die Mondephemeriden viel zu ungenau ausfielen.

Mayer hatte jedoch viel präzisere Mondtafeln angefertigt. Freunde und Kollegen, vor allem aber Euler, drängten Mayer, sich um den Längenpreis zu bewerben. Mayer sandte seine Mondtafeln an Admiral Georg Lord Ansen, der sie unverzüglich an James Bradley (1693–1762), dritter königlicher Astronom, weiterleitete. In den Jahren 1755 bis 1760 prüfte Bradley an Hand von 1200 Beobachtungen die Mayerschen Mondephemeriden.

Der Astronomer Royal Bradley war von der Qualität der Mayerschen Mondephemeriden schließlich überzeugt. Da aber mehrere Wettbewerbsbeiträge zu beurteilen waren, verzögerte sich die Entscheidung des 22-köpfigen Board of Longitude als Preisgericht. Erst nach Mayers Tod fiel die Entscheidung. Seiner Witwe sprach man 3000 Pfund zu. Dies war weniger, als man in Göttingen erwartet hatte. Andererseits reichte es, um seinen überlebenden Kindern eine angemessene Ausbildung zu ermöglichen und seinen ältesten Sohn Johann-Tobias ein Universitätsstudium absolvieren zu lassen.

Schon zu Lebzeiten erhielt Mayer zahlreiche Ehrungen. Unter anderem wurde er zum korrespondierenden Mitglied der Akademie zu Bologna berufen.

Am 13. März 1762 hielt Abraham Gotthelf Kaestner die lateinische Grabrede auf Tobias Mayer, die er mit folgenden Sätzen begann (in deutscher Übersetzung): „Meer und Erde und den grenzenlosen Himmel hast du, Mayer, vermessen. Nun aber liegt die spärliche Gabe von etwas Staub auf dir, nahe bei der geschlossenen Kirche. Nichts hat dir genützt, dass du den dahineilenden Mond beherrscht und die Sterne am Himmel bewegt hast. Du musstest dennoch sterben."

Johann Hieronymus Schroeter benannte 1791 ein Ringgebirge auf dem Mond nach Mayer. Es liegt zwischen den Kratern Kopernikus und Euler. James Bradley nannte Mayer „einen der größten Astronomen nicht nur des 18. Jahrhunderts, sondern aller Zeiten und aller Länder".

Die Marbacher Bürger aber nennen sein Geburtshaus bis heute „das Mayer-Häusle". Es steht in Marbach am Neckar in der Torstraße 13 und beherbergt das Tobias-Mayer-Museum. Betreut wird es vom Tobias-Mayer-Verein e. V. (Näheres unter www.tobias-mayer-verein.de).

März 2012

- Die Sonne passiert am 20. März um 6^h14^m MEZ den Frühlingspunkt.
- Mars steht am 3. in Opposition zur Sonne. Am 5. erreicht der rote Planet mit 101 Millionen Kilometer seine geringste Entfernung von der Erde.
- Venus überholt am 15. den Riesenplaneten Jupiter.
- Merkur bietet in den ersten Märztagen eine günstige Abendsichtbarkeit.

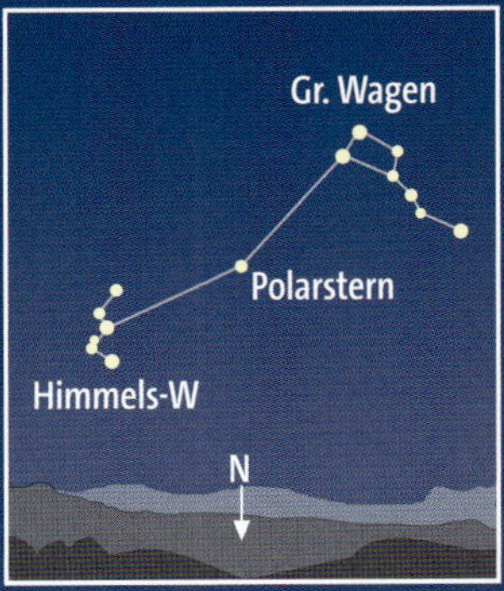

Großer Wagen und Himmels-W Anfang März um 22 Uhr

3.1 Anblick des abendlichen Westhimmels am 25. März gegen 21^h MEZ (= 22^h MESZ). Venus und Jupiter stehen knapp über dem Westhorizont. Neben Jupiter leuchtet die schmale Sichel des zunehmenden Mondes.

1 Do Mond im ersten Viertel

2 Fr

3 Sa Mars in Opposition

4 So

5 Mo Merkur in gr. östl. Elongation (Abendhimmel)

6 Di

7 Mi

8 Do **Vollmond**

9 Fr

10 Sa Mond in Erdnähe

11 So

12 Mo

13 Di

14 Mi

15 Do Mond im letzten Viertel
Venus bei Jupiter (Abendhimmel)

16 Fr

17 Sa

18 So

19 Mo

20 Di Frühlingsbeginn

21 Mi

22 Do **Neumond**

23 Fr

24 Sa Astronomietag in Deutschland

25 So Beginn der Sommerzeit

26 Mo Mond in Erdferne
Mond bei Venus und Jupiter (Abendhimmel)

27 Di Venus in gr. östl. Elongation (Abendhimmel)

28 Mi

29 Do

30 Fr Mond im ersten Viertel

31 Sa

Sonne – Sternbilder

12. 3. 3h:
Sonne tritt in das Sternbild Fische
20. 3. 6h14m:
Sonne tritt in das Tierkreiszeichen Widder
Julianisches Datum am
1. März, 1h MEZ: 2455987,5

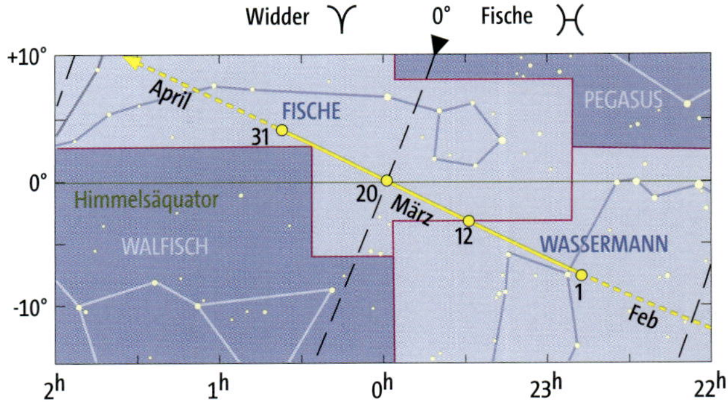

Tabelle Sonnenlauf

Tag	Dämmerg. Anfang	Aufgang MEZ	Kulmination	Untergang MEZ	Dämmerg. Ende	Mittagshöhe	Zeitgleichg.	Rektaszension	Deklination
	h m	h m	h m	h m	h m	o	m	h m	o
1.	5 53	7 03	12 32	18 02	19 12	32,6	−12	22 48	−7,6
5.	5 45	6 54	12 31	18 09	19 19	34,2	−11	23 03	−6,1
10.	5 34	6 44	12 30	18 17	19 27	36,1	−10	23 22	−4,1
15.	5 23	6 33	12 29	18 25	19 35	38,1	− 9	23 40	−2,2
20.	5 12	6 22	12 27	18 33	19 44	40,1	− 7	23 58	−0,2
25.	5 00	6 11	12 26	18 41	19 52	42,0	− 6	0 17	+1,8
31.	4 46	5 58	12 24	18 50	20 03	44,4	− 4	0 38	+4,1

Achtung: Ab Sonntag, 25. März 2012, gilt die Sommerzeit. Zu allen im Himmelsjahr angegebenen Zeiten eine Stunde addieren!

Tages- und Nachtstunden

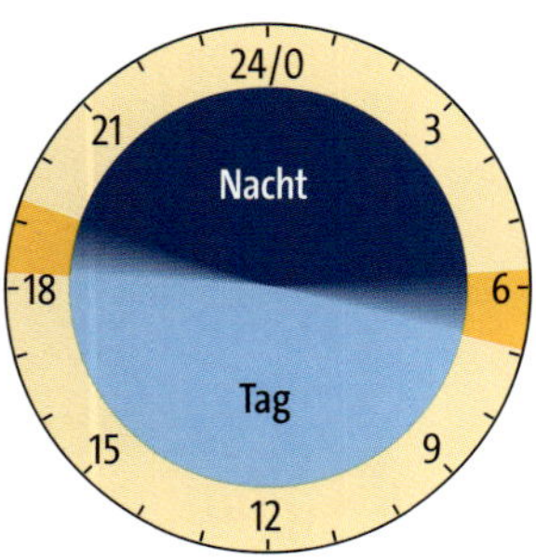

5. März

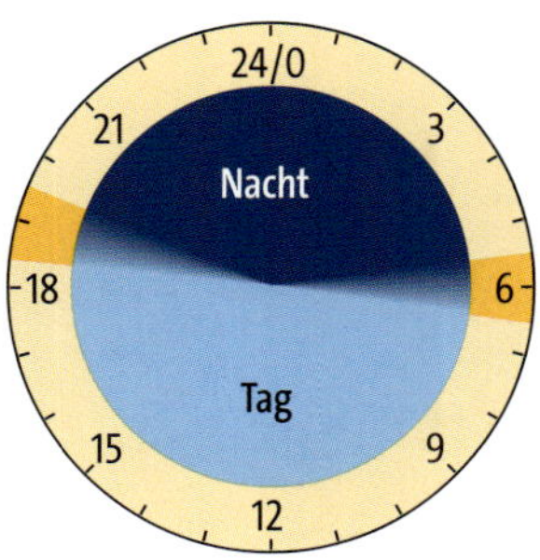

15. März

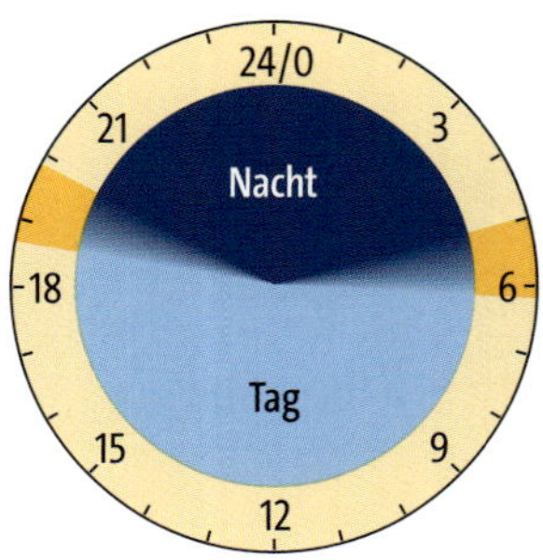

25. März

Tabelle Mondlauf

Datum	Aufg. MEZ	Kulmination	Unterg. MEZ	Rektaszension	Deklination	Sterne und Sternbilder	Phase	MEZ
	h m	h m	h m	h m	°			
Do 1.	10 42	18 53	2 14	4 34	+21,9	Aldebaran	**Erstes Viertel**	$2^h\ 21^m$
Fr 2.	11 34	19 44	3 05	5 26	+22,1	* Stier, Al Nath		
Sa 3.	12 34	20 35	3 49	6 19	+21,2	Alhena		
So 4.	13 42	21 27	4 27	7 13	+19,3	Zwillinge	Libration Ost	
Mo 5.	14 54	22 18	5 00	8 06	+16,3	Krebs		
Di 6.	16 11	23 09	5 28	9 00	+12,3	* Krebs		
Mi 7.	17 29	–	5 54	9 53	+ 7,6	Löwe, Regulus	Größte Südbreite	
Do 8.	18 50	0 01	6 18	10 47	+ 2,4	Sextant	**Vollmond**	$10^h\ 39^m$
Fr 9.	20 11	0 53	6 43	11 41	– 3,1	Jungfrau		
Sa 10.	21 34	1 46	7 09	12 36	– 8,5	Jungfrau	Erdnähe 362/33′,0	11^h
So 11.	22 55	2 42	7 39	13 33	–13,3	Spica		
Mo 12.	–	3 39	8 15	14 32	–17,4	Waage		
Di 13.	0 12	4 38	8 58	15 32	–20,2	Waage	Aufsteigender Knoten	
Mi 14.	1 22	5 37	9 51	16 33	–21,8	Antares		
Do 15.	2 21	6 35	10 51	17 34	–21,9	Schlangenträger	**Letztes Viertel**	$2^h\ 25^m$
Fr 16.	3 09	7 31	11 59	18 32	–20,7	Schütze, Nunki		
Sa 17.	3 47	8 25	13 09	19 28	–18,4	Schütze	Libration West	
So 18.	4 18	9 15	14 20	20 22	–15,2	Steinbock		
Mo 19.	4 44	10 02	15 30	21 12	–11,2	Wassermann		
Di 20.	5 07	10 47	16 38	22 00	– 6,9	Wassermann	Größte Nordbreite	
Mi 21.	5 27	11 31	17 46	22 47	– 2,3	Wassermann		
Do 22.	5 47	12 14	18 52	23 33	+ 2,3	Fische	**Neumond Nr. 1104**	$15^h\ 37^m$
Fr 23.	6 08	12 56	19 57	0 19	+ 6,8	Fische		
Sa 24.	6 30	13 40	21 02	1 04	+10,9	Fische		
So 25.	6 55	14 25	22 06	1 51	+14,6	Widder		
Mo 26.	7 23	15 10	23 07	2 39	+17,6	* Widder	Erdferne 406/29′,4	7^h
Di 27.	7 57	15 58	–	3 28	+19,9	Stier, Plejaden		
Mi 28.	8 38	16 46	0 04	4 18	+21,4	* Stier, Hyaden	Absteigender Knoten	
Do 29.	9 26	17 36	0 56	5 09	+21,9	* Stier		
Fr 30.	10 22	18 26	1 42	6 01	+21,4	Orion	**Erstes Viertel**	$20^h\ 41^m$
Sa 31.	11 25	19 16	2 22	6 53	+19,8	Alhena		

Der Mond zieht an Venus vorbei

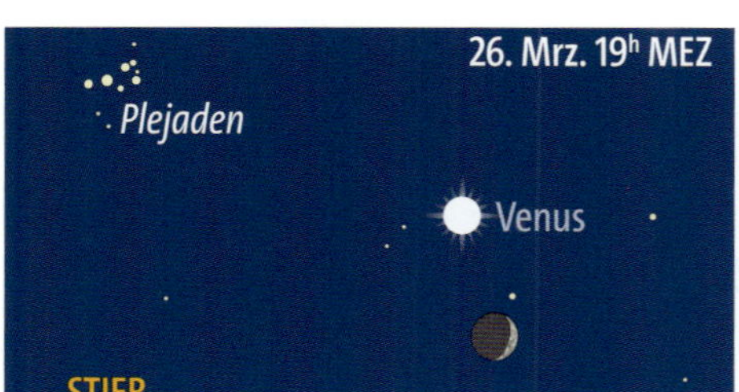

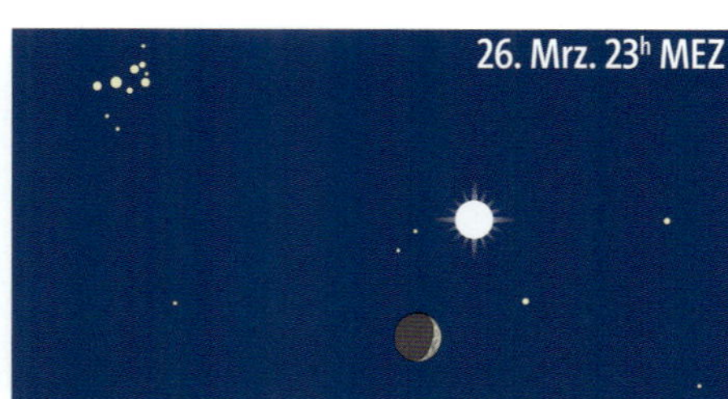

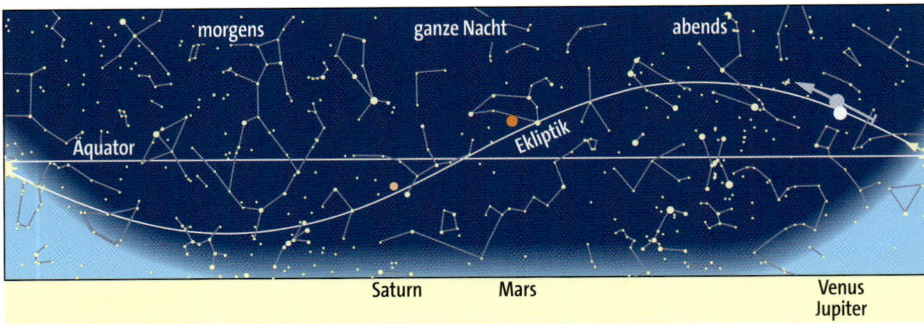

Merkur bietet in den ersten Märztagen eine respektable Abendsichtbarkeit. Nur zweimal in diesem Jahr taucht in unseren Breiten der sonnennahe Planet am Abendhimmel auf. Selbst bis in 82° nördlicher Breite lässt sich diesmal Merkur am Abendhimmel beobachten.

Schon am 5. erreicht Merkur seine größte östliche Elongation von der Sonne. Mit 18°13′ fällt sie relativ klein aus, da Merkur frühmorgens am 2. durch sein Perihel rast. Zu diesem Zeitpunkt trennen ihn 46,0 Millionen Kilometer (= 0,307 AE) von der Sonne.

Am 1. geht der $-0^{m},8$ helle Merkur um $19^{h}41^{m}$ unter. Gegen $18^{h}30^{m}$ macht er sich in der Abenddämmerung knapp über dem Westhorizont bemerkbar. Etwa eine Viertelstunde vor seinem Untergang wird er in den horizontnahen Dunstschichten unsichtbar. Bis 7. nimmt die Merkurhelligkeit rapide bis auf $0^{m},0$ ab, die Untergangszeit verschiebt sich nur um eine Viertelstunde auf $19^{h}56^{m}$. Nach dem 7. wird es schwierig, den flinken Planeten noch mit bloßen Augen am Abendhimmel zu erkennen. Letztmals wird man Merkur am 11. erspähen können, wobei der nur noch $1^{m},1$ helle Planet um $19^{h}51^{m}$ untergeht (siehe auch Abb. 3.2 und 3.3 unten).

3.2 Merkur am Abendhimmel:
Stellung von Merkur über dem Westhorizont zu den angegebenen Daten jeweils eine Stunde nach Sonnenuntergang. Die Pfeile geben die Bewegungen von Merkur und Sonne während der letzten halben Stunde an.

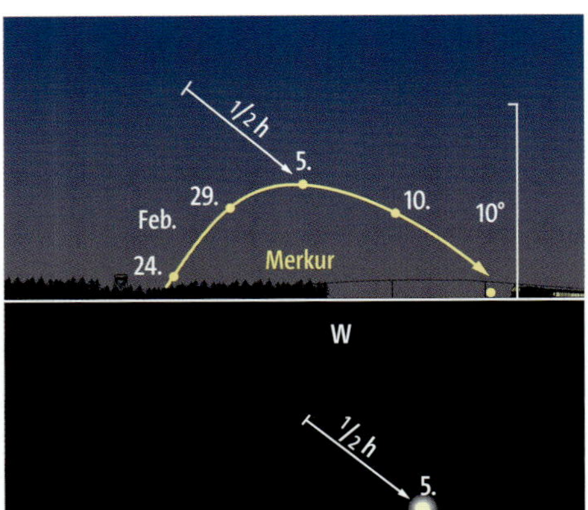

3.3 Sichtbarkeitsdiagramm für Merkur:
Es gilt genau für 50° nördlicher Breite und 10° östlicher Länge. Dunkelgelbe Fläche: Unter günstigen Sichtbedingungen kann man Merkur mit bloßen Augen erkennen, hellgelbe Fläche: Merkur ist leicht zu sehen.

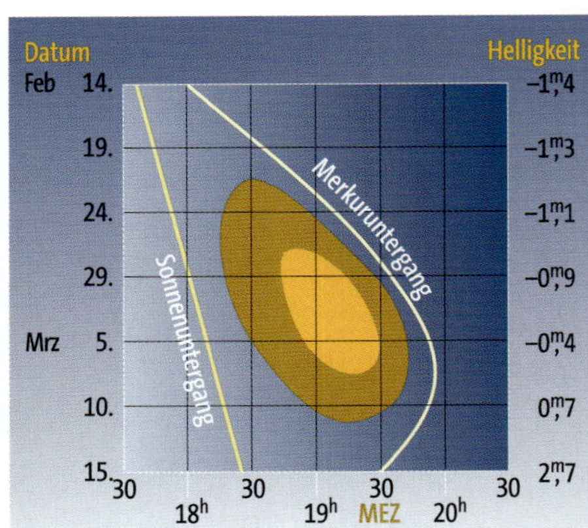

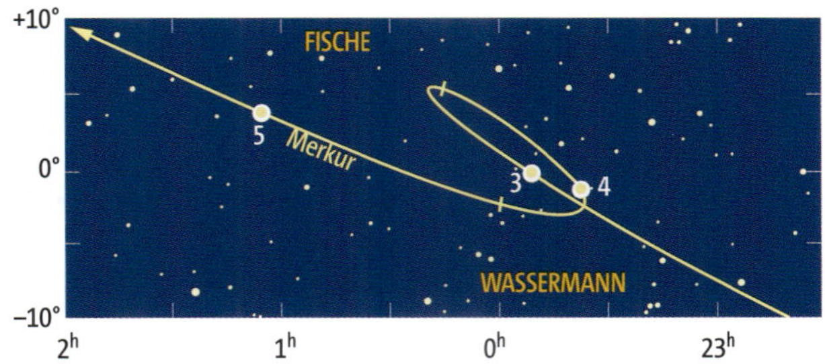

3.4 Bahn von Merkur
Scheinbare Merkurschleife im Gebiet der Sternbilder Wassermann und Fische. Die Zahlen geben die Merkurposition zum jeweiligen Monatsersten an (3 = 1. März).

Im Fernrohr zeigt sich das $7''{,}1$ große Merkurscheibchen am 4. halb beleuchtet. Die Halbphase wird Dichotomie genannt. Danach nimmt der Beleuchtungsgrad rasch ab und Merkur zeigt eine Sichel. Bis 11. nimmt der scheinbare Merkurdurchmesser auf 9″ zu, der Beleuchtungsgrad geht auf 19 Prozent zurück.

Am 11. wird Merkur rückläufig und eilt auf die Sonne zu, die ihm im Tierkreis entgegenkommt. Schon am 21. kommt er in untere Konjunktion mit der Sonne. Die Begegnungen mit Uranus am 7. und am 16. bleiben unbeobachtbar.

Venus vergrößert ihre östlichen Winkelabstände von der Sonne. Schließlich steht sie am 27. mit 46°02′ in größter östlicher Elongation. Mit Abstand ist Venus das hellste Gestirn am Abendhimmel. Nur der zunehmende Mond kann sich mit dem Abendstern messen. Am 26. passiert er in seinem monatlichen Turnus abermals Venus (siehe Abb. 3.7 auf Seite 62).

Am westlichen Abendhimmel rücken die beiden hellsten Planeten des Firmaments, Venus und Jupiter, einander immer näher. Zur Monatsmitte überholt schließlich der Abendstern den Riesenplaneten in drei Grad (3°16′) nördlichem Abstand (siehe Abb. 3.6 rechts).

Venus verlässt am 4. die Fische, eilt durch das Sternbild Widder und wechselt am 30. in das Sternbild Stier. Dabei gewinnt sie rasch nördlichere Deklinationen. Eine Stunde nach Sonnenuntergang steht Venus noch hoch über dem Westhorizont (siehe Abb. 3.5 unten) und zieht alle Blicke auf sich.

Ein hübscher Himmelsanblick ergibt sich auch abends am 25. und 26. gegen 21^h, wenn die zunehmende Mondsichel erst an Jupiter und dann an Venus vorbeiwandert (Abb. 3.1 Seite 56).

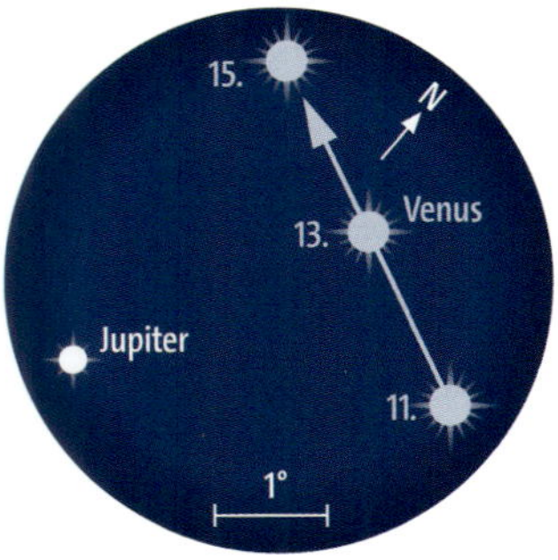

3.6 Venus begegnet Jupiter:
Mitte März zieht Venus an Jupiter vorbei. Fernglasanblick bei 5° Gesichtsfelddurchmesser.

Die Venushelligkeit nimmt auf $-4^m{,}5$ etwas zu. Die Venusuntergänge verspäten sich auf die Zeit nach Mitternacht, wenn man die Sommerzeit berücksichtigt. Am 1. versinkt Venus um 22^h12^m unter dem Horizont, am 31. geht sie erst um 23^h24^m (= 0^h24^m Sommerzeit am 1. April) unter.

Am 29. zeigt sich Venus im Fernrohr halb beleuchtet, die Dichotomie (Halbphase) tritt ein. Der scheinbare Venusdurchmes-

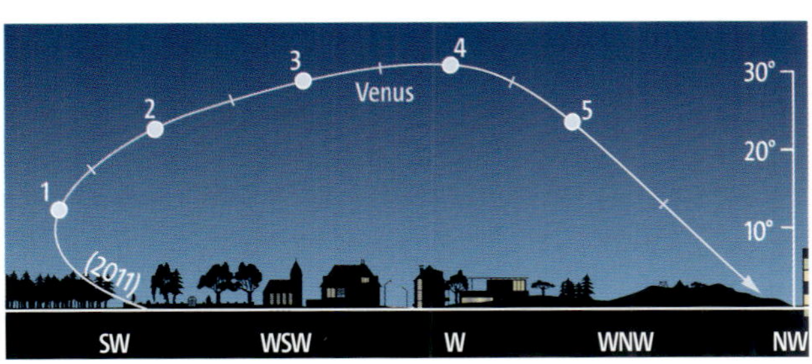

3.5 Sichtbarkeit von Venus:
Stellung der Venus über dem Westhorizont jeweils eine Stunde nach Sonnenuntergang von Januar bis Mitte Mai 2012. Die Zahlen geben die Venusposition zum jeweiligen Monatsersten an (2 = 1. Februar).

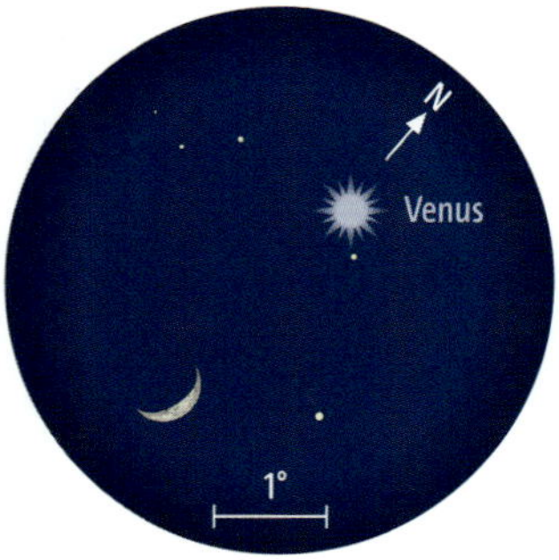

3.7 Mond und Venus:
Am 26. März zieht der zunehmende Mond an Venus vorbei.

ser beträgt dabei 24″. Von der Erde ist Venus an diesem Tag 104 Millionen Kilometer (= 0,70 AE) entfernt. Das Licht überbrückt diese Strecke in fünf Minuten und 47 Sekunden.

Das Perihel ihrer fast kreisförmigen Bahn passiert Venus am 21., wobei sie 107 Millionen Kilometer (= 0,72 AE) von der Sonne trennen. Ihre Bahngeschwindigkeit im Perihel beträgt dabei 35,36 Kilometer pro Sekunde, das sind 127300 Kilometer in der Stunde.

Mars, rückläufig im Löwen, kommt am Abend des 3. in **Opposition** zur Sonne. Der rote Planet ist damit die ganze Nacht über sichtbar. Am Tag der Opposition geht Mars um 17^h46^m auf, kulminiert eine Dreiviertelstunde nach Mitternacht und geht morgens um 7^h35^m unter. Bis Monatsende verfrüht sich der Marsuntergang auf 5^h23^m (= 6^h23^m Sommerzeit).

Da die Erde zur Oppositionszeit die geringste Entfernung vom roten Planeten einnimmt, leuchtet er mit maximaler Helligkeit von $-1{,}^{m}2$ und zeigt das größte Planetenscheibchen mit $13{,}''9$. Bis Ende März geht die Marshelligkeit um eine halbe Größenklasse zurück. Die diesjährige Marsopposition fällt ungünstig aus. Da Mars zwei Wochen vor seiner Opposition sein Aphel

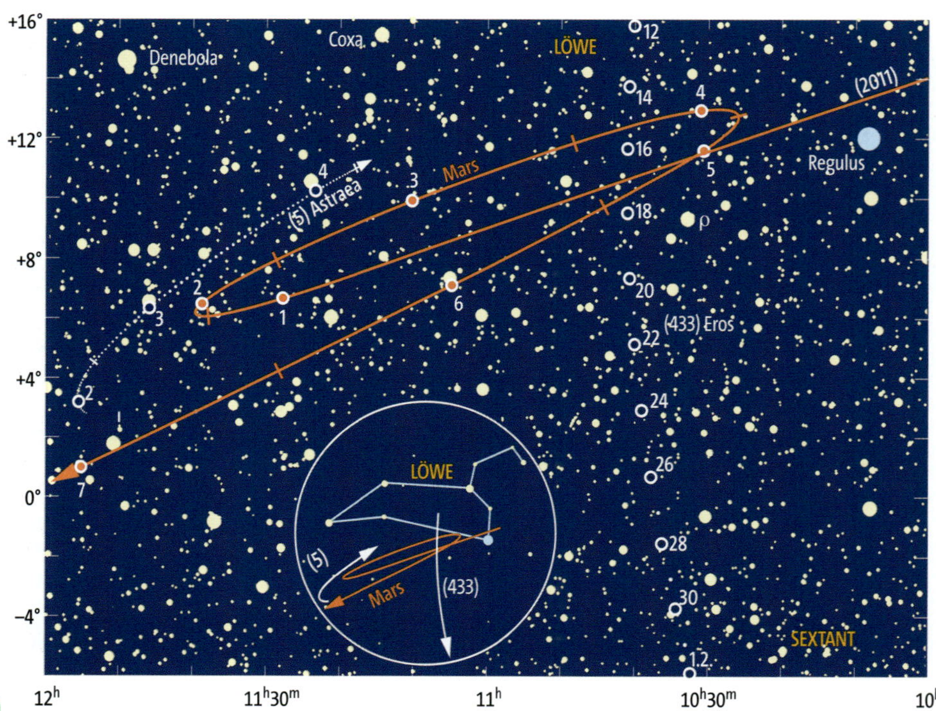

3.8 Mars, Astraea und Eros:
Die Bahnen des Planeten Mars sowie der Kleinplaneten (5) Astraea und (433) Eros im Gebiet des Sternbildes Löwe. Die Zahlen geben die Positionen zum jeweiligen Monatsersten an (3 = 1. März), bei Eros ist der jeweilige Tag im Monat Januar vermerkt.

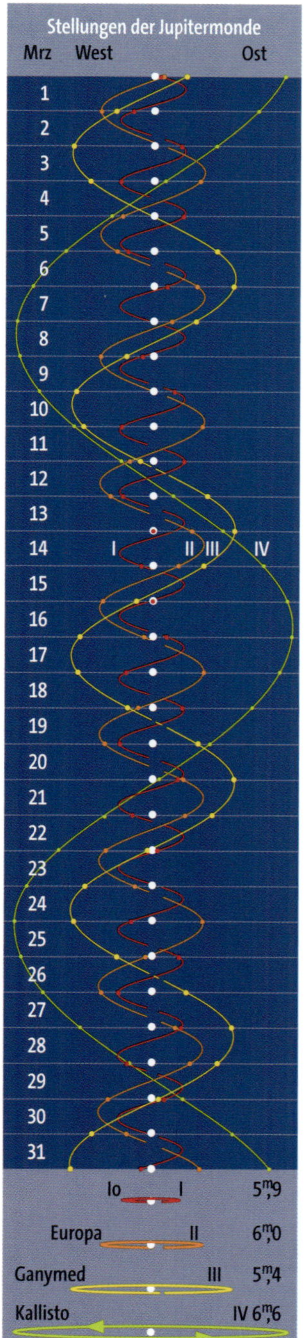

Jupitermonde

Tag	MEZ h m	Vorgang	
1.	19 28	I	DA
	20 35	I	SA
	21 38	I	DE
	22 44	I	SE
2.	19 54	I	VE
	20 57	II	BA
4.	17 34	II	SA
	17 52	II	DE
	19 57	II	SE
8.	19 30	III	SA
	21 16	III	SE
	21 28	I	DA
	22 31	I	SA
9.	18 38	I	BA
	21 50	I	VE
10.	18 09	I	DE
	19 09	I	SE
11.	18 09	II	DA
	20 10	II	SA
	20 38	II	DE
	22 33	II	SE
15.	19 31	III	DA
	21 42	III	DE
16.	20 39	I	BA
17.	18 55	I	SA
	20 10	I	DE
	21 05	I	SE
18.	18 14	I	VE
	20 57	II	DA
20.	20 15	II	VE
24.	20 01	I	DA
	20 51	I	SA
25.	20 09	I	VE
26.	19 07	III	VE
27.	18 51	II	BA

durchläuft, überholt ihn die Erde an einer Stelle, an der er noch fast die maximale Entfernung von der Sonne aufweist.

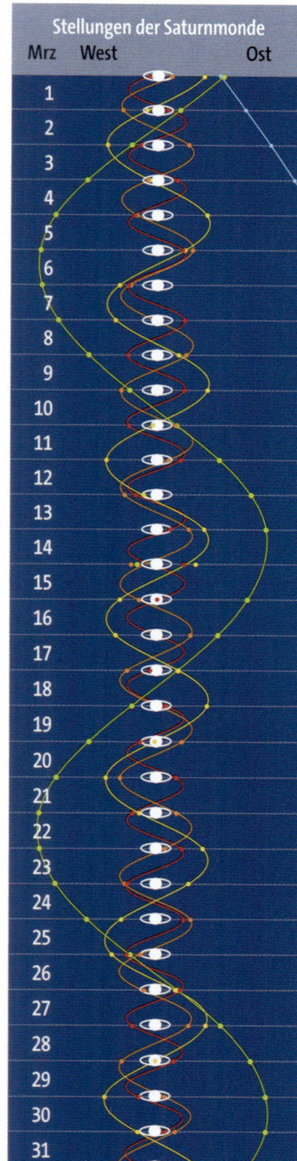

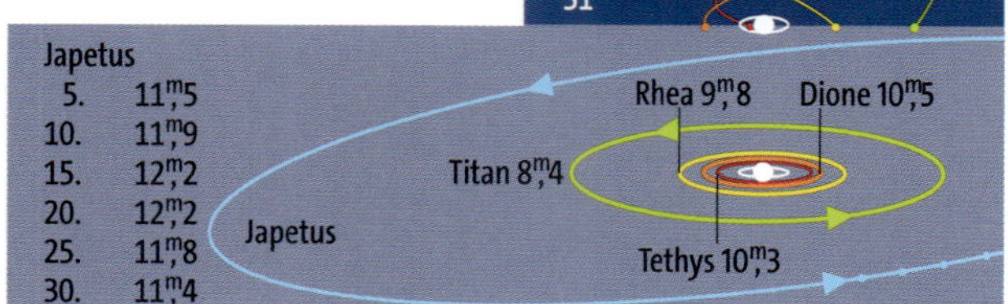

Die geringste Entfernung von der Erde, die Mars am 5. abends erreicht, beträgt bei der diesjährigen Opposition 100,9 Millionen Kilometer (= 0,674 AE). Dies ist fast die maximal mögliche Oppositionsdistanz. Nur etwa halb soweit entfernt war Mars bei seiner Opposition Ende August 2003, nämlich etwa 55,8 Millionen Kilometer (= 0,373 AE). Die nächste sehr günstige Marsopposition findet am 27. Juli 2018 statt. Mars wird bis auf 57,6 Millionen Kilometer (= 0,385 AE) an die Erde herankommen und mit $-2^{\mathrm{m}}{,}8$ mehr als viermal heller strahlen und dabei noch Jupiter an Glanz übertreffen. Am 30. beginnt für die Nordhalbkugel des Mars der Sommer.

Jupiter, rechtläufig im Widder, ist noch als auffällig heller Punkt in der Abenddämmerung am Westhimmel vertreten. Die Schau stiehlt ihm aber die wesentlich hellere Venus, die allerdings tiefer steht, bis sie am 15. den Riesenplaneten überholt (siehe Abb. 3.6 auf Seite 61).

Ein spektakulärer Himmelsanblick ergibt sich am 25., wenn die schmale Sichel des zunehmenden Mondes gegen 21^{h} nahe Jupiter steht. Den Anblick des Dreigestirns Jupiter – Mond – Venus sollte sich niemand entgehen lassen (Abb. 3.1 auf Seite 56).

Die Helligkeit des Riesenplaneten geht fast unmerklich um $0^{\mathrm{m}}{,}1$ auf $-2^{\mathrm{m}}{,}0$ zurück. Die Sichtbarkeitsdauer von Jupiter verkürzt sich allerdings drastisch. Seine Untergänge verfrühen sich um rund eineinhalb Stunden und die Abenddämmerung setzt immer später ein, so dass man immer länger warten muss, bis Jupiter in der zunehmenden Dunkelheit sichtbar wird. Jupiter sinkt am 1. um $23^{\mathrm{h}}08^{\mathrm{m}}$ unter die Horizontlinie, am 15. um $22^{\mathrm{h}}28^{\mathrm{m}}$ und am 31. bereits um $21^{\mathrm{h}}44^{\mathrm{m}}$.

Konstellationen und Ereignisse

Datum	MEZ	Ereignis
2.	6^{h}	Merkur im Perihel
3.	21	**Mars in Opposition** zur Sonne
5.	11	**Merkur in größter östlicher Elongation (18°)**
5.	18	Mars in Erdnähe (100,8 Millionen Kilometer)
7.	1	Merkur bei Uranus, Merkur 3°,1 nördlich
8.	7	Mond bei Mars, Mond 9°,8 südlich
11.	8	Mond bei Saturn, Mond 6°,2 südlich
11.	22	Merkur im Stillstand, anschließend rückläufig
15.	12	**Venus bei Jupiter,** Venus 3°,3 nördlich, **Abstand 3°,0 um 21^{h} am 13.**
16.	3	Merkur bei Uranus, Merkur 4°,6 nördlich
20.	$6^{\mathrm{h}}14^{\mathrm{m}}$	**Sonne im Frühlingspunkt, Tagundnachtgleiche**
20.	8	Mond bei Neptun, Mond 6°,0 nördlich
21.	2	Venus im Perihel
21.	20	Merkur in unterer Konjunktion mit der Sonne
22.	14	Mond bei Merkur, Mond 1°,6 nördlich
23.	0	Mond bei Uranus, Mond 5°,5 nördlich
24.	19	Uranus in Konjunktion mit der Sonne
26.	1	**Mond bei Jupiter,** Mond 3°,1 nördlich, **Abstand 3°,2 um 21^{h} am 25.**
26.	19	**Mond bei Venus,** Mond 1°,8 südlich, **Abstand 2°,4 um 21^{h}**
27.	9	**Venus in größter östlicher Elongation** (46°)

Saturn strebt seiner Opposition zur Sonne entgegen, die er Mitte nächsten Monats erreicht. Der Ringplanet wandert rückläufig im Sternbild Jungfrau (Abb. 4.8 auf Seite 85). Die kommende Opposition macht sich auch in einer leichten Helligkeitszunahme um $0^{\mathrm{m}}{,}1$ auf $0^{\mathrm{m}}{,}3$ bemerkbar. Damit zählt Saturn zu den Glanzpunkten des Nachthimmels und wird nur noch von Venus, Jupiter und Mars sowie von den hellsten Fixsternen an Helligkeit übertroffen. Saturn wird zum Planeten der gesamten Nacht. Am 1. geht der Ringplanet um $22^{\mathrm{h}}10^{\mathrm{m}}$ auf, am 15. um $21^{\mathrm{h}}11^{\mathrm{m}}$ und am 31. bereits um $20^{\mathrm{h}}02^{\mathrm{m}}$ (= $21^{\mathrm{h}}02^{\mathrm{m}}$ Sommerzeit). Zu diesem Zeitpunkt ist die nautische Dämmerung gerade zu Ende.

Uranus steht am Abend des 24. im Sternbild Fische in Konjunktion mit der Sonne. Der grünliche Planet hält sich mit der Son-

3.9 Bahn von Eros:
Die Bahn des Planetoiden (433) Eros im Gebiet der Wasserschlange.

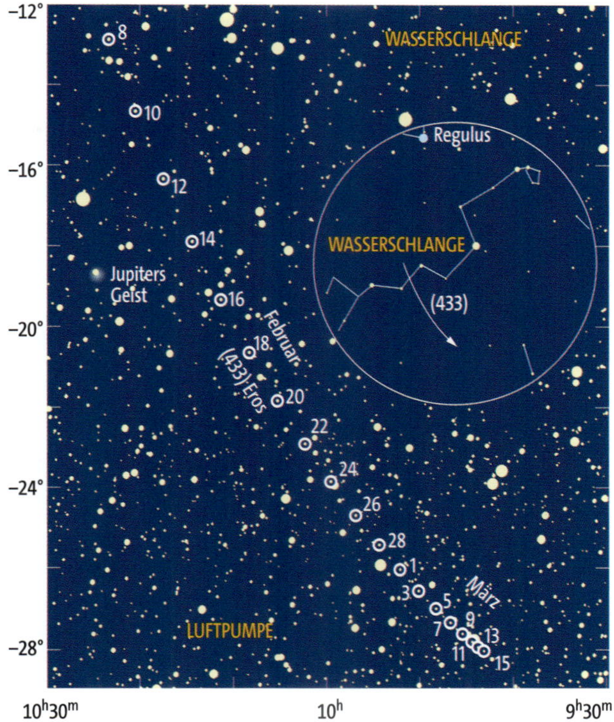

ne am Taghimmel auf und bleibt nachts unbeobachtbar unter dem Horizont. Die Begegnungen mit Merkur am 7. und am 16. entgehen uns somit. Zur Konjunktion trennen uns von Uranus immerhin 3152 Millionen Kilometer (= 21,07 AE). Von der Sonne ist Uranus an diesem Tag 3003 Millionen Kilometer, das sind 20,07 AE, entfernt. Das Sonnenlicht benötigt somit zwei Stunden und 47 Minuten, um den grünlichen Planeten zu erreichen.

Neptun, rechtläufig im Ostteil des Wassermanns, stand Mitte des Vormonats in Konjunktion mit der Sonne. Der mit 8^m,0 recht lichtschwache Planet bleibt unbeobachtbar.

Planetoiden

Juno (3) wird am 27. um 11^h stationär und ist anschließend rückläufig.

Eros (433) kommt am 1. in **Opposition** zur Sonne. Mit 9^m,1 Oppositionshelligkeit ist er kein leichtes Objekt, zumal er sich weit südlich aufhält ($\delta = -26°$) und im Laufe des Monats durch das Sternbild Wasserschlange (Hydra) schnell weiter nach Süden strebt (siehe Abb. 3.9 oben). Zudem sinkt die Eros-Helligkeit bis Ende März auf rund 10^m ab. Zur Opposition trennen uns 34 Millionen Kilometer (= 0,227 AE) von diesem ungewöhnlichen Kleinplaneten. Die geringste Entfernung von der Erde hatte er bereits am 31. Januar erreicht. Von der Sonne ist Eros zum Oppositionstermin 177 Millionen Kilometer (= 1,18 AE) entfernt. Am 17. März wird Eros in Rektaszension stationär und ist anschließend wieder rechtläufig.

Periodische Sternschnuppenströme

Die **Virginiden** sind während des ganzen Monats in der Zeit um Mitternacht zu beobachten. Ihr Radiant (Ausstrahlungspunkt) liegt in der Jungfrau. Die Häufigkeit der Virginiden ist nicht besonders groß. Das Maximum der Virginidenaktivität ist erst Anfang April zu erwarten.

Ein schwacher Strom sind die **Hydraïden**, die zwischen Mitte März und Anfang April auftauchen. Ihr Maximum ist wenig ausgeprägt – es sind nur einige wenige Sternschnuppen pro Stunde zu erwarten, die außerdem noch recht langsam sind. Der Radiant liegt im Sternbild Wasserschlange. Vermutlich sind die Hydraïden ein Zweigstrom der Virginiden.

Gegen Ende des Monats tauchen die ersten Exemplare der **Sigma-Leoniden** auf, ein schwacher, breit gestreuter Strom, dessen Radiant im Löwen liegt.

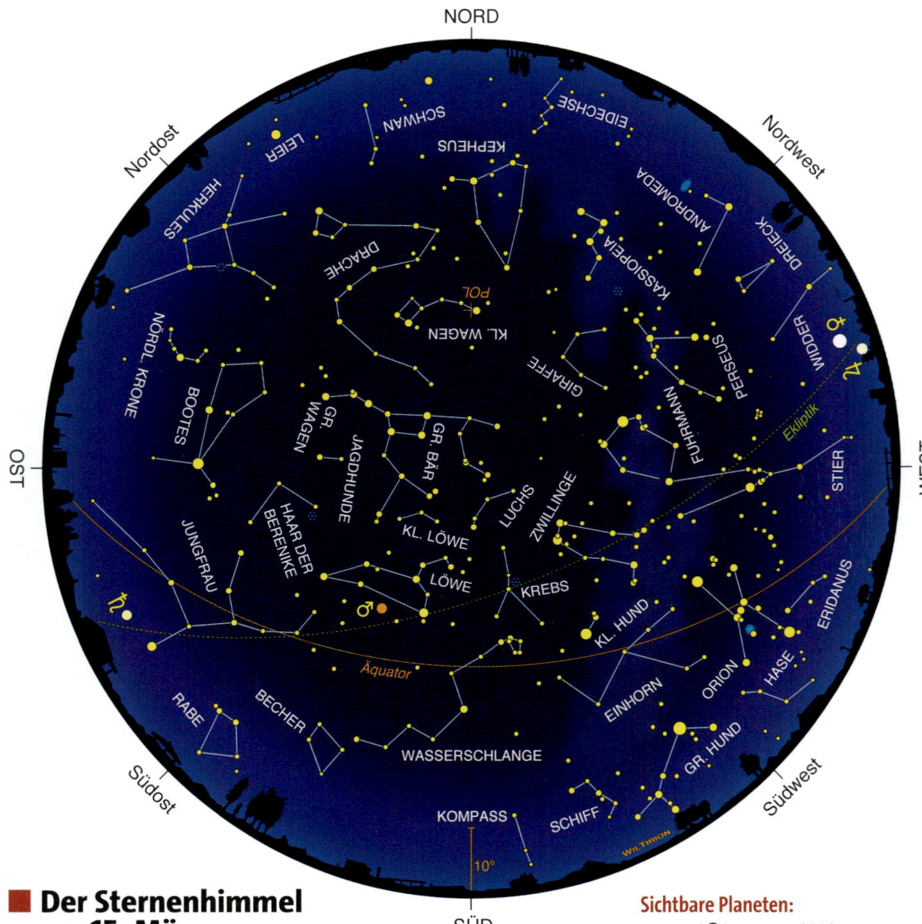

Der Sternenhimmel am 15. März um 22ʰ MEZ

Sichtbare Planeten:
Venus, (♀), Jupiter, (♃), Mars (♂), Saturn (♄)

Die Sternkarte ist auch gültig für:		
	MEZ	MESZ
15.11.	6ʰ	
1.12.	5	
15.12.	4	
1. 1.	3	
15. 1.	2	
1. 2.	1	
15. 2.	0	
1. 3.	**23**	
15. 3.	**22**	
31. 3.	**21**	**22ʰ**

Noch ziehen die hellen und auffälligen Winterbilder die Blicke auf sich, sie sind aber allesamt schon weit in die westliche Himmelshälfte gerückt. Der Himmelsjäger Orion neigt sich zum Westhorizont und ist kaum zu übersehen. Sirius funkelt noch im Südwesten. Ein wenig höher leuchtet Prokyon, hellster Stern im Bild des Kleinen Hundes. Im Westen strebt der Stier dem Untergang entgegen. Sein roter Augenstern Aldebaran steht schon recht tief. Höher als der Stier sieht man die Zwillinge mit Kastor und Pollux sowie den Fuhrmann mit der hellen, gelblichen Kapella.

Zur Standardbeobachtungszeit geht der Himmelsmeridian genau zwischen dem lichtschwachen Krebs und dem markanten Bild des Löwen hindurch. Im

Krebs findet sich der offene Sternhaufen Krippe. Die Krippe heißt lateinisch Praesepe (M 44).

Schwieriges Tierkreissternbild

Der Krebs ist die wohl unscheinbarste Figur des gesamten Zodiakus (Tierkreis). In unserer Zeit wandert die Sonne vom 20. Juli bis zum 10. August im absteigenden Ast ihrer Bahn durch den Krebs. In vergangenen Jahrhunderten lag das Sommersolstitium (Sommerpunkt) im Krebs. Noch heute spricht man deshalb vom „Wendekreis des Krebses".

Die Kassiopeia, das Himmels-W, ist zum Nordwesthorizont herabgesunken, während hoch im Nordosten, fast schon im Zenit, der Große Wagen hilft, den Polarstern zu finden.

Das mächtige Sternentrapez des Löwen steht kurz vor seinem Meridiandurchgang. Der Löwe ist das Frühlingssternbild schlechthin. Ein großes Sternentrapez markiert den Rumpf dieses königlichen Tieres. Ein kleines, aufgesetztes Trapez bildet den Kopf des Löwen. Die Figur, die sich aus dem kleinen Löwentrapez sowie dem Halsstern Algieba (γ Leonis), dem Bruststern η Leonis und dem Herzstern Regulus (α Leonis) zusammensetzt, wird bei den Nordamerikanern gerne als „Sichel" (engl.: sickle) bezeichnet.

Im Südosten ist bereits die Jungfrau aufgegangen. Ihr Hauptstern, die bläuliche Spica, ist noch so horizontnah, dass man ihn kaum erkennen kann. In der Jungfrau zieht gegenwärtig der Ringplanet Saturn die Blicke auf sich.

Heller Stern tief im Osten

Tief im Osten leuchtet auffällig ein heller, orange-rötlicher Stern, Arktur im Bild des Rinderhirten (Bootes). Damit ist im Südosten das komplette Frühlingsdreieck vertreten. Gleichzeitig ist im Westen noch das Winterdreieck zu sehen. Es setzt sich aus Beteigeuze im Orion, Sirius im Großen Hund und Prokyon im Kleinen Hund zusammen. Bei uns ist der Begriff „Winterdreieck" weniger bekannt, in Nordamerika hingegen ist er jedem Sternfreund geläufig („Winter Triangle"). Das Frühlingsdreieck hingegen besteht aus Regulus im Löwen, Spica in der Jungfrau und Arktur im Bootes.

Zwischen Großem und Kleinem Hund ist das Einhorn beheimatet, ein unauffälliges Sternbild, das nur bei sehr guten Sichtbedingungen aufgefunden werden kann.

Das Sternbild Rabe (Corvus)

Obwohl der Rabe ein kleines Sternbild ist und sich nur aus Sternen dritter Größe und schwächer zusammensetzt, so ist er keineswegs unscheinbar oder schwer auffindbar. Im Gegenteil: Das markante Sternenviereck des Raben südwestlich von Spica in der Jungfrau fällt schnell auf und ist leicht zu erkennen. An Frühlingsabenden steht es in südlicher Richtung. Auch der Anfänger prägt sich dieses trapezähnliche Sternenviereck gut ein. Schon die alten Griechen nannten es ὁ κόραξ (Korax), der Rabe. Vor über zweitausend Jahren war der Rabe ein äquatornahes Sternbild. Da außerdem die Mittelmeerländer weiter südlich liegen, war das Sternenviereck des Raben damals dort hoch am Himmel zu sehen und entsprechend auffällig. Durch die Präzession der Erde ist es nach Süden gerutscht (Schwerpunkt des Raben bei etwa -20° Deklination), so dass es sich in unseren Breiten nur rund 20° hoch über den Horizont erhebt. Die Araber erkannten in diesem Sternenviereck ein Zelt, was leichter nachvollziehbar ist. Hier die Gestalt eines Raben zu erkennen, fällt uns schon bedeutend schwerer. Die arabische Bezeichnung Al Khiba für Zelt ist auf den Stern α Corvi übergegangen. Die Araber erkannten aber auch einen Thron und ein Kamel im Sternenviereck des Raben. Zeitweise waren die Sterne des Raben Teil des gewaltigen arabischen Löwen, sie markierten seine Hinterbacken, während Kastor und Pollux sowie die Sterne des Kleinen Hundes die Tatzen andeuteten, Praesepe die Nase, Regulus die Stirn, die Jungfrau die Flanken, Arktur und Spica die Läufe.

3.10 Das Sternbild Rabe (Corvus)

Die Bezeichnung Rabe stammt ursprünglich von den Babyloniern, wo er auch als Sturmvogel oder Wüstenvogel bekannt war. Aus der klassischen Mythologie leiten sich die zahlreichen Beinamen ab wie Phoebo Sacer Ales, der heilige Vogel von Phoebus Apollo. Er gilt als der ehrwürdige Weissagevogel, dessen prophetische Gabe von den Göttern und Menschen gerne in Anspruch genommen wird. Der Rabe symbolisiert Klugheit und Hilfsbereitschaft. Auch gilt er als Wetterprophet. Der römische Dichter Ovid nennt den Raben jedoch Garrulus Proditor, den geschwätzigen Verräter, der ständig von Durst geplagt wird – daher sein krächzendes Geschrei. Ein anderer poetischer Name lautet Avis Ficarius, der Feigenvogel.

In manchen Sternbilderatlanten findet man den Raben dargestellt, wie er gerade die Wasserschlange (Hydra) in seinen Fängen hält, daneben steht gekippt der Becher (Crater), kurz vor dem Umfallen.

Hydra und Crater sind als Sternbilder in der Nachbarschaft des Raben zu finden – wenn sie auch viel unauffälliger und darum schwerer zu erkennen sind als der Rabe.

Eine Sage aus der klassischen Mythologie weiß vom Raben zu berichten: Apoll, Gott des Lichtes und der Lieder, wollte einst seinem Erzeuger, dem Götterboss Zeus, Herrscher über Himmel und Erde, ein würdiges Dankopfer darbringen. Nachdem der Altar geschmückt und hergerichtet war, fehlte nur noch das Wasser. Da rief Apoll nach seinem Boten, einem silbrig-weiß glänzenden Raben, und trug ihm auf, in einem goldenen Becher aus einer Quelle frisches Wasser zu holen. Der Rabe machte sich gleich auf den Weg. Doch als er endlich das ferne Gebirge, in dem die Quelle sprudelte, erreicht hatte, da plagte ihn gewaltiger Hunger. Vor Erfüllung seines Auftrages wollte er sich erst stärken. Ein dichtbelaubter Baum voller Feigen erregte seine Aufmerksamkeit. Jedoch, die Feigen waren hart und ungenießbar. So ließ sich denn der Rabe nieder und wartete, bis die Feigen reif, süß und weich waren. Als er sein Verlangen gestillt hatte, machte er sich auf den Rückweg. Viel Zeit war inzwischen verstrichen. Unterwegs packte der Rabe eine Wasserschlange mit seinen scharfen Krallen und trug sie heimwärts. Als Apoll endlich den Raben ohne Wasser heranfliegen sah, war er sehr erzürnt. Doch dreist behauptete der Rabe, er habe kein Wasser holen können, da die Wasserschlange die Quelle leergesoffen hätte und sie nun versiegt wäre. Apoll durchschaute die Lügengeschichte des Raben sofort. Vor Zorn bebend verfluchte er den Raben und ließ zur Strafe sein Gefieder pechschwarz werden. Außerdem muss der Rabe ewigen Durst leiden. Damit er keine Lüge mehr auftischen kann, werden alle Äußerungen des Raben zu einem hässlichen, unverständlichen Krächzen. Zur ewigen Erinnerung an dieses Geschehen wurden die Beteiligten unter die Sterne versetzt, wo wir heute noch Rabe, Becher, und Wasserschlange als Sternbilder beieinander sehen können.

Veränderliche Sterne im März

Algol-Minima	6. 2^h28^m	8. 23^h17^m	11. 20^h07^m	23. 7^h24^m	29. 1^h02^m	31. 21^h51^m
β-Lyrae-Minima	4. 23^hH	11. 10^hN	17. 21^hH	24. 9^hN	30. 20^hH	
δ-Cephei-Maxima	3. 10^h	8. 19^h	14. 4^h	19. 13^h	24. 21^h	30. 6^h
Mira-Helligkeit	1. 9^m	10. 9^m	20. 9^m	31. 10^m		

Steckbrief Mars

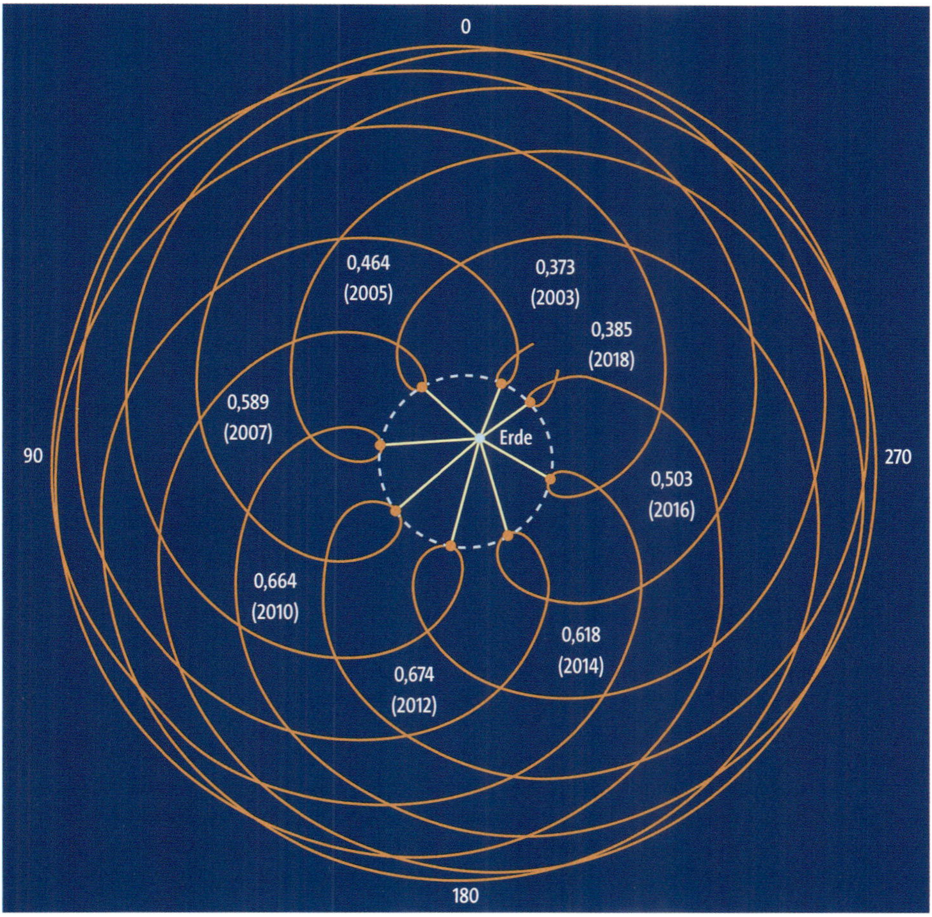

3.11 Geozentrische Marsbahn. Die Zahlen geben die jeweils geringste Oppositionsdistanz in AE an (1 AE = 149,6 Millionen Kilometer). In Klammern ist das jeweilige Oppositionsjahr vermerkt.

Im März dieses Jahres ist es wieder einmal soweit: Am 3. überholt die Erde den roten Planeten auf der Innenbahn. Am irdischen Firmament stehen Mars und Sonne einander gegenüber, sie geraten in Opposition. Wenn die Sonne untergeht, taucht Mars am Osthimmel auf. Zu Mitternacht erreicht er seine Höchststellung im Süden und mit Tagesbeginn geht er im Westen unter. Mars ist ein auffallend helles Objekt im Sternbild des Löwen, denn zur Opposition wird die geringste Entfernung der Erde vom Mars erreicht. Wegen der elliptischen Bahn des Mars und der Erde erfolgt die maximale Annäherung der Erde an den roten Planeten erst zwei Tage nach der exakten Oppositionsstellung. Diesmal fällt die Opposition nicht so günstig aus wie beispielsweise Ende August 2003. Damals näherten wir uns Mars bis auf knapp 56 Millionen Kilometer. Diesmal ist die Oppositionsdistanz mit fast 101 Millionen Kilometer erheblich größer, denn wir überholen Mars in der Nähe seines sonnenfernsten Bahnpunktes, den er am 15. Februar passiert, also nur gut zwei Wochen vor der Opposition. Die nächste günstige Marsopposition ist Ende Juli 2018 zu erwarten, wenn die Erde bis auf knapp 57 Millionen Kilometer an den roten Planeten herankommt. (Eine Liste aller Marsoppositionen von 2001 bis 2050 findet man im *Kompendium der Astronomie* auf Seite 119.) Diesmal bleibt auch das Planetenscheibchen recht klein, was Fernrohrbeobachter bedauern werden. Der scheinbare Marsdurchmesser erreicht nur 13,″9, während er 2018 bis auf 24,″3 anwachsen wird. Dennoch zählt auch bei der diesjährigen Opposition der rote Planet mit einer scheinbaren Helligkeit von $-1^{m}{,}2$ zu den auffälligsten Gestirnen am sternklaren Himmel.

Historischer Rückblick

Schon in grauer Vorzeit fand Mars bei den ersten Sternkundigen besondere Beachtung. Manchmal erscheint der gelblich-rötliche Nachbarplanet der Erde auffällig hell am Firmament. Er übertrifft dabei sogar noch Jupiter an Glanz. Nur noch Venus bleibt stets deutlich heller als Mars. Die meiste Zeit ist er jedoch vergleichsweise unscheinbar und wenig auffällig. Steht er hoch am Himmel, so sieht er eher gelblich aus. Bei geringer Höhe erscheint Mars deutlich rötlich infolge der selektiven Extinktion der Erdatmosphäre. Auch Sonne und Mond zeigen sich bei Auf- und Untergang rötlich.

Der etwa alle zwei Jahre für einige Wochen hell strahlende Mars mag unsere fernen Vorfahren an das Auflodern von Feuer erinnert haben, wie es auch bei Kriegshandlungen und Brandschatzungen der Fall ist. Etliche Völker sahen daher in diesem Planeten den Kriegsgott. Bei den Babyloniern hieß er Nergal, bei den Griechen Ares (Αρης) und bei den Römern Mars – alles Namen für den Kriegsgott. In der griechischen Götterwelt war Ares der Sohn des Zeus und seiner Gemahlin Hera. Er war der Gott des erbarmungslosen Kampfes. Die kriegerischen Amazonen sind die Töchter von Ares. Während bei den Griechen der Kriegsgott nicht gut angesehen war, wurde er bei den Römern ganz besonders verehrt. Mars galt als Vater von Romulus und Remus, den Gründern der ewigen Stadt. Im alten römischen Kalender galt der März als erster Monat im Jahreslauf. Der Name März leitet sich aus dem lateinischen Mensis Martius, der Marsmonat, ab. Im Frühlingsmonat begann man mit der Aussaat, aber auch mit neuen Feldzügen zur Festigung und Erweiterung des römischen Reiches.

Die alten Chinesen nannten Mars den Feuerstern, Ying-huo. Bei den Ägyptern hieß er schlicht Hardecher, der Rötliche.

Die genaue Beobachtung der Marsbewegung durch Tycho Brahe, kaiserlicher Astronom am Hof von Rudolph II. in Prag, lieferte das Datenmaterial, mit dessen Hilfe Johannes Kepler seine beiden ersten Planetengesetze fand. Die Marsbahn weicht nach der Merkurbahn am stärksten von der Kreisbahn ab. Kepler stellte fest: Die Planeten laufen nicht auf Kreisen, wie man Jahrhunderte lang annahm, sondern auf Ellipsenbahnen, in deren einem Brennpunkt die Sonne steht. In seinem zweiten Gesetz heißt es: Der Leitstrahl oder Radiusvektor (Verbindungslinie Sonne – Planet) überstreicht in gleichen Zeiten gleiche Flächen. Daraus folgt, dass Mars (und alle anderen Planeten auch) in Sonnennähe schneller läuft als in Sonnenferne. Seine ersten beiden Planetengesetze veröffentlichte Kepler in seinem Werk *Astronomia Nova*, das 1609 erschien.

Nach Erfindung des Fernrohres stellte sich bald heraus, dass Mars von allen Planeten unseres Sonnensystems der erdähnlichste ist. Der berühmte holländische Physiker Christiaan Huygens erkannte anhand von Oberflächendetails, dass Mars rotiert. Er bestimmte im Jahre 1659 die Rotationsdauer zu 24 Stunden.

Giovanni Domenico Cassini, erster Direktor des Pariser Observatoriums, verbesserte diesen Wert auf $24^{h}40^{m}$ und wies 1666 auf die weißen

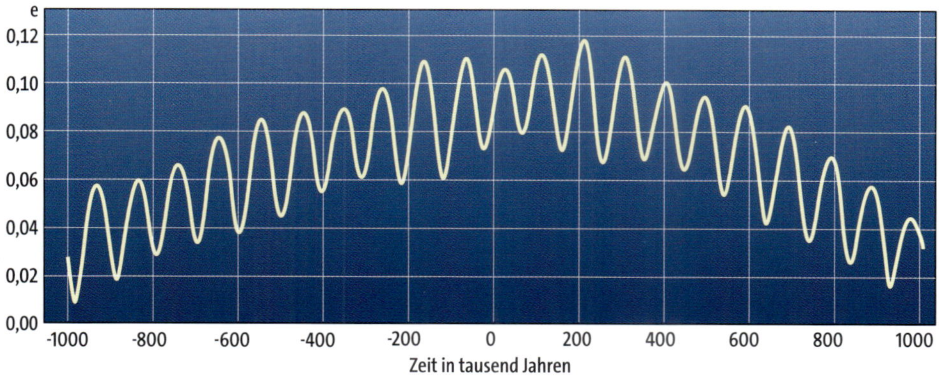

3.12 Variation der numerischen Exzentrizitäten der Marsbahn im Verlauf von zwei Millionen Jahren.

Polkappen hin. Wilhelm Herschel, der Entdecker des Uranus, maß 1784 eine Neigung der Rotationsachse des Mars von 25° zur Senkrechten auf der Marsbahn. Rotationsdauer und Achsneigung des Mars zeigen somit fast die gleichen Werte wie bei der Erde. Infolge der Achsneigung kommt es auf Mars ebenfalls zu Jahreszeiten, die aber doppelt solange dauern wie auf der Erde.

Bei der sehr günstigen Opposition vom 5. September 1877, bei der die minimale Marsentfernung von der Erde am 2. September nur 56,4 Millionen Kilometer (= 0,377 AE) betrug, fand Asaph Hall mit dem 26-Inch-Refraktor des Naval Observatory in Washington, D.C., die beiden winzigen Marsmonde, die passend zum Kriegsgott Phobos (Furcht) und Deimos (Schrecken) getauft wurden.

Giuseppe Virginio Schiaparelli fertigte bei derselben Marsopposition die für damalige Zeiten beste und detailreichste Marskarte an. Er war Direktor des Mailänder Observatoriums und beobachtete mit einem 8½-Zoll (= 22 cm)-Refraktor. Er führte viele Bezeichnungen ein, wie Große Syrte, Tharsis Regio oder Hellas Planitia, die heute noch verwendet werden. Unter anderem zeichnete er auch ein netzartiges System von Linien. Die Linien nannte er „canali". Im Italienischen bedeutet das soviel wie Rillen, Furchen, Gräben. Ins Deutsche übersetzt hießen sie dann „Kanäle", ins Englische übertragen „canals" (statt „channels"). In beiden Fällen bedeutet dies künstliche Wasserstraßen – also muss es intelligente Bewohner auf Mars geben, die ihren trockenen Planeten einst mit einem Kanalsystem überzogen. Ein fast hundertjähriger Marsrummel begann. Percival Lowell, der Spross einer begüterten Bostoner Familie, gründete 1894 ein eigenes Observatorium in Flagstaff, Arizona, um den Marsbewohnern auf die Spur zu kommen. Das inzwischen nach seinem Gründer benannte Observatorium wurde allerdings durch andere Forschungsergebnisse berühmt. Unter anderem wurde auf der Lowell-Sternwarte 1930 der Planet Pluto (heute ein Zwergplanet) entdeckt.

Von der breiten Öffentlichkeit wurde Lowell begeistert gefeiert, die Fachwelt reagierte dagegen sehr skeptisch. Der prominente amerikanische Astronom Georg Ellery Hale vermochte weder mit dem großen Refraktor des Lick-Observatoriums (90 cm freie Öffnung) auf dem Mt. Hamilton in Kalifornien noch mit dem 2,5-m-Reflektor des Mt. Wilson-Observatoriums – seinerzeit das größte Teleskop der Erde – Kanäle zu erkennen. Im Jahre 1909 beobachtete einer der profiliertesten Planetenforscher, Eugene Antoniadi, mit dem 33-Inch(= 83 cm)-Refraktor, dem „Grande Lunette" genannten Linsenteleskop des Pariser Observatoriums in Meudon, den roten Planeten ausgiebig – Kanäle aber sah er keine. Auch auf fotografischen Aufnahmen zeigten sie sich nicht. Endgültig ad acta gelegt wurden die ominösen Marskanäle im Raumfahrtzeitalter. Sie entpuppten sich als optische Täuschung.

Der große Durchbruch in der Marsforschung begann mit der Raumsonde MARINER 4, die im Juli 1965 an Mars vorbeiflog. Auf den 22 zur Erde gefunkten Aufnahmen wurden Krater statt Kanäle, gewaltige Schildvulkane, riesige Canyons und ausgedehnte Tiefebenen sichtbar. Heute ist Mars der am besten erforschte Planet. Künstliche Satelliten haben die Marsoberfläche genauestens kartografiert, Marsrover wiederum kurven über den roten Planeten und liefern Nahaufnahmen der Marslandschaft sowie eine Fülle von Daten über die Verhältnisse auf diesem trockenen, eiskalten Wüstenplaneten.

Die Bahn des Mars

Mars ist der äußere Nachbarplanet der Erde. Er wandert in knapp zwei Jahren um die Sonne. Die große Halbachse der Marsbahn (= mittlere Entfernung Sonne – Mars) misst 228 Millionen Kilometer (= 1,52 AE). Nach Merkur hat Mars die exzentrischste Bahn der acht großen Planeten. Die numerische Exzentrizität der Marsbahn beträgt e = 0,093. Mars kommt somit bis auf knapp 207 Millionen Kilometer (= 1,38 AE) an die Sonne heran. Dies ist die sogenannte Periheldistanz. Im Aphel trennen ihn fast 250 Millionen Kilometer (= 1,67 AE) vom Zentralgestirn. Die mittlere Entfernung des Mars von der Sonne von 228 Millionen Kilometer entspricht einer Lichtlaufzeit von 12,6 Minuten. Die mittlere Umlaufzeit um die Sonne, die siderische Periode, ergibt sich aus dem dritten Kepler-Gesetz zu 687 Tagen. Die mittlere Bahngeschwindigkeit beträgt 24,1 Kilometer pro Sekunde. Im Perihel eilt Mars mit 26,5 km/s entlang seiner Bahn, während im Aphel seine Geschwindigkeit auf 21,6 km/s zurückgeht. Mit 1°51′ ist seine Bahn nur geringfügig zur Erdbahnebene (Ekliptikebene) geneigt.

Die Erde überholt jeweils nach 779 Tagen, das sind zwei Jahre, ein Monat und drei Wochen, den roten Planeten (synodische Periode). Dann befinden sich Sonne – Erde – Mars in einer Linie. Diese Stellung wird Opposition genannt. Die synodische Umlaufzeit variiert von Mal zu Mal. Die kürzeste Zeit zwischen zwei Oppositionen liegt in unserem Jahrhundert bei 764 Tagen. Dies ist die Zeitspanne zwischen den beiden Oppositionen vom 31. Januar 2089 und dem 6. März 2091. Zwischen den aufeinander folgenden Oppositionen vom 13. Juli 2065 und dem 2. Oktober 2067 liegen 811 Tage. Dies ist die längste synodische Periode im 21. Jahrhundert.

Überholt die Erde den roten Planeten in seiner Aphelposition, so bleibt die Oppositionsdistanz bei 101,5 Millionen Kilometer (= 0,678 AE). Bei einer günstigen Perihelopposition kann die Erde bis auf 55,65 Millionen Kilometer (0,372 AE) an Mars herankommen. Die maximale Konjunktionsentfernung hingegen beträgt 400 Millionen Kilometer (= 2,67 AE).

Eine extrem günstige Marsopposition fand Ende August 2003 statt. Mars und Erde kamen sich auf 55,76 Millionen Kilometer (= 0,3727 AE) nahe. Erst am 27. August 2287 wird dieser Wert noch unterboten werden. Die geringste Distanz zwischen diesen beiden Planeten wird 55,69 Millionen Kilometer (= 0,37225 AE) betragen. Auch die Opposition vom 14. August 2050 wird mit einer Minimaldistanz von 55,96 Millionen Kilometer (= 0,37405 AE) recht günstig ausfallen.

Die Bahnelemente bleiben nicht konstant, sondern unterliegen periodischen Schwankungen. So variiert die numerische Exzentrizität der Marsbahn mit einer Periode von 96 000 Jahren. Ihr überlagert ist eine größere Periode von etwa zwei Millionen Jahren mit einer größeren Amplitude. Gegenwärtig schwankt die Exzentrizität um einen Mittelwert von 0,09. In rund einer Million Jahren wird die mittlere Exzentrizität nur noch 0,03 betragen (siehe Abb. 3.12 auf Seite 71). Zurzeit wächst die Exzentrizität an. Im Jahre 2000 betrug sie e = 0,09333, bis Anfang 2012 hat ihr Wert auf e = 0,09346 zugenommen. In 22 000 Jahren wird ein Maximum von e = 0,1051 erreicht, ein noch größerer Wert ist in 186 000 Jahren zu erwarten: 0,1184. Dann wird die Periheldistanz des Mars nur noch knapp 200 Millionen

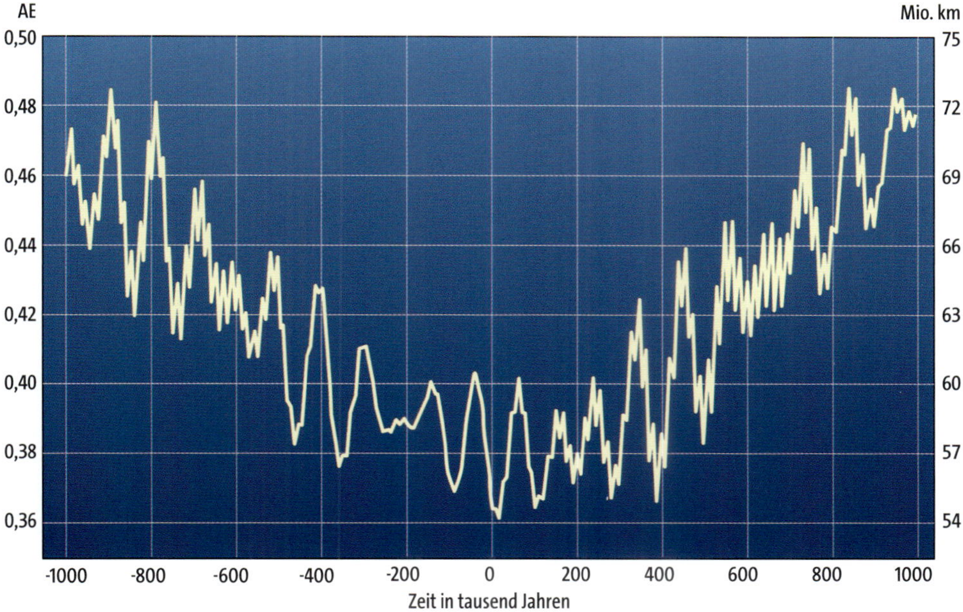

3.13 Variation der minimalen Oppositionsdistanzen Erde – Mars im Verlauf von zwei Millionen Jahren

Kilometer (= 1,337 AE) betragen und die Apheldistanz auf 255 Millionen Kilometer (= 1,704 AE) anwachsen.

Der Marsglobus

Mit einem mittleren Durchmesser von 6779,3 Kilometer ist Mars nur halb so groß wie die Erde. Der Äquatordurchmesser des Mars beträgt 6794 Kilometer, der Poldurchmesser wurde zu 6750 Kilometer bestimmt. Dies ergibt eine Abplattung von rund 1:150. Mars ist also doppelt so stark abgeplattet wie die Erde.

Die Marsoberfläche umfasst 144 Millionen Quadratkilometer, dies entspricht in etwa der gesamten Landfläche der Erde von 149 Millionen Quadratkilometer. Das Volumen der Marskugel misst 163 Milliarden Kubikkilometer, etwa fünfzehn Prozent des Erdvolumens. Die Masse des Mars entspricht 642 Trillionen Tonnen, das sind knapp elf Prozent der Erdmasse.

Mit 3,93 Gramm pro Kubikzentimeter hat Mars die geringste Dichte der vier terrestrischen Planeten. Merkur, Venus und die Erde haben Dichten von über fünf Gramm pro Kubikzentimeter. Das lässt darauf schließen, dass Mars nur einen sehr bescheidenen Nickel-Eisen-Kern besitzt, im Unterschied zu Merkur, der den relativ zu seinem Durchmesser größten Ni-Fe-Kern sein eigen nennt. Im Vergleich zur Erde hat Mars nur ein verschwindend geringes globales Magnetfeld. Spuren weisen darauf hin, dass es einst stärker war, als nämlich das Marsinnere noch wesentlich heißer war als heute.

Aus Äquatorradius und Masse ergibt sich eine Schwerebeschleunigung von 3,706 Meter pro Sekundenquadrat am Marsäquator. Dies sind 38 Prozent der irdischen Schwerebeschleunigung von fast zehn Meter pro Sekundenquadrat. Wer hier auf der Erde 90 Kilopond wiegt, ist auf Mars nur 34 Kilopond schwer. Die Entweichgeschwindigkeit beträgt 5,02 Kilometer pro Sekunde oder 45 % derjenigen auf der Erde.

Mars rotiert fast so schnell wie die Erdkugel. Ein Sterntag auf Mars dauert $24^h37^m23^s$ (siderische Periode). Damit ist er um den Faktor 1,02877

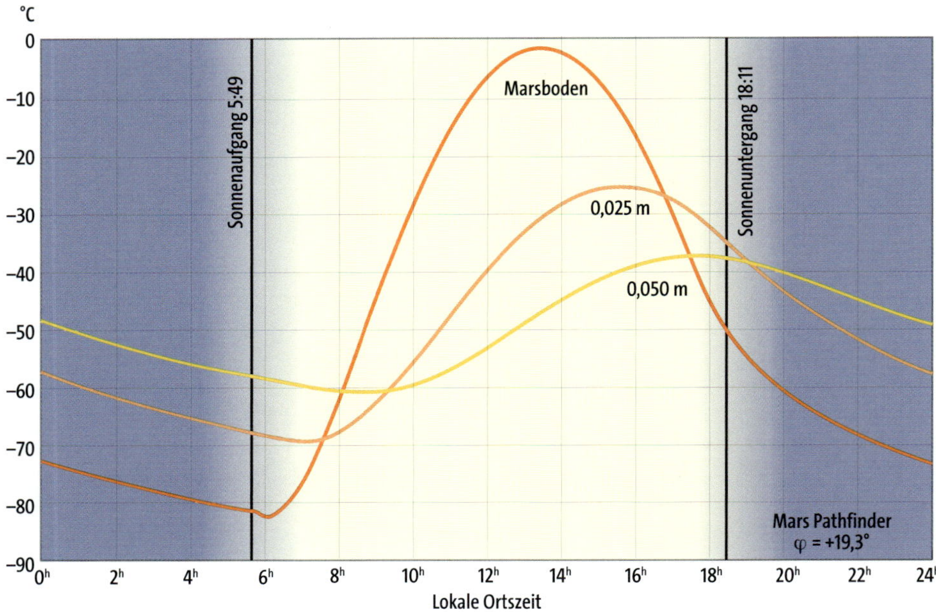

3.14 Temperaturverlauf während eines Marstages am Marsboden (rote Linie) sowie in 2,5 cm Höhe (orange Linie) und in 5 cm Höhe (gelbe Linie) am Standort der Sonde Mars Pathfinder in 19° nördlicher Breite.

länger als ein irdischer Sterntag. Da ein Marsjahr fast doppelt so lange ist wie ein Erdenjahr, wandert die Sonne pro Marssterntag am Marshimmel auch nur halb so weit unter den Sternen wie am irdischen Firmament. Ein Sonnentag ist daher auf Mars nur etwa zwei Minuten länger als ein Marssterntag, während der mittlere irdische Sonnentag vier Minuten länger ist als der Sterntag auf der Erde. Ein mittlerer Sonnentag dauert auf Mars $24^h39^m35^s$ (synodische Marsrotation). Damit ist er 1,02749-mal länger als ein mittlerer Sonnentag auf der Erde. Man nennt einen Marssonnentag auch ein sol. Ein siderisches Marsjahr dauert 668,597 sol oder 686,98 irdische Sonnentage.

Wegen der elliptischen Marsbahn sind auch die Jahreszeiten unterschiedlich lang. Der Frühling dauert auf der Nordhalbkugel des Mars 198,6 Tage oder 193,2 sol, der Sommer 183,5 Tage (= 178,6 sol), der Herbst 146,7 Tage (= 142,8 sol) und der Winter 158,0 Tage (= 153,8 sol). Der Frühling begann auf der Marsnordhalbkugel am 13. September 2011. Sommerbeginn ist am 30. März 2012 und Herbstbeginn am 29. September 2012. Der Winter wird am 23. Februar 2013 einsetzen.

Die Rotationsachse des Mars ist um 23°59′ zur Senkrechten auf der Ekliptikebene geneigt. Der Himmelsnordpol des Mars hat zurzeit die Koordinaten $\alpha = 21^h11\overset{m}{,}0$ und $\delta = 52°56'$. Das nördliche Ende der Marsachse deutet damit auf einen Punkt im Sternbild Schwan, nördlich von Deneb.

Auch die Marsachse präzediert wie die Erdachse, denn der Marsglobus ist sogar noch stärker abgeplattet. Allerdings hat Mars keinen Mond, der ein Drehmoment auf den Äquatorwulst ausüben könnte. Die beiden winzigen Marsmonde sind nicht für die Marspräzession verantwortlich. Zum einen haben sie eine verschwindend kleine Masse, zum anderen laufen sie exakt in der Ebene des Äquators um Mars, so dass sie auch kein Drehmoment ausüben. Aber die Sonnenmasse versucht, die Marsachse aufzurichten, die gemäß den Kreiselgesetzen rechtwinkelig ausweicht. Der Frühlingspunkt des Mars wandert rückläufig pro Jahr um 7,″6 entlang der Marsekliptik, also der Schnittlinie der Marsbahnebene mit der Himmelskugel. Der Marshimmelsnordpol (und ebenso der -südpol) beschreibt in 170 500 Jahren einen vollen Kreis mit einem Radius von 25° (= Öffnungswinkel des Präzessionskegel). Die Präzessionsperiode des Mars ist somit sechseinhalb Mal so lange wie die irdische von 25 800 Jahren. Nach 170 500 Jahren zeigt das Nordende der Marsachse wieder zur gleichen Position unter den Sternen wie heute.

Die Atmosphäre des roten Planeten

Die Marskugel wird von einer dünnen Gashülle umschlossen. Hauptbestandteile sind Kohlendioxid (CO_2) und molekularer Stickstoff (N_2). Der Atmosphärendruck auf der Marsoberfläche beträgt nur rund ein Hundertstel des irdischen Luftdruckes auf Meeresniveau. Der Bodendruck auf Mars entspricht in etwa dem Luftdruck in 35 Kilometer Höhe auf der Erde. Je nach Standort der weich gelandeten Raumsonden wurden Drücke zwischen 6,1 und 8,5 Hektopascal gemessen.

Auf Mars ist es sehr kalt. Er empfängt pro Flächeneinheit nur 43 % der solaren Wärmestrahlung. Die Solarkonstante beträgt auf Mars bei mittlerem Sonnenabstand 590 Watt pro Quadratmeter. Die Temperaturen der bodennahen Luftschichten in Äquatorgegenden zeigen im Mittel einen Tagesgang von −5 °C am frühen Nachmittag bis −85 °C morgens kurz vor Sonnenaufgang. Die globale mittlere Atmosphärentemperatur wurde zu −59 °C bestimmt – auf der Erde beträgt sie +15 °C. Ohne die Treibhauswirkung des CO_2 läge sie noch niedriger. An der Landestelle der Raumsonde PHOENIX im Polargebiet bei 68° nördlicher areografischer Breite, also 3° nördlich des Polarkreises, wurden am frühen Nachmittag −30 °C registriert. Nachts sank dort die Temperatur auf −96 °C. In der Polarnacht geht die Temperatur auf −120 °C oder darunter zurück. Dabei friert das atmosphärische CO_2 aus und bildet eine wenige Zentimeter dicke Trockeneisschicht, die man schon in kleinen Teleskopen von der Erde aus als weiße Polkappen ausmachen kann. Enorm ist der atmosphärische Temperaturgradient. Im subsolaren Punkt wird der Boden auf +10° bis +20 °C aufgeheizt. Aber schon in nur zwei Meter Höhe ist die Marsluft nur noch −20 °C „warm"!

Im Marssommer auf der Nordhalbkugel wurden Windgeschwindigkeiten bis zu 25 km/h gemessen, die sich im Herbst auf 36 km/h erhöhten. Zu Winterbeginn bliesen Stürme von 60 bis 110 km/h. Dabei wird Staub großflächig aufgewirbelt. Weite Gebiete werden dabei durch Staubwolken verschleiert, was ebenfalls in irdischen Teleskopen beobachtet werden kann. Die Marsstation PHOENIX registrierte sogar Winterstürme von 360 km/h.

Die Zusammensetzung der Marsatmosphäre in Volumenprozent:

Kohlendioxid (CO_2):	95,3 %
Stickstoff (N_2):	2,7 %
Argon (Ar):	1,6 %
Sauerstoff (O_2):	0,13 %
Kohlenmonoxid (CO):	0,08 %
Wasserdampf (H_2O):	0,02 %

sowie Spuren der Edelgase Xenon (Xe), Helium (He), Neon (Ne), Krypton (Kr) – aufgezählt in der Reihenfolge ihrer Häufigkeit, außerdem ein minimaler Anteil von Methan (CH_4) von etwa einem Millionstel Prozent. Im Unterschied zur Venusatmosphäre wurden keine Spuren von Schwefeldioxid (SO_2) registriert, obwohl im Marsgestein Schwefel vorkommt (gebunden in SO_3).

Die feste Oberfläche des Mars

Auch in großen Teleskopen sieht man nur grobe Strukturen, aber keine feineren Details. Erst Raumsonden ließen erkennen, dass die Oberfläche des Mars von Einschlagkratern übersät ist. Doch nicht nur Krater und Ringwälle prägen die Marslandschaften. Riesige Grabenbrüche, gewaltige Schluchten und ausgedehnte Canyons, die sich über tausende Kilometer hinziehen, zeigen,

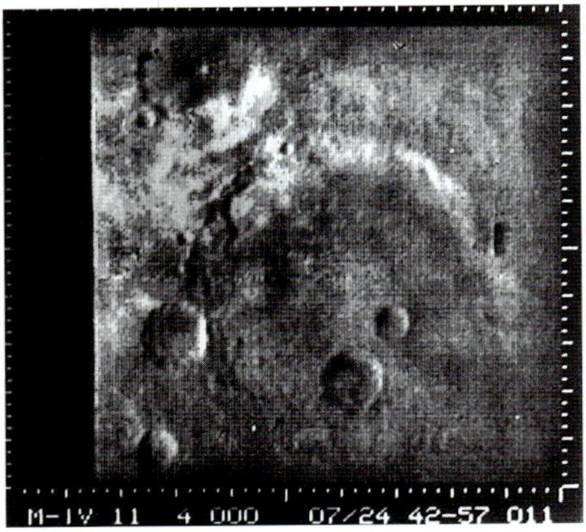

3.15 Eine der ersten Marsaufnahmen von MARINER 4 – deutlich sind zahlreiche Einschlagkrater zu erkennen.

dass die Marsoberfläche wesentlich abwechslungsreicher ist als die Mondoberfläche. Neben ausgedehnten Tiefebenen und weiten Hochländern wurden gewaltige Schildvulkane entdeckt. Die Marsoberfläche gleicht in gewissem Sinne der Wüste Gobi, wenn man sie in die Antarktis versetzt. Größter Vulkan – vermutlich im gesamten Sonnensystem – ist der Mons Olympus, der sich über 25 Kilometer erhebt. Seine Basis hat einen Durchmesser von 600 Kilometer. Drei weitere, gigantische Schildvulkane finden sich am Rande des Hochlandes von Tharsis, die Montes Ascraeus, Pavonis und Arsia, ebenfalls mit Höhen von einigen tausend Meter. Die ausgedehnten Tiefebenen wie Hellas Planitia, Arcadia Planitia und Utopia Planitia sind schon von der Erde aus als dunkle Flecken mit großen Teleskopen auszumachen. Die Albedo (Rückstrahlvermögen) der einzelnen Regionen liegt zwischen zehn und fünfzehn Prozent – Mars ist also ein recht düsterer Planet. Eine dünne Staubschicht bedeckt den Marsboden, die bei Stürmen aufgewirbelt wird und die Oberfläche verschleiert.

Der größte Grabenbruch ist der doppelte Canyon der Valles Marineris – gut 4000 Kilometer lang, bis sechs Kilometer tief und zwischen 200 und 300 Kilometer breit. An seinen Rändern sind Fließspuren zu erkennen, deren Ursprung noch ungeklärt ist. Flüssiges Wasser gibt es heute keines auf Mars, hingegen ist es als Permafrost im Marsboden vorhanden. In einem halben Meter Tiefe herrscht eine Temperatur von −60 °C, während die Bodentemperaturen zwischen −125 °C in Polnähe und +10 °C bis +25 °C im subsolaren Punkt schwanken. Der Temperaturgradient im Boden beträgt ein Grad pro hundert Meter Tiefe. Damit dürfte die Permafrostschicht sechs Kilometer dick sein.

Heute ist Mars ein ausgetrockneter, rostiger, eiskalter Wüstenplanet. Neben Silizium enthält der Marsboden diverse Eisenoxide. Zahlreiche Spuren deuten auf einstmals flüssiges Wasser hin. Unter anderem schließt man dies aus dem Vorkommen von Hämatit (Fe_2O_3). Die Eisenoxide färben die Marslandschaften rötlich. Neuerdings hat man auch Zink- und Nickelverbindungen entdeckt.

Viele Fragen wurden durch zahlreiche Raumsonden geklärt, die teils am roten Planeten vorbeiflogen, ihn umkreisten oder weich auf ihm landeten und teilweise Rover („Marsautos") absetzten. Eine Liste der erfolgreichen Marsmissionen findet man im *Kompendium der Astronomie* auf Seite 121.

Noch so ausgeklügelte und hochtechnisierte Automaten können aber niemals Menschen ersetzen. Ein ehrgeiziges Ziel ist daher eine Landung von Menschen auf dem roten Planeten, ein einmaliges und unvergleichbares Unternehmen in der Menschheitsgeschichte. Das Projekt einer bemannten Marsexpedition ist nicht unumstritten. Skeptiker verweisen auf die hohen Kosten. Die Kosten sind aber unbedeutend im Vergleich zu den weltweiten Ausgaben für Waffen und Massenvernichtungsmittel. Würden die Völker auf den riesigen Militärapparat verzichten, der im günstigsten Fall totes Kapital ist, schlimmstenfalls Tod und Verderben bringt, und würde man Kriege und Gewaltaktionen vermeiden, so könnte man eine Reise von Menschen zum Mars und zurück aus der Portokasse finanzieren. Nicht die finanziellen Mittel sind das Problem, sondern die Unreife der menschlichen Rasse.

April 2012

- Venus beherrscht die erste Nachthälfte. Am Monatsletzten leuchtet sie im maximalen Glanz.
- Saturn kommt am 15. im Sternbild Jungfrau in Opposition zur Sonne.
- Mars ist fast die ganze Nacht über sichtbar.

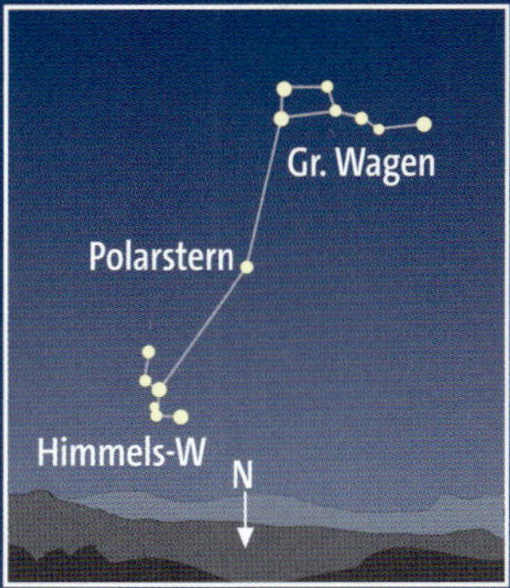

Großer Wagen und Himmels-W Anfang April um 22 Uhr

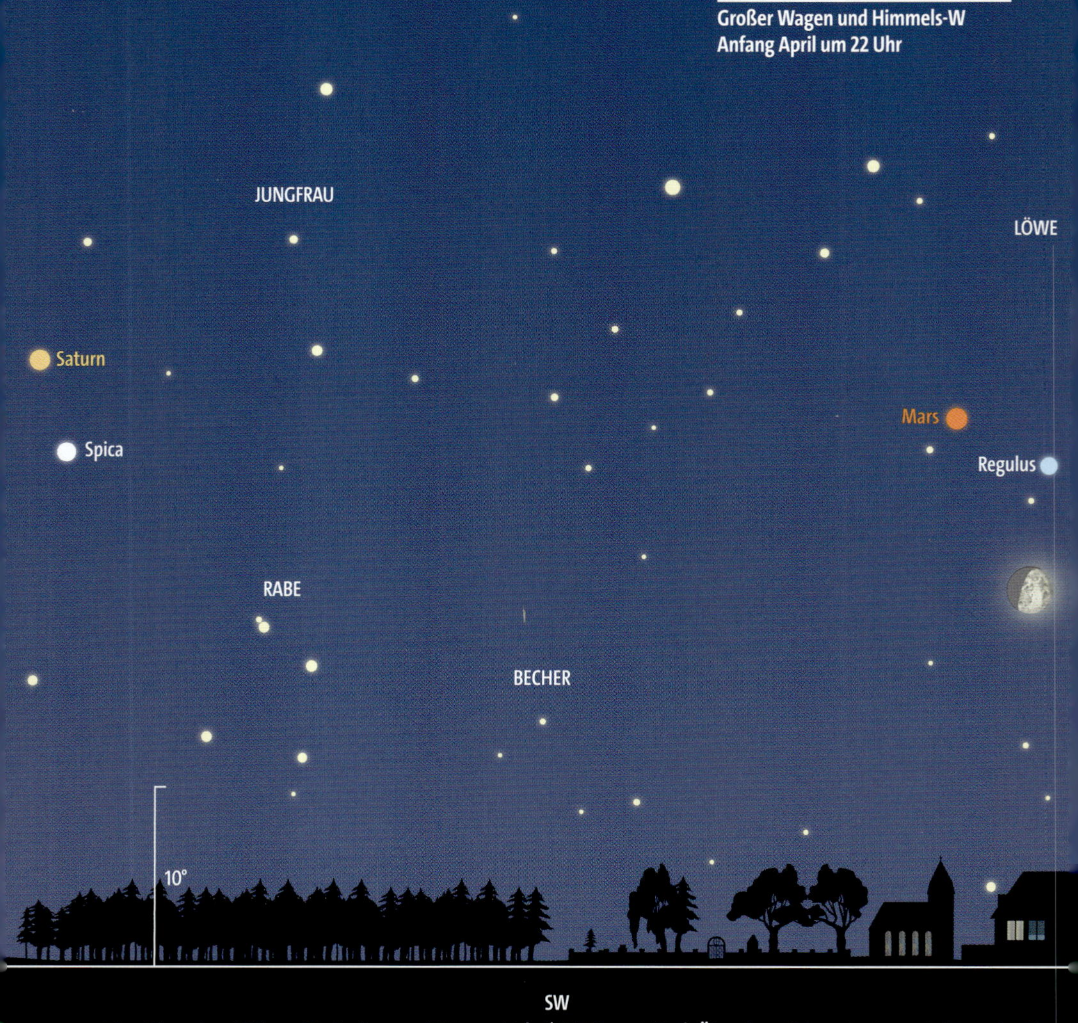

4.1 Himmelsanblick am 30. April gegen Mitternacht (= 1^h MESZ am 1. Mai). Über dem Südwesthorizont sind Mars im Löwen und Saturn in der Jungfrau zu sehen. An Mars wandert der zunehmende Mond vorbei.

1 So	
2 Mo	
3 Di	
4 Mi	
5 Do	
6 Fr	Karfreitag, **Vollmond**
7 Sa	Karsamstag, Mond in Erdnähe
8 So	Ostersonntag
9 Mo	Ostermontag
10 Di	
11 Mi	
12 Do	
13 Fr	Mond im letzten Viertel
14 Sa	
15 So	Saturn in Opposition
16 Mo	
17 Di	
18 Mi	
19 Do	
20 Fr	
21 Sa	**Neumond**
22 So	Mond in Erdferne Mond bei Jupiter (Abendhimmel)
23 Mo	
24 Di	
25 Mi	
26 Do	
27 Fr	
28 Sa	
29 So	Mond im ersten Viertel
30 Mo	Venus im größten Glanz (Abendhimmel)

Sonne – Sternbilder

18.4. 13ʰ:
Sonne tritt in das Sternbild Widder
19.4. 17ʰ:
Sonne tritt in das Tierkreiszeichen Stier
Julianisches Datum am
1. April, 1ʰ MEZ: 2456018,5

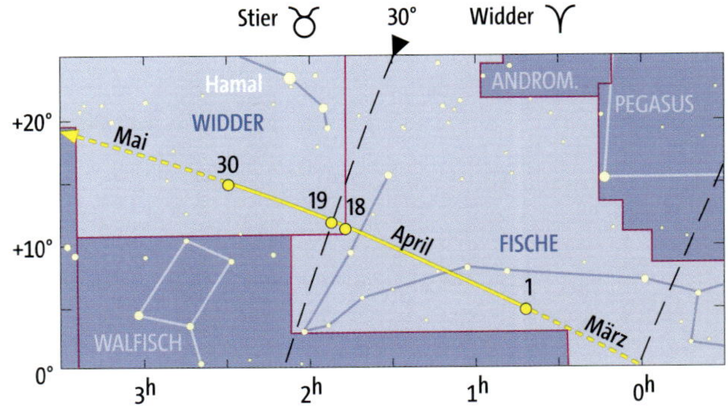

Tabelle Sonnenlauf

Tag	Dämmerg. Anfang	Aufgang MEZ	Kulmination	Untergang MEZ	Dämmerg. Ende	Mittagshöhe	Zeitgleichg.	Rektaszension	Deklination
	h m	h m	h m	h m	h m	o	m	h m	o
1.	4 44	5 56	12 24	18 52	20 04	44,8	–4	0 42	+ 4,5
5.	4 34	5 47	12 22	18 58	20 12	46,3	–2	0 57	+ 6,1
10.	4 22	5 37	12 21	19 06	20 21	48,2	–1	1 15	+ 7,9
15.	4 10	5 27	12 20	19 14	20 31	50,0	0	1 33	+ 9,8
20.	3 58	5 16	12 19	19 22	20 40	51,7	+1	1 52	+11,5
25.	3 46	5 07	12 18	19 30	20 51	53,4	+2	2 11	+13,2
30.	3 35	4 58	12 17	19 37	21 01	55,0	+3	2 30	+14,8

Tages- und Nachtstunden

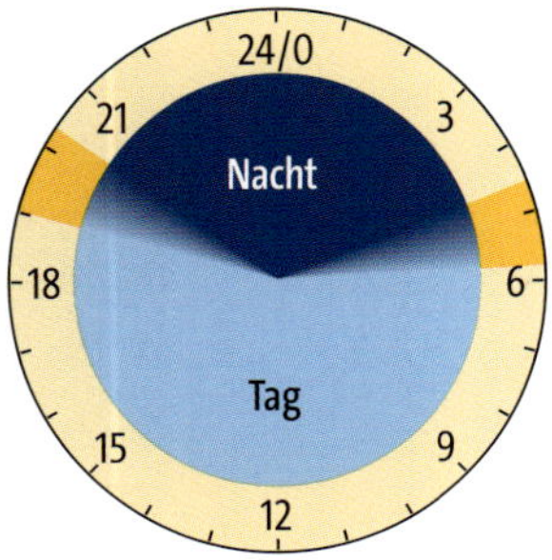

5. April

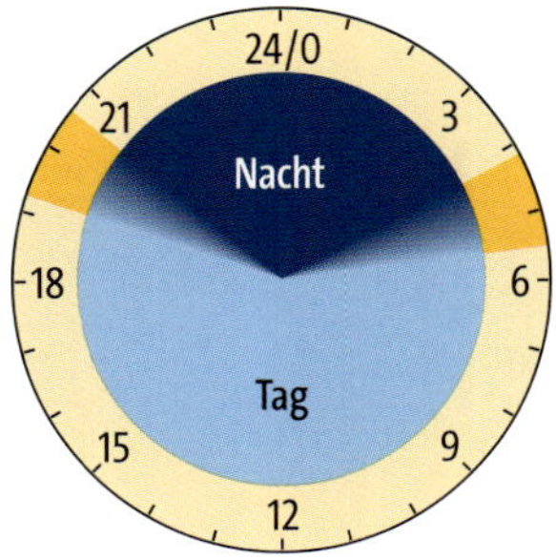

15. April

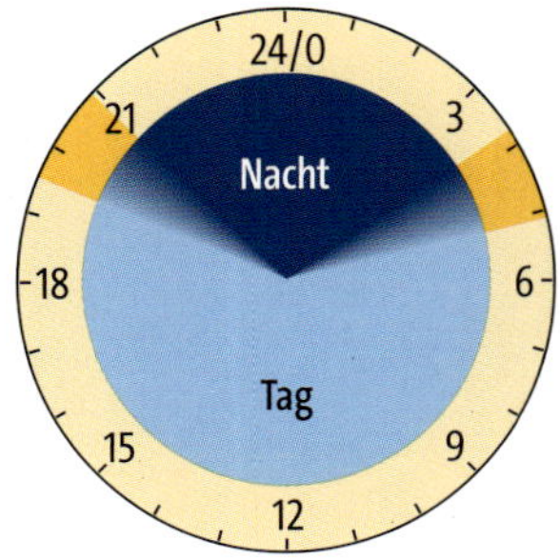

25. April

Tabelle Mondlauf

Datum		Aufg. MEZ	Kulmination	Unterg. MEZ	Rektaszension	Deklination	Sterne und Sternbilder	Phase	MEZ
		h m	h m	h m	h m	°			
So	1.	12 33	20 06	2 56	7 46	+17,3	* Zwillinge	Libration Ost	
Mo	2.	13 45	20 56	3 26	8 38	+13,8	Krebs, Krippe		
Di	3.	15 01	21 46	3 52	9 30	+ 9,6	* Löwe		
Mi	4.	16 19	22 37	4 17	10 23	+ 4,6	Sextant	Größte Südbreite	
Do	5.	17 40	23 30	4 41	11 16	− 0,7	Löwe		
Fr	6.	19 04	–	5 07	12 12	− 6,1	Jungfrau	**Vollmond**	**20^h 19^m**
Sa	7.	20 28	0 25	5 36	13 09	−11,3	Spica	Erdnähe 358/33,4	18^h
So	8.	21 50	1 23	6 10	14 08	−15,8	Jungfrau		
Mo	9.	23 06	2 24	6 52	15 10	−19,2	Waage		
Di	10.	–	3 25	7 42	16 13	−21,2	Antares	Aufsteigender Knoten	
Mi	11.	0 11	4 26	8 42	17 16	−21,8	Schlangenträger		
Do	12.	1 05	5 25	9 50	18 17	−20,9	Schütze		
Fr	13.	1 47	6 21	11 00	19 15	−18,8	Schütze	**Letztes Viertel**	**11^h 50^m**
Sa	14.	2 21	7 12	12 12	20 09	−15,8	Steinbock	Libration West	
So	15.	2 48	8 00	13 22	21 01	−12,0	Wassermann		
Mo	16.	3 12	8 46	14 31	21 49	− 7,8	Wassermann	Größte Nordbreite	
Di	17.	3 33	9 29	15 37	22 36	− 3,3	Wassermann		
Mi	18.	3 53	10 12	16 43	23 22	+ 1,3	Fische		
Do	19.	4 13	10 55	17 48	0 07	+ 5,7	Fische		
Fr	20.	4 35	11 38	18 53	0 52	+ 9,9	Fische		
Sa	21.	4 59	12 22	19 56	1 39	+13,6	Fische	**Neumond Nr. 1105**	**8^h 18^m**
So	22.	5 26	13 07	20 58	2 26	+16,8	Widder	Erdferne 406/29,4	15^h
Mo	23.	5 58	13 54	21 57	3 15	+19,3	Widder		
Di	24.	6 37	14 42	22 51	4 05	+21,0	Stier, Plejaden	Absteigender Knoten	
Mi	25.	7 22	15 31	23 39	4 56	+21,7	* Aldebaran		
Do	26.	8 15	16 21	–	5 47	+21,4	Stier		
Fr	27.	9 15	17 10	0 20	6 39	+20,2	Alhena		
Sa	28.	10 19	17 58	0 55	7 30	+18,0	* Zwillinge		
So	29.	11 28	18 47	1 25	8 21	+14,9	Krebs, Krippe	**Erstes Viertel**	**10^h 57^m**
Mo	30.	12 40	19 35	1 52	9 12	+11,0	* Krebs	Libration Ost	

Der Vollmond zieht südlich an Spica vorbei

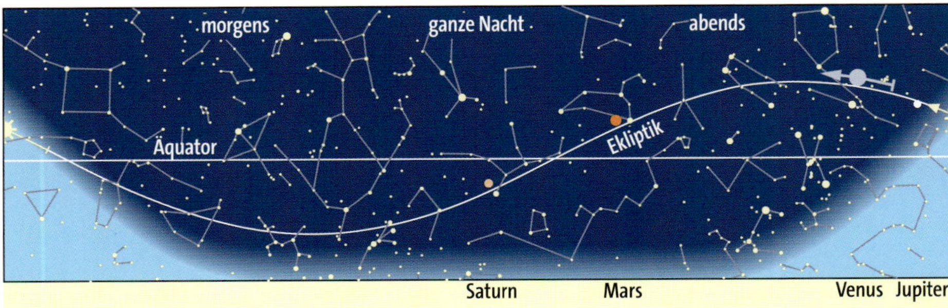

Merkur stand im letzten Drittel des Vormonats in unterer Konjunktion mit der Sonne. Er entfernt sich rasch rückläufig von ihr in Richtung West. Bereits am 3. wird er stationär und ist anschließend wieder rechtläufig. Mit 27°30′ Winkelabstand erreicht der sonnennächste Planet am 18. seine größte westliche Elongation von der Sonne. Dies ist fast der maximale Elongationswinkel. Er fällt so groß aus, da Merkur drei Tage vorher das Aphel seiner elliptischen Bahn passiert und somit relativ weit von der Sonne entfernt ist, nämlich 69,8 Millionen Kilometer (= 0,467 AE).

Trotz seiner großen Winkeldistanz kommt es in unseren Breiten nicht zu einer Morgensichtbarkeit, da sich Merkur rund zwölf Grad südlicher als die Son-

4.2 Das Planetensystem: **Heliozentrischer Anblick des Planetensystems im zweiten Jahresviertel 2012. Eingetragen sind links die Positionen der inneren Planeten für den 1. April (4), 1. Mai (5), 1. Juni (6) und 1. Juli (7). Der rechte Teil zeigt das äußere Planetensystem zu Anfang und Ende des zweiten Jahresviertels. Die Pfeile deuten die Richtungen zu den ferneren Planeten sowie zum Frühlingspunkt an.**

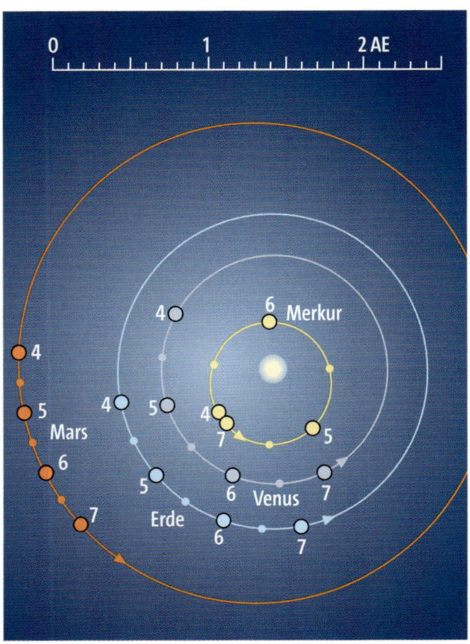

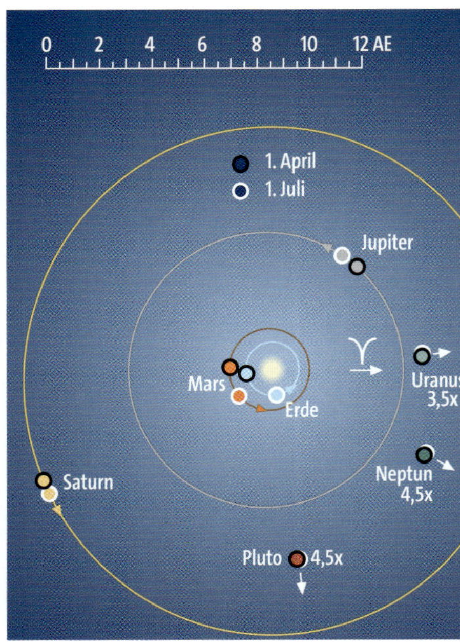

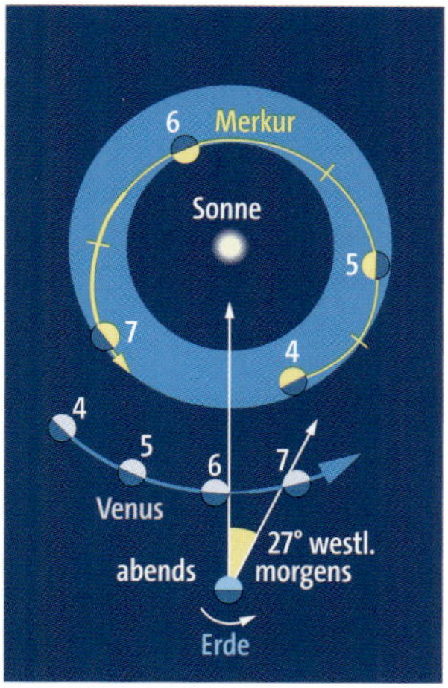

4.3 Bahnen von Merkur und Venus: Heliozentrische Bewegungen von Merkur und Venus relativ zur Erde. In den dicker ausgezogenen Bahnteilen sind die Planeten beobachtbar. Die Zahlen markieren die Positionen jeweils zum Monatsersten. Östlicher Winkelabstand bedeutet Abendsichtbarkeit, westliche Elongation: Planet steht am Morgenhimmel.

ne im Tierkreis aufhält, was einen entsprechend kleineren Tagbogen bedingt. Zudem verläuft die morgendliche Ekliptik recht flach zum Südosthorizont. In südlicheren Gegenden (von 35° nördlicher Breite ab südwärts) lässt sich Merkur jedoch kurz am Morgenhimmel blicken. Die Dichotomie (Halbmerkur) tritt am 21. ein.

Venus ist nach wie vor hell glänzender Abendstern. Zu Monatsende strahlt sie mit $-4{,}^{\mathrm{m}}7$ in größtem Glanz. Venus wandert durch das Sternbild Stier und passiert Anfang April das Goldene Tor der Ekliptik. Dabei zieht sie am 3. durch die südlichen Partien des offenen Sternhaufens der Plejaden – ein reizvoller Anblick im Fernglas. Am 17. wandert sie rund zehn Grad nördlich an Aldebaran (α Tauri) vorbei (siehe auch Abb. 4.4 rechts und Abb. 4.7 auf Seite 84).

Die Venusuntergänge verspäten sich nur wenig. Da die Tageslänge zunimmt, verkürzt sich die Sichtbarkeitsdauer sogar ein wenig. Am 1. geht Venus um $23^{\mathrm{h}}26^{\mathrm{m}}$ (= $0^{\mathrm{h}}26^{\mathrm{m}}$ Sommerzeit am 2.) unter, am 15. um $23^{\mathrm{h}}44^{\mathrm{m}}$ und am 30. um $23^{\mathrm{h}}39^{\mathrm{m}}$.

Fernrohrbeobachter werden die Zunahme des Venusscheibchendurchmessers auf knapp 38″ und die abnehmende Phase auf 27 % beleuchteten Anteil bis Ende April registrieren.

4.4 Venus in den Plejaden: Venus passiert am 3. April den offenen Sternhaufen der Plejaden im Stier. Fernglasanblick bei 5° Gesichtsfelddurchmesser.

Mars stand Anfang des Vormonats in Opposition zur Sonne. Noch ist er ein auffälliges Objekt am Nachthimmel, wenn auch seine Helligkeit von $-0{,}^{\mathrm{m}}7$ im Laufe des April auf $0{,}^{\mathrm{m}}0$ merklich abnimmt.

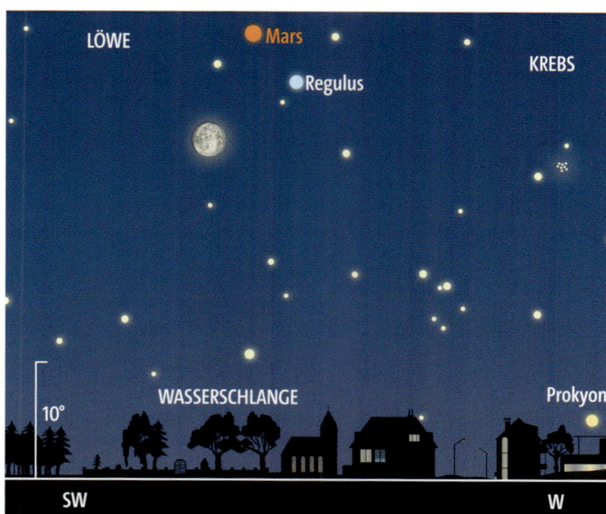

4.5 Mars am Abendhimmel: Anblick des Westhimmels am 4. April gegen 1^{h} MEZ (= 2^{h} MESZ) mit dem Dreigestirn Mars, Regulus und Mond im zweiten Viertel.

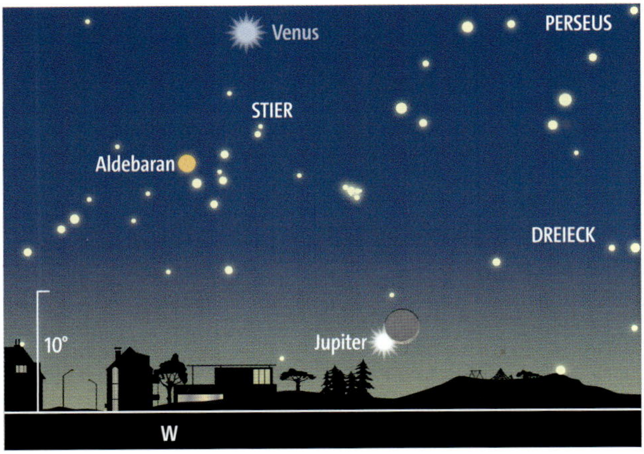

4.6 Jupiter und Venus:
Blick zum Westhimmel am 22. April gegen 20^h MEZ (= 21^h MESZ). Venus strahlt im Stier. Jupiter und die extrem schmale Sichel des zunehmenden Mondes stehen knapp über dem Westhorizont.

Der rote Planet bremst seine rückläufige Wanderung durch das Sternbild Löwe deutlich ab und kommt zur Monatsmitte zum Stillstand. Anschließend wandert er wieder rechtläufig durch den Tierkreis, allerdings zunächst noch recht langsam. Der Umkehrpunkt der Marsbewegung liegt etwa viereinhalb Grad östlich von Regulus (α Leonis) (siehe Abb. 3.8 auf Seite 62).

Der Durchmesser des Marsscheibchens geht auf 10″ zurück. Allzu viele Details sind damit im Amateurteleskop nicht zu erkennen.

Am 4. zieht der fast volle Mond südlich an Mars vorbei (siehe Abb. 4.5 auf Seite 83).

Vom Morgenhimmel beginnt sich Mars allmählich zurückzuziehen. Am 1. geht er um 5^{h}19^m (= 6^{h}19^m Sommerzeit) unter, am 15. um 4^{h}18^m und am 30. bereits um 3^{h}18^m. Ende April steht Mars bei Einbruch der Dunkelheit schon hoch im Süden. Am 30. kulminiert er um 20^{h}15^m MEZ.

Jupiter, rechtläufig im Widder, verabschiedet sich vom Abendhimmel und wird Ende April unsichtbar. Die Sonne verfolgt den Riesenplaneten und wird ihn Mitte des nächsten Monats einholen. Am 22. ergibt sich noch gegen 20^h (= 21^h Sommerzeit) ein netter Himmelsanblick: Knapp über dem Westhorizont steht Jupiter, daneben leuchtet die extrem schmale Sichel des jungen Mondes. Ein wenig höher strahlt unübersehbar Venus (siehe Abb. 4.6 oben).

Die kommende Konjunktion mit der Sonne macht sich auch durch die weiter leicht abnehmende Helligkeit des Riesenplaneten bemerkbar. Sie beträgt Ende April aber immerhin noch $-2^{m},0$, weshalb Jupiter in der Abenddämmerung relativ früh erkennbar wird. Letztmals ist Jupiter um den 25. ohne optische Hilfsmittel sichtbar.

4.7 Bahnen von Jupiter und Venus:
Scheinbare Bahnen der Planeten Venus und Jupiter im Gebiet der Sternbilder Widder, Stier und Zwillinge. Die Zahlen geben die Positionen zum jeweiligen Monatsersten an (5 = 1. Mai).

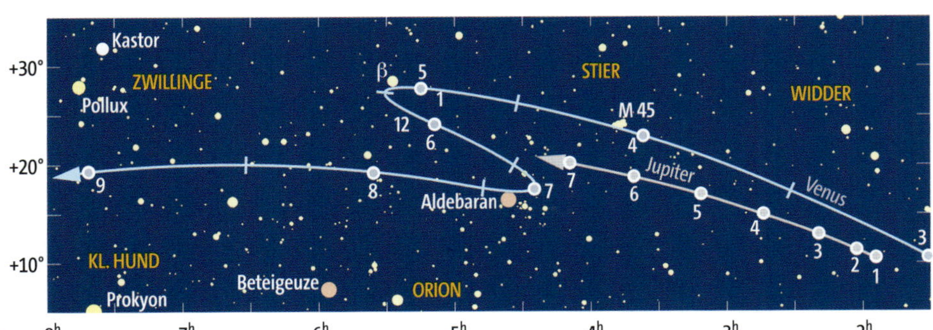

Am 1. geht Jupiter um 21^h42^m unter, am 15. um 21^h04^m und am 30. schon um 20^h25^m (= 21^h25^m Sommerzeit). Dies ist nicht einmal mehr eine ganze Stunde nach Sonnenuntergang.

Saturn, rückläufig in der Jungfrau, kommt am Abend des 15. in **Opposition** zur Sonne. Er steht somit der Sonne genau gegenüber. Mit Sonnenuntergang im Westen erscheint der Ringplanet am Osthimmel, erreicht um Mitternacht Ortszeit seine höchste Position im Süden und geht morgens im Westen unter, wenn die Sonne am Osthimmel auftaucht.

Am Tag der Opposition erreicht Saturn auch seine geringste Entfernung von der Erde, nämlich 1304 Millionen Kilometer (= 8,72 AE). Damit ist Saturn fast neunmal weiter von uns entfernt als die Sonne. Von Saturn benötigt das Licht oder ein Funksignal der Raumsonde CASSINI eine Stunde und zwölf Minuten zur Erde. In der Oppositionsnacht geht der $0^m{,}2$ helle Saturn um 18^h57^m (= 19^h57^m Sommerzeit) auf, kulminiert um 0^h27^m und geht um 5^h54^m unter. Bis Ende April verfrüht sich der Saturnuntergang um fast eine

Konstellationen und Ereignisse

Datum	MEZ	Ereignis
3.	7^h	Merkur im Stillstand, anschließend rechtläufig
4.	4	Mond bei Mars, Mond 8°,9 südlich
7.	15	Mond bei Saturn, Mond 6°,3 südlich
10.	16	Pluto im Stillstand, anschließend rückläufig
12.	10	Mond bei Pluto, Mond 1°,0 südlich (Bedeckung!)
15.	6	Merkur im Aphel
15.	13	Mars im Stillstand, anschließend rechtläufig
15.	19	**Saturn in Opposition** zur Sonne
16.	16	Mond bei Neptun, Mond 6°,1 nördlich
18.	18	**Merkur in größter westlicher Elongation** (27°)
19.	3	Mond bei Merkur, Mond 7°,6 nördlich
19.	9	Mond bei Uranus, Mond 5°,5 nördlich
22.	3	Merkur bei Uranus, Merkur 2°,1 südlich
22.	20	**Mond bei Jupiter**, Mond 2°,4 nördlich, **Abstand 1°,8 um 20^h**
25.	3	Mond bei Venus, Mond 5°,7 südlich
30.	9	**Venus in größtem Glanz** ($-4^m{,}7$) am Abendhimmel

4.8 Bahnen von Mars und Saturn: Scheinbare Bahnen der Planeten Mars und Saturn im Gebiet der Sternbilder Jungfrau und Waage. Die Zahlen geben die Positionen zum jeweiligen Monatsersten an (4 = 1. April).

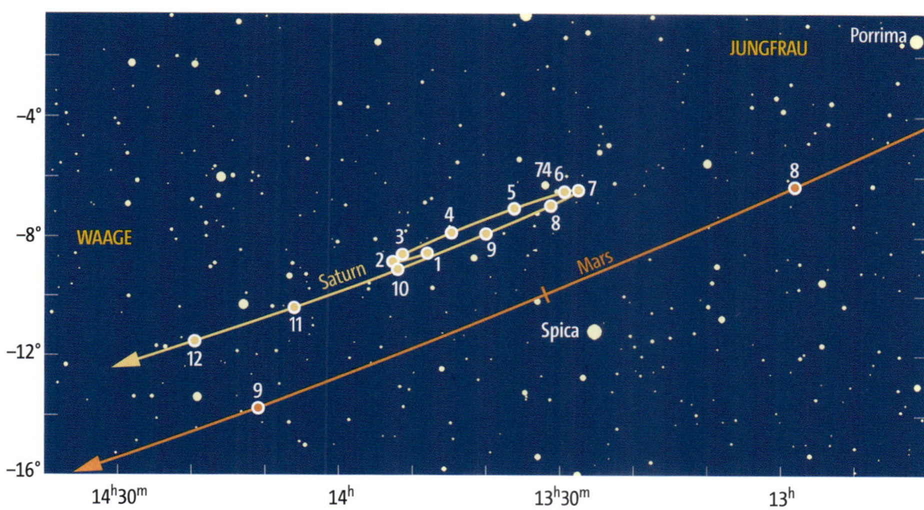

Stunde auf 4^h52^m (= 5^h52^m Sommerzeit). Die Helligkeit des Ringplaneten sinkt wieder leicht auf $0^m,3$ ab.

Im Teleskop macht Saturn bei etwa 200-facher Vergrößerung und mindestens 15 cm freier Öffnung einen prächtigen Eindruck. Die Ringneigung zur Ekliptik beträgt knapp 14°, der scheinbare Längsdurchmesser weist $43'',3$ auf, die kleine Achse zeigt sich unter $10'',2$. Der Saturnglobus selbst hat einen scheinbaren Äquatordurchmesser von $19'',1$ und einen Poldurchmesser von $17'',1$. Die starke Abplattung des Saturnglobus ist gut zu erkennen. Kein anderer Planet unseres Sonnensystems ist so stark abgeplattet, nämlich 1:9,2 (siehe auch Saturnbahn Abb. 4.8 auf Seite 85).

Uranus hat seine Konjunktion mit der Sonne eben hinter sich. Der grünliche Planet kann sich aus den Strahlen der Sonne noch nicht befreien und bleibt weiterhin unsichtbar.

Neptun, rechtläufig im Sternbild Wassermann, kann noch nicht am Morgenhimmel aufgefunden werden. Der bläuliche Planet bleibt auch im April unbeobachtbar.

Pluto wird am 10. im Sternbild Schütze stationär und setzt zu seiner Oppositionsschleife an (siehe Abb. 6.6 auf Seite 120). Die Opposition zur Sonne nimmt er am 29. Juni 2012 ein.

Planetoiden

Ceres (1) steht am 26. um 15^h in Konjunktion zur Sonne. Von der Sonne trennen sie dabei 426 Millionen Kilometer (= 2,85 AE). Von der Erde ist sie hingegen zur Konjunktion 576 Millionen Kilometer (= 3,85 AE) entfernt.

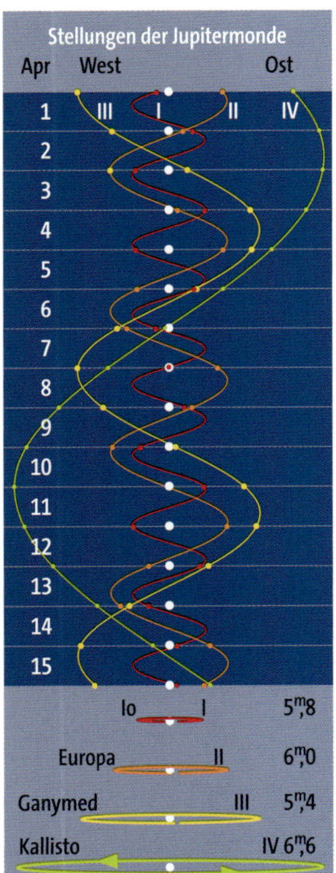

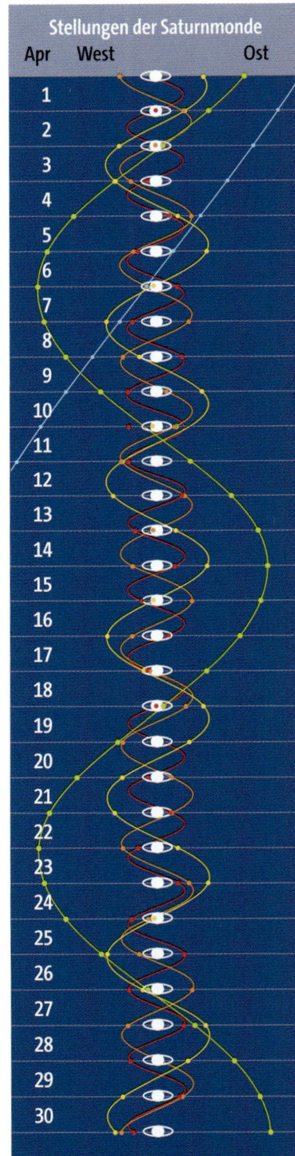

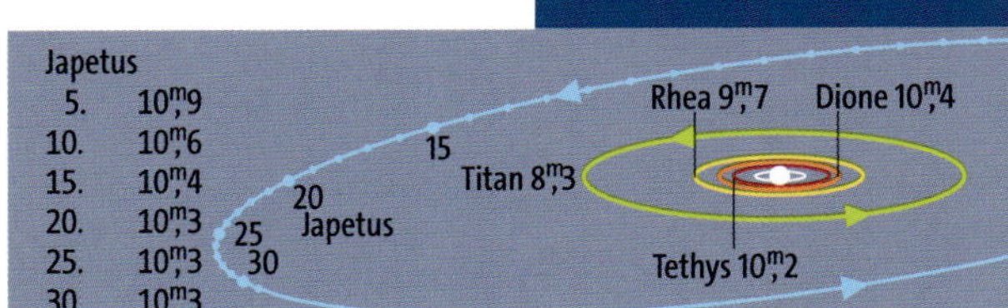

Vesta (4) kommt in der Nacht vom 9. auf 10. um 1^h in Konjunktion mit der Sonne. Von der Erde ist sie zu diesem Zeitpunkt 519 Millionen Kilometer (= 3,47 AE) entfernt. Ihre Sonnendistanz beträgt dabei 370 Millionen Kilometer (= 2,47AE).

Astraea (5) eilt durch den Löwen und wird am 21. abends stationär. Damit beendet sie ihre Oppositionsperiode und wandert anschließend wieder rechtläufig durch die Welt der Fixsterne (siehe Abb. 3.8 auf Seite 62). Am 1. kulminiert Astraea um 23^h01^m (= 0^h01^m Sommerzeit am 2.). Ihre Helligkeit sinkt von $9^m{,}6$ auf $10^m{,}3$ während des Monats ab.

Periodische Sternschnuppenströme

Die **Virginiden** erreichen ihr wenig ausgeprägtes Maximum um den 12. April. Einzelne Virginiden-Meteore sind bis ins erste Maidrittel zu verfolgen.

In der Zeit vom 16. bis 25. April werden die **Lyriden** aktiv. Ihr Ausstrahlungspunkt liegt in der Leier, etwa 7° südwestlich von Wega. Manche Beobachter vermuten mehrere Radianten. Die Lyriden sind schnelle Objekte. Im Mittel liegen ihre Geschwindigkeiten um 50 Kilometer pro Sekunde. Günstigste Beobachtungszeit: 22^h bis 4^h. Das Maximum am 21. April ist nicht sehr ausgeprägt. Rund zehn bis zwanzig Meteore, darunter einige helle Exemplare, leuchten dann pro Stunde auf. In seltenen Fällen sind bis zu neunzig Sternschnuppen pro Stunde zu registrieren.

Um den 16. April erreichen die **Sigma-Leoniden** ihr Maximum. Vereinzelte Objekte dieses schwachen Stromes sind noch bis Mitte Mai nachweisbar. Bei ihnen fehlen Beobachtungen in den letzten Jahren. Eventuell ist dieser Strom versiegt.

Im letzten Aprildrittel tauchen die ersten **Eta-Aquariden** auf (siehe „Periodische Sternschnuppenströme" im Mai).

Der Fixsternhimmel

Der Große Wagen mit seinen sieben Sternen steht jetzt zur abendlichen Stunde (Standardbeobachtungszeit am 1. um 23^h MEZ = 24^h Sommerzeit, am 15. um 22^h MEZ = 23^h Sommerzeit) direkt über unseren Köpfen. Er ist allerdings nur ein Teil der viel größeren Sternenfigur des Großen Bären (Ursa Maior). Zurzeit ist die Gelegenheit günstig, den Großen Bären als Sternbild in seiner Gesamtheit zu erfassen. Sein Kopf und seine Tatzen werden von relativ lichtschwachen Sternen markiert, während der Wagenkasten den Schinken des Bären bildet und die Deichsel seinen zoologisch gesehen viel zu langen Schwanz.

Durch den Meridian marschiert gerade der Löwe. Er hat nun seine Gipfelposition erreicht und ist auch für Anfänger leicht auszumachen. Ein großes Sternentrapez deutet den Rumpf an, ein kleines, an der Nordwestecke (rechts oben in unseren Breiten) aufgesetztes Trapez den Kopf dieses königlichen Tieres. Der Löwe ist Mitglied im ausgewählten Zirkel der Tierkreisbilder. Sein Hauptstern Regulus liegt fast genau auf der Ekliptik. Regulus (Leonis) wird deshalb von Zeit zu Zeit vom Mond bedeckt, gelegentlich sogar von einem Planeten. Die Entfernung von Regulus misst 77 Lichtjahre.

Nördlich des Löwen und südlich der Tatzen des Großen Bären liegt das unscheinbare Sternbild Kleiner Löwe (lat.: Leo Minor). Nur drei Sterne des Kleinen Löwen sind heller als $4^m{,}5$.

Abschied von den Wintersternbildern

Im Westen versinken die Wintersternbilder. Sirius im Großen Hund ist bereits untergegangen. Orion befindet sich gerade im Untergang, ebenso der Stier mit dem roten Aldebaran. Hoch im Westen sind die Zwillinge zu sehen. Zwischen Zwillingen und Löwe liegt der unscheinbare Krebs.

Im Südwesten fällt Prokyon im Kleinen Hund auf. Halbhoch im Nordwesten strahlt die gelbe Kapella im Sternenpolygon des Fuhrmanns. Tief im Nordwesten

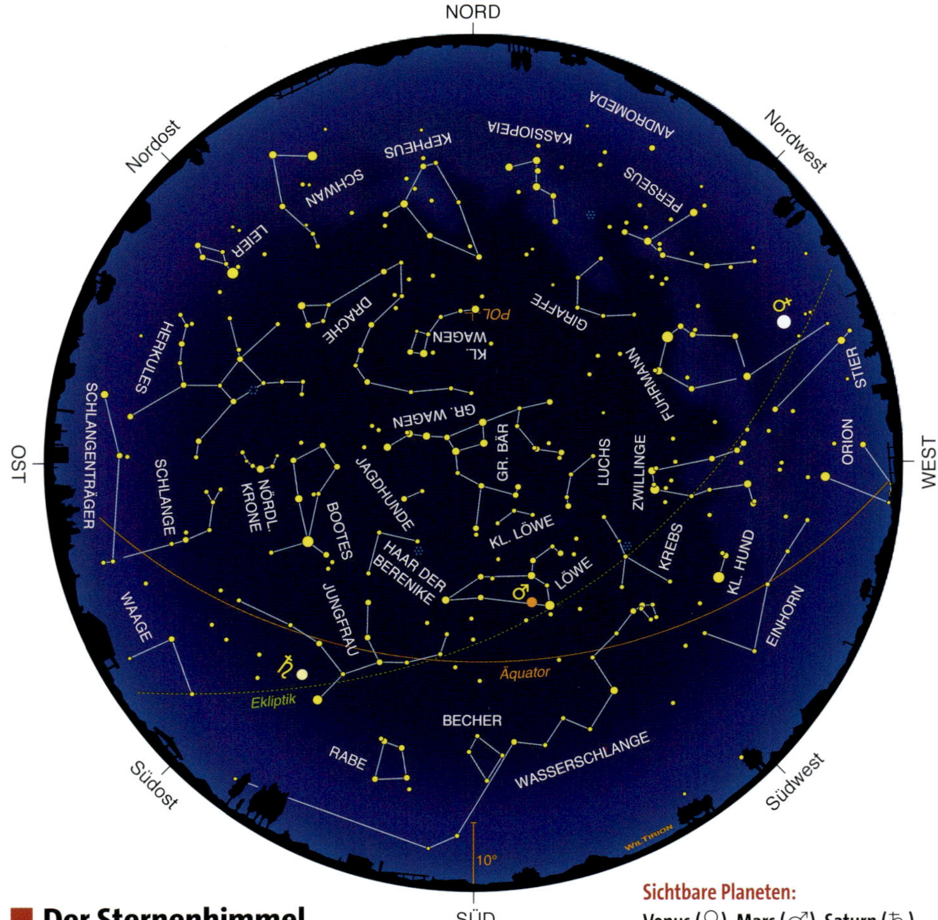

Sichtbare Planeten:
Venus (♀), Mars (♂), Saturn (♄)

Der Sternenhimmel am 15. April um 22^h MEZ

Die Sternkarte ist auch gültig für:		
	MEZ	MESZ
5.12.	6^h	
1. 1.	5	
15. 1.	4	
1. 2.	3	
15. 2.	2	
1. 3.	1	
15. 3.	0	
1. 4.	**23**	**24^h**
15. 4.	**22**	**23**
30. 4.	**21**	**22**

ist noch der Perseus als Relikt längst vergangener Herbsttage zu erspähen. Die Kassiopeia, das Himmels-W, bereitet sich auf die untere Kulmination vor. Der Kepheus geht gerade zwischen Himmelsnordpol und Nordpunkt am Horizont durch den Meridian. Diese Stellung bezeichnet man als „untere Kulmination". Nur Sterne, die zirkumpolar sind, können auch in unterer Kulmination beobachtet werden. Alle anderen Sterne bleiben in unterer Kulmination unter dem Horizont und sind daher in dieser Position unsichtbar.

Ein intensiv orange-rot strahlender Stern fällt hoch im Südosten auf. Es handelt sich um Arktur, den Hauptstern im Sternbild Bootes. In Sternkarten ist er als Bootis vermerkt. Mit $0^m,0$ scheinbarer Helligkeit gehört Arktur zu den fünf hellsten Fixsternen am irdischen Firmament. Nach den genauen Parallaxenmessungen des Astrometrie-Satelliten Hipparcos ist Arktur 36,7 Lichtjahre von uns entfernt. Arktur heißt soviel wie Bärenhüter. Folgt man dem Schwanz des Großen Bären – er ist mit der Wagendeichsel identisch –, so stößt man auf Arktur. Im täglichen Himmelsumschwung folgt Arktur permanent dem Großen Bären. Er treibt damit gewissermaßen den Bären um den Polarstern herum.

Der Bootes sieht aus wie ein großer Papierdrachen, den Kinder im Wind fliegen lassen. Bootes bedeutet soviel wie Rinderhirt, denn die alten Römer sahen in den sieben Wagensternen sieben Dreschochsen, die um den Polarstern als Göpel herumwandern. Und Bootes, der fleißige Rinderhirt, treibt sie an, indem er ihnen ständig folgt.

Das Tierkreissternbild Jungfrau

Den Platz im Südosten nimmt die Jungfrau (lat.: Virgo) ein. Ihr hellster Stern (Virginis) heißt Spica mit Eigennamen. Spica ist lateinisch und bedeutet „Kornähre". Sie ist ein Symbol für die Fruchtbarkeit der Jungfrau. Im Gegensatz zum rötlichen Arktur leuchtet Spica in bläulicher Farbe. Spica ist auch mit ziemlich genau 1^m um eine ganze Größenklasse lichtschwächer als Arktur. Dies betrifft allerdings nur ihre scheinbare Helligkeit. Im Gegensatz zu Arktur, der nur knapp 37 Lichtjahre entfernt ist, braucht das Licht 260 Jahre, um von Spica zur Erde zu gelangen. Dass wir sie trotz dieser relativ großen Distanz noch als Stern erster Größe am irdischen Himmel sehen, liegt an ihrer gewaltigen Leuchtkraft. Spica strahlt so hell wie 2200 unserer Sonnen zusammengenommen. Stünde Spica in gleicher Distanz wie Arktur, so erschiene sie uns fast so hell wie die Venus!

Die drei hellen Sterne Arktur im Bootes, Regulus im Löwen und Spica in der Jungfrau bilden ein großes Dreieck, das als Frühlingsdreieck bekannt ist, gewissermaßen als Gegenstück zum Sommerdreieck, Herbstviereck und Wintersechseck.

Südlich der Jungfrau sind das Sternenviereck des Raben (lat.: Corvus) und der Becher (lat.: Crater) auszumachen. Während der Rabe relativ leicht zu erkennen ist, ist der lichtschwache Becher ein schwieriges Sternbild, das man nur unter guten Sichtbedingungen wahrnehmen kann.

Im Nordosten ist bereits der Herkules über den Horizont gestiegen, ein recht ausgedehntes Sternbild ohne hellere, auffallende Sterne. Halbhoch im Osten, in der Nähe des Bootes, springt der Sternenhalbkreis der Nördlichen Krone förmlich ins Auge. Er ist zwar nicht besonders hell, aber in seiner Anordnung recht auffällig.

Am Nordosthorizont künden Wega in der Leier und Deneb im Schwan den kommenden Sommer an. Atair im Adler, der dritte Stern des Sommerdreiecks, ist allerdings noch unter dem Horizont.

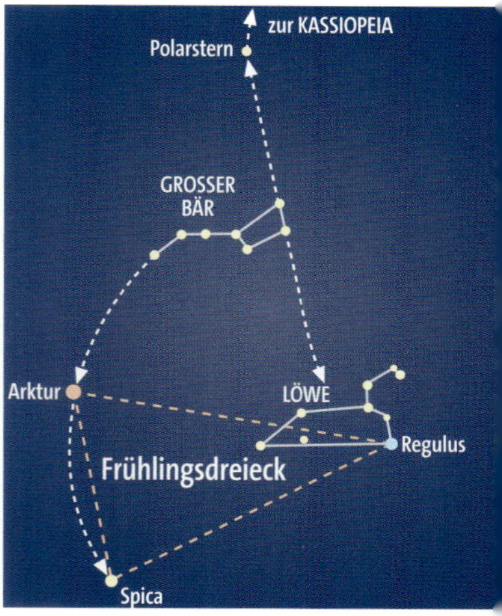

4.9 Das Frühlingsdreieck wird aus den drei hellen Sternen Arktur, Regulus und Spica gebildet.

Veränderliche Sterne im April

Algol-Minima	3.	18^h41^m	15.	5^h57^m	20.	23^h36^m	23.	20^h25^m		
β-Lyrae-Minima	6.	7^hN	12.	19^hH	19.	6^hN	25.	17^hH		
δ-Cephei-Maxima	4.	15^h	9.	24^h	15.	9^h	20.	17^h	26.	2^h

Mizar und Alkor

4.10 Das Sternbild Großer Wagen mit Mizar (ζ UMa) und Alkor. Aufnahme von Martin Gertz/Sternwarte Welzheim.

Zu den bekanntesten Doppelsternen zählt das Sternpärchen Mizar und Alkor. Vor allem für den beginnenden Himmelsbeobachter eignet es sich hervorragend als eines der ersten Beobachtungsobjekte, denn Mizar und Alkor sind schnell zu finden. Wohl jeder kennt das Sternbild Großer Wagen, und Mizar ist der mittlere Stern in der Deichsel. Knapp neben Mizar sieht man schon mit bloßen Augen ein schwaches Sternchen, das Alkor (auch Alcor) heißt. Da der Große Wagen in unseren Breiten zirkumpolar ist, ist das Sternpärchen Mizar und Alkor in jeder klaren Nacht zu sehen. Gemeinhin nennt man Alkor „das Reiterlein". Es reitet gewissermaßen auf der Deichsel des Großen Wagens beziehungsweise auf dem Schwanz des Großen Bären. Denn der Große Wagen ist lediglich ein Teil des viel ausgedehnteren Sternbildes Großer Bär. Mizar und Alkor gelten als Augenprüfer. Da Mizar ein Stern zweiter Größe und Alkor vierter Größe ist und beide in einem Abstand von fast zwölf Bogenminuten – also etwa einem Drittel Vollmonddurchmesser – stehen, sind sie relativ leicht zu erkennen. Eine besondere Herausforderung für das bloße Auge sind sie somit nicht.

Unzählige Eigennamen

Die Bezeichnung Mizar stammt vom arabischen Al-Maraqq, was soviel wie „die Leiste" bedeutet. Im arabischen Almagest war damit der Stern β Ursae Maioris (Merak) bezeichnet, der nach Ptolemaeus die Leiste des Bären andeuten soll. In der Renaissance ging dieser Name irrtümlich auf ζ UMa über. ζ (Zeta) Ursae Maioris ist die Bezeichnung für Mizar im Sternatlas *Uranometria* von Johannes Bayer aus dem Jahre 1603. Alkor hat die Bezeichnung g UMa. In John Flamsteeds Sternkatalog trägt er die Nummer 80 UMa und Mizar heißt 79 UMa.

Laut einer anderen Quelle bedeutet Mizar schlicht „Gürtel". Ferner findet man die arabische Bezeichnung Anak al Banat, „der Nacken des Mädchens", und Al Inak, „die Ziege" (in Ulug Begs Sternatlas). Einer indischen Sage nach ist Mizar ein Mäuschen – Vasistha – und Alkor sein Kochtöpfchen, Arundhati, genannt.

Al-Jaun und Al-Jat sind arabische Namen für Alkor und bedeuten soviel wie Reiter oder berittener Jäger. Auch Suha, der „vergessene Eine", wird Alkor genannt. Bayer nannte ihn Eques Stellula, das Reitersternchen. Die Perser wiederum sprachen im 13. Jahrhundert von Al-Kazwini, der Augenstern – als Prüfobjekt für die Sehschärfe.

Bei den Chinesen trug Alkor die Bezeichnung Foo Sing, was simpel „der Begleitstern" (von Mizar) bedeutet.

In Old England nannte man ihn „Jack on the Middle Horse". Die Holsteiner gaben ihm den Namen Dumke, nach Hans Dümken (Däumling), der einst als Fuhrmann dem Heiland seine Dienste erwies. Dafür wurde er belohnt und darf nun mit seinem Gespann durch die Sternenwelt reisen – in alle Ewigkeit. Bei den Ungarn wurde in einer ähnlichen Sage der Däumling Göntzol genannt.

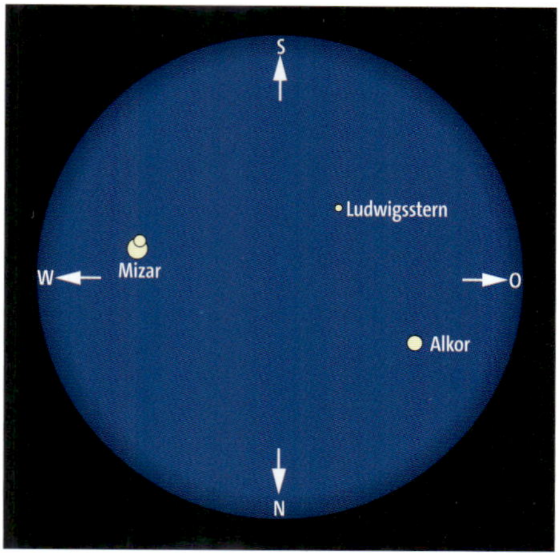

4.11 Fernrohranblick des Doppelsterns Mizar und Alkor, dem Reiterlein. Dazwischen steht der Ludwigsstern.

Der erste teleskopische Doppelstern

Schon in einem kleinen Fernrohr ab etwa 60 mm Öffnung und mindestens 25-facher Vergrößerung zeigt sich Mizar als Doppelstern. Beide Komponenten (so nennt man die beiden einzelnen Sterne) sind voneinander vierzehn Bogensekunden (14″) entfernt. Die Komponente A ist $2\overset{m}{.}2$ hell, die Komponente B zeigt sich mit $3\overset{m}{.}9$ scheinbarer Helligkeit deutlich schwächer.

Mizar war der erste Doppelstern, der nach Erfindung des Fernrohrs als solcher erkannt wurde. Als Entdecker wird meist Giovanni B. Riccioli genannt, der ihn 1650 als erster in zwei Lichtpunkte aufgelöst hat. Allerdings soll bereits Benedetto Castelli, ein Schüler Galileis, im Jahre 1617 bemerkt haben, dass bei Mizar zwei Sterne zu sehen sind. Gottfried Kirch und seine Frau haben 1700 ebenfalls die Doppelsternnatur von Mizar entdeckt, wobei sie richtig vermuteten, beide Sterne würden einander umkreisen. Sind zwei Sterne durch ihre Schwerkräfte aneinander gefesselt und laufen in Kepler-Bahnen um einen gemeinsamen Schwerpunkt, so spricht man von einem echten oder physischen Doppelstern. Stehen zwei Sterne nur zufällig am Firmament nahe beieinander, sind aber weit voneinander entfernt, so nennt man dies einen optischen Doppelstern. Eine Komponente befindet sich dann im Vordergrund, die andere mehr oder minder weit dahinter. Mizar ist auch der erste Doppelstern, der fotografiert wurde. Die Aufnahme gelang 1857 George Phillips Bond.

Seit 1755 wird Mizar regelmäßig vermessen. Dabei hat sich die Separation von 14″ kaum verändert, der Positionswinkel hat von 143° auf heute 153° zugenommen. Darum ist auf eine mehrere tausend Jahre lange Umlaufzeit zu schließen. Die Entfernung von Mizar wurde zu 78 Lichtjahren gemessen. Aus der Bahnbestimmung ergibt sich eine Minimaldistanz der beiden Mizar-Sonnen zueinander von 380 AE (= 56,8 Milliarden Kilometer). Dies entspricht rund der zehnfachen mittleren Entfernung Sonne – Pluto. Die Umlaufzeit beträgt fünftausend Jahre. Der mittlere Abstand beider Sterne liegt bei 500 AE (= 74,8 Milliarden Kilometer). Beide Mizar-Komponenten sind heiße Sterne (Oberflächentemperatur 9000 K) vom Spektraltyp A1 und A7. Sie strahlen ein weißes Licht aus.

Mizar A wurde 1889 von Edward Charles Pickering am Harvard-Observatorium (Mass., USA) als erster spektroskopischer Doppelstern entlarvt. Pickering hatte eine Serie von Spektren gewonnen, wobei sich zeigte, dass die Spektrallinien sich periodisch verdoppelten. Daraus schloss er richtig: Wenn beide Sterne einander umkreisen, dann läuft einer auf die Erde zu, der andere entfernt sich von ihr. Die Spektrallinien der einen Komponente sind infolge des Doppler-Effektes dann nach Rot, die anderen nach Violett verschoben, die Linien spalten sich auf. Nach einem Viertelumlauf bewegen sich beide Sonnen tangential zum Visionsradius (Sichtlinie), beide haben dann die gleiche Radialgeschwindigkeit relativ zur Erde, die Linien vereinigen sich wieder. Bei jedem Umlauf gibt es somit zwei Phasen mit Linienaufspaltung und zwei mit Linienvereinigung. Die Sonnen von Mizar A rasen in einer engen Bahn in nur 20 Tagen, 12 Stunden und 55 Minuten umeinender. Sie sind voneinander nur knapp

Mizar und Alkor in Zahlen

Bezeichnungen:	**Mizar**, Mirzar, UMa, fl.79, Vasistha		**Alkor**, Alcor, g UMa, fl. 80, Reiterlein, Saidak, Arundhati, Suha	
Katalog-Nummern:	BD +55°1598 / HD 1166656 HR 5054 / SAO 28737 HIP 65378 / PPM 34007 GSC 385013851		BD +55°1603 / HD 116842 HR 5062 / SAO 28 751 HIP 65 477	
Koordinaten:	α	δ	α	δ
(2000.0)	$13^h23^m56^s$	+54°5531	$13^h25^m14^s$	+54°5917″
(1900.0)	$13^h19^m54^s$	+55°2651″	$13^h21^m13^s$	+55°3032
Distanz:	**Mizar – Alkor:** $\varrho = 708{,}''5$		Positionswinkel: P = 71°	

	Mizar	Alkor
Scheinbare Helligkeit:	$m_{vis} = 2{,}^m2$	$m_{vis} = 4{,}^m0$
Trigonometrische Parallaxe:	$\pi = 0{,}''0417$	
Entfernung:	24 pc = 78 LJ	24,9 pc = 81 LJ
Absolute Helligkeit:	$M = 0{,}^m33$	$M = 2{,}^m0$
Spektraltyp:	A1 V	A5 V
Farbindex:	$B–V = +0{,}^m057$	$B–V = +0{,}^m16$
Eigenbewegung:	$\mu_\alpha = +0{,}''122$	$\mu_\alpha = +0{,}''115$
(pro Jahr)	$\mu_\delta = -0{,}''022$	$\mu_\delta = -0{,}''021$
Radialgeschwindigkeit:	RG = –9 km/s	RG = –9 km/s
Separation:	= 14	
Positionswinkel:	P = 153°	
Umlaufperiode:	5000 Jahre	

	A	B
Scheinbare Helligkeit:	$2{,}^m4$	$3{,}^m9$
Distanz AB:	500 AE = 74,8 x 10^9 km	

0,4 AE entfernt, dies entspricht der Distanz Sonne – Merkur. Beide Sonnen sind leuchtkräftige Sterne vom Spektraltyp A1 mit einer Oberflächentemperatur von 9000 K. Jede Komponente leuchtet so hell wie 35 unserer Sonnen, wobei jede eine Masse von 2,5 Sonnenmassen besitzt.

Nur knapp zwanzig Jahre später (1908) wurde auch Mizar B von Edwin Brant Frost am Dominion Astrophysical Observatory als spektroskopischer Doppelstern erkannt. Die Sonnen von Mizar B umrunden einander in 182 Tagen, wobei ihre mittlere Entfernung voneinander etwa drei AE (= 450 Millionen Kilometer) beträgt. Beide Sonnen leuchten weiß (Spektraltyp A). Ihre Oberflächentemperaturen liegen bei 8000 K und sie sind je 1,5 Sonnenmassen „schwer".

Mizar ist somit eine Vierfachsonne, auch wenn man selbst in großen Teleskopen nur zwei Lichtpunkte sehen kann.

4.12 Aufnahme von Mizar und Alkor, gewonnen auf der Sternwarte Welzheim von Martin Gertz

Auch Alkor ist doppelt

Lange war man der Auffassung, dass Alkor ein Einzelstern und nur eine optische Komponente von Mizar ist. Die Entfernung von Alkor wurde zu 81 Lichtjahren gemessen. Damit ist Alkor drei Lichtjahre weiter entfernt als Mizar und kann deshalb kaum gravitativ an ihn gebunden sein. Doch hier ist das letzte Wort noch nicht gesprochen, denn die Entfernungsbestimmung von Alkor und Mizar ist nur auf zwei Lichtjahre genau. Es könnte auch durchaus sein, dass beide gleich weit entfernt sind. Dann wäre ihre Entfernung voneinander nur 0,279 Lichtjahre oder 17 660 AE (= 2642 Milliarden Kilometer). Bei einer gravitativen Bindung ergäbe sich eine Umlaufzeit der Komponenten von 750 000 Jahren!

Immerhin haben beide eine gemeinsame Raumgeschwindigkeit (die räumliche Bewegungskomponente aus Radialgeschwindigkeit und Eigenbewegung). Mizar und Alkor gehören zum Ursa-Maior-Bewegungshaufen, dem auch die anderen Sterne des Großen Wagens mit Ausnahme von α UMa (Dubhe) und η UMa (Benetnasch) angehören.

Neuere Untersuchungen ließen erkennen, dass auch Alkor ein spektroskopischer Doppelstern ist. Auf der Suche nach Planeten anderer Sonnen wurde 2009 eine neue Technik am 5-Meter-Hale-Teleskop des Palomar-Mountain-Observatoriums an Alkor getestet. Dabei wurde ein Begleiter entdeckt, der jedoch eine Sonne und kein Planet ist. Mizar und Alkor ist somit ein sechsfaches Sternsystem.

Wer Mizar und Alkor im Teleskop betrachtet, dem fällt ein Sternchen 8. Größe auf, das halbwegs in der Mitte, ein wenig südöstlich der Verbindungslinie Mizar – Alkor steht und mit ihnen ein gleichschenkliges Dreieck bildet. Es wurde erstmals im Jahre 1691 von dem Nürnberger Astronomen Georg Christoph Eimart erwähnt. Johann Georg Liebknecht, Professor für Mathematik und Theologie in Gießen, hat diesen dritten Stern im Winter 1722 beobachtet. Liebknecht war der Meinung, es handele sich um einen Planeten von Mizar. Er taufte ihn Sidus Ludoviciana, also Ludwigsgestirn, nach seinem Landesherren Ludwig V., Landgraf von Hessen-Darmstadt. Noch heute spricht man vom Ludwigsstern, der rein zufällig zwischen Mizar und Alkor steht, aber nichts mit diesem Sechsfachstern zu tun hat.

Mai 2012

- Venus gibt ihre Abschiedsvorstellung am Abendhimmel.
- Mars im Sternbild Löwe ist in der ersten Nachthälfte sichtbar.
- Der Ringplanet Saturn im Sternbild Jungfrau ist fast die ganze Nacht über beobachtbar.

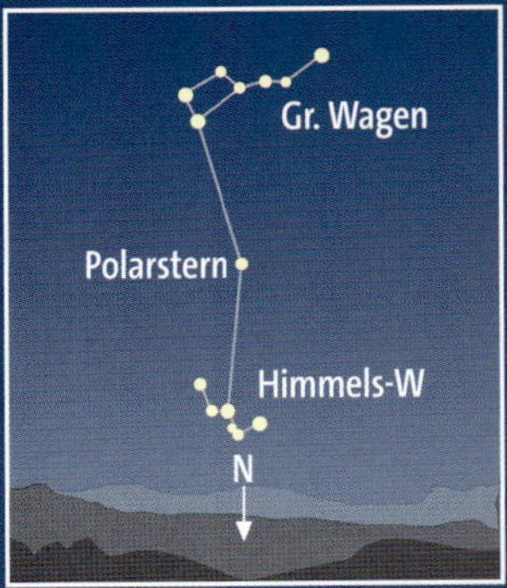

Großer Wagen und Himmels-W Anfang Mai um 22 Uhr

5.1 Blick zum Südwesthimmel am 31. Mai gegen 23h MEZ (= Mitternacht Sommerzeit). Mars steht im Löwen, Saturn in der Jungfrau. Zu ihm und Spica gesellt sich der zunehmende Mond.

1 Di	Maifeiertag
2 Mi	
3 Do	
4 Fr	
5 Sa	
6 So	**Vollmond,** Mond in Erdnähe
7 Mo	
8 Di	
9 Mi	
10 Do	
11 Fr	
12 Sa	Mond im letzten Viertel
13 So	
14 Mo	
15 Di	
16 Mi	
17 Do	Christi Himmelfahrt
18 Fr	
19 Sa	Mond in Erdferne
20 So	
21 Mo	**Neumond**
22 Di	Mond bei Venus (Abendhimmel)
23 Mi	
24 Do	
25 Fr	
26 Sa	
27 So	Pfingstsonntag
28 Mo	Pfingstmontag, Mond im ersten Viertel
29 Di	
30 Mi	
31 Do	

Sonne – Sternbilder

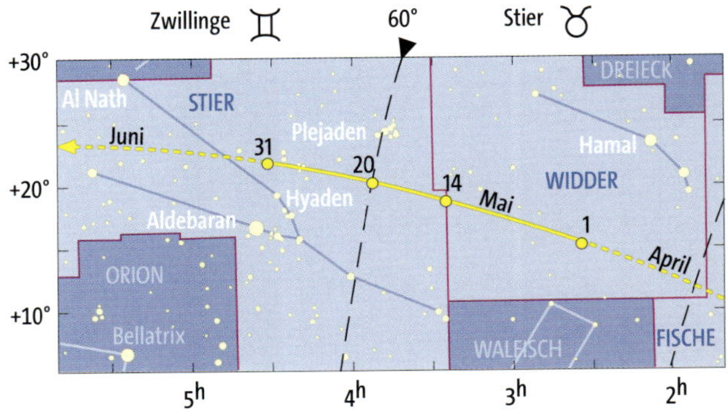

14. 5. 0h:
Sonne tritt in das Sternbild Stier
20. 5. 16h:
Sonne tritt in das Tierkreiszeichen Zwillinge
Julianisches Datum am
1. Mai, 1h MEZ: 2 456 048,5

Tabelle Sonnenlauf

Tag	Dämmerg. Anfang	Aufgang MEZ	Kulmination	Untergang MEZ	Dämmerg. Ende	Mittagshöhe	Zeitgleichg.	Rektaszension	Deklination
	h m	h m	h m	h m	h m	o	m	h m	o
1.	3 32	4 56	12 17	19 39	21 03	55,3	+3	2 33	+15,1
5.	3 23	4 49	12 16	19 45	21 11	56,4	+4	2 49	+16,2
10.	3 12	4 41	12 16	19 52	21 22	57,8	+4	3 08	+17,6
15.	3 02	4 34	12 16	20 00	21 32	59,0	+4	3 28	+18,9
20.	2 52	4 27	12 16	20 06	21 42	60,1	+4	3 48	+20,0
25.	2 43	4 22	12 17	20 13	21 52	61,1	+3	4 08	+20,9
31.	2 34	4 16	12 18	20 19	22 03	62,0	+2	4 32	+21,9

Tages- und Nachtstunden

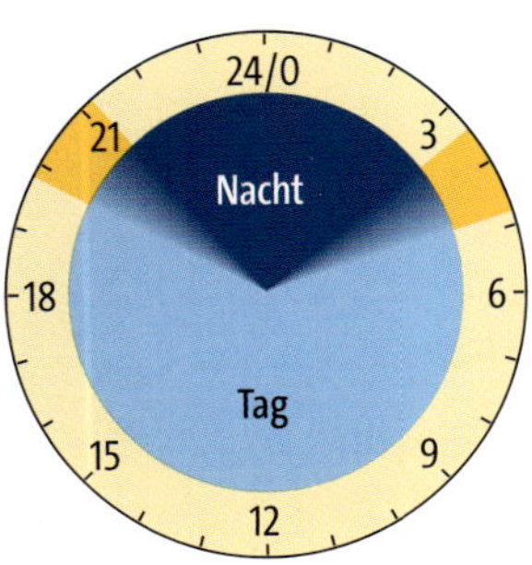

5. Mai

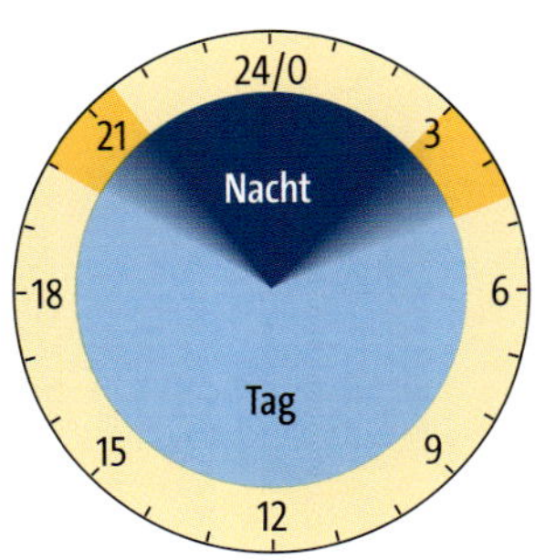

15. Mai

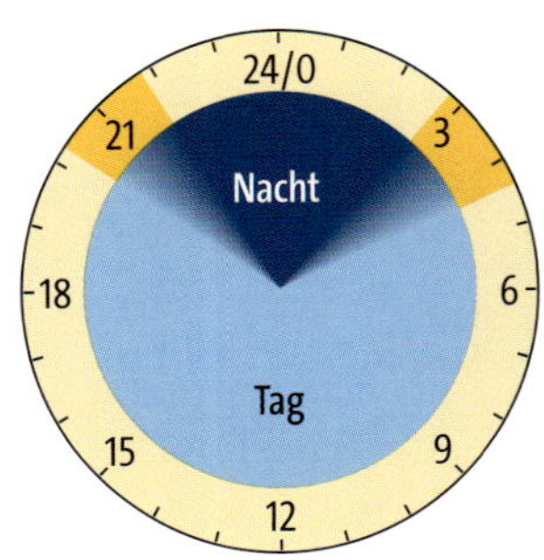

25. Mai

Tabelle Mondlauf

Datum		Aufg. MEZ	Kulmination	Unterg. MEZ	Rektaszension	Deklination	Sterne und Sternbilder	Phase	MEZ
		h m	h m	h m	h m	o			
Di	1.	13 54	20 24	2 17	10 02	+ 6,4	Regulus	Größte Südbreite	
Mi	2.	15 12	21 15	2 41	10 54	+ 1,4	Löwe		
Do	3.	16 32	22 08	3 05	11 47	− 3,8	Jungfrau		
Fr	4.	17 55	23 04	3 32	12 42	− 9,0	Jungfrau		
Sa	5.	19 18	–	4 03	13 41	−13,8	Spica		
So	6.	20 39	0 03	4 41	14 42	−17,7	Waage	**Vollmond**	**4^h 35^m**
								Erdnähe 357/33′,5	5^h
Mo	7.	21 52	1 06	5 28	15 46	−20,4	Waage	Aufsteigender Knoten	
Di	8.	22 53	2 09	6 25	16 50	−21,6	Antares		
Mi	9.	23 42	3 11	7 32	17 54	−21,3	Schütze		
Do	10.	–	4 10	8 44	18 55	−19,6	Schütze, Nunki		
Fr	11.	0 20	5 05	9 58	19 53	−16,7	Schütze		
Sa	12.	0 51	5 56	11 11	20 46	−13,0	Wassermann	**Letztes Viertel**	**22^h 47^m**
								Libration West	
So	13.	1 16	6 43	12 21	21 37	− 8,8	Steinbock	Größte Nordbreite	
Mo	14.	1 38	7 28	13 29	22 24	− 4,3	Wassermann		
Di	15.	1 59	8 11	14 35	23 11	+ 0,3	Fische		
Mi	16.	2 19	8 54	15 40	23 56	+ 4,7	Fische		
Do	17.	2 40	9 36	16 45	0 41	+ 9,0	Fische		
Fr	18.	3 03	10 20	17 49	1 27	+12,8	Fische		
Sa	19.	3 29	11 05	18 51	2 14	+16,1	Widder	Erdferne 406/29′,4	17^h
So	20.	4 00	11 51	19 51	3 02	+18,8	Widder		
Mo	21.	4 36	12 39	20 47	3 52	+20,6	Stier, Plejaden	**Neumond Nr. 1106**	**0^h 47^m**
								Absteigender Knoten	
Di	22.	5 20	13 28	21 37	4 43	+21,6	Aldebaran		
Mi	23.	6 11	14 18	22 20	5 34	+21,6	Stier		
Do	24.	7 08	15 07	22 57	6 26	+20,5	Alhena		
Fr	25.	8 11	15 55	23 28	7 17	+18,6	* Zwillinge		
Sa	26.	9 18	16 43	23 56	8 08	+15,7	* Krebs		
So	27.	10 27	17 30	–	8 58	+12,1	Krebs		
Mo	28.	11 39	18 18	0 20	9 48	+ 7,8	* Löwe, Regulus	**Erstes Viertel**	**21^h 16^m**
								Größte Südbreite	
								Libration Ost	
Di	29.	12 52	19 06	0 43	10 37	+ 3,0	Sextant		
Mi	30.	14 08	19 56	1 06	11 28	− 2,0	Löwe		
Do	31.	15 27	20 48	1 31	12 21	− 7,1	Jungfrau		

Der Mond zieht an Spica vorbei

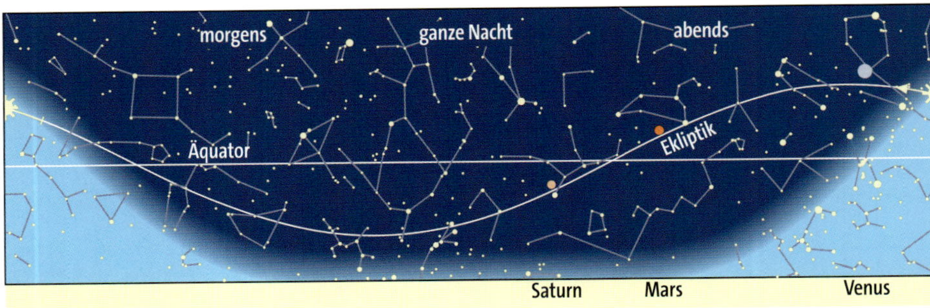

Merkur eilt der Sonne rechtläufig nach, wobei sich seine westlichen Winkelabstände verkleinern. Am 27. holt der flinke Planet die Sonne ein und kommt in obere Konjunktion mit ihr. Merkur hält sich somit am Taghimmel auf und bleibt nachts unbeobachtbar. Die Begegnung mit dem Riesenplaneten Jupiter am 22. bleibt ebenso unbeobachtbar. Am 29. eilt Merkur durch das Perihel seiner Bahn.

Venus gibt ihre Abschiedsvorstellung am Abendhimmel. Sie wandert durch das Sternbild Stier und zieht am 7. an Al Nath (β Tauri), der das nördliche Stierhorn markiert, nur 0,°8 südlich vorbei (siehe Abb. 5.2 unten und Abb. 4.7 auf Seite 84).

Am 3. sind 25 % des inzwischen gut 39″ großen Venusscheibchens beleuchtet. Der scheinbare Durchmesser des Venusscheibchens wächst rasch an und erreicht Ende Mai 57″. Die Venussichel wird dabei immer schlanker. Zur Monatsmitte sind noch 13 Prozent, am Monatsende nur mehr ein Prozent des Planetenscheibchens beleuchtet. Am 4. erreicht Venus mit 27°49′ Deklination eine extrem nördliche Position, die sie erst wieder am 4. Mai des Jahres 2020 einnehmen wird.

Zur Monatsmitte am 15. wird Venus stationär und eilt anschließend rückläufig auf die Sonne zu, mit der sie in der ersten Juniwoche zusammentreffen wird.

Die Sichtbarkeitszeiten der Venus verkürzen sich im Laufe des Mai drastisch. Im letzten Monatsdrittel zieht sie sich schließlich vollends von der abendlichen Himmelsbühne zurück. Geht Venus am 1. noch um 23^h37^m und am 15. um 22^h52^m (= 23^h52^m Sommerzeit) unter, so sinkt sie am 25. schon um 21^h52^m (= 22^h52^m Sommerzeit) unter die Horizontlinie.

Nach der Monatsmitte ist Venus kein auffälliges Gestirn mehr, zumal ihre Helligkeit von

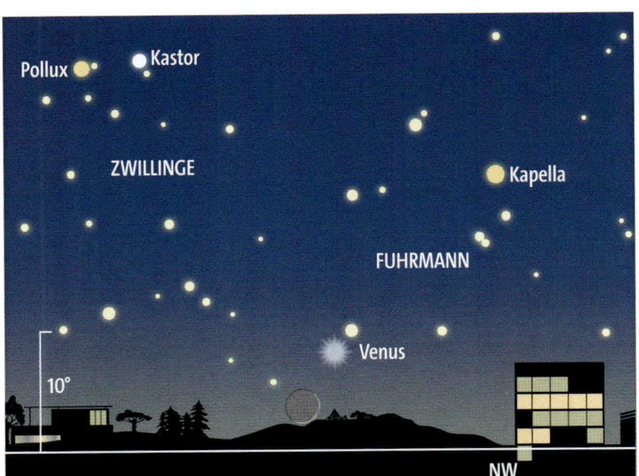

5.2 Venus und Mond am Abend: Anblick des Nordwesthimmels am 22. Mai gegen 21^h MEZ (= 22^h Sommerzeit). Knapp über dem Horizont strahlt Venus, an der die extrem schmale Sichel des zunehmenden Mondes vorbeizieht.

$-4^m{,}7$ auf $-4^m{,}1$ erheblich zurückgeht. Nach dem 25. wird man vergeblich nach dem Abendstern Ausschau halten.

Mars, wieder rechtläufig im Löwen, hat seine Oppositionsperiode beendet. Seine Helligkeit sinkt weiter um eine halbe Größenklasse auf $0^m{,}5$ ab. Damit ist Mars zwar immer noch heller als Regulus und Spica, seine Glanzzeit ist aber vorüber.

Aus der zweiten Nachthälfte zieht sich der rote Planet allmählich zurück. Geht Mars am 1. noch um 3^h14^m (= 4^h14^m Sommerzeit) unter, so erfolgt sein Untergang am 15. um 2^h22^m und am 31. bereits um 1^h27^m.

Für Fernrohrbeobachter wird der rote Planet zunehmend unattraktiver. Der scheinbare Durchmesser des Planetenscheibchens sinkt unter 10″. Aufmerksame Beobachter registrieren einen leichten Beleuchtungsdefekt: Am 31. sind nur 89 Prozent des Marsscheibchens beleuchtet. Zum Monatsende ist Mars inzwischen 177 Millionen Kilometer (= 1,18 AE) von der Erde entfernt.

Jupiter wird am 13. zu Mittag von der Sonne im Widder eingeholt. Er steht in Konjunktion mit ihr und hält sich am Taghimmel auf. Der Riesenplanet bleibt somit nachts unbeobachtbar unter dem Horizont.

Zur Konjunktion erreicht Jupiter seine größte Entfernung von der Erde, nämlich 899 Millionen Kilometer (= 6,01 AE). Einen Tag nach der Konjunktion überschreitet der Riesenplanet die Grenze zum Sternbild Stier. Dabei steuert er auf das Goldene Tor der Ekliptik zu, das von den beiden offenen Stenhaufen Hyaden und Plejaden gebildet wird (siehe Abb. 4.7 auf Seite 84).

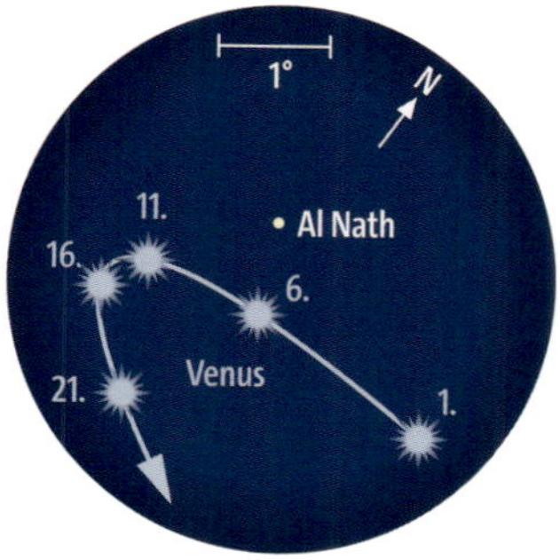

5.3 Schleifenbahn von Venus: **Venusschleife beim nördlichen Stierhorn vom 1. bis 21. Mai. Fernglasanblick bei 5° Gesichtsfelddurchmesser.**

Die enge Begegnung mit Merkur am 22. bleibt ebenfalls unbeobachtbar.

Saturn stand Mitte des Vormonats in Opposition zur Sonne. Der Ringplanet bremst seine rückläufige Bewegung im Sternbild Jungfrau ab. In der zweiten Aprilhälfte sieht man ihn knapp 5° nördlich von Spica, Hauptstern der Jungfrau. Im letzten Maidrittel wandert Saturn knapp südlich am Stern 74 Vir ($4^m{,}7$) vorbei (siehe Abb. 4.8 auf Seite 85).

Vom Morgenhimmel zieht sich der Ringplanet allmählich zurück. Am 1. geht er um 4^h48^m unter und am 15. um 3^h51^m. Am 31. sinkt der inzwischen $0^m{,}5$ helle Saturn schon um 2^h46^m (= 3^h46^m Sommerzeit) unter die Horizontlinie.

Konstellationen und Ereignisse

Datum	MEZ	Ereignis
1.	15^h	Mond bei Mars, Mond 7°,9 südlich
4.	23	Mond bei Saturn, Mond 6°,4 südlich
9.	18	Mond bei Pluto, Mond 0°,9 südlich (Bedeckung!)
13.	14	Jupiter in Konjunktion mit der Sonne
13.	23	Mond bei Neptun, Mond 6°,3 nördlich
15.	18	Venus im Stillstand, anschließend rückläufig
16.	18	Mond bei Uranus, Mond 5°,5 nördlich
20.	7	Mond bei Merkur, Mond 2°,1 nördlich
20.	14	Mond bei Jupiter, Mond 1°,7 nördlich
21.	1	Ringförmige Sonnenfinsternis (von Mitteleuropa aus unbeobachtbar – siehe Seite 12)
22.	8	Merkur bei Jupiter, Merkur 0°,4 nördlich
22.	22	**Mond bei Venus**, Mond 4°,7 südlich, **Abstand 5°,4 um 21^h**
27.	12	Merkur in oberer Konjunktion mit der Sonne
29.	6	Merkur im Perihel
29.	12	Mond bei Mars, Mond 6°,9 südlich

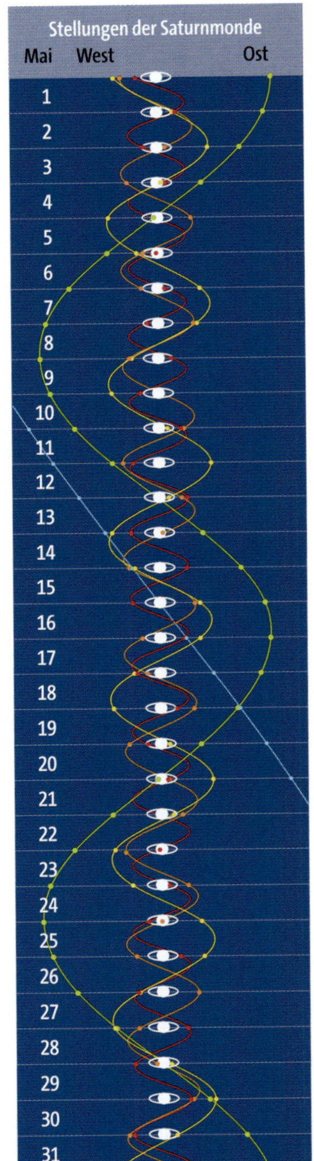

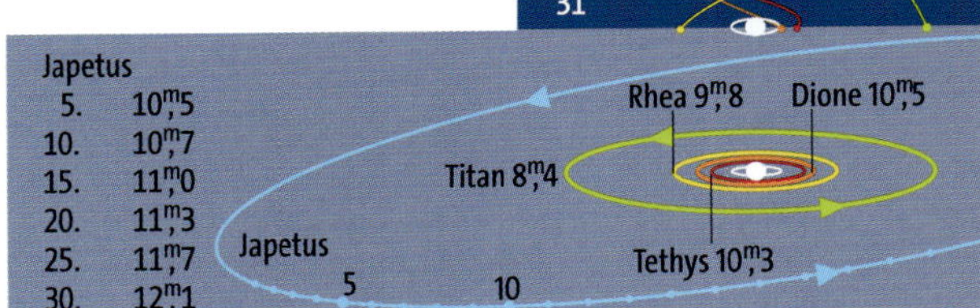

Am 31. gesellt sich der zunehmende Mond zu Saturn und Spica, ein netter Anblick am Abendhimmel gegen Mitternacht Sommerzeit (siehe Abb. 5.1 auf Seite 94).

Uranus wechselt am 12. rechtläufig aus den Fischen in das Sternbild Cetus (lat., Walfisch). Noch wird man vergeblich nach dem grünlichen Planeten am Morgenhimmel fahnden. Bis Monatsende verfrühen sich zwar die Aufgänge des $5^m,9$ hellen Planeten auf 1^h59^m (= 2^h59^m Sommerzeit). Bis Uranus sich genügend hoch über den Horizont erhoben hat, und mit einem guten Fernglas erkannt werden kann, hat aber die Morgendämmerung bereits eingesetzt. Am 31. kulminiert Uranus erst um 8^h13^m (= 9^h13^m Sommerzeit), also am Taghimmel.

Neptun, rechtläufig im Wassermann, bleibt auch noch im Mai verborgen.

Obwohl er zu Monatsende um 0^h55^m (= 1^h55^m Sommerzeit) aufgeht, wird man ihn kaum erjagen können. Die Position des $7^m,9$ lichtschwachen Planeten findet man im Aufsuchkärtchen Abb. 8.7 auf Seite 156.

Planetoiden

Pallas (2) wird am 15. vom Mond bedeckt, ein Ereignis das von Europa aus unbeobachtbar bleibt. Die Bedeckung von Pallas kann von Polynesien, Neuseeland und einigen Gebieten der Antarktis aus beobachtet werden.

Juno (3) kommt am 20. um 1^h im Sternbild Schlange in **Opposition** zur Sonne. Mit $10^{m}{,}2$ Helligkeit ist sie diesmal kein lohnenswertes Beobachtungsziel. Von der Erde bleibt sie zur Opposition 355 Millionen Kilometer (= 2,37 AE) und von der Sonne 502 Millionen Kilometer (= 3,36 AE) entfernt.

Periodische Sternschnuppenströme

Die **Eta-Aquariden**, auch **Mai-Aquariden** genannt, flammen von Monatsbeginn bis etwa Ende Mai auf. Ihr Radiant liegt bei η Aquarii. Das ausgeprägte Maximum wird am 5. Mai erreicht. Im Durchschnitt sind etwa zwanzig Sternschnuppen pro Stunde zu registrieren, um die Zeit des Maximums sogar bis zu sechzig. Wegen des horizontnah liegenden Radianten sind die Mai-Aquariden in unseren Breiten kaum zu beobachten, aber in südlichen Gegenden sind sie ein auffälliger Strom. Es handelt sich bei diesem Meteorstrom um schnelle Objekte (um 65 Kilometer pro Sekunde), die auffallend lange Leuchtspuren hinterlassen. Die beste Beobachtungszeit ist ab etwa 3^h am Morgenhimmel in den Tropen. Die Mai-Aquariden führen ihren Ursprung auf den Kometen 1P/Halley zurück.

Ferner sind noch die **Scorpius-Sagittarius-Meteore** zu erwarten, die von Mitternacht bis 4^h morgens günstig zu beobachten sind. Ihr Ausstrahlungspunkt liegt rund 1° nördlich von β Scorpii. Das erste Maximum dieses Stromes wird um den 20. erwartet. Es handelt sich um eher langsame Sternschnuppen (um 30 Kilometer pro Sekunde).

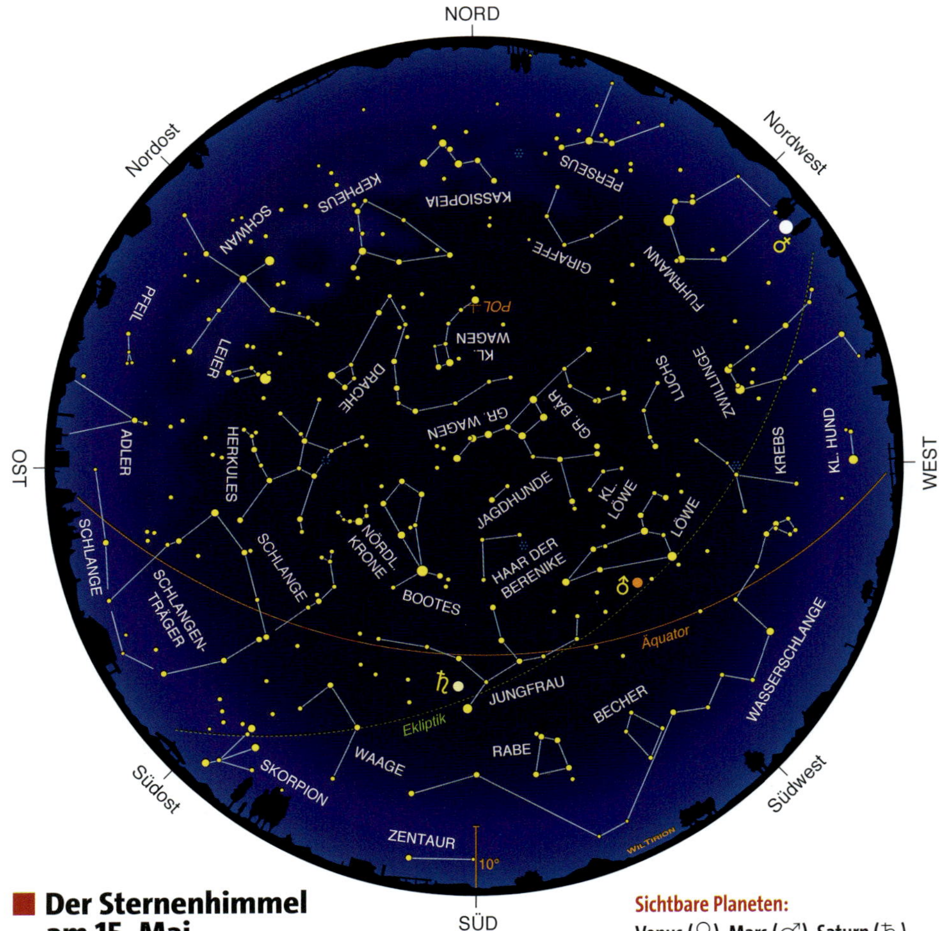

Der Sternenhimmel am 15. Mai um 22^h MEZ

Sichtbare Planeten:
Venus (♀), Mars (♂), Saturn (♄)

Die Sternkarte ist auch gültig für:		
	MEZ	MESZ
1. 1.	7^h	
15. 1.	6	
1. 2.	5	
15. 2.	4	
1. 3.	3	
15. 3.	2	
1. 4.	1	2^h
15. 4.	0	1
1. 5.	**23**	**24**
15. 5.	**22**	**23**

Nur noch die Zwillinge und der Kleine Hund sind von den Winterbildern tief im Westen zu finden. Blickt man senkrecht nach oben, erkennt man dort den Himmelswagen. Folgt man mit den Augen dem Schwung der Wagendeichsel, so trifft man hoch im Süden auf den orangeroten Arktur, den Hauptstern des Bootes. Das Sternbild Bootes ist recht markant und lässt sich leicht einprägen. Es hat die Form eines Papierdrachens.

Der Löwe hat seinen Meridiandurchgang schon hinter sich. Das große Löwentrapez neigt sich leicht zum Horizont. Zwischen dem Löwen und dem Großen Bären liegt das weniger bekannte Bild des Kleinen Löwen. Der unscheinbare Krebs steht noch im Westen, eingerahmt von Zwillingen und Löwe.

In der Osthälfte des Himmelsgewölbes fällt neben dem Bootes ein markanter Sternenhalbkreis ins Auge. Er deutet die Nördliche Krone, lateinisch Corona Borealis, an. Die international übliche Abkürzung für die Nördliche Krone lautet CrB. Der etwas hellere Stern im Halbkreis, α Coronae Borealis, heißt Gemma, was aus dem Lateinischen kommt und soviel wie Edelstein bedeutet. Weniger bekannt ist der Name Alphecca für α CrB. Alphecca stammt aus dem Arabischen und bedeutet soviel wie „der eine helle (im Sternenhalbkreis)".

Teile des Sommerdreiecks

Im Nordosten strahlen Wega in der Leier und Deneb im Schwan, zwei Eckpunkte des Sommerdreiecks. Der dritte im Bunde, Atair im Adler, ist allerdings zur Standardbeobachtungszeit noch nicht erschienen. Auf der Verbindungslinie Arktur – Wega liegt ein wenig östlich des Sternenhalbkreises der Nördlichen Krone das lichtschwache, aber ausgedehnte Sternbild Herkules.

Im Süden schreitet die Jungfrau mit ihrem hellen, bläulichen Hauptstern Spica eben durch die Mittagslinie. Südwestlich von Spica fällt das markante Sternentrapez des Raben auf, der seine Meridianpassage gerade hinter sich hat. Der Jungfrau folgt im Tierkreis das nicht besonders auffällige Sternbild Waage.

Tief im Nordwesten funkelt Kapella im Fuhrmann. Sie ist der hellste Stern, der bei uns zirkumpolar ist.

Bühne frei für den Skorpion

Der Skorpion schickt sich erst an aufzugehen. Sein heller Hauptstern Antares überschreitet gerade die Horizontlinie. Im Osten steigt der Schlangenträger (lat.: Ophiuchus) mit der Schlange (lat.: Serpens) empor. Von der Schlange, deren Kopf bis an die Nördliche Krone heranreicht, ist allerdings nur das Vorderteil (lat.: Serpens Caput) schon über dem Horizont. Zieht man von Denebola (β Leonis), dem Schwanzstern im Löwen, zu Arktur eine Linie, so tangiert sie das Sternbild Haar der Berenike (lat.: Coma Berenices, meist nur Coma genannt). Das Haar der Berenike hat jetzt seine Höchststellung erreicht. Es gehört zu den lichtschwächsten und darum unauffälligen Sternbildern. Es setzt sich nur aus Sternen vierter Größe und schwächer zusammen. In sehr dunkler, mondloser und klarer Nacht mit guter Durchsicht bemerkt man wohl eine etwas höhere Konzentration an schwächeren Sternen zwischen Löwe und Bootes. Im Norden wird das Haar der Berenike von den Jagdhunden und im Süden von der Jungfrau begrenzt. Etwas Fantasie vorausgesetzt, kann man sich unter dieser Ansammlung von schwächeren Sternen das vom Wind zerzauste Haupthaar einer Frau vorstellen. Im Sternbild Haar der Berenike befindet sich auch der berühmte Coma-Galaxienhaufen in über 300 Millionen Lichtjahren Entfernung.

Objekte für Feldstecher und Fernrohr

Zu den Standardobjekten einer Sternführung gehört im Frühjahr der Kugelhaufen M 13 im Herkules. In mondlosen Nächten und bei guten Sichtverhältnissen kann man M 13 sogar mit bloßen Augen als mattes Lichtfleckchen ausmachen. Im Fernglas ist M 13 auf alle Fälle gut er-

Veränderliche Sterne im Mai

Algol-Minima	8.	4^h31^m	13.	22^h08^m	31.	3^h01^m						
β-Lyrae-Minima	2.	4^hN	8.	16^hH	15.	3^hN	21.	14^hH	28.	2^hN		
δ-Cephei-Maxima	1.	11^h	6.	20^h	12.	5^h	17.	13^h	22.	22^h	28.	7^h

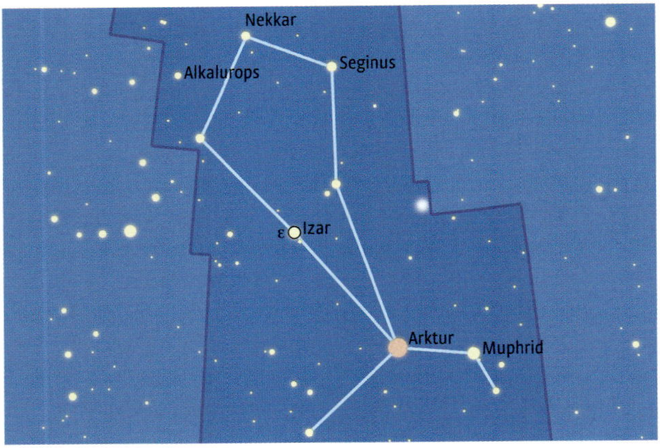

5.4 Der Bootes:
Das Sternbild Bootes mit dem Doppelstern ε Bootis

kennbar. Allerdings, um die Randpartien dieses Kugelhaufens in einzelne Sterne aufzulösen, benötigt man schon ein Fernrohr. So richtig zur Geltung kommt M 13 aber in größeren Teleskopen von zehn Zoll Öffnung aufwärts (also ab 25 cm Objektivdurchmesser).

Weitere Kugelhaufen, die schon im Fernglas erkennbar sind, sind M 3 in den Jagdhunden und M 5 in der Schlange. M 3 liegt auf der Verbindungslinie Arktur – α Canum Venaticorum (Cor Caroli), an der Grenze zum Bootes. M 5 liegt im westlichen Teil des Schlangenkopfes (Serpens Caput) an der Grenze zur Jungfrau und nördlich der Waage. M 3 und M 5 sind im *Atlas für Himmelsbeobachter* in der Karte E 15 eingetragen. M 3 ist 32 000 Lichtjahre und M 5 rund 26 000 Lichtjahre entfernt.

Galaxien In den Jagdhunden findet man auch den Spiralnebel M 51. Man sieht fast senkrecht auf diese Spiralgalaxie, die Lord Rosse als Whirlpool Galaxy (engl., Strudelgalaxie) getauft hat. M 51 war das erste Milchstraßensystem, bei dem man eine Spiralform erkannt hat. Die Entfernung der Strudelgalaxie beträgt rund 22 Millionen Lichtjahre. Viele an der Astronomie Interessierte kennen M 51 von prächtigen Fotos in Astronomiebüchern oder im Internet. Im Amateurteleskop entpuppt sich M 51 allerdings nur als ein mattes Lichtfleckchen. Erst in größeren Instrumenten zeigen sich die Spiralarme. Die Strudelgalaxie ist leicht zu entdecken, wenn man vom letzten Deichselstern im Großen Wagen (Benetnasch oder η UMa) ausgeht. Schwenkt man von M 51 dann weiter in Richtung α Canum Venaticorum (Cor Caroli), so trifft man auf eine weitere Galaxie, M 63. Sie ist längst nicht so spektakulär wie M 51. Im Amateurfernrohr erkennt man den hellen Galaxienkern kaum und die Spiralarme bleiben kleineren Instrumenten verborgen. Von M 63 trennen uns dreißig Millionen Lichtjahre.

Doppelsterne Ein leicht zu trennender und prominenter Doppelstern ist Algieba (γ Leonis), der Halsstern des Löwen. Schon ein Fernrohr mit 6 cm freier Öffnung trennt Algieba spielend. Zwei orange-gelbe Sterne (A: $2^{\mathrm{m}},4$ und B: $3^{\mathrm{m}},6$) stehen in $4'',4$ Distanz voneinander.

Schwieriger zu trennen ist ε Bootis. Bei einer Distanz seiner Komponenten von $2'',9$ empfiehlt sich ein Vierzöller (Fernrohr mit 10 cm Öffnung), um das Paar einwandfrei aufzulösen, vor allem wegen der großen Helligkeitsdifferenz beider Komponenten. ε Boo A ist mit $2^{\mathrm{m}},7$ wesentlich heller als ε Boo B mit nur $5^{\mathrm{m}},3$. Nett anzusehen ist der deutliche Farbkontrast. Die hellere Komponente leuchtet orange-gelb, der Begleiter scheint in einem weißen Licht.

Ein schwieriger Doppelstern ist ι (Iota) Leonis. Ihn zu trennen erfordert schon ein Instrument von mindestens 15 cm Öffnung, wobei ein Refraktor ein besseres Auflösungsvermögen als ein Spiegel bietet. Unter guten Sichtbedingungen kann man ι Leonis schon im 10-cm-Refraktor auflösen. Die beiden $4^{\mathrm{m}},1$ und $6^{\mathrm{m}},7$ hellen Komponenten stehen in einem Abstand von $1'',9$. Beide Sterne zeigen eine leicht gelbliche Farbe. Um ι Leonis zu finden, benutze man die Sternkarte E 11 im *Atlas für Himmelsbeobachter*.

Die Ringplaneten

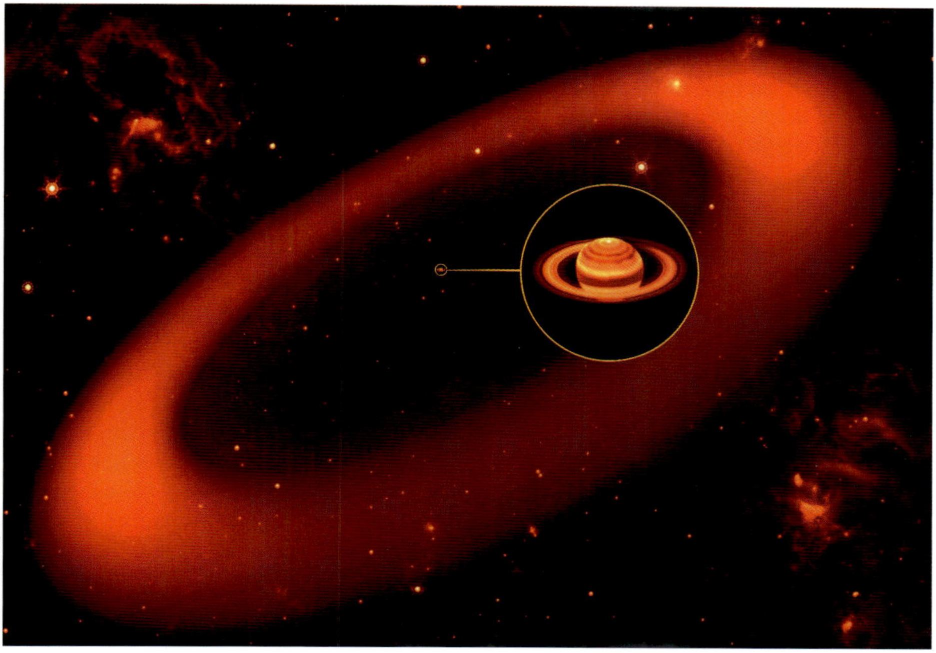

Illustration: NASA/JPL

5.5 Der äußerste Staubring des Saturn wird als Phoebe-Ring bezeichnet.

Zu den schönsten Himmelsobjekten, die man dem interessierten Publikum bei einer Sternführung mit einem Teleskop zeigen kann, gehört zweifelsohne der ringgeschmückte Planet Saturn. Mit bloßen Augen ist Saturn als relativ helles Gestirn gut zu sehen. Daher war er schon seit dem Altertum bekannt. Aus dem dritten Keplerschen Gesetz lässt sich unmittelbar aus seiner Umlaufzeit ableiten, dass Saturn knapp zehnmal weiter als die Erde von der Sonne entfernt ist. Vor Erfindung des Fernrohrs war nicht bekannt, dass der Saturnglobus von einem freischwebenden Ring umgeben wird, denn dem bloßen Auge erscheint Saturn nur als heller Lichtpunkt am nachtdunklen Himmel. Als Galileo Galilei als einer der ersten Fernrohrbeobachter Saturn ins Visier nahm, meinte er drei nebeneinander schwebende Kugeln zu sehen. Andere Fernrohrbeobachter wiederum erkannten eine brezelartige Figur. Erst der berühmte holländische Physiker Christiaan Huygens beschrieb im Jahre 1659 den Saturn richtig als Kugel mit einem dünnen Band rundherum. Je nach Ringöffnung und Luftruhe lässt sich der Saturnring mit einem Fernrohr ab etwa dreißigfacher Vergrößerung einwandfrei erkennen. Aber erst in einem Teleskop von mindestens 15 cm freier Öffnung und einer Vergrößerung ab etwa 200-fach hinterlässt Saturn einen wunderbaren Eindruck, den man nicht so schnell vergisst.

Bis in die jüngste Vergangenheit schien Saturn der einzige Planet unseres Sonnensystems zu sein, der von einem freischwebenden Ring umgeben wird. In den letzten Jahrzehnten hat man jedoch herausgefunden, dass alle vier Gas- oder Wasserstoffplaneten – also auch Jupiter, Uranus und Neptun – ein Ringsystem besitzen. Wer die vier Ringplaneten von der Erde aus mit einem Teleskop beobachtet, wird nach wie vor nur um Saturn einen Ring sehen. Nur Raumsonden sowie Riesenteleskope und das Weltraumteleskop HUBBLE sind in der Lage, Aufnahmen der sehr dünnen und lichtschwachen Ringe um Jupiter, Uranus und Neptun zu gewinnen.

Im Jahre 1675 fand Giovanni Domenico Cassini, erster Direktor des Pariser Observatoriums, eine dunkle Linie, die den Saturnring in einen äußeren und einen inneren Ring teilt. Ihm zu Ehren spricht man heute von der Cassini-Trennung oder -Teilung. Der äußere Ring wird als A-Ring, der innere als B-Ring bezeichnet.

Im Jahre 1837 entdeckte Johann Franz Encke, Direktor der Berliner Sternwarte, nahe beim äußeren Rand des A-Ringes eine weitere, allerdings sehr dünne Trennlinie, die er als „Bleistiftstrich" bezeichnete. Heute spricht man von der Encke-Teilung.

Eine noch feinere Trennungslinie fand der amerikanische Astronom James Edward Keeler im Jahre 1895 am äußersten Rand des A-Ringes, noch außerhalb der Encke-Teilung. Diese Keeler-Lücke ist rund zehnmal schmaler als die Encke-Teilung. Somit schien der Saturnring nicht aus einem, sondern aus vier Teilen zu bestehen.

Planetenringe können nicht starr sein

Schon bald nach Entdeckung des Saturnringes machte man sich Gedanken, welcher Art der Ring wohl sei: fest, flüssig oder gasförmig? Gasförmig kann er wohl nicht sein, denn Gas würde sich schnell in den Weltraum verflüchtigen. Eine Flüssigkeit aber würde im Weltraumvakuum schnell verdampfen, und auch ein fester Ring kann nicht stabil sein. Selbst ein Stahlring würde durch die enormen Gezeitenkräfte zerrissen, abgesehen davon, dass jede kleinste Störung den Ring zum Absturz bringen müsste. Schon im Jahre 1848 hat der französische Mathematiker und Astronom Edward Albert Roche nachgewiesen, dass aus himmelsmechanischen Gründen der Saturnring kein festes Gebilde sein kann.

Die Anziehungskraft des Saturns nimmt mit dem Abstandsquadrat ab. Auf den inneren Rand des Saturnringes wirkt also eine stärkere Kraft als auf den äußeren. Gemäß dem dritten Kepler-Gesetz müssen innere Teile schneller als die äußeren Teile um Saturn laufen. Bei gleichförmiger Winkelgeschwindigkeit bewegen sich bei einem festen Ring aber die äußeren Partien schneller als die inneren. In einer preisgekrönten Arbeit hat Clark Maxwell, Begründer des Elektromagnetismus, im Jahre 1856 nachgewiesen, dass der Saturnring aus ungeheuer vielen einzelnen Partikeln bestehen muss, die Saturn als Heerschar von Minimonden permanent umkreisen. Die Partikel am inneren Rand des Saturnringes laufen dabei mit einer Geschwindigkeit von 21 Kilometer pro Sekunde in nur siebeneinhalb Stunden um den Saturnglobus. An der äußeren Ringkante haben die Minimonde nur 16 Kilometer pro Sekunde an Geschwindigkeit, weshalb sie fünfzehn Stunden um Saturn unterwegs sind. Diese zunächst theoretischen Überlegungen wurden 1895 durch spektroskopische Untersuchungen von James E. Keeler und William W. Campbell glänzend bestätigt. Die Linien im Spektrum des vom Saturnring reflektierten Sonnenlichtes erscheinen auf Grund des Doppler-Effektes geneigt.

Milliarden einzelner Partikel

Wie die Raumsondenmissionen zum Saturn bestätigten, setzt sich das Ringsystem aus Milliarden einzelner Teilchen von Sandkörnchen bis hausgroßen Blöcken zusammen. Die Ringteilchen bestehen aus Eis und Fels unterschiedlicher Größe. Die felsigen Kerne der Ringpartikel sind meist von mehr oder minder dicken Eisschichten umschlossen, die im Sonnenlicht hell leuchten, während die Staubpartikel recht dunkel sind. Die sehr kleinen Partikel streuen das Sonnenlicht nach vorne, so dass der Staubanteil hell erscheint, wenn man die Ringe in Richtung der Sonne beobachtet – was allerdings nur Raumsonden können. Dies ist ein ähnlicher Effekt wie das Aufleuchten der Schmutzpartikel auf einer Windschutzscheibe, wenn die tief stehende Sonne ihre Strahlen durch die Windschutzscheibe in den Fahrgastraum wirft.

Ebenfalls an der Berliner Sternwarte sah 1838 Johann Gottfried Galle, Entdecker des Neptun, innerhalb des hellen B-Ringes einen schwachen Lichtschein, der schließlich als C-Ring identifiziert wurde. Man nennt ihn auch Krepp- oder Flor-Ring. Schließlich entdeckte man 1969 auf Infrarot-Aufnahmen den noch weiter innen liegenden D-Ring, dessen Innenrand nur knapp 7000 Kilometer über der oberen Wolkenschicht der Saturnatmosphäre liegt. Die Trennung zwischen dem C- und dem D-Ring wird Guerin- oder auch Colombo-Lücke genannt.

Der Detailreichtum der Saturnringe wurde erst durch Raumsondenmissionen offenbar. Drei irdische Späher rasten am Saturnsystem vorbei, der vierte gelangte in eine Umlaufbahn und kreist seit 1. Juli 2004 als künstlicher Trabant um Saturn.

PIONEER 11 passierte als erste Raumsonde am 1. September 1979 in nur 20 930 Kilometer Distanz den Saturn. Am 12. November 1980 folgten VOYAGER 1 und am 25. August 1981 VOYAGER 2. Nach siebenjähriger Reise traf CASSINI bei Saturn Anfang Juli 2004 ein und wurde zu seinem ständigen Begleiter.

Die spektakulären Aufnahmen der Raumsonden zeigen, dass sich der Saturnring nicht nur aus zwei oder vier, sondern aus Hunderten von Einzelringen zusammensetzt, weshalb Saturn auch den Beinamen „Herr der tausend Ringe" erhielt. Tatsächlich wurden bisher über dreitausend einzelne Ringe registriert. Die Ringe des zweitgrößten Planeten bilden ein dynamisches System aus breiten Bändern, schmalen Ringpartien, scheinbar leeren und doch mit Staub gefüllten Lücken dazwischen, durchzogen von Dichtewellen in mehreren Dimensionen. Steine, Staub und Eis verschiedener Substanzen bilden das Material der Ringe. Eingebettet in das Ringsystem laufen auch zahlreiche größere Blöcke und Minimonde um die Saturnkugel. Die Minimonde schaufeln durch ihre gravitative Wirkung mehr oder minder breite Lücken frei oder fokussieren schmale Ringe.

5.6 Aufnahme der Uranusringe von VOYAGER II (Januar 1986)

Eine Welt für sich

Unter anderem lieferten radioastronomische Beobachtungen Daten über die Größe der Ringteilchen. Sie sind von mikroskopisch kleinen Partikeln bis etwa zehn Meter großen Blöcken vertreten. Dabei finden sich die größten Brocken in den hellen, breiten A- und B-Ringen, während in den E-, F- und G-Ringen nur feiner Staub enthalten ist. Der F-Ring wurde erstmals von PIONEER 11 registriert. Er ist nur ein schmales Staubband von 500 Kilometer Breite und liegt etwa 4000 Kilometer außerhalb der Außenkante vom A-Ring. Noch zwei weitere Einzelringe spürten die Raumsonden auf, den E- und den G-Ring. Der G-

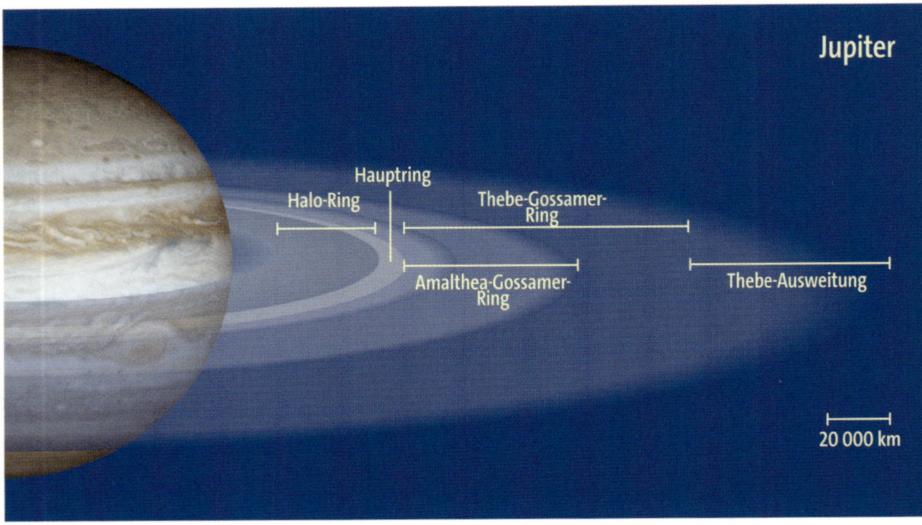

5.7 Die Ringsysteme der Riesenplaneten im Vergleich. Oben: Jupiter; rechts: Saturn; Seite 110: Uranus; Seite 111: Neptun.

Ring hat einen Radius von 170 000 Kilometer und befindet sich somit weit außerhalb des F-Ringes. Er ist nur knapp hundert Kilometer breit. Im visuellen Spektralbereich ist er nur im vorwärts gestreuten Sonnenlicht sichtbar. Ähnlich schwach leuchtet der E-Ring, der in 210 000 bis 300 000 Kilometer Distanz Saturn umspannt. Ein ganz dünnes, schwaches Ringband hat die Cassini-Mission zwischen dem G- und dem F-Ring entdeckt, den sogenannten Pallene-Ring.

Mit dem Weltraumteleskop SPITZER wurde 2009 im infraroten Spektralbereich weit außerhalb der Japetusbahn (Bahnradius: 3 560 800 km) ein riesiger, extrem dünner Saturnring entdeckt. In ihm läuft der Mond Phoebe um Saturn. Der mittlere Radius dieses äußersten Saturnringes liegt bei 13 Millionen Kilometer. Könnte man dieses gewaltige Gebilde von der Erde aus sehen, so erschiene um den punktförmigen Saturn ein Halo von Vollmondgröße! Der Ring ist allerdings so dünn, dass man ihn auch dann noch nicht sehen würde, hielte man sich mitten in ihm auf.

Die Ringe des Uranus

Am 10. März 1977 beobachteten Astronomen mit dem Kuiper-Airborne-Telescope (ein 90-cm-Reflektor in einem hochfliegenden Düsenflugzeug) die Bedeckung des 9^m hellen Sterns SAO 158 687 durch den Planeten Uranus. Kurz vor und kurz nach der Bedeckung registrierte man kurzfristige Helligkeitsabfälle des Sterns. Da sie absolut symmetrisch vor und nach der Bedeckung erfolgten, konnte es sich nicht um Lichteinbrüche handeln, die durch Wolken bedingt waren. Aus der Datenanalyse schloss man auf neun dünne Ringe um den Uranusglobus.

Selbst in Großteleskopen waren und sind sie nicht im sichtbaren Licht zu erkennen. Erst als VOYAGER 2 im Januar 1986 Uranus und seine Monde passierte, sandte die Raumsonde Bilder zur Erde, auf denen die dünnen Ringe erkennbar sind. Dabei wurden zwei weitere Ringe detektiert. Inzwischen wurden von der Erde aus im infraroten Spektralbereich noch zwei weitere Ringe aufgespürt, womit die Zahl der Uranusringe auf dreizehn anstieg.

Mit der Entdeckung der Uranusringe verlor Saturn seinen Status als einziger Ringplanet im Sonnensystem.

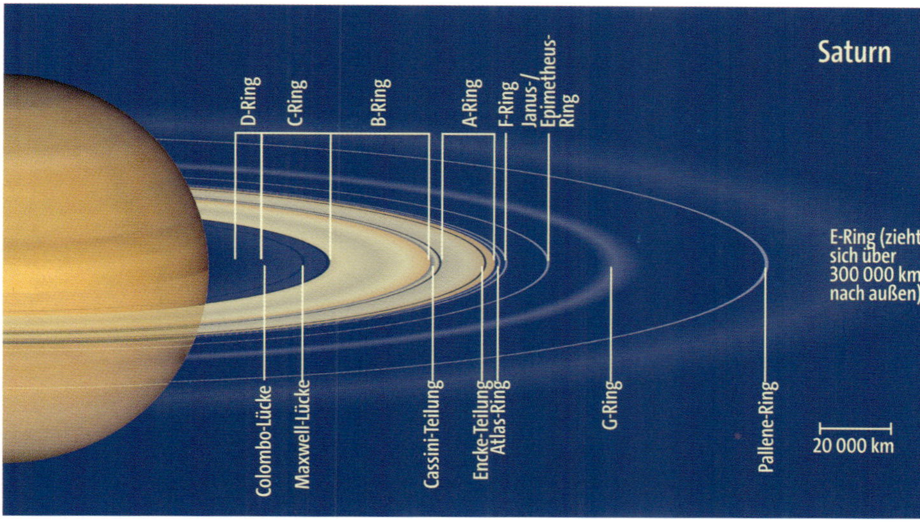

Das recht unauffällige Ringsystem des Uranus reflektiert nur etwa fünf Prozent des einfallenden Sonnenlichtes. Da Uranus aber nur noch ein Viertel des Sonnenlichtes erhält, welches das Saturnsystem bezieht, wird verständlich, warum die dunklen Ringe selbst in großen Teleskopen nicht gesehen werden können. Nur das Weltraumteleskop HUBBLE konnte Aufnahmen der Uranusringe gewinnen. Auch im infraroten Spektralbereich konnten große Teleskope die Ringe des siebenten Planeten erfassen.

Die Uranusringe setzen sich aus dunklem, felsigem Material zusammen. Von Staub über kieselsteingroße Partikel bis zu Brocken von zehn Metern und mehr Durchmesser findet sich alles in ihnen. Die Gesamtmasse des Uranusringmaterials beträgt nur ein Zehntausendstel der Masse des Saturnringsystems.

Die Ringe von Jupiter und Neptun

Zwei Jahre nach der Entdeckung der Uranusringe fand 1979 die Raumsonde VOYAGER 2 Ringe um den Riesenplaneten Jupiter. Auch das Material der Jupiterringe setzt sich aus dunklem Fels, Basaltgestein ähnlich dem der Mondmeere, zusammen. Das Jupiterringsystem besteht aus drei Bereichen: Der innere Halo-Ring mit rund 23 000 Kilometer Breite, der Hauptring mit 6500 Kilometer und der ausgedehnte Gossamer-Ring mit 85 000 Kilometer Zonenbreite, der nach außen hin in die Thebe-Extension übergeht, deren äußerer Rand nicht erkennbar ist, sondern in das interplanetare Medium übergeht. Der breite Gossamer-Ring wird noch in einen inneren Amalthea- und einen äußeren Thebe-Ring unterteilt.

Das unscheinbarste Ringsystem umschließt Neptun. Ähnlich wie bei Uranus gab die Auswertung einer Sternbedeckung, die im Juli 1984 beobachtet wurde, den entscheidenden Hinweis. Anders als bei den anderen drei Ringsystemen ist das ebenfalls dunkle, basaltartige Material aber nicht gleichmäßig entlang der Ringe verteilt, sondern an manchen Stellen gibt es Anhäufungen, in anderen Bereichen dagegen scheinen die Ringe unterbrochen zu sein, zumindest ist dort kaum Material zu finden. Man beobachtet gewissermaßen einzelne Ringbögen, wie Aufnahmen von VOYAGER 2 zeigen, die beim Vorbeiflug an Neptun im August 1989 gewonnen wurden. Von den fünf einzelnen Ringen sind beim Adams-

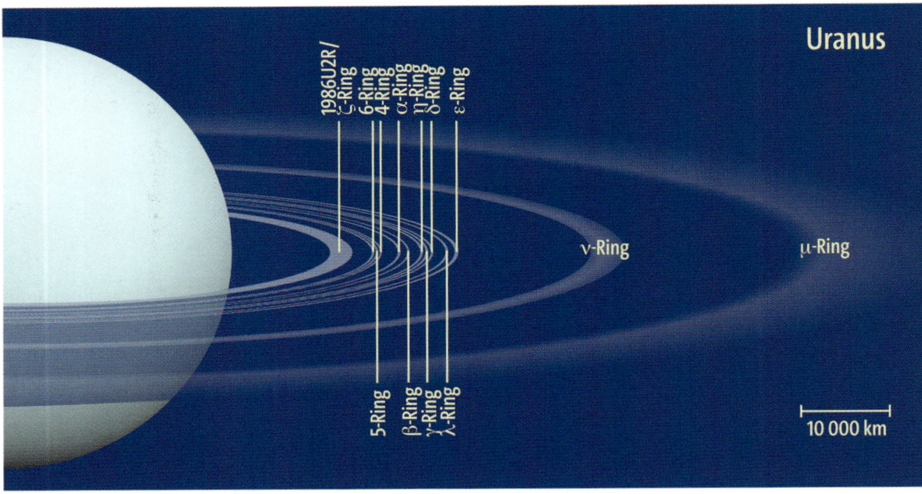

Ring fünf diskrete Bogenstücke am deutlichsten zu erkennen. Die Neptunringe erhielten Namen nach den Entdeckern des Neptun und seiner Monde. Der innerste Ring wurde Galle getauft, es folgen Leverrier, Lassell, Arago und Adams mit seiner auffälligen, asymmetrischen Materialbesetzung. Mit Ausnahme des Doppelringes Lassell-Arago (auch als Plateau-Ring zusammengefasst) mit einer Breite von knapp 6000 Kilometer sind die restlichen drei Ringe gerade mal 50 Kilometer breit.

Warum es Planetenringe gibt

Die modernen Beobachtungsverfahren haben gezeigt, dass alle Riesenplaneten von Ringen umgeben sind. Wie sind diese entstanden und wie kommen die recht komplizierten Strukturen zustande? Einst vermutete man, der Saturnring sei bereits in der Frühphase des Sonnensystems vor knapp fünf Milliarden Jahren entstanden. Inzwischen wurden offenkundig: Die Ringsysteme sind instabile Gebilde, die nur wenige hundert Millionen Jahre existieren und sich allmählich auflösen. Allerdings gibt es auch stabilisierende Einflüsse: Ringmaterial wird permanent nachgeliefert.

Fast alle Ringe liegen innerhalb der sogenannten Rocheschen Grenze, also etwa innerhalb vom 2,5-fachen Planetenradius. Die Rochesche Grenze ist eine Stabilitätsgrenze, innerhalb derer kein größerer Mond seinen Mutterplaneten umrunden kann. Denn die Gezeitenkräfte übertreffen in dieser Zone die Eigengravitation, die den Mond zu einer Kugel formt. Der Mond wird zerrissen und verteilt seine Bruchstücke entlang seiner Bahn um den Planeten.

Alle Ringe sind zudem extrem dünn im Vergleich zu ihren Durchmessern. Der Saturnring hat rund 280 000 Kilometer Durchmesser, ist aber nicht einmal einen halben Kilometer dick (senkrechter Durchmesser). Würde man ein Papiermodell des Saturnringes entwerfen, so hätte der dünne Papierring die Größe eines Fußballfeldes. Die Abplattung der Wasserstoffplaneten sorgt dafür, dass die Ringpartikel fast ausschließlich in der Äquatorebene der Planeten umlaufen. Scheren sie aus, so werden sie wieder in die Äquatorebene hineingezogen. Wechselseitige Kollisionen der Ringpartikel sorgen dafür, dass ihre Umlaufbahnen kreisförmig werden.

Die Monde der Ringplaneten erzeugen die Aufspaltung der Ringsysteme in einzelne Ringe, es entstehen die Kommensurabilitätslücken. So ist Mimas, der innerste der größeren Saturnmonde,

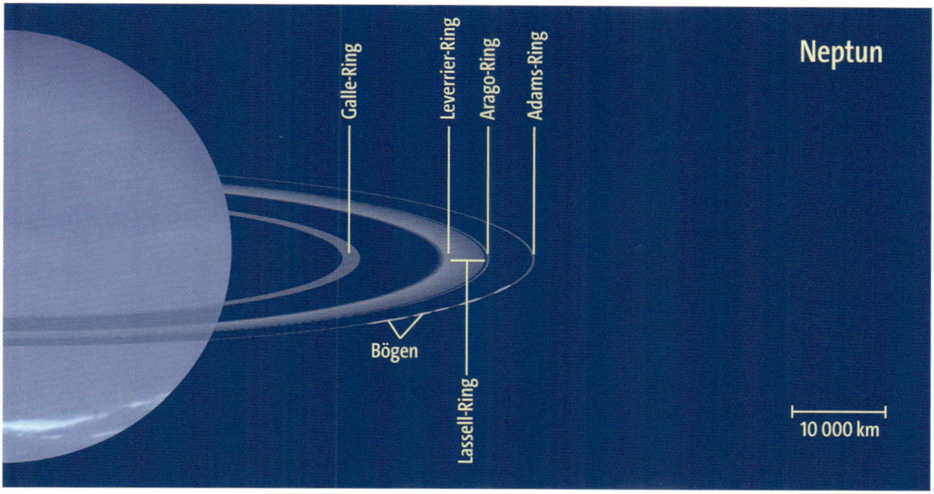

für die Cassini-Teilung verantwortlich. Ringteilchen an der Außenkante des B-Ringes laufen in der halben Zeit um Saturn (11,3 Stunden), in der Mimas einmal den Saturn umrundet (22,6 Stunden). Man nennt dies eine 2:1-Resonanz. Solche Resonanzen führen zu Kommensurabilitätslücken, wie sie auch aus dem Planetoidengürtel zwischen Mars und Jupiter bekannt sind. Kleine, ganzzahlige Umlaufverhältnisse führen zu permanenten gravitativen Störungen, wie schon Daniel Kirkwood (1814–1895) berechnet hat. Man nennt sie auch Kirkwood-Lücken. Die Lücken in den Ringsystemen, insbesondere in der Cassini-Teilung, sind jedoch nicht völlig leer. Größere Objekte gibt es dort zwar nicht, aber im vorwärtsgestreuten Sonnenlicht ist eine Staubkomponente erkennbar. Das Ringmaterial wird aus dem interplanetaren Raum nachgeliefert, seien es Staub- und Eispartikel von Monden, die bei kosmischen Kollisionen freigesetzt werden, oder seien es mehr oder minder große Brocken aus dem Kuipergürtel, die an den Ringplaneten vorbeidriften, eingefangen und zerrissen werden. Ein schönes Beispiel lieferte 1994 der Komet Shoemaker-Levy 9, der von Jupiter eingefangen und in Dutzende Bruchstücke zerlegt wurde. Durch permanente Kollisionen werden die Ringpartikel immer kleiner, das Material wird wie in einer Kugelmühle zermahlen. Die feinen Staubpartikel können sich jedoch nicht auf Dauer im Ringsystem halten. Der Poynting-Robertson-Effekt (siehe auch *Kompendium der Astronomie* auf Seite 158) sorgt dafür, dass sie Bahndrehimpuls verlieren und auf Spiralbahnen in die Atmosphäre der Ringplaneten eintauchen.

Hirten- und Schäferhundmonde

Die feineren Ringstrukturen werden durch die kleinen Monde und großen Ringbrocken (von rund einem bis hundert Kilometer Durchmesser) erzeugt, die knapp innerhalb oder zwischen den einzelnen Ringen laufen. Man nennt sie Hirten-, Schäferhund- oder Wächtermonde wegen ihrer fokussierenden Wirkung auf einzelne Ringe. Ein Wächtermond zwischen zwei Ringbahnen schaufelt sich seinen Weg frei und sorgt für den Erhalt der Lücke. Die von ihm überholten Partikel werden beschleunigt und somit nach außen getrieben, während die auf der Innenseite laufenden Partikel gemäß dem dritten Keplergesetz ihn überholen. Dabei bremst der Wächtermond die überholenden Teilchen und drückt sie somit nach innen.

Die Ringe der Planeten in Zahlen

Planet	Radius [km]	Breite [km]	Dicke [km]	Bemerkungen
Jupiter	71 398	–	–	Äquatorradius
Rochesche Grenzen	193 094/127 178	–	–	1,0 g/cm^3 / 3,5 g/cm^3
Halo-Ring	92 000–122 500	30 500	12 500	
Haupt-Ring	122 500–129 000	6500	30–300	
Amalthea-Gossamer-Ring	129 000–182 000	53 000	2000	
Thebe-Gossamer-Ring	129 000–226 000	97 000	8400	
Saturn	60 268	–		Äquatorradius
Rochesche Grenzen	131 426/86 562			1,0 g/cm^3 / 3,5 g/cm^{-3}
D-Ring	66 900–74 510	7500		
C-Ring	74 658–92 000	17 500		
Colombo-Lücke	77 870	150		Giuseppe „Bepi“ Colombo
Maxwell-Lücke	87 491	270		James Clerk Maxwell
B-Ring	92 000–117 580	25 500	0,4	
Cassini-Teilung	117 580–122 170	4700		Giovanni Domenico Cassini
A-Ring	122 170–136 775	14 600	0,4	
Encke-Teilung	133 589	325		Johann Encke
Keeler-Lücke	136 505	35		James Keeler
Roche-Teilung/ Atlas-Ring	136 775–139 380	2600		Edouard Roche/Mond Atlas
F-Ring	140 180	30–500		
Janus-/Epimetheus-Ring	149 000–154 000	5000		Monde Janus, Epimetheus
G-Ring	166 000–175 000	9000		
Pallene-Ring	211 000–213 500	2500		Mond Pallene
E-Ring	180 000–480 000	300 000		
Phoebe-Ring	4 000 000–13 000 000	9 000 000	2 500 000	Mond Phoebe
Uranus	25 560			Äquatorradius
Rochesche Grenzen	67 981/44 775			1,0 g/cm^3 / 3,5 g/cm^3
ζ-Ring	37 000–41 350	5000		
6-Ring	41 837	1,6–2,2		
5-Ring	42 234	1,9–4,9		
4-Ring	42 571	2,2–4,4		
α-Ring	44 718	4,8–10,0		
β-Ring	45 661	6,1–11,4		
η-Ring	47 176	1,99–2,7		
η_c-Ring	47 176–48 216	40		
γ-Ring	47 627	3,6–4,7	150	
δ-Ring	48 300	4,1–6,1		
λ-Ring	50 024	1–2		
ε-Ring	51 149	19,7–16,4	150	Hirtenmonde: Cordelia und Ophelia
ν-Ring	66 100–69 900	3800		
μ-Ring	86 000–103 000	17 000		

Die Ringe der Planeten in Zahlen

Planet	Radius [km]	Breite [km]	Dicke [km]	Bemerkungen
Neptun	24 764			Äquatorradius
Rochesche Grenzen	72 730/47 903			1,0 g/cm³ / 3,5 g/cm³
Galle-Ring	40 900–42 900	2000		Johann Gottfried Galle
Leverrier-Ring	53 200	113		Jean Joseph Urbain Leverrier
Lassell-Ring	53 200–59 100	5900		William Lassell
Arago-Ring	57 200	< 100		
Adams-Ring	62 933	15–50		Ungleichförmige Materialverteilung – Bögen (arcs) nach John Couch Adams
Larissa-Ring	73 548			Mond: Larissa

Läuft ein Hirtenmond knapp innerhalb eines Ringes, so überholt er die weiter außen kreisenden Ringteilchen, wobei diese etwas beschleunigt werden und nach außen streben. Ist ein zweiter Hirtenmond vorhanden, der außerhalb des Ringes läuft, so wird er von den Ringteilchen überholt. Er bremst diese ein wenig ab, weshalb sie langsamer werden und ein wenig nach innen driften. Ein solches Schäferhundmondpärchen fokussiert also einen dünnen Einzelring. Ein schönes Beispiel sind die beiden Saturnmonde Janus und Epimetheus, die einen nach ihnen benannten Ring zusammenhalten. Die beiden Saturnmonde Pandora und Prometheus wiederum sorgen für die Fokussierung des F-Ringes.

Satelliten und Minimonde sowohl nahe als auch innerhalb der Ringe sorgen für eine vielfältige Struktur der Ringsysteme, die auch zeitlich variabel sind.

Das permanente meteoroidische Bombardement und die meist inelastischen Stöße der Ringpartikel sorgen für Veränderungen: Mit der Zeit verdampfen die Eispanzer durch Erwärmung, denn ein Teil der Kollisionsenergie wird in Wärme umgesetzt. Dadurch werden die Ringpartikel immer dunkler, wozu auch der interplanetare Staub beiträgt, der selbst einen geringen Reflexionsgrad (Albedo) aufweist. Ferner wird das Ringmaterial, wie schon angedeutet, mit der Zeit infolge der Zusammenstöße pulverisiert.

Je älter ein Ringsystem wird, desto dunkler, dünner und unscheinbarer wird es. Das Alter des Uranusringsystems schätzt man auf 600 Millionen Jahre, das von Neptun dürfte noch etwas älter sein. Beide hatten in der Vergangenheit wohl mächtige Ringsysteme, von denen heute nur noch kümmerliche Reste übrig sind. Am jüngsten ist das Saturnringsystem mit einem Alter von knapp 100 Millionen Jahren. In einer fernen Zukunft von etwa einer Milliarde Jahren wird das Saturnringsystem recht mager aussehen und von der Erde aus kaum mehr sichtbar sein. Das älteste Ringsystem hat der Riesenplanet Jupiter. Es besteht fast nur noch aus Staub ohne allzu große Ringbrocken. Vermutlich hat sich ein Gleichgewicht eingestellt zwischen dem auf die Jupiteroberfläche herabregnenden Material und der von Monden und aus dem interplanetaren Raum nachgelieferten Staubmenge.

Für die irdischen Beobachter aber bleibt von den vier Ringplaneten nur Saturn einzigartig in seiner beeindruckenden Schönheit. Fast alle Menschen sind von ihm und seinem Ringsystem beeindruckt, wenn sie erstmals in einem guten Teleskop bei entsprechender Vergrößerung den „Ringplaneten“ erblicken.

Juni 2012

- Die Sonne passiert am 21. Juni um 0^h09^m MEZ (= 1^h09^m MESZ) den Gipfel ihrer Jahresbahn – der astronomische Sommer beginnt.
- Venus zieht in unterer Konjunktion vor der Sonnenscheibe vorbei. Nur das Ende dieses Venustransits ist von Mitteleuropa aus beobachtbar.

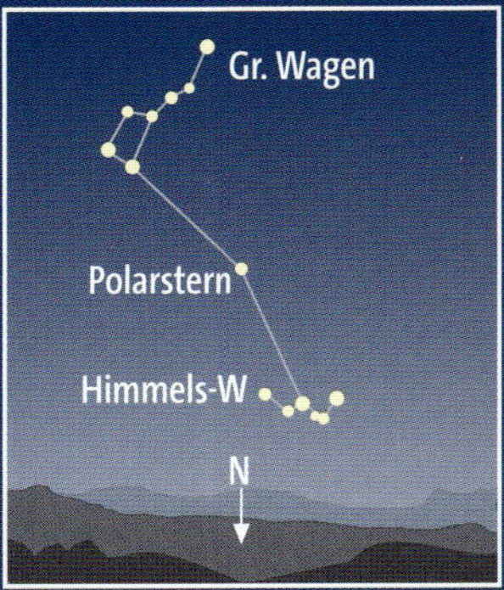

Großer Wagen und Himmels-W Anfang Juni um 22 Uhr

6.1 Anblick des Westhimmels am 28. Juni gegen 23^h MEZ (= Mitternacht Sommerzeit). Knapp über dem Horizont stehen Mars, Saturn und der zunehmende Halbmond.

1	Fr	
2	Sa	
3	So	Mond in Erdnähe
4	Mo	**Vollmond**
5	Di	
6	Mi	**Venustransit!**
7	Do	Fronleichnam
8	Fr	
9	Sa	
10	So	
11	Mo	Mond im letzten Viertel
12	Di	
13	Mi	
14	Do	
15	Fr	
16	Sa	Mond in Erdferne

17	So	Mond bei Jupiter (Morgenhimmel)
18	Mo	Mond bei Venus (Morgenhimmel)
19	Di	**Neumond**
20	Mi	
21	Do	Sommerbeginn
22	Fr	
23	Sa	
24	So	
25	Mo	
26	Di	
27	Mi	Mond im ersten Viertel
28	Do	
29	Fr	
30	Sa	

Sonne – Sternbilder

21. 6. 0^h09^m:
Sonne tritt in das Tierkreiszeichen Krebs
21. 6. 8^h:
Sonne tritt in das Sternbild Zwillinge
Julianisches Datum am
1. Juni, 1^h MEZ: 2456079,5

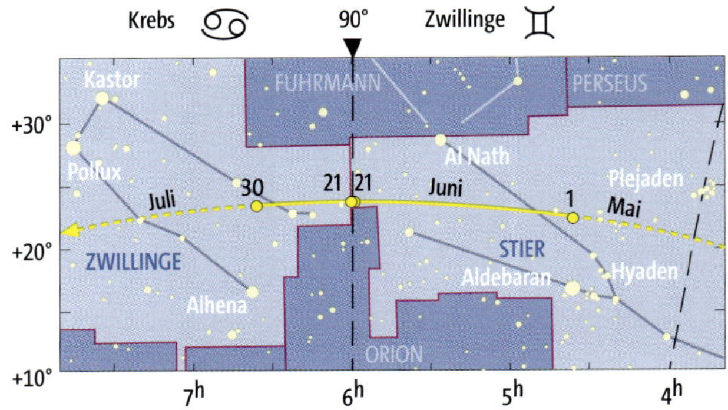

Tabelle Sonnenlauf

Tag	Dämmerg. Anfang	Aufgang MEZ	Kulmination	Untergang MEZ	Dämmerg. Ende	Mittagshöhe	Zeitgleichg.	Rektaszension	Deklination
	h m	h m	h m	h m	h m	°	m	h m	°
1.	2 32	4 15	12 18	20 20	22 04	62,1	+2	4 36	+22,0
5.	2 27	4 13	12 18	20 24	22 10	62,6	+2	4 53	+22,5
10.	2 23	4 11	12 19	20 28	22 16	63,1	+1	5 13	+23,0
15.	2 20	4 10	12 20	20 31	22 21	63,3	0	5 34	+23,3
20.	2 20	4 10	12 21	20 33	22 23	63,4	−1	5 55	+23,4
25.	2 22	4 12	12 22	20 33	22 23	63,4	−2	6 16	+23,4
30.	2 25	4 14	12 24	20 32	22 21	63,1	−4	6 36	+23,2

Tages- und Nachtstunden

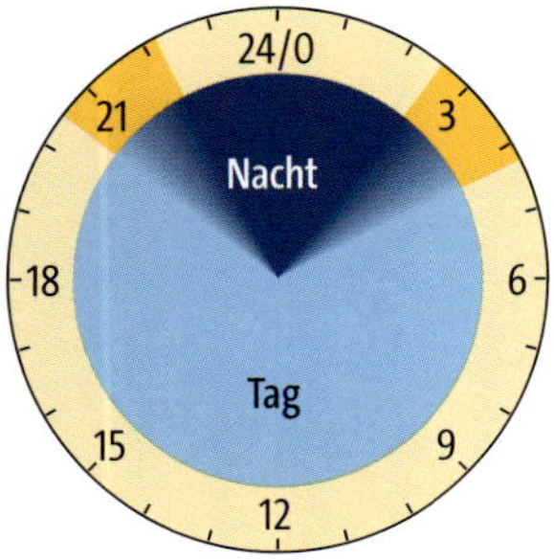

5. Juni

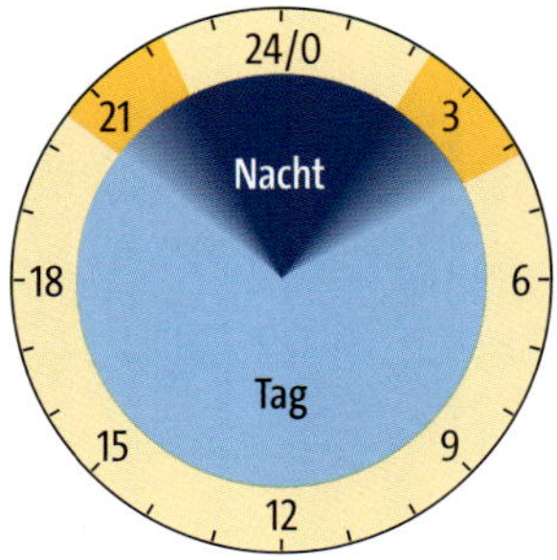

15. Juni

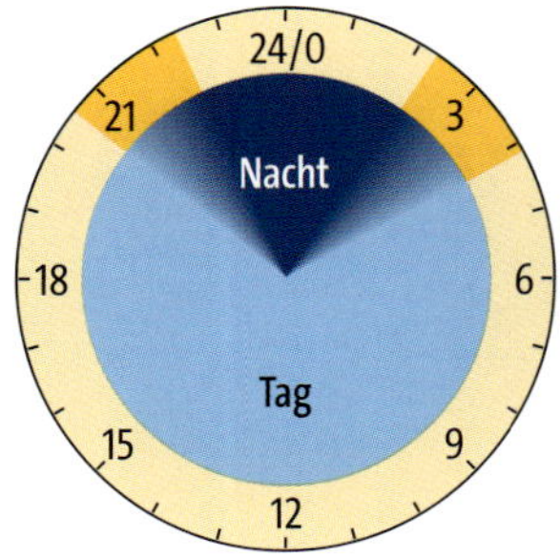

25. Juni

Tabelle Mondlauf

Datum		Aufg. MEZ	Kulmination	Unterg. MEZ	Rektaszension	Deklination	Sterne und Sternbilder	Phase	MEZ
		h m	h m	h m	h m	°			
Fr	1.	16 48	21 45	1 59	13 16	−12,0	Spica		
Sa	2.	18 09	22 45	2 32	14 15	−16,2	Jungfrau		
So	3.	19 27	23 47	3 13	15 17	−19,4	Waage	Erdnähe 358/33′,3 Aufsteigender Knoten	14^h
Mo	4.	20 35	–	4 05	16 21	−21,3	Antares	**Vollmond**	**12^h 12^m**
Di	5.	21 31	0 51	5 08	17 26	−21,6	Schlangenträger		
Mi	6.	22 15	1 53	6 20	18 29	−20,5	Schütze, Nunki		
Do	7.	22 50	2 52	7 36	19 30	−17,9	Schütze		
Fr	8.	23 18	3 46	8 52	20 27	−14,4	Steinbock		
Sa	9.	23 42	4 36	10 05	21 20	−10,2	Wassermann	Libration West	
So	10.	–	5 23	11 16	22 10	− 5,7	Wassermann	Größte Nordbreite	
Mo	11.	0 04	6 08	12 24	22 57	− 1,1	Fische	**Letztes Viertel**	**11^h 41^m**
Di	12.	0 24	6 51	13 30	23 43	+ 3,5	Fische		
Mi	13.	0 45	7 34	14 36	0 29	+ 7,8	Fische		
Do	14.	1 07	8 18	15 40	1 15	+11,8	Fische		
Fr	15.	1 32	9 02	16 43	2 02	+15,3	Widder		
Sa	16.	2 01	9 48	17 44	2 49	+18,1	Widder	Erdferne 406/29′,4	2^h
So	17.	2 36	10 35	18 41	3 39	+20,2	Stier, Plejaden	Absteigender Knoten	
Mo	18.	3 17	11 24	19 33	4 29	+21,4	Stier, Hyaden		
Di	19.	4 05	12 14	20 19	5 21	+21,7	Stier, Al Nath	**Neumond Nr. 1107**	**16^h 02^m**
Mi	20.	5 01	13 04	20 59	6 13	+20,9	Alhena		
Do	21.	6 03	13 53	21 32	7 05	+19,2	Alhena		
Fr	22.	7 09	14 41	22 01	7 56	+16,5	Krebs		
Sa	23.	8 18	15 29	22 26	8 47	+13,0	Krebs, Krippe		
So	24.	9 29	16 16	22 49	9 36	+ 8,9	Löwe	Größte Südbreite Libration Ost	
Mo	25.	10 41	17 03	23 12	10 26	+ 4,2	Sextant		
Di	26.	11 54	17 51	23 35	11 15	− 0,7	Löwe		
Mi	27.	13 10	18 41	–	12 06	− 5,7	Jungfrau	**Erstes Viertel**	**4^h 30^m**
Do	28.	14 28	19 34	0 01	12 59	−10,5	Spica		
Fr	29.	15 46	20 30	0 30	13 55	−14,8	Jungfrau		
Sa	30.	17 03	21 30	1 06	14 54	−18,3	Waage		

Der Vollmond begegnet Antares

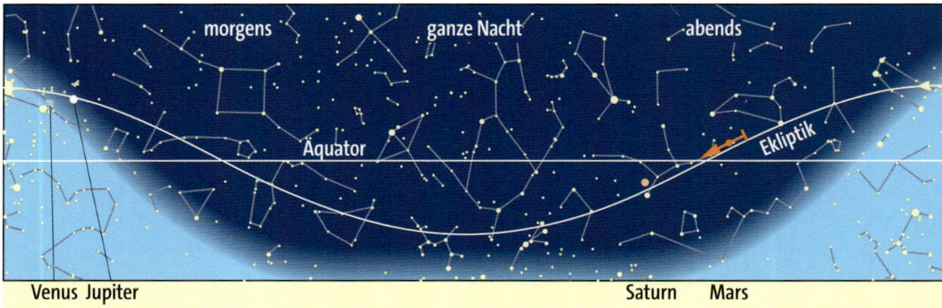

Merkur zeigt sich zum zweiten und letzten Mal in diesem Jahr am Abendhimmel. Der sonnennahe Planet hat seine obere Konjunktion mit der Sonne gerade hinter sich. Er gewinnt langsam an östlichem Abstand von ihr, der bis Monatsende fast auf den maximalen Wert von knapp 26° anwächst. In der Nacht vom 30. Juni auf 1. Juli erreicht Merkur mit 25°45′ seine größte östliche Elongation von der Sonne.

Versierte Beobachter können Merkur ab dem 11. tief am Nordwesthimmel in der Abenddämmerung erspähen. Am 11. geht der $-0\overset{m}{,}7$ helle Merkur um 21^h56^m (= 22^h56^m Sommerzeit) unter. Erst ab 21^h15^m (= 22^h15^m Sommerzeit) ist es dunkel genug, um Merkur mit bloßem Auge auszumachen. Bis 22. verspäten sich die Merkuruntergänge leicht auf 22^h09^m (= 23^h09^m Sommerzeit), die Merkurhelligkeit sinkt drastisch auf $0\overset{m}{,}0$ ab. Am 20. zieht Merkur 5° südlich an Pollux in den Zwillingen vorbei (siehe Abb. 7.4 auf Seite 137). Die Tage vom 16. bis 22. sind die günstigsten, um Merkur aufzufinden. Südlich von 45° Nord ist Merkur relativ leicht zu sehen, während er nördlich von 52° wegen der langen Dämmerung kaum ohne Fernglas gesichtet werden kann.

Letztmals am 25. wird man den flinken Planeten freiäugig er-

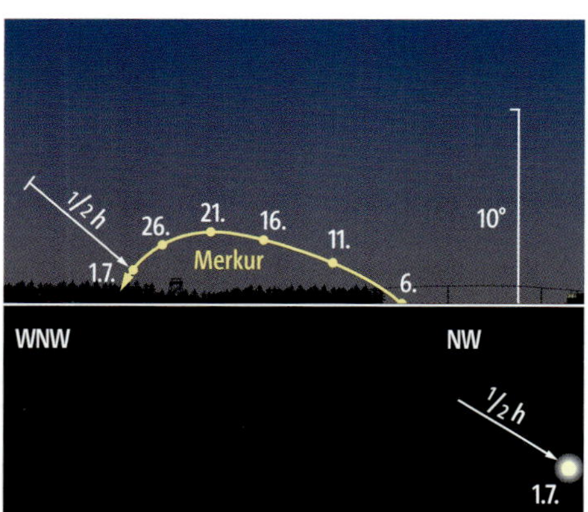

6.2 Merkur am Abendhimmel:
Stellung von Merkur über dem Westhorizont zu den angegebenen Daten jeweils eine Stunde nach Sonnenuntergang. Die Pfeile geben die Bewegungen von Merkur und Sonne während der letzten halben Stunde an.

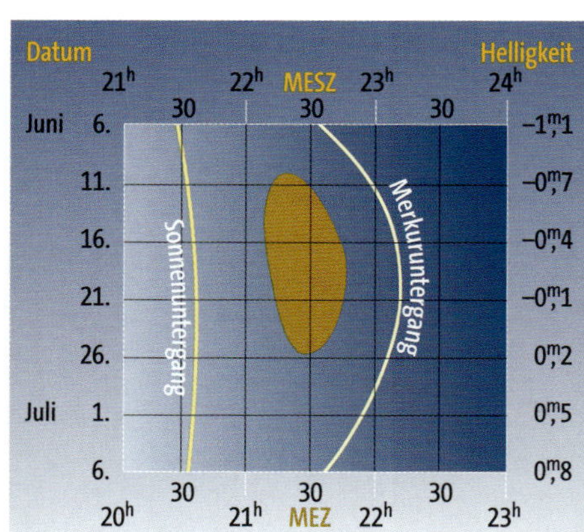

6.3 Sichtbarkeitsdiagramm für Merkur:
Das Diagramm gilt genau für 50° nördlicher Breite und 10° östlicher Länge. Dunkelgelbe Fläche: Unter günstigen Sichtbedingungen kann man Merkur mit bloßen Augen erkennen.

6.4 Mond bei Jupiter:
Begegnung von Jupiter mit dem abnehmenden Mond am Morgenhimmel des 17. Juni. Fernglasanblick bei 5° Gesichtsfelddurchmesser.

kennen. An diesem Tag geht der $0^{m}{,}1$ helle Merkur um 22^h05^m (= 23^h05^m Sommerzeit) unter. An diesem Tag tritt die Halbphase (Dichotomie) ein: Das $7''{,}3$ große Merkurscheibchen zeigt sich im Teleskop halb beleuchtet.

Venus schiebt sich am 5./6. in unterer Konjunktion vor die Sonne – das seltene Himmelsschauspiel eines **Venustransits** läuft ab (siehe auch Seite 15 und Seite 125 Monatsthema Juni). Die untere Konjunktion findet am 6. um 2^h statt. Zu diesem Zeitpunkt erreicht Venus mit 43,2 Millionen Kilometer (= 0,289 AE) auch ihre geringste Entfernung von der Erde.

Fast immer zieht Venus in unterer Konjunktion nördlich oder südlich an der Sonnenscheibe vorbei. Doch diesmal wandert sie als dunkles Planetenscheibchen von 58″ Durchmesser vor der Sonne vorüber, da sie nur 16 Stunden nach der unteren Konjunktion ihren absteigenden Knoten passiert. Der Transit erfolgt in der Nacht vom 5. auf 6. Juni und zwar in der Zeit von 23^h10^m bis 5^h50^m (= 6^h50^m Sommerzeit). Diese Zeitspanne bezieht sich auf den Erdmittelpunkt. Vom deutschen Sprachraum aus ist lediglich das Ende dieses Venusdurchgangs kurz nach Sonnenaufgang beobachtbar. Für 10° östlicher Länge und 50° nördliche Breite endet der Venustransit um $5^h55^m03^s$ (= $6^h55^m03^s$ Sommerzeit).

An dieser Stelle sei einmal mehr vor unvorsichtigen Sonnenbeobachtungen gewarnt. Es drohen schwere Augenschäden bis zur Erblindung!

Im letzten Monatsdrittel macht sich Venus am Morgenhimmel bemerkbar. Man erkennt sie als hellen Lichtpunkt in der Morgendämmerung knapp über dem Nordosthorizont. Am 20. geht die $-4^{m}{,}4$ helle Venus um 3^h13^m (= 4^h13^m Sommerzeit) auf. Etwa eine Viertelstunde später verblasst sie in der Morgendämmerung. Bis Monatsende verfrühen sich die Venusaufgänge auf 2^h38^m (= 3^h38^m Sommerzeit) und die Venushelligkeit steigt leicht auf $-4^{m}{,}6$ an.

In den frühen Morgenstunden des 27. beendet Venus ihre Rückläufigkeit und wird wieder rechtläufig. Dabei zieht sie im Sternbild Stier im Gebiet der Hyaden eine Schleife. Am 20. hält sie sich rund 4° nördlich von Aldebaran (α Tauri) auf. In der Morgendämmerung ist Aldebaran allerdings nicht mehr zu erkennen (siehe Abb. 6.5 oben).

6.5 Venus in den Hyaden:
Venus zieht vom 20. Juni bis 10. Juli eine Schleife im Sternbild Stier. Fernglasanblick bei 5° Gesichtsfelddurchmesser.

Mars kann in der ersten Nachthälfte beobachtet werden. Der rote Planet wandert rechtläufig durch den Löwen und wechselt zu Sommerbeginn am 21. in das Sternbild Jungfrau (siehe Abb. 3.8 auf Seite 62).

Im Laufe des Juni sinkt die Marshelligkeit weiter von $0^{m}{,}5$ auf $0^{m}{,}9$ ab. Damit zählt der rote Planet immer noch zu den Sternen erster Größe, besonders auffällig ist er allerdings nicht mehr.

Mars sinkt am 1. um 1^h23^m (= 2^h23^m Sommerzeit) unter die westliche Horizontlinie. Am 15. geht er um 0^h37^m unter und am 30. bereits um 23^h46^m (= 0^h46^m Sommerzeit am 1. Juli). Der Durchmesser des Marsscheibchens schrumpft auf $6''{,}6$. Am abendlichen Westhimmel sind Mars, Spica und Saturn zu sehen. An ihnen zieht vom 26. bis 28. der zunehmende Halbmond vorbei (siehe auch Abb. 6.1 auf Seite 114).

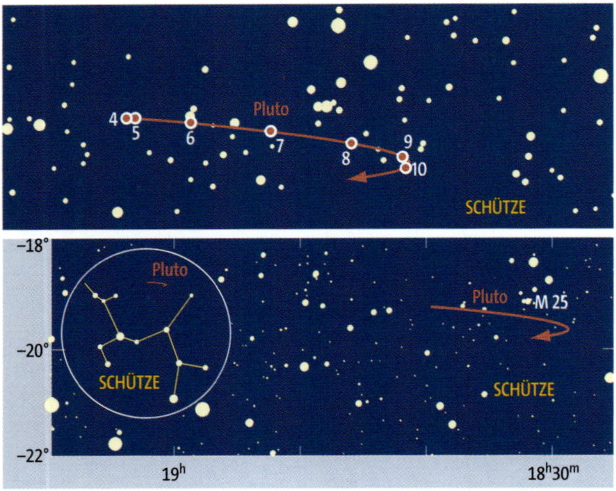

6.6 Bahn von Pluto:
Oppositionsschleife von Pluto im Sternbild Schütze im Jahr 2012

Jupiter, rechtläufig im Stier, tritt zu Monatsende in das Goldene Tor der Ekliptik ein (siehe Abb. 4.7 auf Seite 84). Der Riesenplanet stand Mitte des Vormonats in Konjunktion mit der Sonne.

Um die Monatsmitte taucht Jupiter wieder am Morgenhimmel auf. Am 15. geht der $-2\overset{m}{,}0$ helle Riesenplanet um 2^h56^m (= 3^h56^m Sommerzeit) am Nordosthimmel auf. Unter guten Sichtbedingungen können ihn erfahrene Beobachter etwa gegen 3^h15^m (= 4^h15^m Sommerzeit) erspähen. Achtung: Jupiter sollte nicht mit Venus verwechselt werden, die ebenfalls im letzten Junidrittel am Morgenhimmel erscheint. Bis Monatsende verfrühen sich die Jupiteraufgänge auf 2^h07^m (= 3^h07^m Sommerzeit).

Am 17. vormittags zieht die extrem schmale Sichel des abnehmenden Mondes knapp nördlich an Jupiter vorbei (siehe Abb. 6.4 auf Seite 119). Dabei kommt es wieder einmal zu einer Bedeckung von Jupiter durch den Mond, die allerdings bei uns in Mitteleuropa unbeobachtbar bleibt.

Saturn bremst seine rückläufige Wanderung durch die Jungfrau nördlich von Spica vollends ab und wird am 26. stationär. Damit beendet er seine Oppositionsperiode und wird wieder rechtläufig (siehe Abb. 4.8 auf Seite 85). Die Saturnhelligkeit

Konstellationen und Ereignisse

Datum	MEZ	Ereignis
1.	6^h	Mond bei Saturn, Mond 6°,5 südlich
1.	22	Merkur bei Venus, Merkur 0°,2 nördlich
4.	12	Partielle Mondfinsternis – von Mitteleuropa aus unbeobachtbar (siehe Seite 13)
5.	7	Neptun im Stillstand, anschließend rückläufig
6.	2	Venus in unterer Konjunktion mit der Sonne **Venustransit!** (siehe Seite 15 und Seite 125)
6.	4	Mond bei Pluto, Mond 1°,0 südlich (Bedeckung!)
10.	6	Mond bei Neptun, Mond 6°,3 nördlich
13.	2	Mond bei Uranus, Mond 5°,5 nördlich
17.	9	**Mond bei Jupiter,** Mond 1°,1 nördlich (Bedeckung!), **Abstand 2°,1 um 4^h**
18.	2	**Mond bei Venus**, Mond 2°,1 nördlich, **Abstand 2°,5 um 4^h** (Fernglas!)
21.	0^h09^m	**Sonne im Sommerpunkt, Sommersonnenwende**
21.	20	Mond bei Merkur, Mond 5°,7 südlich
26.	10	Saturn im Stillstand, anschließend rechtläufig
26.	16	Mond bei Mars, Mond 5°,8 südlich
27.	5	Venus im Stillstand, anschließend rechtläufig
28.	13	Mond bei Saturn, Mond 6°,3 südlich
29.	16	**Pluto in Opposition** zur Sonne

nimmt weiter leicht um $0^m{,}2$ ab und erreicht Ende Juni $0^m{,}7$.

Aus der zweiten Nachthälfte zieht sich der Ringplanet zurück. Sein Untergang erfolgt am 1. um 2^h42^m (= 3^h42^m Sommerzeit), am 15. um 1^h46^m und am 30. bereits um 0^h47^m.

Am 28. sieht man gegen Mitternacht den zunehmenden Halbmond nahe Saturn und Spica (siehe Abb. 6.1 auf Seite 114).

Uranus, rechtläufig im Sternbild Walfisch, tritt fast auf der Stelle – sein Stillstand ist nicht mehr fern. Unter guten Sichtbedingungen können ihn erfahrene Beobachter am Morgenhimmel vor Dämmerungsbeginn etwa ab der Monatsmitte erjagen (siehe Abb. 9.3 auf Seite 173).

Am 15. geht der $5^m{,}9$ helle Uranus um 1^h01^m (= 2^h01^m Sommerzeit) auf, am 30. aber schon um 0^h02^m. Jeweils eine Stunde später kann man mit Aussicht auf Erfolg nach dem grünlichen Planeten suchen. Bis Monatsende nimmt die Uranushelligkeit leicht auf $5^m{,}8$ zu.

Neptun im Wassermann tritt fast auf der Stelle. Am 5. wird der bläuliche Planet stationär und setzt zu seiner Oppositionsschleife an. Anfangs ist von seiner Rückläufigkeit kaum etwas bemerkbar (siehe Abb. 8.7 auf Seite 156).

Unter günstigen Sichtverhältnissen kann man den nur $7^m{,}9$ hellen Neptun etwa ab Mitte Juni am Morgenhimmel aufstöbern. Vorraussetzung ist allerdings der Einsatz lichtstarker Optik wie Fernglas (mit Stativ) oder Teleskop.

Am 15. geht Neptun um 23^h52^m auf und kulminiert um 5^h06^m (= 6^h06^m Sommerzeit). Am 30. erfolgt der Neptunaufgang bereits eine Stunde früher, nämlich um 22^h53^m (= 23^h53^m Sommerzeit), und um 4^h06^m kulminiert er am letzten Junitag. Frühestens zwei Stunden nach seinem Aufgang lohnt es sich, nach Neptun zu suchen.

Pluto, berühmtester Zwergplanet, kommt am 29. im Sternbild Schütze in **Opposition** zur Sonne. Mit $14^m{,}0$ scheinbarer Helligkeit ist er nur mit leistungsfähiger Optik zu beobachten. Es ist nicht leicht, das nur 0″,1 große Sternpünktchen in der sternreichen Milchstraßengegend zu identifizieren. Das Aufsuchkärtchen Abb. 6.6 auf Seite 120 soll dabei behilflich sein.

Am Oppositionstag kulminiert Pluto um 0^h25^m (= 1^h25^m Sommerzeit). Von der Erde ist Pluto zur Opposition 4674 Millionen Kilometer (= 31,24 AE) entfernt. Dies entspricht einer Lichtlaufzeit von vier Stunden und zwanzig Minuten. Seine Sonnenentfernung misst 4825 Millionen Kilometer (= 32,25 AE).

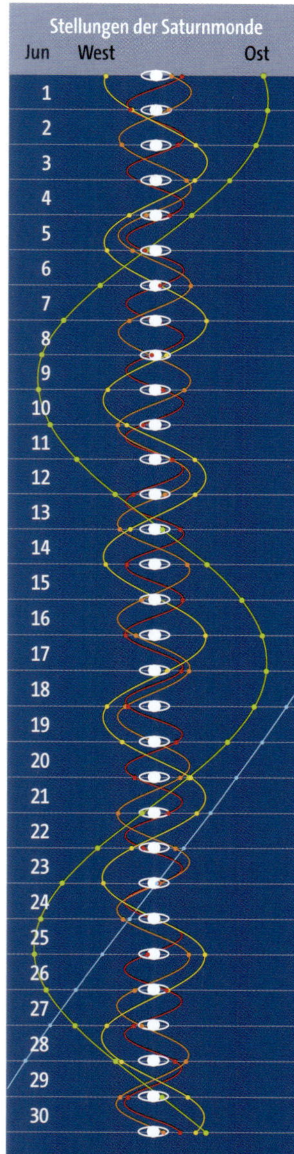

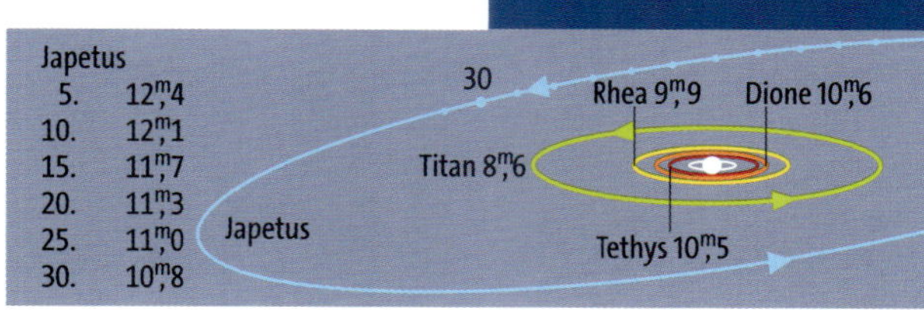

Planetoiden

Pallas (2) wird am 12. abermals vom Mond bedeckt. Auch diesmal bleibt die Bedeckung von Europa aus unbeobachtbar. Von den meisten Gebieten Japans, dem Ostteil Russlands, Nordkanada und der Arktis aus lässt sich die Pallasbedeckung verfolgen.

Periodische Sternschnuppenströme

Um den 13. Juni ist das zweite Maximum des **Scorpius-Sagittarius-Stromes** zu erwarten. Der Ausstrahlungspunkt oder Radiant liegt bei γ Sagittarii. Der Strom ist während des ganzen Monats aktiv. Wegen der geringen Höhe des Radianten sind Beobachtungen in unseren Breiten schwierig. Die beste Beobachtungszeit sind die Stunden um Mitternacht. Bei diesem Strom sind langsam fliegende Meteore (um 26 Kilometer pro Sekunde) zu registrieren.

Am 2. Juni erreichen die **Tau-Herkuliden** ihr Maximum. Dieser wenig bekannte und unauffällige Strom ist vom 18. Mai bis 13. Juni aktiv.

Am 7. und 8. Juni kann man nach den **Libriden** Ausschau halten. Der Radiant dieses Stromes liegt in der Waage.

Seit etwa dreißig Jahren werden die **Juni-Lyriden** in der Zeit vom 11. bis 21. Juni beobachtet. Ihr Ausstrahlungspunkt liegt in der Leier. Ein Ursprungskomet ist noch nicht bekannt.

Zwischen dem 24. Juni und dem 1. Juli tauchen die **Corviden** auf, deren Radiant im Sternbild Rabe liegt. Am 26. Juni erreicht die Corvidenaktivität ihr Maximum. Um den 27. Juni sind die **Juni-Draconiden** zu erwarten. Der Radiant liegt im Sternbild Drache. Die Draconiden sind ein kometarischer Strom, dessen Ursprung auf den Kometen 7P/Pons-Winnecke zurückgeht. Es ist mit lediglich fünf Meteoren pro Stunde zu rechnen.

Der Fixsternhimmel

Das Frühlingsdreieck, das sich aus Arktur im Bootes, Regulus im Löwen und Spica in der Jungfrau zusammensetzt, ist in die westliche Hemisphäre des Firmaments gerückt. Im Osten ist dagegen das Sommerdreieck mit Wega, Deneb und Atair bereits komplett aufgegangen. Der Große Wagen steht immer noch hoch über unseren Köpfen. Seinen Meridiandurchgang hat er allerdings schon hinter sich; er bereitet sich auf seinen Abstieg vor. Tief im Norden flackert die in unseren Breiten zirkumpolare Kapella.

Als erstes fällt in der nun spät einsetzenden Abenddämmerung hoch im Südwesten ein heller, deutlich orange-roter Stern auf. Es ist Arktur im Sternbild Bootes. Fast zeitgleich taucht in der hereinbrechenden Dunkelheit schon hoch im Osten die bläulich-weiß strahlende Wega auf. Die Wega ist der Hauptstern der Leier. Arktur und Wega sind somit die ersten Sterne, die in der beginnenden Dämmerung zu sehen sind.

Verbindung zum Großen Wagen

Bei vielen Völkern wurde das Sternbild Bootes mit den sieben Sternen des Großen Wagens in Verbindung gebracht. Dies wird verständlich, wenn man einmal mit den Augen dem Schwung der Wagendeichsel folgend auf den hellen Arktur gestoßen ist.

Der Name Bootes kommt aus dem Griechischen: Βοώτης heißt Ochsentreiber oder Rinderhirt. Nach Ansicht der alten Römer treibt der Bootes die sieben Dreschochsen, nämlich die sieben Wagensterne, um den Göpel. Die sieben Dreschochsen hießen bei den Römern Septem triones. Diese Bezeichnung verwendeten sie auch für die Nordrichtung.

Bei den Arabern galt der Bootes als Schafhirte, die Herde bildeten die Sterne des Herkules und Ophiuchus (lat., Schlangenträger). Der gelbrote Hauptstern des Bootes heißt Arktur (lat.: Arcturus), was soviel wie Bärenwächter oder Bärenführer heißt, denn er treibt gewissermaßen den Großen Bären einmal pro Tag um den Polarstern herum.

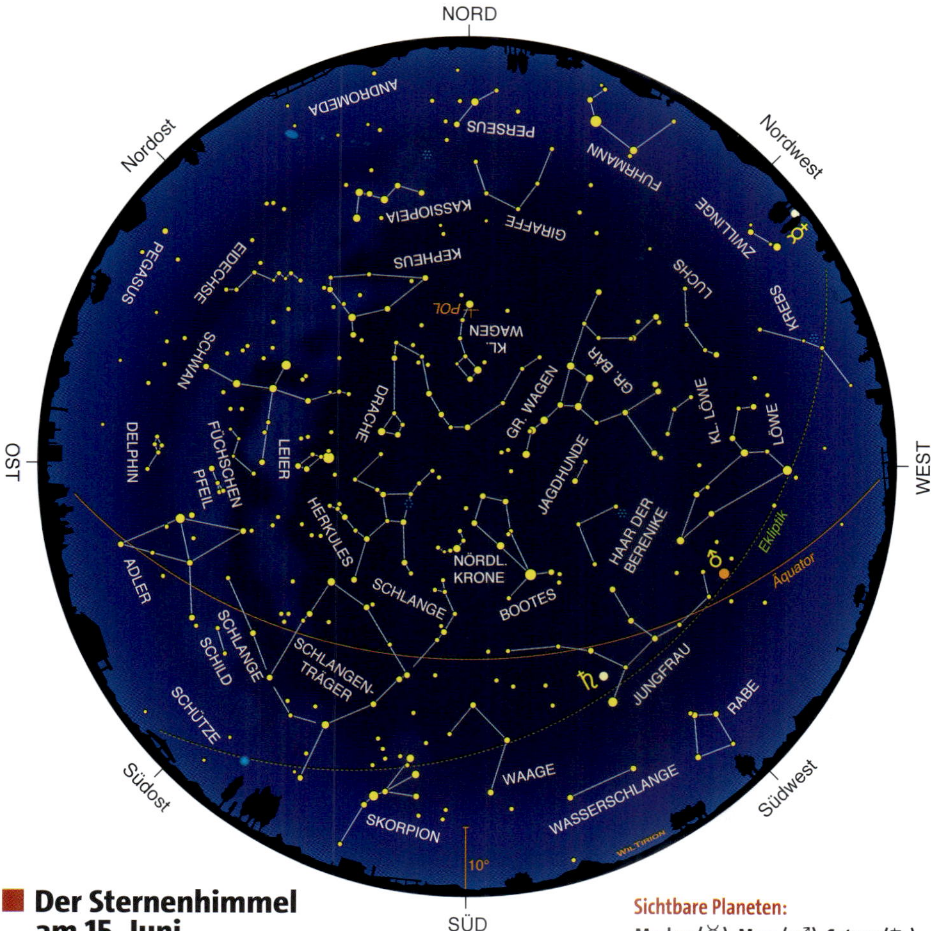

Der Sternenhimmel am 15. Juni um 22^h MEZ

Sichtbare Planeten:
Merkur (☿), Mars (♂), Saturn (♄)

Die Sternkarte ist auch gültig für:

	MEZ	MESZ
15. 2.	6^h	
1. 3.	5	
15. 3.	4	
1. 4.	3	4^h
15. 4.	2	3
1. 5.	1	2
15. 5.	0	1
1. 6.	**23**	**24**
15. 6.	**22**	**23**

Im Westen neigt sich der Löwe dem Untergang zu. Die Basislinie Regulus – Denebola steht schräg zum Horizont. Das Feld im Südwesten besetzt die Jungfrau (lat.: Virgo). Ihr Hauptstern Spica leuchtet leicht erkennbar in bläulichem Licht halbhoch über dem Südwesthorizont. Tief im Westen geht gerade der Krebs unter. Seine Sterne sind allesamt so lichtschwach, dass sie bereits im Horizontdunst verschwunden sind.

Roter Stern am Horizont

Tief im Süden krabbelt eben der Skorpion den Horizont entlang. Sein tiefroter Hauptstern Antares ist mit 1^m scheinbarer Helligkeit kaum zu übersehen. Seine

Helligkeit variiert ein wenig von $0\overset{m}{,}9$ bis $1\overset{m}{,}1$. Antares, α Scorpii, ist ein roter Überriesenstern. Er wird manchmal als Cor Scorpii (lat., Herz des Skorpions) bezeichnet. Sein Spektraltyp ist M1 Ib. Seine Distanz ist bis heute nicht genau bekannt. Sie beträgt um 600 Lichtjahre mit einer Unsicherheit von weit mehr als hundert Lichtjahren.

Nördlich des Skorpions, also oberhalb von unseren Breiten aus gesehen, wenn der Skorpion gerade im Süden steht, stößt man auf das umfangreiche, aber nur aus lichtschwachen Sternen bestehende Bild des Schlangenträgers (lat.: Ophiuchus) mit der Schlange. Die Schlange wird durch ihren Träger in zwei Teile zerlegt. Der östliche Teil markiert den Schwanz der Schlange (lat.: Serpens Cauda). Er wird durch eine Sternenkette markiert, die auf Atair im Adler deutet. Der westliche Teil bildet den Kopf (lat.: Serpens Caput). Der Schlangenkopf passiert gerade den Meridian und blickt nach Norden zum kleinen, aber einprägsamen Sternbild Nördliche Krone. Der hellste Stern in der Schlange, α Serpentis, leuchtet orange-rötlich ($2\overset{m}{,}6$), gehört zur Spektralklasse K2 III und ist 73 Lichtjahre entfernt. Sein Eigenname ist Unukalhai, was „Hals der Schlange" heißt.

Das Sternbild Haar der Berenike (Coma Berenices)

Das Haar der Berenike gehört zu den lichtschwachen und darum unauffälligen Sternbildern. Es setzt sich nur aus Sternen vierter Größe und schwächer zusammen. In sehr dunkler und klarer Nacht bemerkt man dennoch eine etwas höhere Konzentration an schwächeren Sternen zwischen dem Löwen und dem Bootes, etwa auf der Höhe von Arktur. Im Norden wird das Haar der Berenike von den Jagdhunden, im Süden von der Jungfrau begrenzt. Etwas Fantasie vorausgesetzt, kann man sich unter dieser Ansammlung von schwächeren Sternen das vom Wind zerzauste Haupthaar einer Frau vorstellen. Anfang April kulminiert das Haar der Berenike um Mitternacht Ortszeit, Anfang Juni steht es nach Einbruch der Dunkelheit bereits hoch im Süden.

Während sich bei den meisten der Sternbilder, die uns aus der Antike überliefert sind, ihr Ursprung im Dunkel der Mythologie verliert, kennt man die Entstehung des Bildes Coma Berenices recht genau. Es wurde von dem Astronomen und Mathematiker Konon von Samos im Jahre 247 v. Chr. eingeführt. Konon war der Hofastronom von König Ptolemaios III. Euergetes, der im dritten vorchristlichen Jahrhundert über Ägypten herrschte. Seine Gemahlin hieß Berenike und war wegen ihrer strahlenden Schönheit weit über die Grenzen des Landes hinaus berühmt.

Bei den Arabern sah man in diesem Sternenareal „ das struppige Fell von Schafen." Bei Ulugh Bek findet man die Bezeichnung „Locke", in den Alphonsinischen Tafeln wird es als „Haufen wirrer Haare" beschrieben.

Eine arabische Bezeichnung lautet Al Dafirah, das grobe Haar (des Löwenschwanzes). Eine andere arabische Version lautet Al Huzmat, was soviel wie ein Haufen von Früchten oder Getreidekörnern bedeutet. Bei Eratosthenes findet man im 3. vorchristlichen Jahrhundert die Vorstellung, hier das Haar der Ariadne zu sehen. Die Prinzessin Ariadne half bekanntlich mit einem Knäuel Garn („Faden der Ariadne") dem Held Theseus, dem Labyrinth des Minotauros auf Kreta zu entfliehen.

Auch Samsons Haupthaar glaubten die frühen Christen hier zu erkennen. In der Renaissance dagegen sah man hier eine Garbe bzw. ein Bündel Weizen, das die Jungfrau als Symbol der Fruchtbarkeit in der Hand hält.

Veränderliche Sterne im Juni

Algol-Minima	5.	20^h39^m	20.	4^h43^m	23.	1^h32^m	28.	19^h10^m				
β-Lyrae-Minima	3.	13^hH	10.	0^hN	16.	12^hH	22.	23^hN	29.	10^hH		
δ-Cephei-Maxima	2.	16^h	8.	0^h	13.	9^h	18.	18^h	24.	3^h	29.	12^h

Der Venustransit vom 5./6. Juni 2012

6.7 Venus vor der Sonne. Simulation des Venustransits vom 6. Juni 2012 von Bernd Koch/astrofoto.de.

In der Nacht vom 5. auf 6. Juni 2012 findet ein seltenes astronomisches Ereignis statt. Wer versäumt, es zu beobachten, bekommt in seinem Leben wohl keine zweite Chance mehr, denn erst am 11. Dezember 2117 wird es sich wiederholen. Dann wird die Venus wieder als dunkler Punkt vor der Sonne vorbeiziehen. Letztmals konnte man einen solchen Venusdurchgang oder -transit, wie die Astronomen zu sagen pflegen, am 8. Juni 2004 beobachten. Von 7^h20^m bis 13^h13^m MESZ konnte man bei fast überall wolkenlosem Himmel in Mitteleuropa die Wanderung der pechschwarzen Venus vor dem Glutball der Sonne verfolgen. Für alle Beobachter war es das erste Mal in ihrem kurzen Erdendasein, ein solches kosmisches Schauspiel zu erleben. Denn noch nie zuvor hatten sie die Venus vor der Sonne sehen können. Im 20. Jahrhundert fand überhaupt kein Venustransit statt. Vor dem 5. Juni 2004 trat die Venus für irdische Beobachter letztmals am 6. Dezember 1882 vor die Sonne.

Während man den Venusdurchgang vom 8. Juni 2004 in Mitteleuropa in voller Länge verfolgen konnte, findet der Transit am 5. Juni 2012 statt, wenn bei uns die Sonne unter dem Horizont steht. Lediglich das Ende dieses Himmelsschauspiels ist bei Sonnenaufgang noch von Mitteleuropa aus beobachtbar (siehe auch Tabelle auf Seite 16). Wer den Venusdurchgang vom 5./6. Juni 2012 sehen will, muss sich auf Reisen begeben. Auch der Venusdurchgang vom 11. Dezember 2117 entgeht uns völlig in Europa. Erst am 8. Dezember 2125 wird man nachmittags die Venus vor der Sonne erspähen können. Aber noch vor Ende dieses Transits geht die Sonne bei uns unter.

Zu einem Transit kann es nur kommen, wenn Venus (oder auch Merkur) zwischen Erde und Sonne tritt. Die äußeren Planeten von Mars bis Neptun können sich niemals zwischen die Sonne

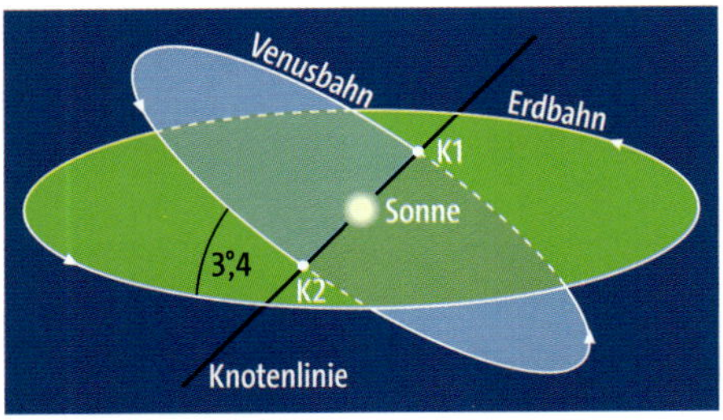

6.8 Die Venusbahn ist zur Erdbahn um 3°,4 geneigt. Sie schneidet die Erdbahn in den Punkten K1 (aufsteigender Knoten) und K2 (absteigender Knoten).

und die Erde schieben, wie leicht einzusehen ist. Bei Merkur und Venus kann diese Stellung vorkommen, wenn sie auf der Innenbahn die Erde überholen, also in der Position „untere Konjunktion“ (siehe auch Abb. E.2 auf Seite 246). Man nennt Merkur und Venus deshalb die inneren Planeten.

Die Zutaten für einen Transit

Bleiben wir bei Venus. Wann kommt sie in untere Konjunktion, oder anders gefragt: In welchen Abständen überholt sie jeweils die Erde auf der Innenbahn? Venus umrundet die Sonne in 224,70 Tagen, die Erde benötigt dafür 365,256 Tage. Wenn Venus nun die Erde überholt, so erfolgt die nächste untere Konjunktion nicht schon nach 224,70 Tagen. Denn in dieser Zeit hat die Erde bereits fast zwei Drittel ihrer Umlaufbahn zurückgelegt.

Also muss Venus noch ein erhebliches Stück weiterwandern, um die Erde einzuholen beziehungsweise wieder zu überholen. Dabei legt aber die Erde ebenfalls ein weiteres Stück Weg in ihrer Bahn zurück. Wie eine einfache Rechnung ergibt, überholt Venus jeweils nach 583,917 Tagen die Erde. Alle 584 Tage kommt sie somit in untere Konjunktion, das sind ein Jahr, sieben Monate und eine gute Woche. Diese Zeitspanne nennt man synodische Umlaufzeit.

Nun könnte man meinen, alle 584 Tage zieht Venus als dunkler Punkt vor der Sonnenscheibe vorbei. Dies ist allerdings nicht der Fall. Bei den meisten unteren Konjunktionen wandert die Neuvenus nördlich oder südlich an der Sonne vorbei. Der Grund, warum es nicht bei jeder Phase „Neuvenus“ zu einem Transit kommt, ist derselbe, weshalb es nicht bei jedem Neumond zu einer Sonnenfinsternis kommt: Sowohl die Venusbahn als auch die Mondbahn sind leicht zur Ekliptik geneigt. Die Neigung der Venusbahn zur Ekliptik beträgt 3°,4 (siehe auch Abb. 6.8 links). Von der Erde aus betrachtet kann daher die Venus bis zu 9° nördlich oder südlich der Ekliptik stehen. Damit es nun zu einem Venustransit vor der Sonne kommt, muss unser innerer Nachbarplanet nicht nur in untere Konjunktion kommen, sondern sich gleichzeitig in der Erbahnebene oder nicht weiter als ein Viertelgrad von ihr entfernt aufhalten. Venus muss sich also in den Stunden um die untere Konjunktion in oder nahe bei einem der beiden Schnittpunkte ihrer Bahn mit der Ekliptik befinden. Die Schnitt- oder Durchstoßpunkte einer Bahn mit der Ekliptik werden Knoten genannt. Passiert die Venus ihren aufsteigenden Knoten (K1), so wechselt sie von der Süd- auf die Nordseite der Ekliptik. Geht sie durch den absteigenden Knoten (K2), so strebt sie auf die Südseite der Erdbahnebene.

Die Verbindung beider Knoten miteinander ergibt die Knotenlinie. Die Knotenlinie geht durch das Sonnenzentrum und teilt die Venusbahn in eine nördliche und eine südliche Hälfte. Die Knotenlinie bleibt nicht raumfest, sondern dreht sich retrograd, also entgegengesetzt dem Venuslauf um die Sonne. Pro Jahr kommen die Knoten der Venus um 20″,5 entgegen. Ein voller Umlauf (siderisch) dauert somit 63 220 Jahre. Nach dieser Zeit deutet die Knotenlinie wieder auf die gleichen Sternbilder. Gegenwärtig liegen der aufsteigende Knoten der Venusbahn von der Erde aus betrachtet am 8. Dezember vor der Sonne und der absteigende Knoten am 7. Juni. Wenn die Venus um diese Daten in untere Konjunktion kommt, so ereignet sich ein Transit, sie erscheint als dunkles Scheibchen vor der Sonne.

Viele Einflüsse

Will man berechnen, wann auf einen Venustransit der nächste folgt, so muss man ermitteln, wann sich bei der nächsten unteren Konjunktion die Venus in oder nahe einem der beiden Bahnknoten befindet. Dabei ist folgender Zusammenhang von Bedeutung: Fünf synodische Venusperioden entsprechen ziemlich genau acht siderischen Erdumläufen.

Es sind 5 × 583,9169 = 2919,5845 Tage und
8 × 365,256 = 2922,048 Tage

Nach acht Jahren haben Venus, Erde und Sonne nicht nur nahezu die gleiche Stellung zueinander, sondern auch relativ zu den Fixsternen. Nach acht siderischen Erdenjahren steht Venus nicht nur wieder in unterer Konjunktion, sondern die Linie Erde – Venus – Sonne hat wieder die gleiche Raumlage, sie zeigt also zu den gleichen Fixsternen. Steht Venus in unterer Konjunktion und gleichzeitig im aufsteigenden Knoten, so tritt diese Konstellation nach acht Jahren wieder ein. Allerdings nicht genau, denn die Venus ist ein wenig schneller: Nach fünf unteren Konjunktionen bleibt die Erde um 2,46 Tage zurück (siehe oben!). Venus hat dann ihren Bahnknoten schon passiert und steht 22′ nördlich der Ekliptik. Da der scheinbare Sonnenradius aber nur 16′ misst, kommt es nicht mehr zu einem Transit; Venus wandert nördlich an der Sonnenscheibe vorbei (im Falle des absteigenden Knotens steht sie in unterer Konjunktion dann 22′ südlich der Ekliptik). Es wiederholt sich nur dann nach acht Jahren ein Transit, wenn der erste noch deutlich vor dem Knotendurchgang liegt. Nach acht Jahren hat sich Venus dann noch nicht weit genug vom Knoten entfernt, wenn sie abermals in untere Konjunktion kommt, und es erfolgt ein zweiter Transit.

Am 8. Juni 2004 kam Venus um 10^h MEZ in untere Konjunktion. Ihren absteigenden Knoten hatte sie aber schon am 7. Juni 2004 um 16^h MEZ passiert. Zur unteren Konjunktion stand sie bereits rund 10′ südlich der Ekliptik. Bei einem Sonnenradius von 16′ zog sie somit vor der Sonnenscheibe vorbei. Am 6. Juni 2012 steht Venus um 2^h MEZ in unterer Konjunktion, aber erst um 18^h passiert sie an diesem Tag ihren absteigenden Knoten. Zur unteren Konjunktion befindet sie sich somit noch knapp 10′ nördlich der Ekliptik, es ereignet sich somit abermals ein Venusdurchgang. Wäre der Venustransit am 8. Juni 2004 exakt mit der Knotenpassage zusammengefallen, so gäbe es am 6. Juni 2012 keinen weiteren Transit, Venus wäre zu weit nördlich (siehe Abb. 6.10 auf Seite 128).

6.9 Am 8. Juni 2004 erfolgte der Transit von Venus kurz nach ihrer Passage des absteigenden Knotens. Am 5./6. Juni 2012 erfolgte der Venustransit kurz vor der Knotenpassage.

Die Nähe zum Knoten

Wann erfolgt der nächste Venusdurchgang? Nicht mehr nach weiteren acht Jahren, denn: Nimmt man vereinfachend an, Venus und Erde

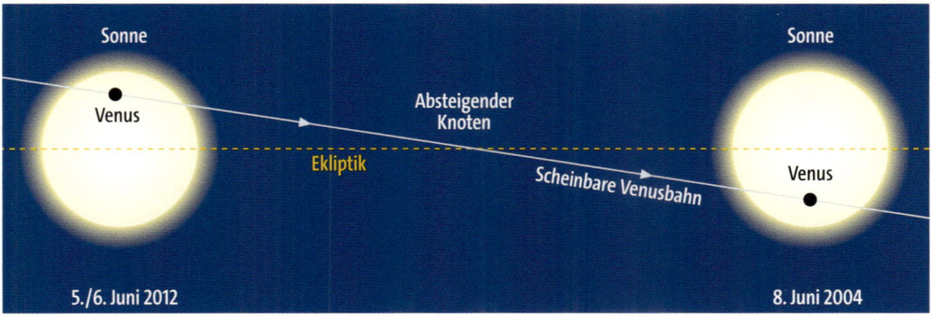

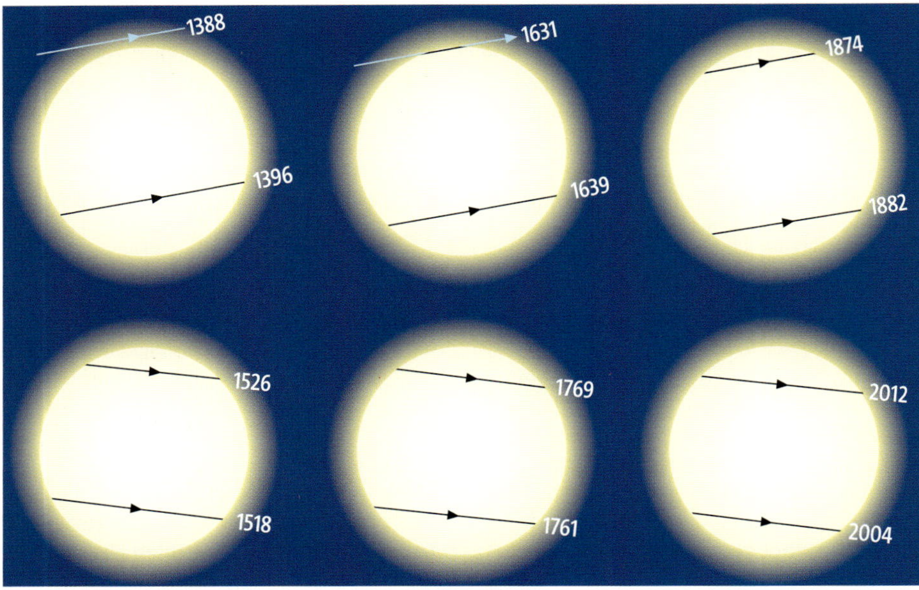

6.10 Die Venustransite von 1396 bis 2012. Im Jahre 1388 wurde ein Transit knapp verpasst.

liefen exakt auf Kreisbahnen und würden auch nicht durch andere Planeten gestört, dann wandert die Position unter den Fixsternen, in der Venus jeweils ihre unter Konjunktion erreicht, in 121,5 Jahren vom aufsteigenden zum absteigenden Knoten. Nach 121,5 Jahren ereignet sich somit wieder ein Venustransit. Allerdings beschreiben Venus und Erde keine exakten Kreise um die Sonne, sondern elliptische Bahnen. Nach dem zweiten Kepler-Gesetz laufen sie in Sonnennähe (Perihel) schneller als in Sonnenferne (Aphel). Dieser Effekt bewirkt eine um sechzehn Jahre frühere Wiederholung eines Venustransits, das entspricht zehn synodischen Venusperioden, wenn der Wechsel vom absteigenden zum aufsteigenden, also von einem Transit im Juni zu einem Transit im Dezember erfolgt. Außerdem ändert sich die scheinbare Größe des Sonnendurchmessers ein wenig. Im Winter sind wir der Sonne näher als im Sommer.

Auf den Venustransit vom 5./6. Juni 2012 folgt bereits nach 105,5 Jahren, am 11. Dezember 2117, der nächste. Ein voller Transitzyklus dauert somit 243 Jahre. Nach zwei Dezembertransiten im aufsteigenden Knoten im Abstand von acht Jahren folgen nach 121,5 Jahren zwei Junitransite, ebenfalls im Abstand von acht Jahren hintereinander. Dann muss man 105,5 Jahre warten, bis der nächste Venusdurchgang wieder im Dezember stattfindet. Damit folgt eine Gesamtperiode von 8 + 121,5 + 8 + 105,5 = 243 Jahre.

Dieser Zyklus wird allerdings nicht streng eingehalten und hat auch nicht für alle Zeiten Bestand. Manchmal fällt die achtjährige Doppelfolge aus. So zog die Venus am 26. November 1388 knapp nördlich an der Sonne vorbei, ein Transit wurde verfehlt. Acht Jahre später wanderte Venus dann am 23. November 1396 – von irdischen Wesen unbeobachtet – über die Sonnenscheibe (siehe auch Abb. 6.10 oben).

Präzession berücksichtigen

Der gegenwärtig ablaufende Zyklus von Venustransiten (8 – 121,5 – 8 – 105,5 Jahre) begann am 7. Dezember 1631 und wird mit dem Transit vom 14. Juni 2984 enden. Darauf folgt eine Reihe von Einzeltransiten im Dezember ohne Wiederholung nach acht Jahren. Die Zyklusänderungen werden durch die retrograde Drehung der Knotenlinie der Venusbahn bewirkt. Pro Jahr verschieben sich die Knoten rückläufig, also entgegengesetzt der Venusrichtung, um 20,"5. Dies ergibt eine volle Drehung um 360° in 63 220 Jahren, wie bereits erwähnt. Diese Bewegung wird von der Präzessionsbewegung der Erde überlagert. Der Frühlingspunkt verschiebt sich ebenfalls retrograd (also von Ost nach West) um 50,"3 pro Jahr. Die Kombination beider Bewegungen bewirkt eine prograde Wanderung der Venusknoten in der Ekliptik von 29,"8 (= 50,"3 – 20,"5). Pro Jahr nehmen somit die geozentrischen ekliptikalen Längen der Venusknoten um knapp dreißig Bogensekunden zu. Bei einem Zyklus von 243 Jahren ergibt dies eine Verspätung von etwa zwei Tagen, bis die Sonne wieder mit dem gleichen Knoten in Konjunktion steht, also von der Erde aus betrachtet der eine von beiden Knoten sich wieder vor der Sonne befindet. Der Transit im Jahre 1639 fand am 4. Dezember statt, der von 1882 aber am 6. Dezember. Im Jahre 2125 wird Venus erst am 8. Dezember vor die Sonne treten. Nach dem Jahr 4000 verschieben sich die Dezemberdurchgänge in den Januar und die Junitransite in den Juli.

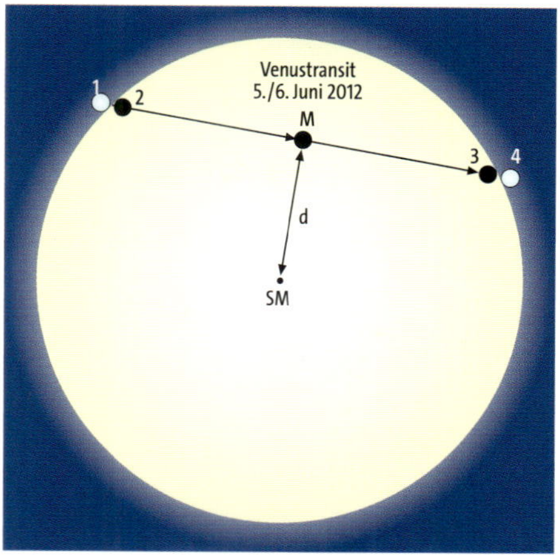

6.11 Schematischer Verlauf des Venustransits vom 5./6. Juni 2012: Die Zahlen 1 bis 4 geben die Kontakte an, M – Mitte des Transits, d – Minimalabstand der Venus vom Sonnenscheibenmittelpunkt SM.

Die Beobachtung des Venustransits

Der Venusdurchgang vom 5./6. Juni 2012 findet fast zur Gänze statt, wenn in Mitteleuropa Nacht ist. Lediglich nach Sonnenaufgang lässt sich das Ende dieses Himmelsschauspiels bei tief im Nordosten stehender Sonne beobachten (3. und 4. Kontakt). Vollständig verfolgen lässt sich der Transit vom nördlichen pazifischen Raum sowie von Ostasien, Japan, dem östlichen Australien, dem Nordwesten von Kanada, Alaska und dem nördlichen Polargebiet (siehe Abb. F.5 auf S. 16).

Im Gegensatz zu einer Sonnenfinsternis, bei der sich die dunkle Neumondscheibe von West nach Ost über die Sonne schiebt, ziehen bei einem Transit Venus (und auch Merkur) stets von Ost nach West über die Sonnenscheibe. Denn in unterer Konjunktion sind die Planeten rückläufig. Fünf Zeitpunkte markieren den Verlauf eines Venustransits:

Der erste Kontakt erfolgt, wenn das Venusscheibchen den Sonnenrand von außen berührt. Beim zweiten Kontakt berührt das Venusscheibchen den Sonnenrand von innen und löst sich anschließend von ihm ab. Zur Mitte erreicht die Venus ihren Minimalabstand vom Sonnenscheibenmittelpunkt, das sind beim diesjährigen Transit 9′14″ (geozentrisch). Der dritte Kontakt erfolgt, wenn Venus nach ihrer Wanderung über die Sonnenscheibe den Sonnenrand abermals von innen berührt. Beim vierten Kontakt berührt Venus schließlich den Sonnenrand von außen. Damit endet der Transit (siehe Abb. oben). Auf Seite 16 sind die Kontaktzeiten für den Erdmittelpunkt angegeben sowie der 3. und 4. Kontakt für den zentralen Ort in Mitteleuropa von 10° östlicher Länge und 50° nördlicher Breite.

Zu Beginn eines Transits schiebt sich das dunkle Venusscheibchen in den Sonnenrand, eine

6.12 Das Tropfenphänomen erschwert die genaue Erfassung der Kontaktzeiten.

kleine Einbuchtung zeigt sich. Zu diesem Zeitpunkt ist der erste Kontakt schon vorbei. Er lässt sich somit nicht exakt messen. Der zweite Kontakt dagegen, wenn sich das Venusscheibchen vom Sonneninnenrand ablöst, scheint problemlos und exakt messbar zu sein. Doch das ist leider nicht der Fall. Denn hier tritt ein Phänomen auf, das unter der Bezeichnung „Schwarzer Tropfen“ bekannt wurde: Zunächst mag sich das Venusscheibchen nicht lösen, es scheint eine Brücke zum Sonnenrand zu bleiben. Plötzlich „reißt“ die Brücke ab und das Venusscheibchen hat sich bereits gelöst, der zweite Kontakt ist längst vorbei.

Ähnlich der dritte Kontakt: Noch bevor er wirklich stattfindet, bildet sich eine dunkle Verbindung zwischen Sonnenrand und dem sich nähernden Venusscheibchen (siehe auch Abb. 6.12 links). Am genauesten ist noch der vierte Kontakt zu registrieren, wenn die Venus die Sonnenscheibe vollständig verlässt.

Unterschiede von Ort zu Ort

Welchen genauen Weg das dunkle Venusscheibchen über die Sonnenscheibe nimmt, hängt vom Beobachtungsort ab. Dies gilt auch für die Kontaktzeiten. Denn Venus ist uns in unterer Konjunktion so nahe wie kein anderer Planet. Somit ergibt sich ein parallaktischer Effekt für den Beobachter auf der Erdoberfläche im Vergleich mit dem fiktiven Standort im Erdmittelpunkt (Geozentrum). In vergangenen Jahrhunderten wurde dieser Effekt benutzt, um die Entfernung der Venus zu messen und damit auch die Länge einer Astronomischen Einheit (mittlere Entfernung Erde – Sonne) zu bestimmen. Heute gibt es wesentlich genauere Methoden, um die Astronomische Einheit zu messen (Stichwort: Radarecho-Methode).

Da das Venusscheibchen in unterer Kulmination eine knappe Bogenminute groß ist, kann das normalsichtige Auge die Neuvenus als dunklen, kreisrunden Punkt auf der hellen Sonnenoberfläche erkennen. Dies haben zahlreiche Personen bestätigt, die den Venustransit vom 8. Juni 2004 freiäugig gesehen haben. **Doch Vorsicht! Einmal mehr muss dringend davor gewarnt werden, ungeschützt in die Sonne zu blicken! Erst recht darf man niemals mit einem ungeschützten Fernglas oder Teleskop in die Sonne schauen!** Am besten besucht man eine Sternwarte, um den Transit zu beobachten, oder beschafft sich im Fachhandel eine Sonnenfinsternisbrille, die nur ein paar Euro kostet, oder entsprechende Objektivfilter für Fernglas beziehungsweise Fernrohr. Ein gutes Fernglas, mit Objektivfilter versehen, ist bestens geeignet, den Venustransit zu verfolgen.

Die Tabelle „Der Venustransit vom 5./6. Juni 2012 global" auf Seite 17 enthält für einige Orte auf unserem Globus die genauen Kontaktzeiten.

Venustransite sind an und für sich schon seltene Ereignisse. Den nächsten Venusdurchgang werden heute lebende Menschen kaum verfolgen können, denn er findet erst am 11. Dezember 2117 statt. Aber es gibt noch viel seltenere, dafür umso spektakulärere Himmelsereignisse wie beispielsweise ein Venustransit während einer Sonnenfinsternis oder ein gemeinsamer Transit von Venus und Merkur.

Erst am 5. April des Jahres 15 232 werden unsere fernen Nachfahren eine totale Sonnenfinsternis erleben, während Venus über die Sonne wandert. Die Totalität dauert nur wenige Minuten, während der Transit in mehreren Stunden abläuft. Noch viel länger muss man warten, bis Venus und Merkur sich gleichzeitig als dunkle Punkte vor der grell leuchtenden Sonne zeigen. Dieser simultane Transit wird erst am 26. Juli des Jahres 69 163 stattfinden. Wer weiß, was bis dahin aus der Menschheit auf unserem Planeten geworden ist.

Venustransite 1874 – 2498

Datum	1. Kontakt	2. Kontakt	Mitte	3. Kontakt	4. Kontakt	d	Knoten	Intervall
09. Dez. 1874	1^h49^m	2^h19^m	4^h07^m	5^h56^m	6^h26^m	+13′50″	A	8
06. Dez. 1882	13 56	14 17	17 06	19 55	20 15	−10 37	A	121,5
08. Juni 2004	5 15	5 34	8 21	11 08	11 27	−10 27	D	8
05./06. Juni 2012	**22 11**	**22 29**	**1 31**	**4 33**	**4 51**	**+ 9 14**	D	105,5
11. Dez. 2117	0 02	0 25	2 52	5 19	5 42	+12 04	A	8
08. Dez. 2125	13 19	13 43	16 06	18 29	18 52	−12 16	A	121,5
11. Juni 2247	8 51	9 12	11 42	14 13	14 34	−11 31	D	8
09. Juni 2255	1 17	1 34	4 48	8 01	8 18	+ 8 12	D	105,5
12./13. Dez. 2360	22 47	23 07	1 59	4 50	5 10	+10 26	A	8
10. Dez. 2368	12 45	13 15	15 00	16 46	17 16	−13 56	A	121,5
12. Juni 2490	12 02	12 25	14 40	16 54	17 18	−12 21	D	8
10. Juni 2498	4 12	4 28	7 49	11 09	11 25	+ 7 23	D	

Die Kontaktzeiten sind geozentrische Werte. Sie sind in Dynamischer Zeit angegeben (Erläuterungen siehe Seite 244). Die Angaben sind auf Minuten gerundet. Addiert man zu den Kontaktzeiten eine Stunde, so erhält man ungefähr MEZ. Bei Gültigkeit der Sommerzeit sind zwei Stunden zu addieren. Gegenwärtig beträgt das Delta-T (Abweichung der Weltzeit UT von der Dynamischen Zeit TT) etwa eine Minute. Bis zum Jahre 2500 wird das Delta-T allerdings schon auf 20^m angewachsen sein!

d – Gibt die Minimumsdistanz der Venus vom Sonnenscheibenmittelpunkt an. Ein „+" bedeutet, Venus geht nördlich, ein „–" Venus geht südlich des Sonnenscheibenmittelpunktes vorbei.

A – Aufsteigender Knoten (**A**scending Node)

D – Absteigender Knoten (**D**escending Node)

Juli 2012

- Die Erde erreicht am 5. ihren sonnenfernsten Bahnpunkt. Ihr Licht ist dann acht Minuten und 27 Sekunden zu uns unterwegs.
- Mars verfolgt Saturn – ein spannendes Wettrennen am Abendhimmel.
- Venus strahlt am Morgenhimmel im größten Glanz.
- Jupiter wird am 15. vom Mond bedeckt – von Mitteleuropa aus beobachtbar.

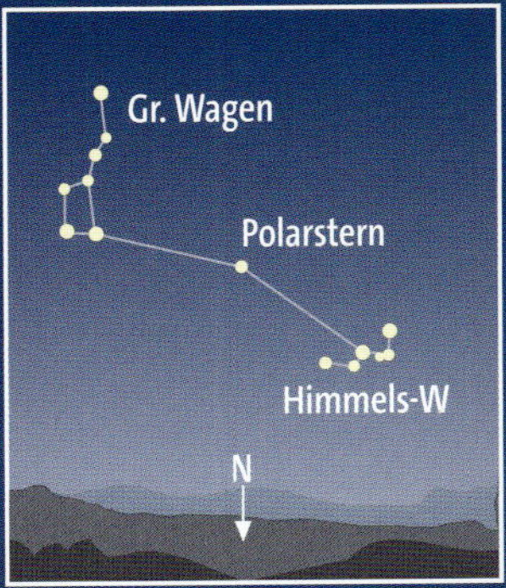

Großer Wagen und Himmels-W Anfang Juli um 22 Uhr

7.1 Himmelsanblick am 15. Juli gegen 3^h MEZ (= 4^h MESZ). Knapp über dem Osthorizont strahlt Venus im Stier. Die Sichel des abnehmenden Mondes steht im Goldenen Tor der Ekliptik. Der Mond bedeckt gerade Jupiter!

1 So Mond in Erdnähe, Venus nahe Jupiter (Morgenhimmel), Merkur in gr. östl. Elongation (Abendhimmel)	**17 Di**
2 Mo	**18 Mi**
3 Di **Vollmond**	**19 Do** **Neumond**
4 Mi	**20 Fr**
5 Do Erde in Sonnenferne	**21 Sa**
6 Fr	**22 So**
7 Sa	**23 Mo**
8 So	**24 Di** Mond bei Mars (Abendhimmel)
9 Mo	**25 Mi**
10 Di	**26 Do** Mond im ersten Viertel
11 Mi Mond im letzten Viertel	**27 Fr**
12 Do Venus im größten Glanz (Morgenhimmel)	**28 Sa**
13 Fr Mond in Erdferne	**29 So** Mond in Erdnähe
14 Sa	**30 Mo**
15 So Mond bedeckt Jupiter (Morgenhimmel) Mond bei Venus (Morgenhimmel)	**31 Di**
16 Mo	

Sonne – Sternbilder

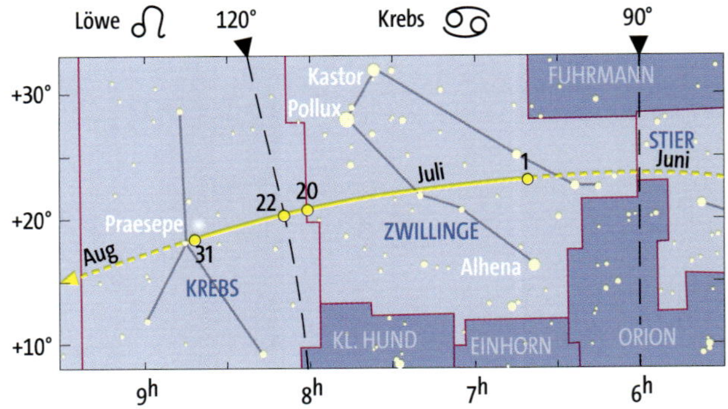

20.7. 13h:
Sonne tritt in das Sternbild Krebs
22.7. 11h:
Sonne tritt in das Tierkreiszeichen Löwe
Julianisches Datum am
1. Juli, 1h MEZ: 2456109,5

Tabelle Sonnenlauf

Tag	Dämmerg. Anfang	Aufgang MEZ	Kulmination	Untergang MEZ	Dämmerg. Ende	Mittagshöhe	Zeitgleichg.	Rektaszension	Deklination
	h m	h m	h m	h m	h m	o	m	h m	o
1.	2 26	4 15	12 24	20 32	22 20	63,1	–4	6 41	+23,1
5.	2 31	4 18	12 24	20 31	22 17	62,7	–4	6 57	+22,8
10.	2 38	4 22	12 25	20 28	22 11	62,2	–5	7 18	+22,2
15.	2 47	4 28	12 26	20 23	22 04	61,4	–6	7 38	+21,5
20.	2 56	4 33	12 26	20 18	21 55	60,5	–6	7 58	+20,7
25.	3 06	4 40	12 26	20 12	21 45	59,5	–6	8 18	+19,7
31.	3 18	4 48	12 26	20 03	21 33	58,1	–6	8 42	+18,3

Tages- und Nachtstunden

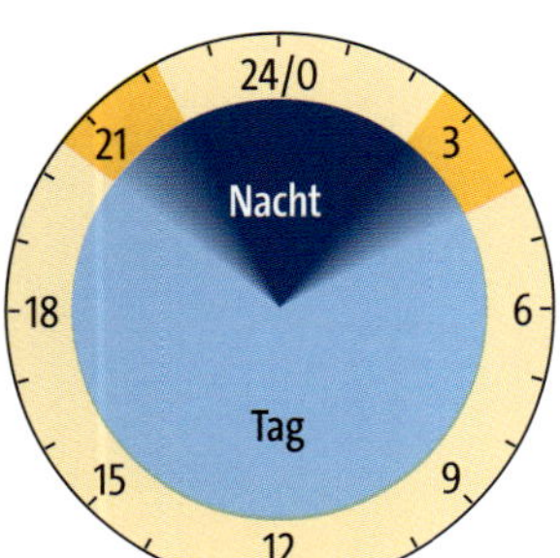

5. Juli

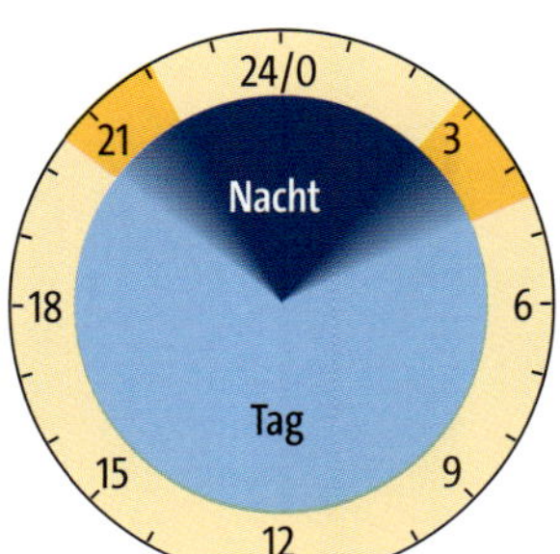

15. Juli

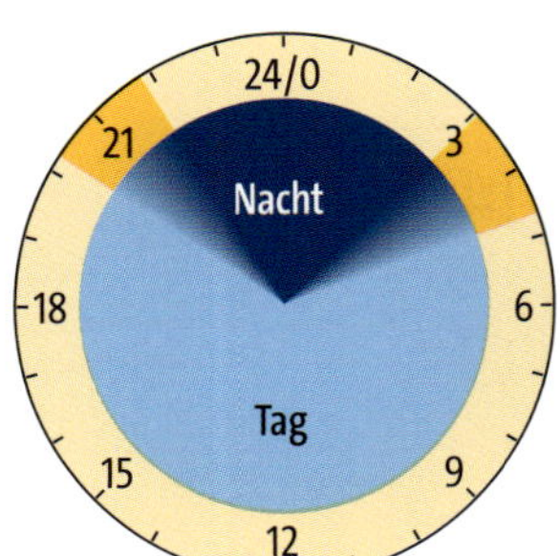

25. Juli

Tabelle Mondlauf

Datum		Aufg. MEZ	Kulmination	Unterg. MEZ	Rektaszension	Deklination	Sterne und Sternbilder	Phase	MEZ
		h m	h m	h m	h m	°			
So	1.	18 14	22 31	1 51	15 55	−20,7	Skorpion	Erdnähe 362/33',0 Aufsteigender Knoten	19^h
Mo	2.	19 16	23 34	2 48	16 59	−21,7	Antares		
Di	3.	20 06	–	3 54	18 02	−21,2	Schütze	**Vollmond**	**19^h 52^m**
Mi	4.	20 46	0 34	5 09	19 04	−19,2	Schütze, Nunki		
Do	5.	21 17	1 32	6 26	20 03	−16,1	Schütze		
Fr	6.	21 44	2 25	7 42	20 59	−12,1	Wassermann		
Sa	7.	22 07	3 15	8 56	21 51	− 7,6	Wassermann	Größte Nordbreite Libration West	
So	8.	22 29	4 01	10 07	22 40	− 2,8	Wassermann		
Mo	9.	22 50	4 46	11 16	23 28	+ 1,9	Fische		
Di	10.	23 12	5 30	12 22	0 15	+ 6,4	Fische		
Mi	11.	23 36	6 14	13 27	1 01	+10,5	Fische	**Letztes Viertel**	**2^h 48^m**
Do	12.	–	6 58	14 31	1 48	+14,2	Widder		
Fr	13.	0 03	7 43	15 33	2 35	+17,3	Widder	Erdferne 405/29',5	18
Sa	14.	0 35	8 30	16 32	3 24	+19,6	Stier, Plejaden	Absteigender Knoten	
So	15.	1 14	9 19	17 27	4 15	+21,1	* Stier, Hyaden		
Mo	16.	1 59	10 08	18 15	5 06	+21,7	Stier		
Di	17.	2 53	10 58	18 58	5 58	+21,2	Orion		
Mi	18.	3 53	11 48	19 33	6 50	+19,8	Alhena		
Do	19.	4 58	12 37	20 04	7 42	+17,3	Zwillinge	**Neumond Nr. 1108**	**5^h 24^m**
Fr	20.	6 07	13 26	20 31	8 34	+14,1	Krebs, Krippe		
Sa	21.	7 18	14 14	20 56	9 24	+10,0	Löwe	Libration Ost	
So	22.	8 31	15 01	21 19	10 14	+ 5,5	Regulus	Größte Südbreite	
Mo	23.	9 44	15 49	21 42	11 04	+ 0,6	Löwe		
Di	24.	10 59	16 38	22 06	11 55	− 4,4	Jungfrau		
Mi	25.	12 15	17 30	22 34	12 47	− 9,2	Jungfrau		
Do	26.	13 32	18 23	23 07	13 41	−13,6	Spica	**Erstes Viertel**	**9^h 56^m**
Fr	27.	14 48	19 20	23 47	14 38	−17,3	Waage		
Sa	28.	15 59	20 19	–	15 37	−20,0	Waage	Aufsteigender Knoten	
So	29.	17 03	21 20	0 37	16 38	−21,4	Antares	Erdnähe 367/32',5	9^h
Mo	30.	17 57	22 20	1 38	17 40	−21,4	Schlangenträger		
Di	31.	18 40	23 17	2 47	18 41	−20,0	Schütze, Nunki		

Bedeckung von Jupiter durch den Mond am 15. – siehe Seite 138 und 264.

Der Mond zieht nördlich an Antares vorbei

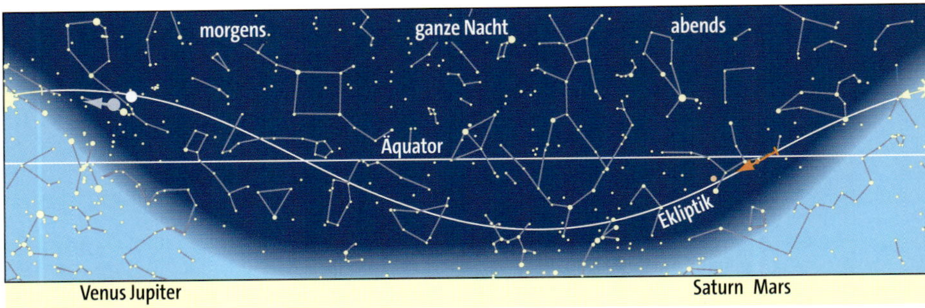

Merkur kommt am 1. in größte östliche Elongation. Mit 25°45′ östlichem Winkelabstand von der Sonne fällt sie diesmal recht groß aus, denn bereits am 12. geht Merkur durch das Aphel seiner Bahn. Seine Abendsichtbarkeit hat der flinke Planet allerdings schon im Vormonat beendet.

Am 14. wird Merkur stationär und eilt anschließend rückläufig auf die Sonne zu, mit der er am 28. zusammentrifft. In den Abendstunden des 28. steht er somit in unterer Konjunktion mit der Sonne. Merkur bleibt deshalb im Juli unsichtbar. Seine Konjunktionsschleife zieht Merkur im Sternbild Krebs (siehe Abb. 7.4 auf Seite 137).

Venus hat die Seite gewechselt. War sie im ersten Halbjahr

7.2 Heliozentrischer Anblick des Planetensystems im dritten Jahresviertel 2012. Eingetragen sind im linken Teil die Positionen der inneren Planeten für den 1. Juli (7), 1. August (8), 1. September (9) und 1. Oktober (10). Der rechte Teil zeigt das äußere Planetensystem samt einiger Planetoiden zu Anfang und Ende des dritten Jahresviertels. Die Pfeile deuten die Richtungen zu den ferneren Planeten sowie zum Frühlingspunkt an.

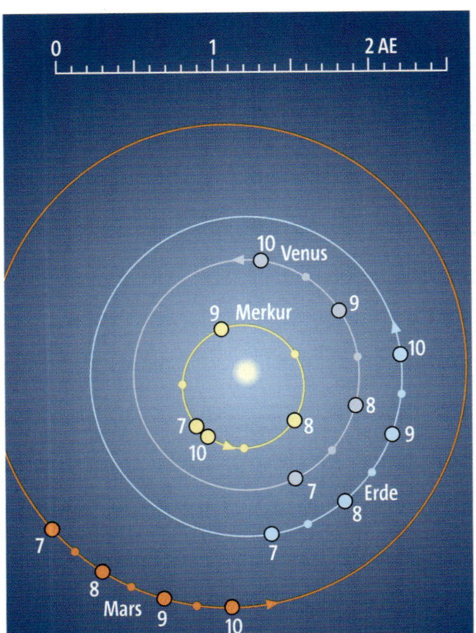

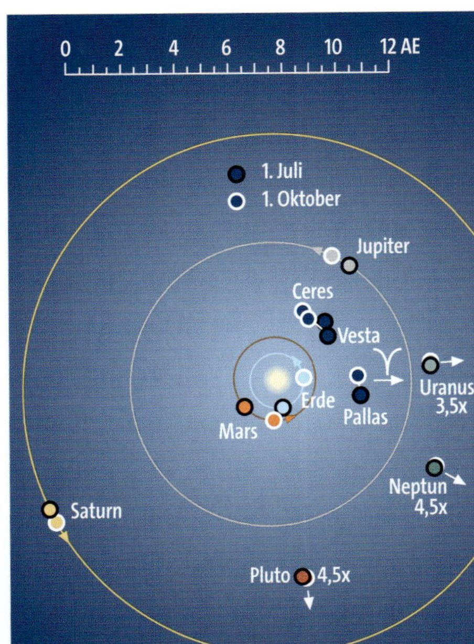

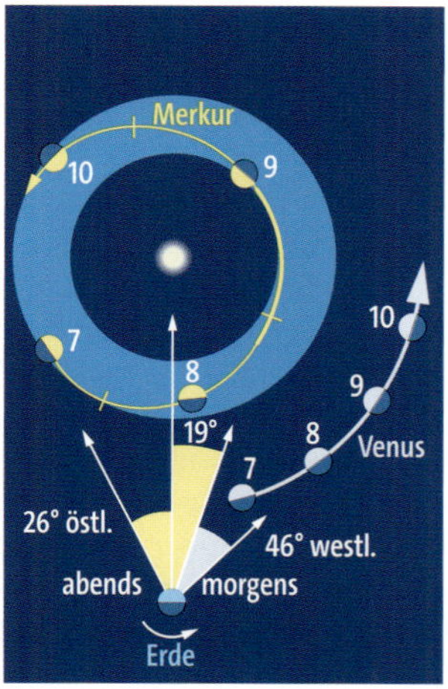

7.3 Bahnen von Merkur und Venus: **Heliozentrische Bewegungen von Merkur und Venus relativ zur Erde. In den dicker ausgezogenen Bahnteilen sind die Planeten beobachtbar. Die Zahlen geben die Positionen jeweils zum Monatsersten an. Östlicher Winkelabstand bedeutet Abendsichtbarkeit; westliche Elongation: Planet steht am Morgenhimmel.**

Abendstern, so zeigt sie sich in der zweiten Jahreshälfte am Morgenhimmel. Am 6. Juni zog sie in unterer Konjunktion vor der Sonne vorbei, es erfolgte ein Venustransit und aus östlichen Elongationen wurden westliche. Bereits am 12. strahlt Venus mit $-4^{m}\!,7$ in größtem Glanz. Mit Jupiter zusammen hält sich der hellste Planet am Morgenhimmel auf.

Im Laufe des Juli wird Venus zu einem auffälligen Gestirn am frühen Morgen. Ihre Höhe über dem Nordosthorizont jeweils eine Stunde vor Sonnenaufgang nimmt deutlich zu (siehe Abb. 8.4 auf Seite 155). Am 1. erfolgt der Venusaufgang um 2^h35^m (= 3^h35^m Sommerzeit), am 15. um 2^h00^m und am 31. um 1^h35^m.

Am 10. zieht Venus nur $0^{\circ}\!,9$ nördlich an Aldebaran im Stier vorbei. Dies ist die geringste Distanz eines hellen Planeten von Aldebaran im 21. Jahrhundert. Die Sichel des abnehmenden Mondes begegnet Venus am 15., wobei der Mond den Riesenplaneten Jupiter verdeckt (siehe auch Abb. 7.1 auf Seite 132). Im Teleskop zeigt Venus zu Monatsbeginn eine große, schlanke Sichel. Bis Ende Juli wird sie kleiner und dicker. Der scheinbare Venusdurchmesser geht von 45″ auf 28″ zurück. Am Monatsende sind 42 % des Venusscheibchens vom Sonnenlicht erhellt.

Am 11. passiert Venus ihr Aphel (sonnenfernster Bahnpunkt). An diesem Tag trennen sie 108,9 Millionen Kilometer (= 0,728 AE) von der Sonne.

Mars läuft durch die Jungfrau, wobei er immer südlichere Positionen einnimmt. Am 3. passiert er nur $0^{\circ}\!,4$ nördlich den Herbstpunkt in der Jungfrau. Seine Helligkeit geht während des Monats weiter um $0^{m}\!,2$ auf $1^{m}\!,1$ zurück. Damit gehört er immer noch zu den Sternen erster Größenklasse. Die abnehmende Helligkeit kann man gut verfolgen, wenn man ihn mit Spica ($1^{m}\!,0$) vergleicht.

Mars verkürzt seine Sichtbarkeit drastisch. Seine Untergänge verlagert er in die Zeit weit vor Mitternacht. Am 1. erfolgt der Marsuntergang um 23^h43^m (= 0^h43^m Sommerzeit), am 15. um 23^h00^m und am 31. schon um 22^h12^m. Da Mars sich erst gegen 21^h in der Abenddämmerung bemerkbar macht, bleibt zum Monatsende nur noch eine Stunde Sichtbarkeit.

Der Durchmesser des Marsscheibchens nimmt auf bescheidene $5''\!,8$ ab. Deutlich ist eine Phase auszumachen: 90 % des Marsscheibchens sind beleuchtet.

Ein netter Himmelsanblick ergibt sich am 24. gegen 21^h30^m (= 22^h30^m Sommerzeit). Tief am Südwesthimmel gesellt sich zu Mars, Saturn und Spica die etwas dickliche Sichel des zunehmenden Mondes.

In der Nacht vom 24. auf 25. geht Mars durch den absteigen-

7.4 Bahn von Merkur: **Scheinbare Merkurschleife im Gebiet der Sternbilder Zwillinge und Löwe.**

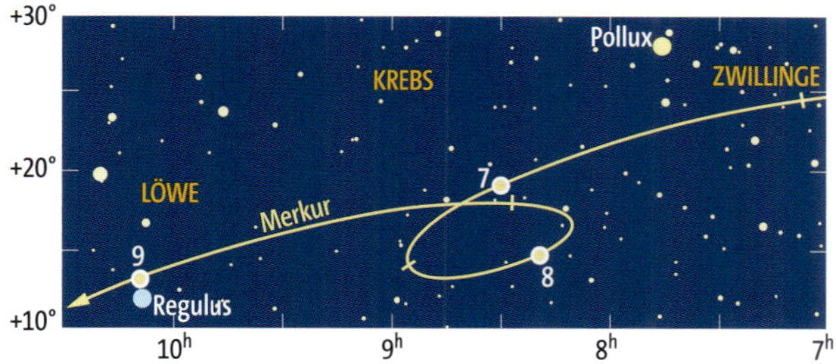

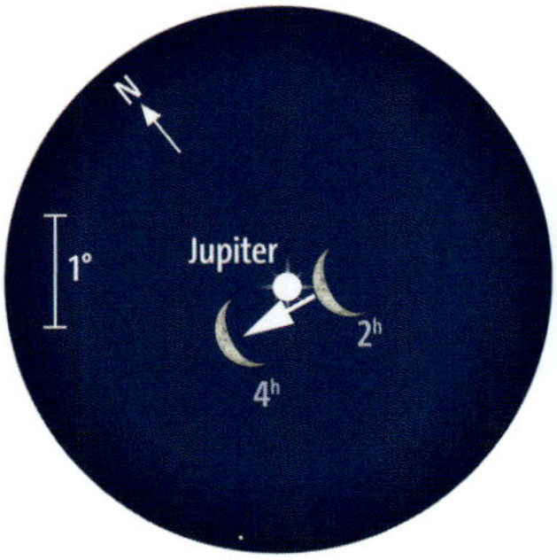

7.5 Mond bedeckt Jupiter:
Der abnehmende Mond bedeckt in den frühen Morgenstunden am 15. Juli den Riesenplaneten Jupiter. Fernglasanblick bei 5° Gesichtsfelddurchmesser.

7.6 Mond bei Spica:
Der zunehmende Mond zieht am 25. Juli an Spica in der Jungfrau vorbei. Fernglasanblick gegen 21^h MEZ (= 22^h MESZ).

Konstellationen und Ereignisse

Datum	MEZ	Ereignis
1.	3^h	**Merkur in größter östlicher Elongation** (26°)
1.	9	**Venus nahe Jupiter, Abstand $4\overset{\circ}{,}8$ um 3^h**
3.	13	Mond bei Pluto, Mond $1\overset{\circ}{,}0$ südlich (Bedeckung!)
5.	4	Erde im Aphel (Sonnenferne), Abstand Erde – Sonne 152,092 Millionen Kilometer
7.	15	Mond bei Neptun, Mond $6\overset{\circ}{,}2$ nördlich
10.	10	Mond bei Uranus, Mond $5\overset{\circ}{,}3$ nördlich
11.	14	Venus im Aphel
12.	5	Merkur im Aphel
12.	17	**Venus in größtem Glanz** ($-4\overset{m}{,}7$) am Morgenhimmel
13.	18	Uranus im Stillstand, anschließend rückläufig
14.	6	Merkur im Stillstand, anschließend rückläufig
15.	4	**Mond bei Jupiter,** Mond $0\overset{\circ}{,}5$ nördlich **(Bedeckung!** von Mitteleuropa aus beobachtbar – siehe oben) **Abstand $0\overset{\circ}{,}2$ um 3^h**
15.	16	**Mond bei Venus,** Mond $3\overset{\circ}{,}8$ nördlich, **Abstand $6\overset{\circ}{,}0$ um 4^h**
20.	9	Mond bei Merkur, Mond $0\overset{\circ}{,}6$ südlich
24.	23	**Mond bei Mars,** Mond $4\overset{\circ}{,}2$ südlich, **Abstand $4\overset{\circ}{,}9$ um 21^h**
25.	20	Mond bei Saturn, Mond $6\overset{\circ}{,}0$ südlich
28.	21	Merkur in unterer Konjunktion
30.	21	Mond bei Pluto, Mond $0\overset{\circ}{,}9$ südlich (Bedeckung!)

den Knoten seiner Bahn, er kreuzt somit die Ekliptik von Nord nach Süd.

Jupiter kann am Morgenhimmel gesehen werden. Der Riesenplanet wandert rechtläufig durch das Goldene Tor der Ekliptik im Stier und zieht dabei an Aldebaran (α Tauri) vorbei. Bei seiner engsten Passage am 29. hält er sich $4\overset{\circ}{,}7$ nördlich vom rötlichen Stierauge auf. Außer Jupiter ist auch noch die deutlich hellere Venus am Morgenhimmel vertreten. Am 1. erreichen beide mit $4\overset{\circ}{,}8$ Abstand ihre geringste Distanz voneinander. Am 15. wird Jupiter vom abnehmenden Mond zwischen 2^h und 4^h morgens bedeckt. Diese Bedeckung ist von Mitteleuropa gut mit bloßen Augen zu sehen (siehe Abb. 7.5 links oben). Besonders spektakulär ist die Bedeckung im Fernglas oder Teleskop zu verfolgen. Denn nicht nur Jupiter, sondern auch seine vier hellen Monde werden vom Riesenplaneten bedeckt (s. Seite 264).

Jupiter steigert während des Monats seine Helligkeit leicht um $0\overset{m}{,}2$ auf $-2\overset{m}{,}2$. Der Riesenplanet erscheint immer früher am Nordosthimmel. Am 1. erfolgt der Jupiteraufgang um 2^h03^m, am 15. um 1^h17^m und am 31. schon um 0^h24^m (= 1^h24^m Sommerzeit).

Saturn, wieder rechtläufig im Sternbild Jungfrau, hat seine Oppositionszeit hinter sich. Er verlegt seine Untergänge in die späten Abendstunden, seine Helligkeit geht weiter leicht auf $0\overset{m}{,}8$ zurück. Damit ist er aber immer

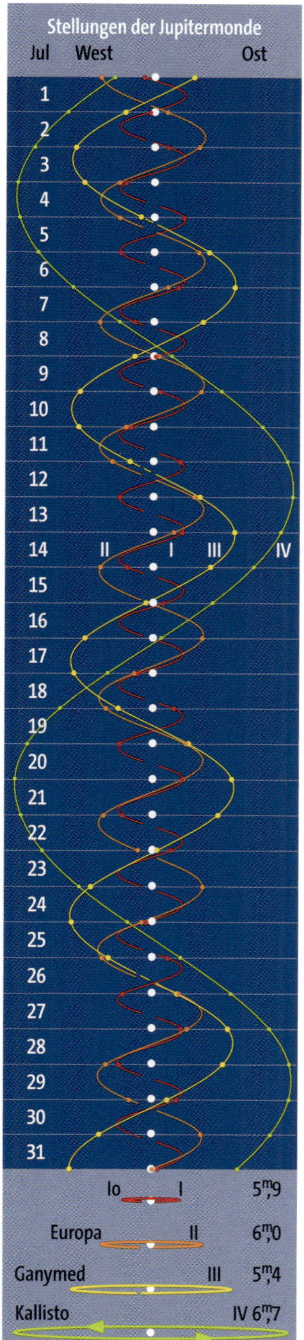

Jupitermonde

Tag	MEZ		Vorgang	
	h	m		
1.	2	19	I	VA
2.	2	34	I	DE
5.	3	24	III	VE
7.	3	18	II	SA
8.	4	13	I	VA
9.	2	21	II	BE
	2	25	I	DA
	3	40	I	SE
	4	34	I	DE
10.	1	48	I	BE
16.	1	41	III	DE
	3	25	I	SA
	4	24	I	DA
17.	3	48	I	BE
23.	1	37	III	SE
	3	19	II	VA
	4	07	III	DA
24.	2	30	I	VA
25.	0	52	I	DA
	1	56	I	SE
	2	28	II	DE
	3	01	I	DE
30.	3	47	III	SA
31.	4	25	I	VA
	0	29	II	SA

noch heller als Mars, der ihn verfolgt. Zu beiden Planeten gesellt sich am 24. und 25. die dicke Sichel des zunehmenden Mondes (siehe Abb. 7.7 auf Seite 140).

Die Untergänge des Ringplaneten erfolgen am 1. um 0^h43^m, am 15. um 23^h44^m und am 31. schon um 22^h42^m, also gut eine Viertelstunde vor Mitternacht Sommerzeit.

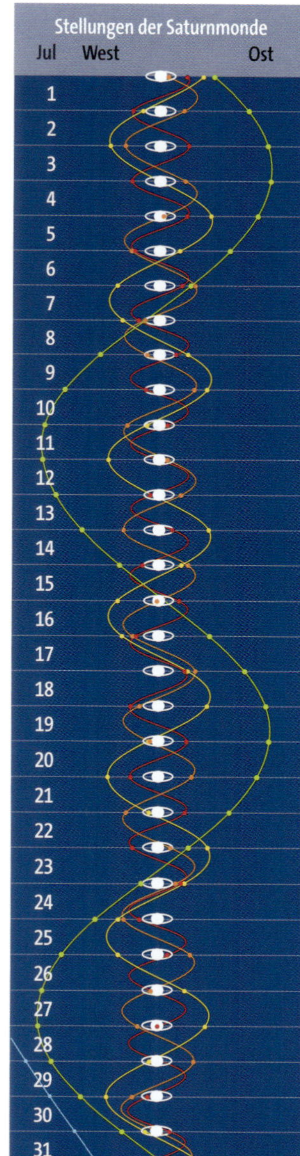

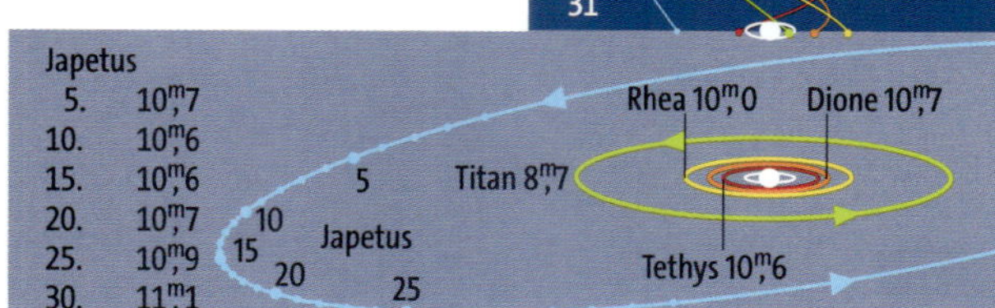

7.7 Mars, Saturn und der Mond: Planetentreffen am Abendhimmel des 24. Juli gegen 21^h30^m MEZ (= 22^h30^m MESZ). Tief am Westhorizont sind Mars, Saturn und die Sichel des zunehmenden Mondes zu sehen.

Uranus im Grenzgebiet Walfisch/Fische bremst seine ohnehin langsame Bewegung vollends ab und wird am 13. abends rückläufig. Damit beginnt seine Oppositionsperiode.

Der grünliche Planet kann in der zweiten Nachthälfte aufgefunden werden. Er verlagert seine Aufgänge von 23^h54^m am 1. auf 22^h59^m zur Monatsmitte. Am 31. geht der $5^{\mathrm{m}}{,}8$ lichtschwache Uranus bereits um 21^h56^m (= 22^h56^m Sommerzeit) auf. Frühestens eine Stunde nach seinem Aufgang kann man mit Aussicht auf Erfolg nach dem siebenten Planeten Ausschau halten (siehe Aufsuchkärtchen Abb. 9.3 auf Seite 173). Uranus kulminiert am 1. um 6^h14^m und am 31. schon um 4^h15^m (= 5^h15^m Sommerzeit). Zu diesen Zeiten ist es allerdings schon Tag beziehungsweise helle Dämmerung.

Neptun, rückläufig im Wassermann, strebt seiner Opposition zur Sonne entgegen, die er aber erst im letzten Augustdrittel erreicht. Die kommende Opposition macht sich auch an der leicht um $0^{\mathrm{m}}{,}1$ steigenden Helligkeit auf $7^{\mathrm{m}}{,}8$ erkennbar.

Seine Aufgänge verlagert der sonnenfernste Planet in die späten Abendstunden. Geht Neptun am 1. um 22^h49^m (= 23^h49^m Sommerzeit) auf, so erfolgt sein Aufgang am 15. um 21^h53^m und am 31. schon um 20^h50^m. Seine Meridianpassagen verfrühen sich von 4^h02^m zu Monatsbeginn um zwei Stunden auf 2^h02^m zu Monatsende. Das Aufsuchkärtchen Abb. 8.7 auf Seite 156 soll helfen, Neptun aufzuspüren.

■ Planetoiden

Pallas (2) wandert in einem Bogen südwestwärts durch die Fische (siehe Abb. 9.3 auf Seite 173). Ihre Helligkeit nimmt im Laufe des Juli von $10^{\mathrm{m}}{,}0$ auf $9^{\mathrm{m}}{,}5$ zu. Sie verfrüht ihre Aufgänge von 23^h38^m zu Monatsbeginn auf 22^h03^m (= 23^h03^m Sommerzeit) am Monatsende. Am 31. kulminiert sie um 4^h27^m, zwanzig Minuten vor Sonnenaufgang.

Juno (3) wird am 19. um 15^h stationär und ist anschließend wieder rechtläufig, was ihre Bewegung in Rektaszension betrifft.

■ Periodische Sternschnuppenströme

Die **Delta-Aquariden** leuchten vom 11. Juli bis 18. August auf. Sie sind zwischen 3^m und 5^m hell, also nicht besonders auffällig. Sie heißen auch **Juli-Aquariden**. Ihr Radiant liegt etwa 3° westlich von δ Aquarii. Das Maximum ist nicht in jedem Jahr am selben Tag zu erwarten. In diesem Jahr dürfte es in den Stunden nach Mitternacht am 27. Juli auftreten. Die Geschwindigkeit der Sternschnuppen liegt um 40 Kilometer pro Sekunde. Im Maximum ist mit etwa zwanzig Sternschnuppen pro Stunde zu rechnen.

Vom 2. Juli bis 14. August treten die **Alpha-Capricorniden** (Radiant im Steinbock) auf. Sie sind die ganze Nacht über beobachtbar. Der Ursprungskomet ist 45P/Honda-Mrkoš-Pajdusáková (früher 1948 XII). Um das Maximum am 29. Juli sind nur höchstens zehn Objekte pro Stunde zu erwarten. Es handelt sich um recht langsame Meteore (im Mittel 25 Kilometer pro Sekunde).

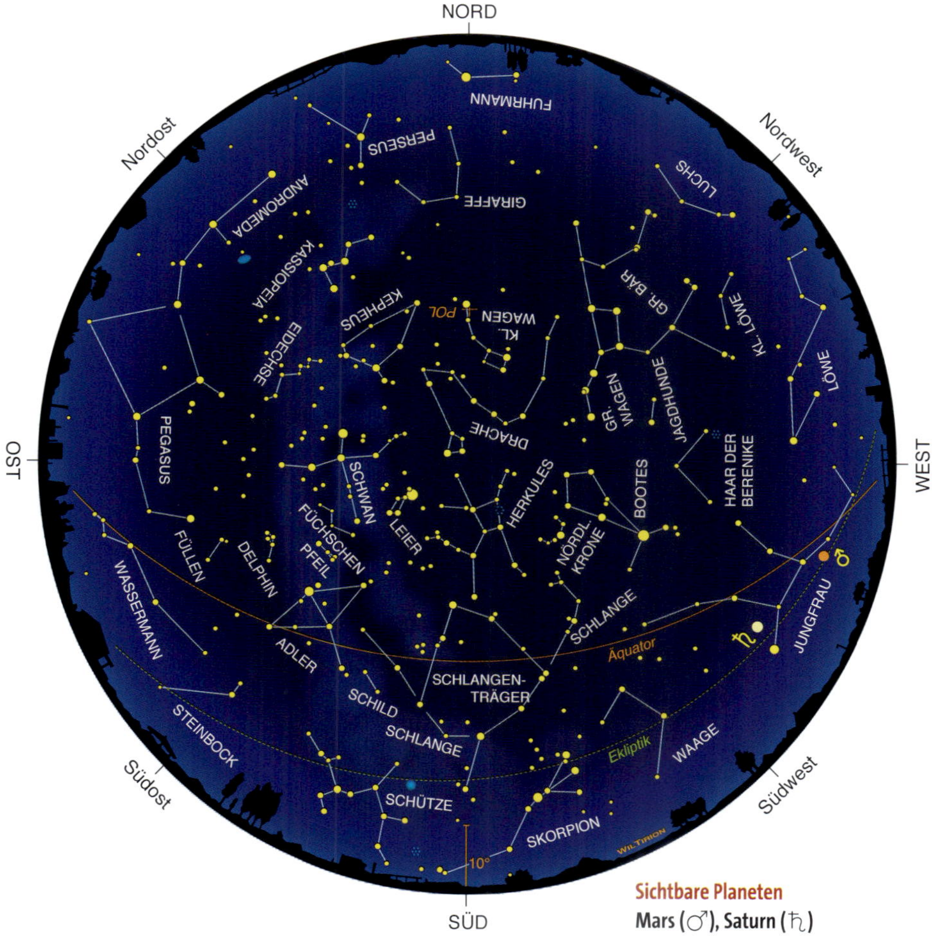

Sichtbare Planeten
Mars (♂), Saturn (♄)

Der Sternenhimmel am 15. Juli um 22h MEZ

Die Sternkarte ist auch gültig für:		
	MEZ	MESZ
15. 4.	4h	5h
1. 5.	3	4
15. 5.	2	3
1. 6.	1	2
15. 6.	0	1
1. 7.	**23**	**24**
15. 7.	**22**	**23**

Die Umstellung vom Frühlings- zum Sommersternenhimmel hat sich nun vollzogen. Das Sommerdreieck, bestehend aus Wega, Deneb und Atair hat zwar seine Meridianstellung noch nicht ganz erreicht, aber die Sommerbilder sind bereits allesamt über dem Horizont, während sich die Frühlingsbilder im Westen verabschieden. Der Löwe ist im Untergehen begriffen und kann als Figur nicht mehr erkannt werden, denn sein Hauptstern Regulus ist bereits unter den Horizont gesunken. Damit ist auch das Frühlingsdreieck aufgelöst, dessen beide anderen Eckpunkte noch zu sehen sind: Tief im Südwesten steht die bläulich-weiße Spica in der Jungfrau. Ihr Licht wird deutlich von den horizontnahen Dunstschichten geschwächt. Wesentlich höher findet man im Südwesten den hellen, orange-roten

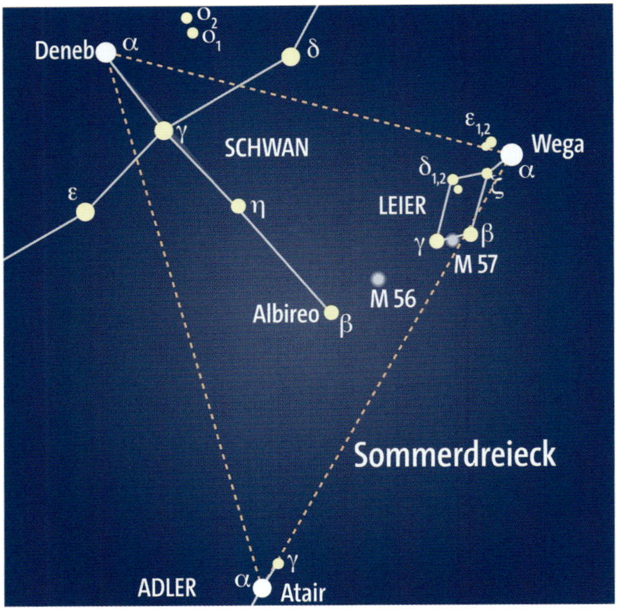

7.8 Das Sommerdreieck:
Die hellen Sterne Wega, Deneb und Atair bilden das markante Sommerdreieck.

Arktur im Bootes, der den Helligkeitsschwerpunkt in der westlichen Hemisphäre bildet.

Der Große Wagen hat mit seinem Abstieg begonnen. Seine Deichsel zeigt nach oben, der Wagenkasten hängt nach unten. Das Himmels-W, die Kassiopeia, hat hingegen die untere Kulmination hinter sich und beginnt mit dem Aufstieg zum Zenit.

Zwischen Zenit, Kleinem Wagen und Großem Wagen schlängelt sich der Drache (lat.: Draco) hindurch. Der Drache ist nicht leicht auszumachen. Am leichtesten ist noch der Drachenkopf zu erkennen, der von einem kleinen Sternenviereck gebildet wird, das zu unserer Beobachtungsstunde fast exakt im Zenit steht.

Blickt man vom Zenit zum Südpunkt am Horizont hinunter, lässt also seinen Blick den Meridian (= Mittagslinie) hinunter gleiten, so kommen nacheinander die Sternbilder Herkules und Schlangenträger mit der Schlange ins Gesichtsfeld. Der hellste Stern im Schlangenträger, α Ophiuchi, steht an der Nordspitze knapp südlich vom Herkules und heißt Ras Alhague, was arabisch ist und soviel wie Kopf des Schlangenträgers bedeutet. Mit $2\overset{m}{,}1$ ist er relativ leicht zu sehen. Er leuchtet in einem weißen Licht und ist 47 Lichtjahre von uns entfernt.

Der Skorpion hat seinen Meridiandurchgang bereits absolviert und hält sich knapp über dem Südhorizont ein wenig westlich vom Südpunkt auf. Sein hellster Stern Antares ist kaum zu übersehen. Er leuchtet in einem rötlichen Licht und gehört zu den Überriesensternen. Antares ist so riesengroß, dass unsere Sonne samt der Erdbahn bequem in seinem Inneren Platz fände. Die Bezeichnung Antares stammt aus dem Griechischen und bedeutet soviel wie Gegenspieler des Mars, weil er ihm in der Farbe ähnlich ist und außerdem im Tierkreis steht, so dass es gelegentlich zu Verwechslungen mit dem roten Planeten kommt.

Der nördliche Teil des Skorpions gehört heute zum Sternbild Schlangenträger, durch den auch

Veränderliche Sterne im Juli

Algol-Minima	13.	3^h13^m	16.	0^h01^m								
β-Lyrae-Minima	5.	22^hN	12.	9^hH	18.	20^hN	25.	8^hH	31.	19^hN		
δ-Cephei-Maxima	4.	20^h	10.	5^h	15.	14^h	20.	23^h	26.	8^h	31.	16^h
Mira-Helligkeit	1.	8^m	10.	7^m	20.	6^m	31.	5^m				

ein Teil der Ekliptik (die scheinbare Sonnenbahn) verläuft. Somit gibt es insgesamt dreizehn Tierkreissternbilder aber nur zwölf Tierkreiszeichen.

In der östlichen Himmelshälfte wird der Helligkeitsschwerpunkt vom Sommerdreieck mit Wega in der Leier, Deneb im Schwan und Atair im Adler bestimmt. Die Leier ist ein leicht einprägsames Sternbild und nicht besonders groß.

Nach der klassischen griechischen Sage ist die Leier das Musikinstrument des Gottes Apoll. Erfunden hat sie Hermes, der flinke Götterbote und Beschützer der Kaufleute, aber auch der Diebe. Hermes, in der römischen Mythologie als Merkur bekannt, ist der Sohn des Göttervaters Zeus und seiner heimlichen Geliebten, der schöngelockten Nymphe Maja, die einst in den Wäldern Arkadiens lebte und nach der ein Stern im Sternhaufen der Plejaden benannt ist.

Kosmischer Nachbar

Wega, der Hauptstern der Leier, auch als α Lyrae bekannt, gehört mit $0^{\mathrm{m}}\!,0$ zu den fünf hellsten Sternen am irdischen Firmament. Mit dem praktisch gleich hellen Arktur ist Wega der hellste Stern am nördlichen Himmel. Mit 25 Lichtjahren Distanz gehört Wega noch zur Nachbarschaft unserer Sonne. α Lyr ist ein typischer Hauptreihenstern der Spektralklasse A0 V. Wega leuchtet weiß mit einem bläulichen Schimmer. Die wahre Leuchtkraft von Wega entspricht etwa der von fünfzig unserer Sonnen.

Tief im Südosten sind die beiden Tierkreissternbilder Schütze und Steinbock zu finden. Während der Schütze noch relativ leicht zu erkennen ist, so ist der Steinbock nur mit Mühe unter guten Sichtbedingungen auszumachen.

Im Schützen finden sich viele interessante galaktische Objekte wie Gasnebel und Sternhaufen, alles Objekte für Fernglas- und Fernrohrbeobachter. Auch die hellsten Partien der sommerlichen Milchstraße ziehen sich durch den Schützen. In Richtung des Schützen liegt auch das Zentrum unseres Milchstraßensystems.

Klimakiller Sonne

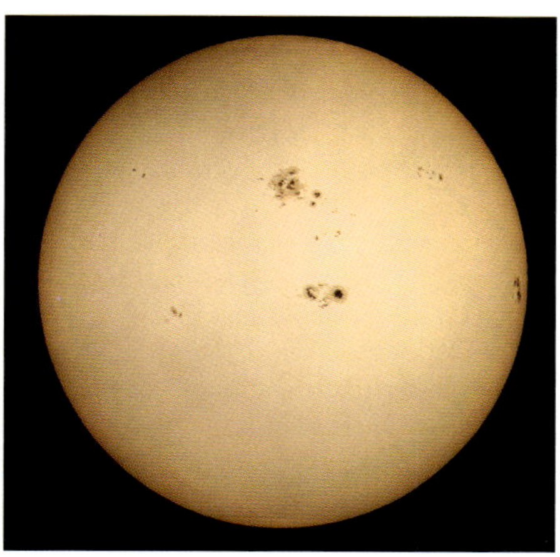

7.9 Auf der Sonne sind mehr oder weniger viele Flecken zu beobachten. Aufnahme von Martin Gertz.

Die Sonne, dieser grell strahlende Feuerball am irdischen Himmel, ist die Hauptquelle fast aller Energien, die uns auf der Erde zur Verfügung stehen. Ohne ihr Licht und ihre Wärme wäre auf unserem Planeten weder Leben entstanden noch könnte es weiter existieren, würde die Sonne eines Tages erlöschen. Zu Recht nennt man die Sonne daher „Stern des Lebens". Bei vielen Völkern genoss deshalb unser Tagesgestirn göttliche Verehrung. Die japanischen Kaiser fühlen sich als Nachkommen des Sonnengottes.

Die Sonne ist ein Stern wie Milliarden andere in unserer Milchstraße. Nur ist dieser grellweiß glühende Gasball uns von allen Sternen am nächsten. Sie ist „nur" 150 Millionen Kilometer entfernt, eine Strecke, die das Licht in achteindrittel Minuten überbrückt. Das Licht der anderen Sterne hingegen ist viele Jahre oder Jahrtausende zu uns unterwegs. Daher sehen wir diese fremden Sonnen nur als winzige Lichtpünktchen am dunklen Nachthimmel.

Die Sonne ist unsere Wettermaschine. Sie bewirkt den Kreislauf des Wassers, erzeugt Wind und Wetter und bestimmt das Klima auf unserem Planeten. Wir sind auf Gedeih und Verderb der Sonne ausgeliefert. Ohne die Strahlungsenergie unserer Sonne würde die Erde binnen Kurzem erkalten – bis auf –260 °C, dies sind nur dreizehn Grad über dem absoluten Nullpunkt.

Doch der Energievorrat der Sonne ist schier unerschöpflich. Sie ist ein gewaltiger Atommeiler, in dem permanent Wasserstoff zu Helium fusioniert wird. In jeder Sekunde werden dabei gemäß der Einstein-Formel $E = mc^2$ vier Millionen Tonnen Masse in pure Energie verwandelt.

Die Leistung dieses Atommeilers ist beeindruckend: $3{,}85 \times 10^{23}$ kW, also 385 Trilliarden Kilowatt, strahlt die Sonne ununterbrochen ins Weltall. Davon erhält aber die Erde nur einen winzigen Bruchteil, nämlich nur etwas mehr als ein Zweimilliardstel der Gesamtausstrahlung der Sonne. Immerhin sind das noch $1{,}73 \times 10^{14}$ kW, also 173 Billionen Kilowatt, die uns Sekunde für Sekunde und Jahr für Jahr erreichen. Bei senkrechtem Strahlungseinfall sind dies pro Quadratmeter 1367 Watt. Diese Größe wird „Solarkonstante“ genannt. Die Bezeichnung ist nicht ganz korrekt, denn die Solarkonstante ist nicht konstant. Ihr Wert ändert sich – sowohl langfristig in Millionen und Milliarden Jahren als auch kurzfristig innerhalb von wenigen Jahren, ja sogar innerhalb von Wochen, Tagen und Stunden – wenn auch geringfügig.

Seit knapp fünf Milliarden Jahren versorgt die Sonne unsere Erde mit Licht und Wärme. Wie lange wird sie dies noch tun? Auch die Energievorräte unseres Lebenssterns werden eines mehr oder minder fernen Tages erschöpft sein. Droht uns der Kältetod? Mitnichten, ganz im Gegenteil: Bevor unsere Sonne als Weißer Zwerg in mehr als fünfzehn Milliarden Jahren völlig auskühlt, wird alles Leben auf der Erde den Hitzetod erleiden. In knapp fünf Milliarden Jahren wird sich die Sonne zu einem roten Riesenstern aufblähen und die Erde in einen feurigen Gesteinskloß verwandeln. Doch so lange wird sich kein Leben auf unserem Planeten halten. Denn seit ihrer Entstehung vor 4,6 Milliarden Jahren nimmt die Leuchtkraft der Sonne permanent zu. Sie leuchtet heute etwa vierzig Prozent heller als zur Zeit ihrer Entstehung. In spätestens 500 Millionen Jahren werden die Temperaturen auf der Erdoberfläche infolge der zunehmenden Sonnenleuchtkraft so angestiegen sein, dass Leben auf unserem Planeten nicht mehr existieren kann. Die Ozeane werden verdampfen und die Lufthülle der Erde wird schließlich ins Weltall diffundieren.

Doch was in einer halben Milliarde Jahren mit unserem Planeten geschieht, sollte uns heute kein Kopfzerbrechen machen. Viel wichtiger und dringender ist es zu erfahren, wie sich in den nächsten hundert Jahren das Erdklima entwickelt. Aus der Erdgeschichte ist bekannt, dass Warmzeiten von sehr kalten Perioden abgelöst wurden. Droht uns eventuell eine neue Eiszeit? Oder nimmt die seit rund hundert Jahren stetige Erwärmung der Erdoberfläche und der untersten Atmosphärenschicht, der Troposphäre, weiter zu? Inwiefern ist die Sonne dafür verantwortlich und welchen Anteil hat die von Menschen bewirkte Zunahme des Treibhausgases Kohlendioxid (CO_2) in der Erdatmosphäre an der globalen Erwärmung?

Zunächst bleibt festzustellen: Der Treibhauseffekt ermöglicht erst das Leben auf unserem Planeten, indem er die Durchschnittstemperatur der Erdoberfläche auf ein lebensfreundliches Maß erhöht. Die Treibhausgase Wasserdampf (H_2O), Methan (CH_4), das vor allem in der frühen Erdgeschichte eine große Rolle spielte, und Kohlendioxid (CO_2) bewirken ein Aufheizen des Erdbodens und der unteren Atmosphärenschichten, indem sie die langwellige Infrarotstrahlung absorbieren. Global betrachtet befindet sich unser Planet in einem thermodynamischen Gleichgewicht: Die einfallende Sonnenstrahlung wird wieder vollständig in das Weltall abgestrahlt – allerdings in anderen Spektralbereichen, nämlich gemäß einem Planckschen Strahler (Schwarzkör-

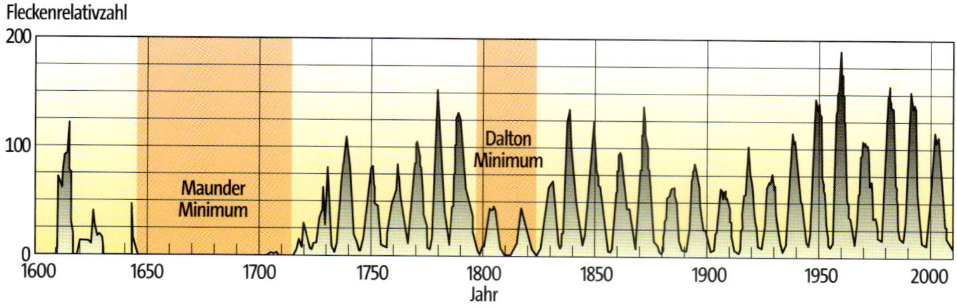

7.10 Aus der Statistik der Sonnenfleckenhäufigkeit lässt sich ein elfjähriger Zyklus erkennen, der aber gelegentlich unterbrochen wurde (z.B. Maunder-Minimum).

per-Strahlung) entsprechend der Erdtemperatur. Wäre dem nicht so, so würde sich der Erdkörper permanent erwärmen oder abkühlen.

Ohne Treibhauseffekt läge die Durchschnittstemperatur der Erdoberfläche bei –19 °C. Es gäbe nur eine dicke Eisschicht wie auf dem Jupitermond Europa und keine flüssigen Ozeane.

Der Treibhauseffekt beschert der Erdoberfläche und den bodennahen Luftschichten jedoch eine Durchschnittstemperatur von +14 °C. Wegen des relativ hohen Methangehalts der Atmosphäre in der Frühphase der Erde war einst die Oberflächentemperatur noch deutlich höher als heute. In den letzten Jahrzehnten ist die mittlere Oberflächentemperatur auf +15 °C angestiegen, eine direkte Folge der CO_2-Zunahme in der Atmosphäre durch anthropogene Einflüsse, also durch die Abgase von Industrie und Verkehr.

Aber auch die Sonne bewirkt kurzfristige Klimaänderungen, denn ihre Strahlung ist nicht völlig gleichförmig. Die Solarkonstante variiert im Bereich von ein bis drei Promille.

Einfluss der Sonnenflecken

Vor 400 Jahren entdeckten unabhängig voneinander Thomas Harriot, Galileo Galilei, Simon Marius, Johannes Fabricius u.a. mit dem eben erfundenen Fernrohr Flecken auf der Sonne. Dies war eine echte Sensation, glaubte man doch Jahrhunderte lang, die Sonne sei als göttliches Gestirn makellos rein. Christian Pedersen Horrebow (1718–1776) machte darauf aufmerksam, dass die Zahl der Flecken starken Schwankungen unterliegt. Manchmal zeigt sich die Sonne fleckenlos, dann wieder sieht man ein pockennarbiges Antlitz. Der Apotheker und Amateurastronom aus Dessau, Samuel Heinrich Schwabe (1789–1875) fand im Jahre 1843, dass alle zehn Jahre besonders viele Sonnenflecken erscheinen. Langjährige Beobachtungen zeigen, dass dieser Rhythmus nicht exakt eingehalten wird. Manchmal tritt schon nach neun Jahren, manchmal aber erst nach dreizehn Jahren ein neues Sonnenfleckenmaximum auf. Die mittlere Länge einer Fleckenperiode liegt bei elf Jahren.

Sonnenflecken sind gewissermaßen das Wettergeschehen in der Sonnenatmosphäre. Sie sind gewaltige Sturmgebiete. Im Inneren der Flecken sinkt die Temperatur um etwa 1000 bis 1500 °C ab. Im Kontrast zur ungestörten Sonnenoberfläche von 5500 °C erscheinen die Flecken dunkel. An den dunklen Nachthimmel versetzt, erschiene ein Sonnenfleck jedoch als hell leuchtendes Objekt.

Der britische Astronom am königlichen Observatorium in Greenwich bei London, Edward Walter Maunder (1851–1928) machte als eifriger Sonnenforscher im Jahre 1890 eine denkwürdige Entdeckung: Der regelmäßige Sonnenfleckenrhythmus erfuhr in der zweiten Hälfte des 17. Jahrhunderts eine siebzigjährige Unterbrechung. Von 1645 bis 1715 war die Sonne so gut wie fleckenlos. Etwa um die Mitte des heute als Maunder-Minimum bekannten Zeitraumes kam es zu einer kleinen Eiszeit. Flüsse wie die Themse bei

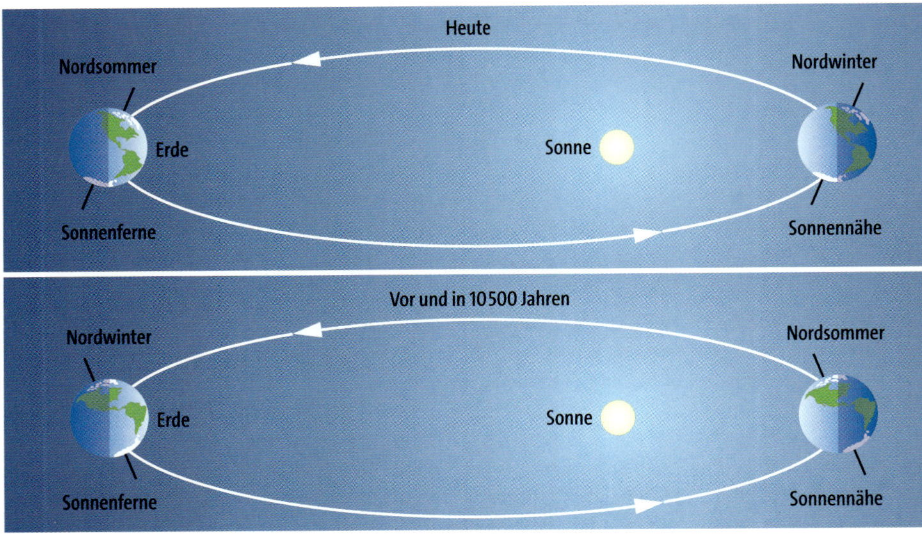

7.11 Infolge der Rotation der Erdbahnellipse (prograde Wanderung des Erdbahnperihels) und der Präzession (retrograde Wanderung des Frühlingspunktes) kommt es jeweils nach 21 000 Jahren zu einer Koinzidenz von Sonnennähe und Winterbeginn. Nach der Halbzeit dieser Periode fallen Sonnenferne und Winterbeginn zusammen.

London sowie die Ostsee und die Meerenge Bosporus froren im Winter monatelang zu, Gletscher drangen vor, das arktische Eis nahm zu und die Polkappen vergrößerten sich. Als Folge von Missernten gab es Hungersnöte und aus alten Steuerlisten geht die hohe Sterblichkeit der damaligen Bevölkerung hervor. Ein zweiter Zeitraum geringer Sonnenaktivität, das sogenannte Spörer-Minimum, benannt nach Wilhelm Gustav Spörer (1822–1895), das von 1415 bis 1510 anhielt, führte ebenfalls zu einer deutlichen Abkühlung des Erdklimas. Auch von 1795 bis 1820 erlahmte die Sonnenaktivität (Dalton-Minimum). Aus geologischen und paläontologischen Untersuchungen (Dicke von Baumringen, Sedimentablagerungen, Bohrkernen von arktischem Eis, usw.) ist bekannt, dass es in der Vergangenheit offensichtlich öfters zu vergleichsweise kurzfristigen Abkühlungen kam und die Ursache wohl in Schwankungen der Solarkonstanten zu suchen ist. Bei einer großen Zahl von Sonnenflecken ist die Sonneneinstrahlung um etwa ein bis drei Promille stärker als während eines Fleckenminimums. Dies erscheint etwas paradox, sind doch die Flecken deutlich kühler als der übrige Bereich der Sonnenoberfläche. So müsste man meinen, bei einem Fleckenmaximum ist die Sonnenhitze etwas geringer.

Auswirkungen des Magnetfelds

Nun, die Sonnenflecken sind nur das auffälligste Merkmal der Sonnenaktivität. Die Sonnenmaterie ist ein Plasma, ein vollständig ionisiertes, heißes Gas, das elektrisch leitend ist. Durch die differenzielle Sonnenrotation – am Äquator dauert eine Umdrehung 25,4 Tage, in höheren heliografischen Breiten über dreißig Tage – wird das vergleichsweise schwache globale Magnetfeld der Sonne verdrillt. Wie Gummischnüre werden die (unsichtbaren) magnetischen Feldlinien aufgewickelt und komprimiert. Es entstehen magnetische Schläuche, in denen gemäß den Gesetzen der Magnetohydrodynamik neben dem Gas- und Strahlungsdruck noch eine magnetische Druckkomponente auftritt, weshalb die Magnetschläuche zur Sonnenoberfläche aufsteigen, sich ausdehnen und solange abkühlen bis ein Druckgleichgewicht zwischen der übrigen, fast magnetfeldfreien Sonnenmaterie hergestellt ist. Dies bedingt aber, dass der thermische Druck in den magnetischen Flussröhren geringer sein muss, um den gleichen Druck wie die nicht magnetisierte Umgebung aufzuweisen, die eben keine magnetische Druckkomponente besitzt. Somit muss in den magnetischen Flussröhren die Temperatur niedriger sein. Erreichen die Flussröhren die Oberfläche der Sonne, platzen sie auf und wir sehen in die etwas kühleren Flussröhren hinein – sie erscheinen uns somit dunkel. Beim Aufreißen der Flussröhren erscheinen fast immer bipolare Fleckengruppen. Ist der in der Rotationsrichtung vorangehende Fleck magnetisch positiv, so ist der folgende Fleck negativer Polarität. Ist dies auf der Nordhalbkugel der Sonne der Fall, so ist auf der Südhalbkugel der Sonne der vorangehende Fleck negativer und der folgende positiver Polarität. Nach einem Zyklus von im Mittel elf Jahren kehrt sich die Polarität um: Auf der Nordhalbkugel ist dann der vorangehende Fleck negativ und der folgende positiv, auf der Südhalbkugel wieder entgegengesetzt. Daraus ist zu schließen, dass der eigentliche Aktivitätszyklus der Sonne 22 Jahre dauert und die elfjährige Periode nur die Halbphase darstellt. Der 22-jährige Sonnenzyklus wird zu Ehren des amerikanischen Astronomen George Ellery Hale (1868–1938) auch Hale-Zyklus genannt.

Die magnetischen Feldstärken in den Fleckengebieten erreichen Werte von 2000 bis 4000 Gauß (= 0,2 bis 0,4 Tesla). Die Magnetfeldlinien ragen in weiten Bögen ins Weltall hinaus. Sie ziehen sich von einem Fleck bis zum anderen mit entgegengesetzter Polarität. Entlang dieser Feldlinien kommt es zu gewaltigen Materieeruptionen und Strahlungsausbrüchen. Man beobachtet sie als Protuberanzen, Filamente und Flares.

Fazit: Die fleckenreiche Sonne strahlt um etwa ein bis drei Promille mehr Energie ab infolge der Eruptionen und Explosionen in den turbulenten Aktivitätsgebieten. Nicht nur die elektromagnetische Strahlung der Sonne ist in allen Frequenzbereichen bei aktiver Sonne verstärkt, auch der Sonnenwind – ein Strom geladener Teilchen, vornehmlich Elektronen, Protonen und Alpha-Teilchen (Heliumatomkerne) – weht heftiger.

Noch weitgehend unerforscht ist die Wechselwirkung zwischen Sonnenstrahlung, -wind und Erdatmosphäre. Man geht davon aus, dass die erhöhte Ultraviolettstrahlung der Sonne vermehrt Ozon (O_3) produziert, was zu einer Erwärmung der unteren Stratosphäre (in 15 bis 40 km Höhe) führt. Dies wiederum beeinflusst die Stärke der Jetstreams, Luftströmungen von einigen hundert Kilometer Geschwindigkeit in der oberen Troposphäre, die ihrerseits wieder auf die Zugrichtung und Geschwindigkeit von Hoch- und Tiefdruckgebieten in der unteren Troposphäre einwirken.

Das letzte Sonnefleckenminimum von 2007 war ungewöhnlich lang anhaltend. Schon glaubten manche Sonnenforscher, ein neues Maunder-Minimum stehe bevor. Im Jahre 2008 und 2009 war die Sonne jeweils knapp neun Monate lang praktisch fleckenlos. Ab 2010 zeigten sich die ersten Flecken des 24. Zyklus, dessen Maximum wohl 2013 zu erwarten ist. Das letzte tiefe Minimum war vermutlich für die kalten Winter 2009/2010 und 2010/2011 verantwortlich. Dennoch ist kurzfristig nicht mit einer neuen „kleinen Eiszeit“ zu rechnen. Denn die vermehrte Ausstoßung von anthropogen verursachtem Kohlendioxid sorgte insgesamt für eine weitere globale Erwärmung und überlagerte den kurzfristigen Abkühlungseffekt durch das letzte lange Minimum der Sonnenaktivität.

Variable Erdbahn

Dennoch wird es zu neuen Eiszeiten kommen, trotz der gegenwärtig globalen Erwärmung. Die Zeitzyklen liegen in der Größenordnung von rund zehntausend Jahren. Ursache für das Auftreten früherer und zukünftiger Eiszeiten ist die

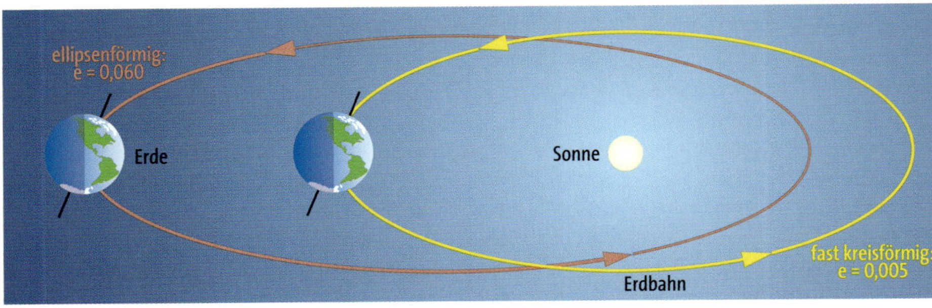

7.12 Die numerische Exzentrizität der Erdbahn variiert mit einer Periode von rund hunderttausend Jahren.

Variation der Erdbahnelemente. Darauf hat als erster der Mathematiker und Geophysiker Milutin M. Milankowitsch (auch Milanković) hingewiesen. Er wurde am 28. Mai 1879 in Dalj (Kroatien, damals Österreich-Ungarn) geboren. Seine Studien an der Technischen Hochschule in Wien schloss Milankowitsch mit der Promotion im Jahre 1904 ab. Nach fünf Jahren Tätigkeit in der Bauindustrie wurde er 1909 Professor für Physik und Himmelsmechanik an der Universität Belgrad und schließlich auch Mitglied der serbischen Akademie der Wissenschaften.

Milankowitsch untersuchte die Variationen der Erdbahnexzentrizität und der Schiefe der Ekliptik. Aus ihnen leitete er die Entstehung der Warm- und Kaltzeiten auf der Erde ab. In den Schriften der serbischen Wissenschaftsakademie publizierte er 1941 in Belgrad sein Hauptwerk *Kanon der Erdbestrahlung und seine Anwendung auf das Eiszeitenproblem*. Darin führt er zahlreiche Klimaperioden auf die Schwankungen der Erdbahnelemente zurück. Man spricht deshalb heute von den Milankowitsch-Zyklen.

Die Jahreszeiten entstehen bekanntlich durch die Schrägstellung der Erdachse. Sie weicht zurzeit um 23°26′ von der Senkrechten zur Erdbahnebene ab. Ist die Nordhalbkugel der Sonne zugekehrt, so erleben wir lange Tage und kurze Nächte. Die Nordpolregion liegt 24 Stunden im Sonnenlicht. Auf 50° Nordbreite steht die Sonne zu Mittag am 21. Juni 63°,4 hoch. Pro Quadratmeter entspricht die Sonneneinstrahlung knapp neunzig Prozent der Solarkonstanten. Kurz, die Nordhalbkugel hat Sommer. Einen halben Umlauf später ist die Südhalbkugel der Sonne zugekehrt und nun herrscht dort Sommer. Auf der Nordhalbkugel ist es jedoch Winter. Die Sonne beschreibt einen kleinen Tagbogen, die Nächte sind lang, die Tage kurz. In 50° Nord erreicht die Sonne nur eine Kulminationshöhe von 16°,6. Nur 28 Prozent der Solarkonstante erwärmen die Erdoberfläche, die Nordkalotte der Erde liegt im Dunkel der Polarnacht und kühlt aus.

Hinzu kommt, dass die Bahn der Erde kein Kreis, sondern eine Ellipse ist. Die Stärke der Abweichung von der Kreisbahn wird durch die numerische Exzentrizität beschrieben. Anfang Januar beträgt die Sonnenentfernung 147,1 Millionen Kilometer, Anfang Juli trennen uns jedoch 152,1 Millionen Kilometer vom Glutball des Zentralgestirns. Daraus folgt, dass die gesamte Erde im Januar rund sieben Prozent mehr Strahlungsleistung von der Sonne enthält als im Juli. Dies mildert die Gegensätze zwischen Nordwinter und Nordsommer ein wenig ab. Es bleibt aber nicht für alle Zeiten so, denn die Erdbahnellipse rotiert prograd, das Erdbahnperihel rückt in der gleichen Richtung vorwärts, in der der Sonnenlauf erfolgt. Deshalb ist ein anomalistisches Jahr auch 4^m42^s länger als ein siderisches Jahr. Die Apsidenlinie der Erdbahn (Verbindungslinie Perihel – Aphel, also die große Achse der Ellipse) dreht sich somit einmal in 111 270 Jahren im Raum voll herum. Diese Periode wird auch Euklidisches Jahr genannt. Andererseits wandert infolge der Erdpräzession der Frühlingspunkt rückläufig in

25784 Jahren durch den Tierkreis (Platonisches Jahr). Somit kommt es alle 20934 Jahre zu einer Koinzidenz von Erdbahnperihel und Frühlingspunkt, denn Perihel und Frühlingspunkt kommen einander entgegen. Diese Periode heißt Pythagoreïsches Jahr. Nach einem halben Pythagoreïschen Jahr, also nach rund 10500 Jahren wird dann die Erde Anfang Januar in Sonnenferne (Aphel) stehen und im Juli in Sonnennähe (Perihel), womit die jahreszeitlichen Effekte verstärkt werden. Die Winter werden zunehmend kühler, die Sommer heißer. Doch dies ist nur die halbe Wahrheit.

Nach Milankowitsch verändert sich die Exzentrizität der Erdbahn periodisch in einem Zeitraum von ungefähr 100000 Jahren. Gegenwärtig beträgt sie e = 0,01667. Dies bedingt eine Differenz zwischen Sonnennähe und Sonnenferne von fünf Millionen Kilometer. Wenn jedoch die numerische Exzentrizität auf e = 0,060 angewachsen sein wird, wird die Differenz Aphel – Perihel immerhin 18 Millionen Kilometer betragen. In Sonnenferne wird dann die Erde 27 Prozent weniger Strahlungsleistung erhalten als in Sonnennähe. Fällt nun die Sonnenferne in den Winter, so wird dieser extrem kalt. Eine monatelang geschlossene Schneedecke sorgt für eine hohe Albedo (Rückstrahlvermögen) mit der Wirkung, dass die Temperatur noch stärker absinkt. Hinzu kommt, dass nach dem zweiten Kepler-Gesetz die Erde in Sonnenferne langsamer läuft als in Sonnennähe. Passiert die Sonne im Winter ihr Aphel, so ist das Winterhalbjahr deutlich länger als das Sommerhalbjahr, was ebenfalls zur stärkeren Abkühlung beiträgt. Nach weiteren 50000 Jahren wird die numerische Exzentrizität bis auf e = 0,005 abnehmen. Die Sonnendistanz wird dann lediglich um 1,5 Millionen Kilometer im Jahr variieren. Die Differenz zwischen der Einstrahlung im Aphel und der im Perihel beträgt dann nur noch zwei Prozent.

Schwankende Erdachse

Auch die Neigung der Erdachse zur Erdbahnebene, die die Jahreszeiten bedingt, ist variabel. Gegenwärtig beträgt die Schiefe der Ekliptik 23°26′10″, mit abnehmender Tendenz. Mit einer mittleren Periode von 41000 Jahren schwankt die Schiefe der Ekliptik zwischen den Werten 21°55′ und 24°18′. Diese Variation wirkt sich allerdings nur relativ wenig auf das Klima aus, da sie teilweise gegenläufige Effekte auslöst. Bei stärkerer Achsneigung erhalten die Pole mehr Sonnenwärme, in mittleren Breiten erfolgt jedoch eine geringere Wärmeaufnahme.

Fazit: Auf sehr lange Sicht, also in einigen hundert Millionen Jahren, wird das Leben auf der Erde dem Hitzetod erliegen. In etwa zehntausend Jahren ist mit einer neuen Eiszeit zu rechnen. Wie sich das Klima in den nächsten hundert bis tausend Jahren entwickeln wird, lässt sich nicht vorhersagen. Zu viele Regelkreise spielen hier eine Rolle, deren Auswirkungen bisher nur grob abgeschätzt aber nicht präzise berechnet werden können. Auch sind Ereignisse wie große Vulkanausbrüche oder gewaltige Meteoriteneinschläge nicht vorhersehbar – auf das Klima haben sie aber definitiv einen mehr oder minder großen Einfluss. Wie dem auch sei, eine Reduzierung des von uns bewirkten Kohlendioxidausstoßes in die Atmosphäre ist auf alle Fälle geboten.

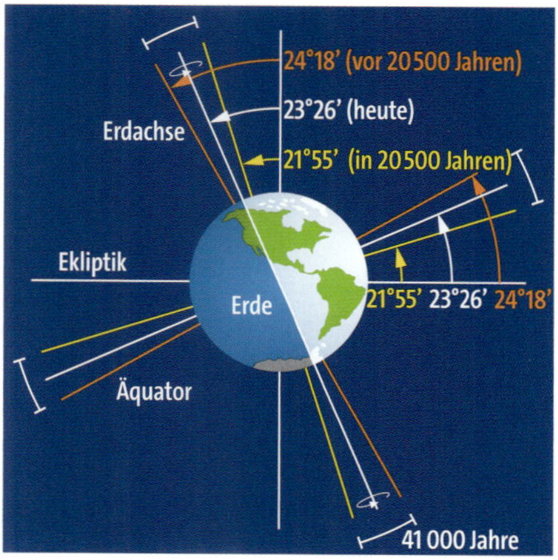

7.13 Die Neigung der Erdachse variiert mit einer mittleren Periode von 41000 Jahren zwischen 21°55′ und 24°18′.

August 2012

- Merkur bietet in der zweiten Augusthälfte eine Morgensichtbarkeit.
- Mars überholt Mitte August den Ringplaneten – Abendhimmel!
- Venus und Jupiter beherrschen den Morgenhimmel.
- Neptun steht am 24. im Wassermann in Opposition zur Sonne.

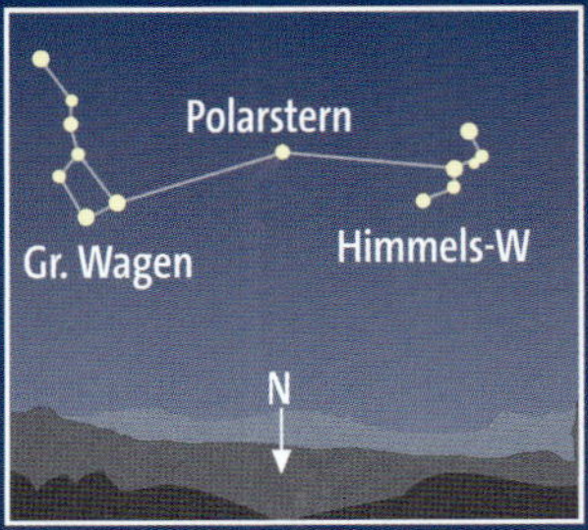

Großer Wagen und Himmels-W Anfang August um 22 Uhr

8.1 Himmelsanblick am 14. August gegen 3h MEZ (= 4h MESZ). Am Osthimmel leuchtet Jupiter im Stier. Knapp über dem Osthorizont sieht man Venus und die schmale Sichel des abnehmenden Mondes.

- **1 Mi** Schweizer Bundesfeier
- **2 Do** **Vollmond**
- **3 Fr**
- **4 Sa**
- **5 So**
- **6 Mo**
- **7 Di**
- **8 Mi**
- **9 Do** Mond im letzten Viertel
- **10 Fr** Mond in Erdferne
- **11 Sa** Mond bei Jupiter (Mitternacht)
- **12 So**
- **13 Mo**
- **14 Di** Mond bei Venus (Morgenhimmel)
- **15 Mi** Liechtensteiner Staatsfeiertag; Venus in gr. westl. Elongation (Morgenhimmel)
- **16 Do** Mond bei Merkur, Merkur in gr. westl. Elongation (Morgenhimmel)

- **17 Fr** **Neumond**; Mars bei Saturn (Abendhimmel)
- **18 Sa**
- **19 So**
- **20 Mo**
- **21 Di**
- **22 Mi**
- **23 Do** Mond in Erdnähe
- **24 Fr** Mond im ersten Viertel; Neptun in Opposition
- **25 Sa**
- **26 So**
- **27 Mo**
- **28 Di**
- **29 Mi**
- **30 Do**
- **31 Fr** **Vollmond („Blue Moon")**

Sonne – Sternbilder

10. 8. 12h:
Sonne tritt in das Sternbild Löwe
22. 8. 18h:
Sonne tritt in das Tierkreiszeichen Jungfrau
Julianisches Datum am
1. August, 1h MEZ: 2456140,5

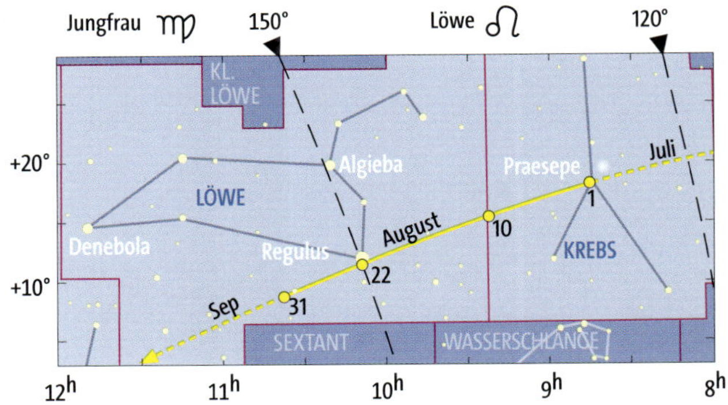

Tabelle Sonnenlauf

Tag	Dämmerg. Anfang	Aufgang MEZ	Kulmination	Untergang MEZ	Dämmerg. Ende	Mittagshöhe	Zeitgleichg.	Rektaszension	Deklination
	h m	h m	h m	h m	h m	o	m	h m	o
1.	3 20	4 49	12 26	20 02	21 31	57,9	–6	8 45	+18,0
5.	3 28	4 55	12 26	19 55	21 22	56,8	–6	9 01	+17,0
10.	3 38	5 02	12 25	19 47	21 10	55,4	–5	9 20	+15,6
15.	3 48	5 10	12 24	19 38	20 59	53,9	–4	9 39	+14,1
20.	3 58	5 17	12 23	19 28	20 47	52,2	–3	9 57	+12,5
25.	4 07	5 25	12 22	19 18	20 35	50,6	–2	10 16	+10,8
31.	4 18	5 34	12 20	19 05	20 20	48,4	0	10 38	+ 8,7

Tages- und Nachtstunden

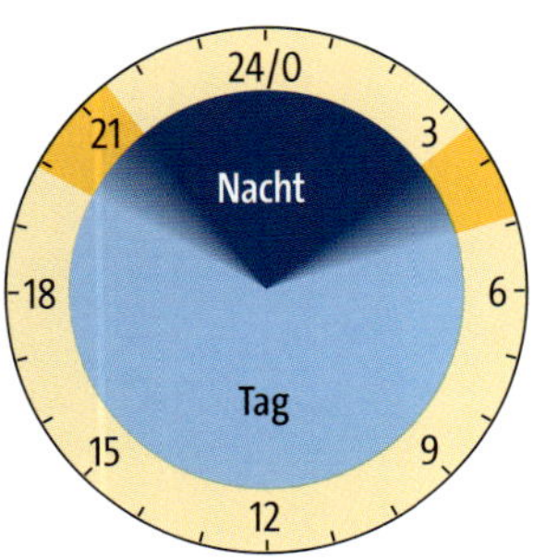

5. August

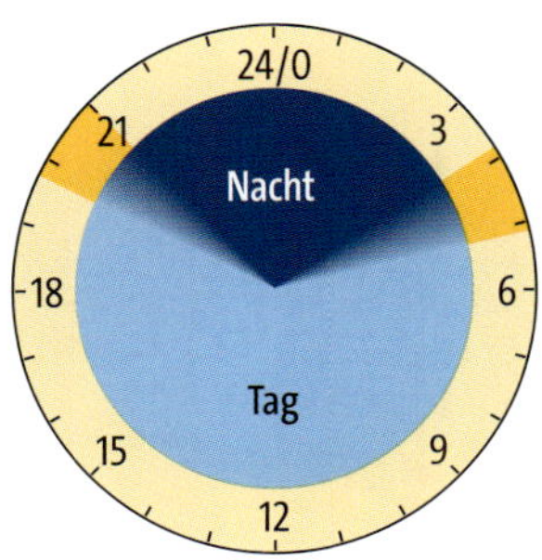

15. August

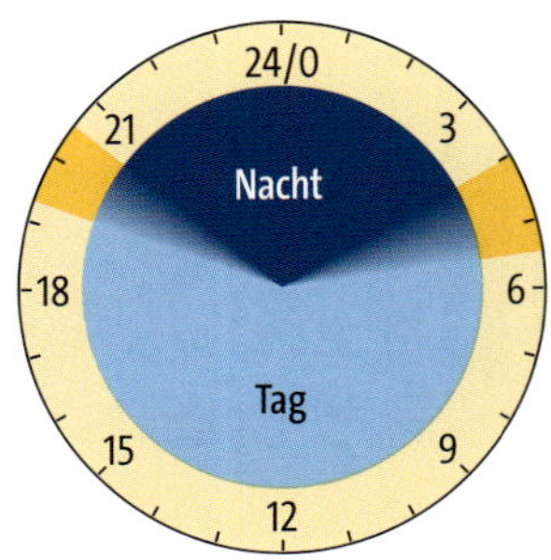

25. August

Tabelle Mondlauf

Datum		Aufg. MEZ	Kulmination	Unterg. MEZ	Rektaszension	Deklination	Sterne und Sternbilder	Phase	MEZ
		h m	h m	h m	h m	°			
Mi	1.	19 15	–	4 02	19 40	–17,4	Schütze		
Do	2.	19 44	0 12	5 18	20 37	–13,8	Steinbock	**Vollmond**	**4^h 27^m**
Fr	3.	20 09	1 03	6 33	21 31	– 9,5	Steinbock	Größte Nordbreite	
Sa	4.	20 32	1 52	7 46	22 22	– 4,8	Wassermann	Libration West	
So	5.	20 54	2 38	8 57	23 11	– 0,1	Fische		
Mo	6.	21 16	3 23	10 05	23 58	+ 4,6	Fische		
Di	7.	21 39	4 08	11 12	0 45	+ 8,9	Fische		
Mi	8.	22 06	4 52	12 17	1 32	+12,8	Fische		
Do	9.	22 36	5 38	13 20	2 20	+16,1	Widder	**Letztes Viertel**	**19^h 55^m**
Fr	10.	23 11	6 24	14 20	3 09	+18,7	Widder	Erdferne 404/29,′6	12^h
Sa	11.	23 54	7 12	15 17	3 58	+20,5	Stier, Plejaden	Absteigender Knoten	
So	12.	–	8 00	16 08	4 49	+21,4	Aldebaran		
Mo	13.	0 44	8 50	16 53	5 41	+21,3	Stier		
Di	14.	1 41	9 40	17 31	6 33	+20,2	Alhena		
Mi	15.	2 44	10 30	18 04	7 25	+18,2	Zwillinge		
Do	16.	3 52	11 19	18 33	8 17	+15,2	Krebs, Krippe	Libration Ost	
Fr	17.	5 03	12 08	18 59	9 08	+11,4	Krebs	**Neumond Nr. 1109**	**16^h 54^m**
Sa	18.	6 16	12 56	19 23	9 59	+ 6,9	Löwe, Regulus	Größte Südbreite	
So	19.	7 31	13 45	19 47	10 50	+ 2,1	Sextant		
Mo	20.	8 47	14 35	20 12	11 42	– 3,0	Jungfrau		
Di	21.	10 03	15 27	20 39	12 35	– 7,9	Jungfrau		
Mi	22.	11 21	16 20	21 11	13 29	–12,4	* Spica		
Do	23.	12 37	17 16	21 49	14 25	–16,3	* Waage	Erdnähe 370/32,′3	20^h
Fr	24.	13 49	18 14	22 35	15 24	–19,2	Waage	**Erstes Viertel** Aufsteigender Knoten	**14^h 54^m**
Sa	25.	14 55	19 13	23 31	16 24	–20,9	Antares		
So	26.	15 51	20 11	–	17 24	–21,3	* Schlangenträger		
Mo	27.	16 37	21 08	0 35	18 24	–20,4	Schütze		
Di	28.	17 14	22 03	1 46	19 23	–18,2	Schütze		
Mi	29.	17 45	22 55	3 00	20 19	–15,0	Steinbock		
Do	30.	18 11	23 44	4 14	21 12	–11,0	Wassermann	Größte Nordbreite	
Fr	31.	18 35	–	5 27	22 04	– 6,6	Wassermann	**Vollmond** Libration West	**14^h 58^m**

Der Mond zieht an Jupiter vorbei

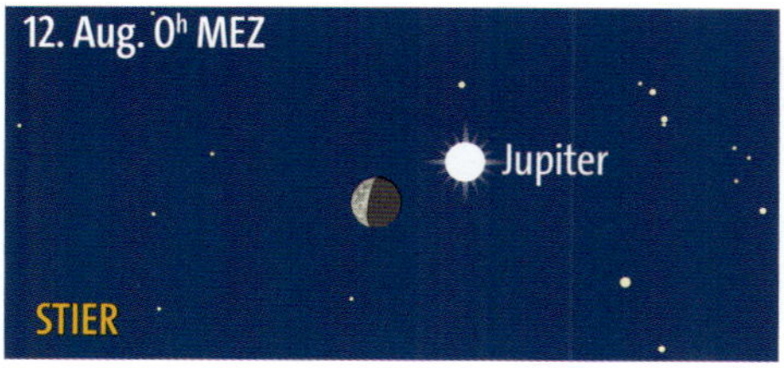

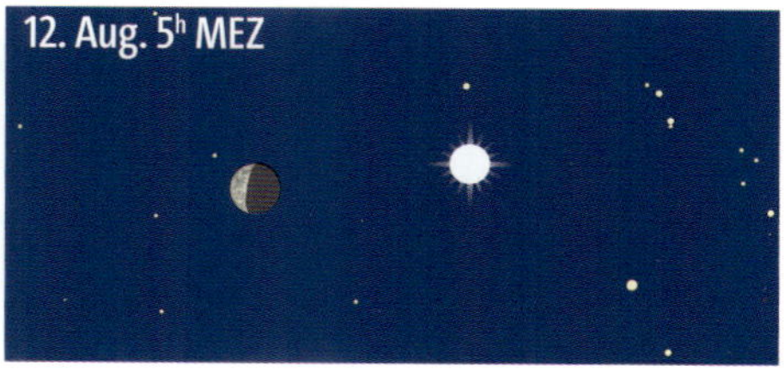

Merkur bietet um die Monatsmitte eine günstige Morgensichtbarkeit. Der sonnennächste Planet hat seine untere Konjunktion eben hinter sich und entfernt sich in der ersten Augustwoche rasch rückläufig von der Sonne. Am 7. wird er stationär und wandert zunächst noch relativ langsam wieder rechtläufig durch den Tierkreis. Am 16. erreicht er mit 18°42′ Winkelabstand seine größte westliche Elongation. Sie fällt vergleichsweise klein aus, da Merkur schon am 25. durch sein Perihel eilt. Dennoch zeigt sich der flinke Planet in unseren Breiten bis fast zum nördlichen Polarkreis am Morgenhimmel.

Der $0^{m}{,}3$ helle Merkur geht am 14. um 3^h35^m auf. Etwa eine halbe Stunde später sollte man ihn freiäugig als Lichtpunkt knapp über dem Osthorizont erkennen. Bis 20. nimmt die Merkurhelligkeit kräftig zu, nämlich auf $-0^{m}{,}6$. Die Merkuraufgänge verspäten sich nur unwesentlich auf 3^h38^m ($=4^h38^m$ Sommerzeit). Bis 25. steigt die Helligkeit auf $-1^{m}{,}0$ an, die Aufgänge verschieben sich auf 3^h57^m. Letztmals zeigt sich Merkur – inzwischen $-1^{m}{,}2$ hell – am 29. Sein Aufgang erfolgt an diesem Tag um 4^h20^m ($= 5^h20^m$ Sommerzeit). Gegen 5^h ($= 6^h$ Sommerzeit) verblasst er in der zunehmend heller werden-

8.2 Merkur am Morgenhimmel:
Stellung von Merkur über dem Osthorizont zu den angegebenen Daten jeweils eine Stunde vor Sonnenaufgang. Die Pfeile geben die Bewegungen von Merkur und Sonne in der folgenden halben Stunde an.

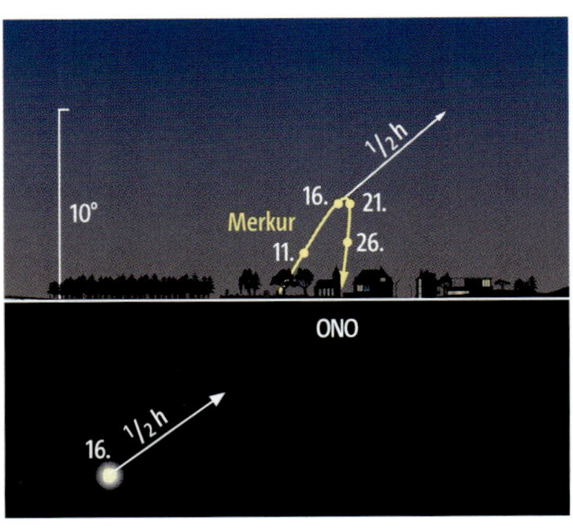

8.3 Sichtbarkeitsdiagramm für Merkur:
Es gilt genau für 50° nördlicher Breite und 10° östlicher Länge. Dunkelgelbe Fläche: Unter günstigen Sichtbedingungen kann man Merkur mit bloßen Augen erkennen.

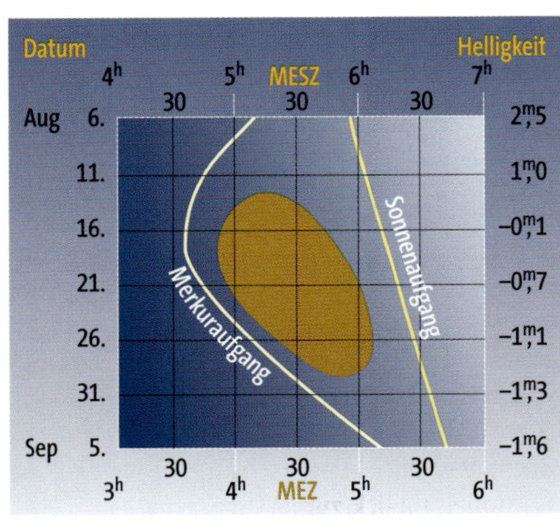

8.4 Sichtbarkeit von Venus:
Stellung von Venus über dem Osthorizont jeweils eine Stunde vor Sonnenaufgang. Die Zahlen geben die Positionen der Venus zum jeweiligen Monatsersten an (8 = 1. August).

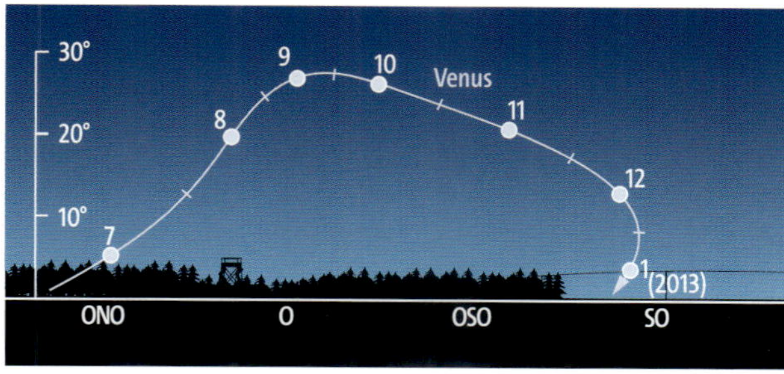

den Morgendämmerung (siehe Abb. 8.2 und 8.3 auf Seite 154).

Im Fernrohr zeigt sich das 7″,0 große Merkurscheibchen am 18. halb beleuchtet, die Dichotomie (Halbmerkur) ist erreicht. Bis 29. sind fast neunzig Prozent des Merkurscheibchens beleuchtet, sein scheinbarer Durchmesser schrumpft auf 5″,5. Der erfahrene Beobachter weiß: Die obere Konjunktion ist nicht mehr fern.

Venus ist Glanzpunkt am Morgenhimmel. Am 15. steht sie mit 45°48′ Winkelabstand in größter westlicher Elongation von der Sonne. Der Morgenstern entfernt sich von Aldebaran, streift die nordöstlichen Bezirke des Orions und wechselt am 13. in das Sternbild Zwillinge. Bereits am 7. zieht Venus 3°,8 südlich am Sommerpunkt vorbei (siehe Abb. 4.7 auf Seite 84).

Die Venusaufgänge bleiben fast den ganzen Monat über konstant. Am 1. geht Venus um 1^h34^m auf, am 15. um 1^h27^m und am 31. um 1^h36^m (= 2^h36^m Sommerzeit). Die Venushelligkeit geht leicht um $0^m,3$ auf $-4^m,3$ zurück.

In den Morgenstunden des 14. erblickt man die abnehmende Mondsichel nahe Venus, ein netter Himmelsanblick, zumal auch Jupiter am Morgenhimmel vertreten ist (siehe Abb. 8.1 auf Seite 150).

Die Dichotomie (Phase Halbvenus) tritt am 15. ein. Das knapp 24″ große Venusscheibchen zeigt sich halb beleuchtet. Danach erscheint Venus immer kleiner und rundlicher.

Mars ist noch am Abendhimmel vertreten, seine Glanzzeit ist aber längst vorüber. Ende August wird es schwierig, den nur mehr $1^m,2$ hellen Planeten in der Abenddämmerung knapp über dem Südwesthorizont aufzustöbern. Der rote Planet zieht durch die Jungfrau und steuert auf Spica (α Virginis) zu, an der er am 13. knapp 2° nördlich vorbeiwandert. Spica ist mit $1^m,0$ nur wenig heller als Mars, zeigt aber als bläulicher Stern einen schönen Farbkontrast zum rötlichen Mars. Am 17. wandert Mars am viel ferneren Saturn 2°,9 südlich vorbei: Die geringste Distanz von Saturn wird mit 2°,7 schon am 15. um 21^h (= 22^h Sommerzeit) erreicht (siehe Abb. 4.8 auf Seite 85 und Abb. 8.5 rechts).

Der Marsuntergang verfrüht sich von 22^h09^m (= 23^h09^m Sommerzeit) am 1. auf 21^h29^m am 15. und auf 20^h46^m am Monatsletzten.

Jupiter kann in der zweiten Nachthälfte gesehen werden. Der Riesenplanet verlagert seine Aufgänge in die Zeit vor Mitternacht. Er wandert rechtläufig durch das Himmelsbild Stier und passiert am 3. den Hauptstern des Stiers, Aldebaran, in rund 5° nördlichem Abstand (siehe Abb. 12.5 auf Seite 225). Die Jupiterhelligkeit nimmt leicht auf $-2^m,3$ zu.

Am 1. geht Jupiter um 0^h21^m (= 1^h21^m Sommerzeit) auf, am 15. um 23^h30^m und am 31. bereits

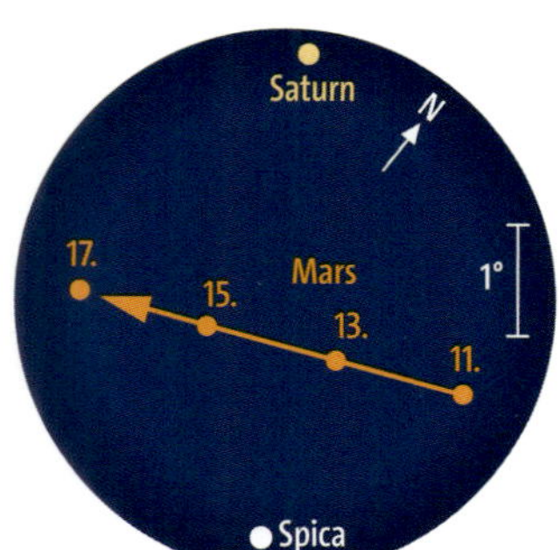

8.5 Mars trifft auf Saturn:
Mars zieht vom 13. bis 15. August südlich an Saturn vorbei. Fernglasanblick bei 5° Gesichtsfelddurchmesser.

8.6 Mond und Spica:
Spica und die zunehmende Mondsichel. Fernglasanblick am 21. August gegen 20^h MEZ (= 21^h MESZ).

um 22^h34^m. In der Nacht vom 11. auf 12. zieht der abnehmende Mond an Jupiter vorbei. Es kommt abermals zu einer Bedeckung von Jupiter durch den Mond, die aber bei uns in Mitteleuropa unbeobachtbar bleibt, da Jupiter zur Bedeckungszeit bei uns noch nicht aufgegangen ist (siehe auch Mondlaufgrafik auf Seite 153).

Saturn beschleunigt seine rechtläufige Wanderung durch die Jungfrau und entfernt sich dabei von Spica (siehe Abb. 4.8 auf Seite 85). Mit einbrechender Dunkelheit steht der Ringplanet schon weit im Westen. Gegen Monatsende wird es schwierig, ihn mit bloßen Augen in der Abenddämmerung auszumachen.

Am 17. zieht Mars knapp 3° südlich an Saturn vorbei (siehe Abb. 8.5 auf Seite 155). Ein Fernglas kann gute Dienste leisten, will man diese Konjunktion am aufgehellten Abendhimmel weit im Westen verfolgen. Der $0^m,8$ helle Ringplanet geht am 1. um 22^h38^m (= 23^h38^m Sommerzeit) unter, am 15. um 21^h46^m und am 31. bereits um 20^h44^m, nur eine knappe halbe Stunde nach Ende der nautischen Dämmerung.

Uranus, rückläufig im Sternbild Walfisch, nähert sich seiner Opposition zur Sonne, die er aber erst Ende September erreicht. Der grünliche Planet geht nun immer früher auf, am 1. um 21^h52^m (= 22^h52^m Sommerzeit), am 15. um 20^h57^m und am 31. bereits um 19^h53^m. Die beste Zeit, um den sonnenfernen Planeten zu beobachten, ist die Stunde um seine Kulmination. Sein Meridiandurchgang erfolgt am 1. um 4^h12^m und am 15. um 3^h15^m. Am Monatsletzten passiert der $5^m,7$ helle Uranus schon um 2^h11^m (= 3^h11^m Sommerzeit) die Mittagslinie. In der ersten Augustwoche stört Mondlicht beim Aufsuchen des lichtschwachen Uranus.

Neptun, rückläufig im Wassermann an der Grenze zum Steinbock, kommt am 24. zu Mittag in **Opposition** zur Sonne. Er ist so-

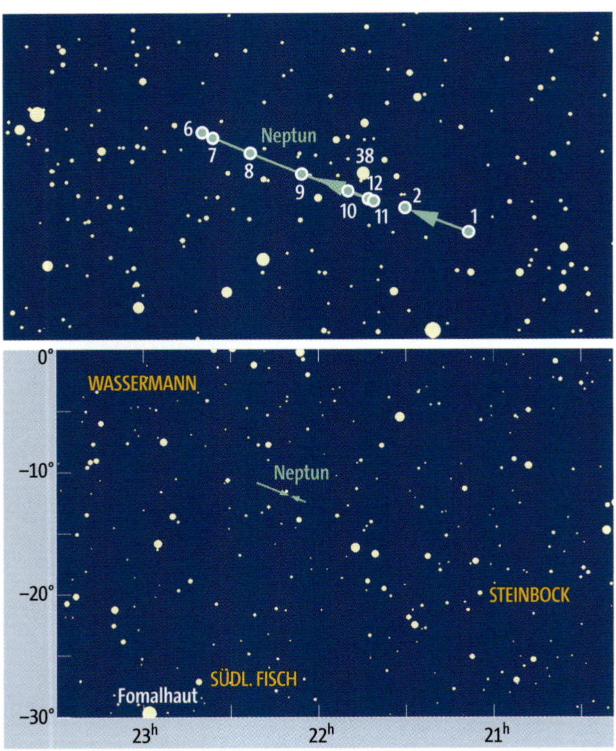

8.7 Bahn von Neptun:
Scheinbare Bahn des Planeten Neptun im Sternbild Wassermann vom 1. Juni bis Jahresende 2012. Die Zahlen geben die Neptunposition zum jeweiligen Monatsbeginn an (8 = 1. August).

mit die ganze Nacht über am Firmament vertreten. Als sonnenfernster Planet erreicht er nur eine maximale Helligkeit von $7^{\mathrm{m}},8$. Ein gutes Fernglas samt Stativ oder ein kleines Teleskop genügen, um Neptun unter dem Gewimmel von Sternen zu identifizieren (siehe auch Aufsuchkärtchen Abb. 8.7 auf Seite 156).

Geht Neptun am 1. um $20^{\mathrm{h}}46^{\mathrm{m}}$ (= $21^{\mathrm{h}}46^{\mathrm{m}}$ Sommerzeit) auf, so erfolgt sein Aufgang am Tag der Opposition, dem 24., bereits um $19^{\mathrm{h}}14^{\mathrm{m}}$. In der Oppositionsnacht kulminiert er um $0^{\mathrm{h}}25^{\mathrm{m}}$ und geht morgens um $5^{\mathrm{h}}33^{\mathrm{m}}$ unter.

Im Teleskop zeigt sich ein winziges, bläuliches Neptunscheibchen von nur $2'',3$ scheinbarem Durchmesser, auf dem keine Details zu erkennen sind.

In Opposition ist Neptun 4336 Millionen Kilometer (= 28,98 AE) von der Erde entfernt. Das Licht ist von Neptun somit vier Stunden und eine Minute zu uns unterwegs. Von der Sonne trennen Neptun zur gleichen Stunde 4487 Millionen, also fast viereinhalb Milliarden Kilometer (= 30,0 AE).

Jupitermonde

Tag	MEZ h m	Vorgang
1.	1 41	I SA
	2 50	I DA
	2 51	II SE
	2 52	II DA
	3 50	I SE
2.	2 16	I BE
8.	3 06	II SA
	3 35	I SA
9.	0 47	I VA
	4 13	I BE
10.	0 12	I SE
	0 13	II BA
	1 25	I DE
	2 35	II BE
	2 39	III BA
16.	2 42	I VA
	23 57	I SA
17.	0 18	II VA
	1 13	I DA
	1 34	III VA
	2 05	I SE
	2 41	II VE
	2 53	II BA
	3 22	I DE
	3 27	III VE
18.	0 40	I BE
19.	0 03	II DE
23.	4 36	I VA
24.	1 51	I SA
	2 52	II VA
	3 09	I DA
	3 59	I SE
25.	2 36	I BE
	23 46	I DE
26.	0 01	II SE
	0 23	II DA
	2 44	II DE
28.	1 12	III DA
	3 04	III DE
31.	3 44	I SA
	5 04	I DA
	0 58	I VA

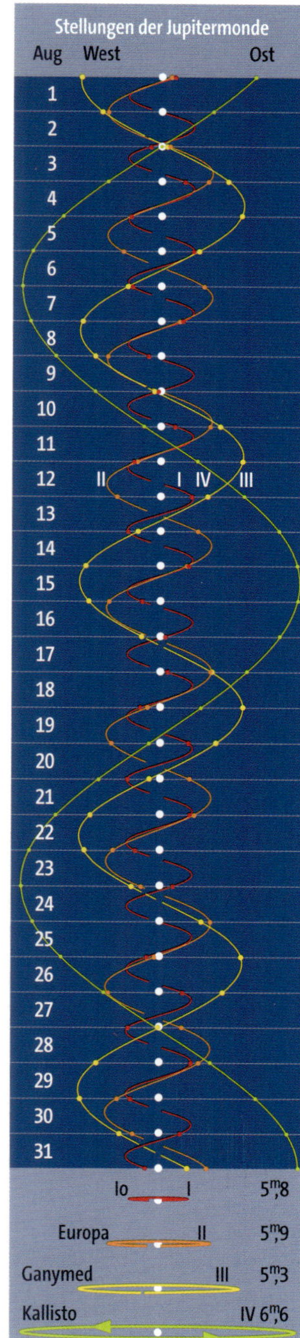

Planetoiden

Ceres (1) eilt mit hoher Geschwindigkeit rechtläufig durch das Sternbild Stier (siehe Abb. 12.5 auf Seite 225). Ihre Helligkeit nimmt während des Monats von $9^{\mathrm{m}},1$ auf $8^{\mathrm{m}},9$ zu. Sie verlagert ihre Aufgänge von $0^{\mathrm{h}}53^{\mathrm{m}}$ am 1. auf $23^{\mathrm{h}}24^{\mathrm{m}}$ am 31. Ihre Meridianpassagen verfrühen sich von $8^{\mathrm{h}}32^{\mathrm{m}}$ zu Monatsbeginn auf $7^{\mathrm{h}}14^{\mathrm{m}}$ (= $8^{\mathrm{h}}14^{\mathrm{m}}$ Sommerzeit) am Monatsende.

Pallas (2) wird am 9. im Grenzgebiet Fische/Walfisch stationär. Sie eilt dann schneller werdend rückläufig südwärts (siehe Abb.

9.3 auf Seite 173). Ihre Helligkeit steigert sich von $9^{m}\!\!,5$ auf $8^{m}\!\!,8$ während des Monats. Am 1. kulminiert Pallas um 4^h23^m, am 15. um 3^h29^m und am 31. schon um 2^h21^m (= 3^h21^m Sommerzeit). Dies sind fast zwei Stunden vor Beginn der nautischen Morgendämmerung. Somit lohnt es sich, nach Pallas mit guter Optik Ausschau zu halten.

Vesta (4) wandert flott rechtläufig durch das Sternbild Stier (siehe Abb. 12.5 auf Seite 225). Ihre Helligkeit nimmt ein wenig von $8^{m}\!\!,3$ auf $8^{m}\!\!,1$ im Laufe des Monats zu. Am 1. kulminiert sie um 8^h09^m, am 15. um 7^h33^m und am 31. schon um 6^h50^m (= 7^h50^m Sommerzeit). Am 15. geht Vesta um 0^h04^m auf und am Monatsletzten um 23^h16^m.

Periodische Sternschnuppenströme

Im August sind besonders viele Sternschnuppen zu beobachten. Die große Zahl der Meteore ist auf den Strom der **Perseïden** zurückzuführen, deren maximale Tätigkeit zwischen dem 9. und 13. August liegt. Helle Objekte (um 0^m und heller, sogenannte Feuerkugeln oder Boliden) sind keine Seltenheit. Das Maximum ist in der Nacht vom 11. auf 12. August zu erwarten. Als schönster und reichster Strom des Jahres bescheren die Perseïden bis zu hundert Sternschnuppen pro Stunde. Der Ursprung der Perseïden geht auf den Kometen 109P/Swift-Tuttle (früher: 1862 III) zurück. Die beste Beobachtungszeit liegt zwischen 22^h und 4^h morgens. Die Perseïden-Sternschnuppen sind mit 60 Kilometer pro Sekunde recht schnelle Objekte. Im Volksmund heißen sie auch Laurentius-Tränen nach dem Märtyrer Laurentius (gest. 258 n. Chr.) – siehe auch Monatsthema Seite 163.

Zu erwähnen sind noch die **Kappa-Cygniden**, deren Radiant im Sternbild Schwan liegt. Sie sind vom 2. bis 24. August aktiv, allerdings sind sie kein besonders reicher Strom. Zur Zeit des Maximums um den 17. August ist nur mit etwa fünf Meteoren pro Stunde zu rechnen. Mit 25 Kilometer pro Sekunde mittlerer Geschwindigkeit zählen die Cygniden zu den langsamen Sternschnuppen. Die Umlaufzeit dieses Stromes beträgt sieben Jahre. Der Ursprungskomet dürfte sich aufgelöst haben.

Der wenig bekannte Strom der **Cepheïden** macht sich um den 17. August herum bemerkbar. Die Frequenz ist gering, nämlich nur zehn Objekte pro Stunde. Vermutlich sind die Cepheïden ein Zweigstrom der Cygniden.

Vom 25. August bis 5. September tauchen die **Alpha-Aurigiden** abermals auf (siehe auch „Periodische Sternschnuppenströme“ im Februar, Seite 47). Auch das Maximum am 30. August ist nicht sehr ausgeprägt. Pro Stunde ist mit etwa zehn Meteoren zu rechnen.

Konstellationen und Ereignisse

Datum	MEZ	Ereignis
3.	23^h	Mond bei Neptun, Mond 6,°1 nördlich
6.	18	Mond bei Uranus, Mond 5,°1 nördlich
7.	18	Merkur im Stillstand, anschließend rechtläufig
11.	22	**Mond bei Jupiter**, Mond 0,°1 südlich (Bedeckung!), **Abstand 1,°9 um 24^h**
13.	21	**Mond bei Venus**, Mond 0,°6 nördlich (Bedeckung!), **Abstand 3,°2 um 2^h am 14.**
15.	10	**Venus in größter westlicher Elongation** (46°)
16.	6	**Mond bei Merkur,** Mond 3,°5 südlich, **Abstand 4,°0 um 4^h**
16.	13	**Merkur in größter westlicher Elongation** (19°)
17.	10	**Mars bei Saturn,** Mars 2,°9 südlich, **Abstand 2,°7 um 21^h am 15.**
22.	4	Mond bei Saturn, Mond 5,°5 südlich
22.	9	Mond bei Mars, Mond 2,°3 südlich
24.	14	**Neptun in Opposition** zur Sonne
25.	5	Merkur im Perihel
27.	3	Mond bei Pluto, Mond 0,°7 südlich (Bedeckung!)
31.	6	Mond bei Neptun, Mond 6,°0 nördlich

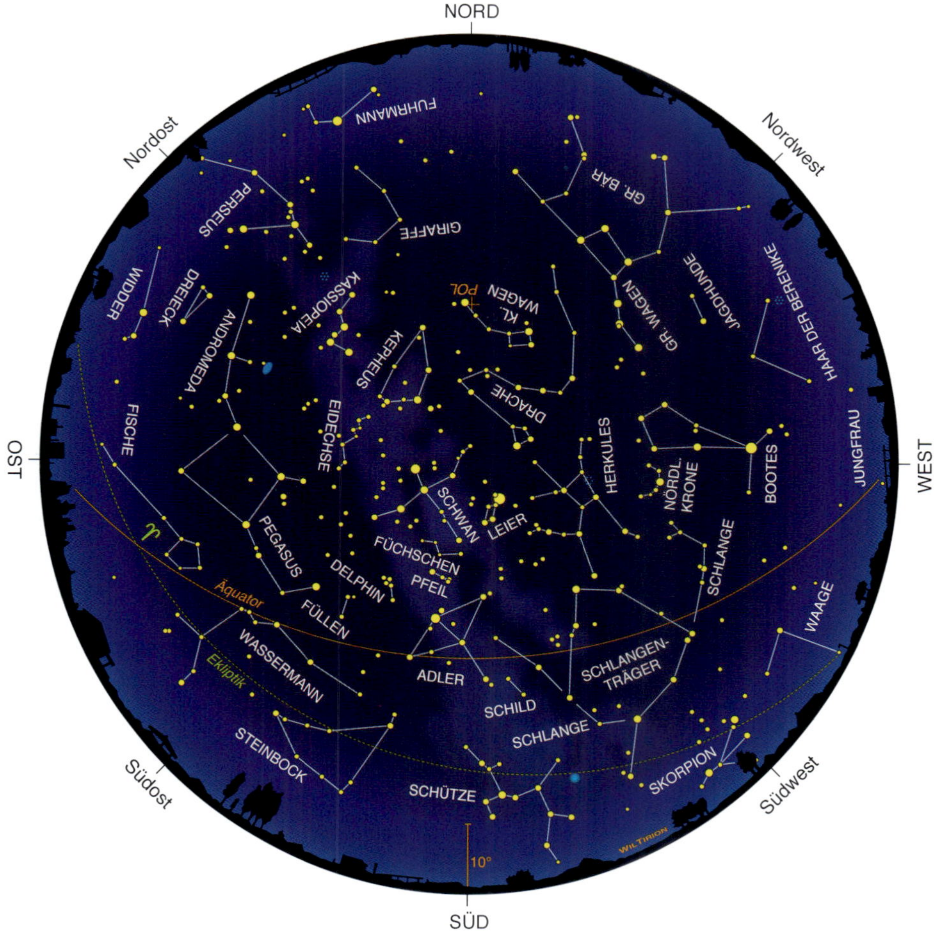

Der Sternenhimmel am 15. August um 22ʰ MEZ

Die Sternkarte ist auch gültig für:		
	MEZ	MESZ
15. 6.	2ʰ	3ʰ
1. 7.	1	2
15. 7.	0	1
1. 8.	**23**	**24**
15. 8.	**22**	**23**
31. 8.	**21**	**22**
15. 9.	20	21
30. 9.	19	20

Der Sommersternenhimmel entfaltet jetzt seine volle Pracht. Hoch im Süden steht das Sommerdreieck mit Wega in der Leier, Deneb im Schwan und Atair im Adler. Weit im Westen funkelt der Bärenhüter, unter dem Namen Arktur besser bekannt. Der Skorpion bereitet sich im Südwesten auf seinen Untergang vor. Sein Hauptstern Antares zieht noch die Blicke auf sich.

Dem Skorpion folgt im Tierkreis der Schütze. Östlich vom Schützen nimmt der lichtschwache Steinbock seinen Platz ein. Dem Steinbock folgt im Südosten der Wassermann, der ebenfalls recht lichtschwach und nicht leicht zu erkennen ist.

Das markante Sternenviereck des Pegasus steigt im Osten empor. Mit seiner unteren Spitze deutet das Pegasusquadrat zum Ostpunkt am Horizont. Man gewinnt dabei den Eindruck einer überdimensionalen Vorfahrtstafel. In der griechischen Mythologie ist der Pegasus ein geflügeltes Pferd. Zum Pegasus zählt nicht nur das auffallende Sternenviereck, sondern auch eine leicht abgeknickte Sternenkette, die sich bis hin zum kleinen Bild des Delphins erstreckt. Sie markiert den vorderen Teil des geflügelten Dichterrosses. Das Pegasusquadrat wird auch als Herbstviereck bezeichnet.

Inspiration der Poeten

Der Pegasus soll den Poeten zu ihren Gedankenflügen verhelfen und ihrer Fantasie Luftreisen ermöglichen. Als der schrecklichen Medusa, einer der Gorgonen, von Perseus das Haupt abgeschlagen wurde, entwich ihrem Leib im Todeskampf das Flügelross. Schon die Babylonier sahen in dieser Sternenfigur ein Pferd.

Der Hauptstern, α Pegasi, heißt Markab vom Arabischen Mankib al Faras – Schulter des Pferdes. Markab leuchtet mit $2^{m}\!,5$ Helligkeit in einem bläulichen Licht (Spektralklasse B9 III). Seine Entfernung beträgt 140 Lichtjahre. β Pegasi heißt Scheat vom Arabischen Al Sag – das Schienbein. Scheat ist ein roter, veränderlicher Stern (Spektralklasse M2 II) von $2^{m}\!,3$ bis $2^{m}\!,7$ scheinbarer Helligkeit. Er steht in einer Entfernung von 200 Lichtjahren.

Ebenfalls aus dem Arabischen stammt der Name Algenib für γ Pegasi. Al Janb heißt die Flanke, Seite und war einmal für α Pegasi in Gebrauch. Algenib ist $2^{m}\!,8$ hell und leuchtet bläulich-weiß (Spektraltyp B2 IV). Etwa 340 Lichtjahre ist Algenib von uns entfernt.

Der vierte Stern im Pegasusquadrat, Sirrah, gehört schon zur Andromeda und trägt deshalb die Bezeichnung α Andromedae. Sirrah ist $2^{m}\!,1$ hell und leuchtet weißlich-blau. Fast hundert Jahre ist sein Licht zur Erde unterwegs.

Den Kopf des Pegasus markiert Enif, ε Pegasi. Der Name stammt vom Arabischen Anf, was Nase bedeutet. Mit $2^{m}\!,4$ ist Enif leicht zu sehen. Er leuchtet orange (Spektralklasse K2 Ib). Als roter Überriesenstern ist seine Entfernung schwer zu bestimmen. Sie liegt bei 700 Lichtjahren plus/minus hundert.

Im Norden wird das Sternbild Pegasus durch den Schwan und das kleine Bild Eidechse (lat.: Lacerta) begrenzt. In östlicher Richtung schließt sich die Sternenkette der Andromeda an. Ein wenig nördlich der Prinzessin Andromeda stößt man auf ihre Mutter, die Königin Kassiopeia, dargestellt durch ein großes Sternen-W. Während der Große Wagen im Nordwesten herabsinkt, steigt das Himmels-W jetzt immer höher.

Leier im Zenit

In Zenitnähe findet man das kleine, aber markante Bild der Leier. Nahe der Leier ist das einprägsame Sternenkreuz des Schwans auszumachen. Der Schwan fliegt mit ausgebreiteten Flügeln in südwestlicher Richtung durch die Milchstraße. Deneb bildet den Schwanz und Albireo (β Cygni) den Kopf. Gelegentlich wird diese Sternenfigur auch als Kreuz des Nordens bezeichnet.

Als drittes Sternbild dieser Sommergruppe ist der Adler zu nennen, dessen Hauptstern α Aquilae den Namen Atair trägt, was der „herabstürzende (auf seine Beute) Adler" bedeutet. Atair ist ein bläulich-weißer Stern (Spektralklasse: A7 IV-V) der mit 17 Lichtjahren Entfernung noch zu den Nachbarsternen unserer Sonne zählt. Mit $0^{m}\!,8$ scheinbarer Helligkeit ge-

Veränderliche Sterne im August

Algol-Minima	2.	4^h53^m	5.	1^h42^m	7.	22^h31^m	25.	3^h22^m	28.	0^h11^m	30.	20^h59^m
β-Lyrae-Minima	7.	6^hH	13.	17^hN	20.	5^hH	26.	16^hN				
δ-Cephei-Maxima	6.	1^h	11.	10^h	16.	19^h	22.	4^h	27.	12^h		
Mira-Helligkeit	1.	5^m	10.	4^m	20.	3^m	31.	3^m				

hört er zu den hellsten Sternen in der Sonnenumgebung.

Das schimmernde Lichtband der sommerlichen Milchstraße zieht sich in hohem Bogen über das vormitternächtliche Himmelsgewölbe. Allerdings bietet sich in unseren lichtüberfluteten Siedlungen nur noch selten die Gelegenheit, dieses Naturphänomen zu bewundern.

Objekte für Feldstecher und Fernrohr

Doppelsterne Zu den bekannteren Objekten, die bei einer Sternführung gerne gezeigt werden, gehört der Kopfstern des Schwans, β Cygni oder Albireo genannt. Er liegt etwa im Schwerpunkt des Sommerdreiecks und zeigt einen beeindruckenden Farbkontrast. Die $3^{m}_{,}1$ helle, rötliche Hauptkomponente hat in $34''_{,}5$ Distanz einen $5^{m}_{,}1$ hellen, bläulich-weißen Begleiter. Jedes gute Fernglas sollte Albireo trennen. Die beiden Albireo-Sonnen sind 390 Lichtjahre entfernt.

Ebenfalls im Fernglas zu trennen ist ν Draconis (Kuma), eine ausgesprochen leichtes Objekt: In 62″ Abstand stehen zwei weiße, je $4^{m}_{,}9$ helle Komponenten. ν Draconis ist rund hundert Lichtjahre entfernt.

Schwieriger aufzulösen sind schon ε und η im Drachen. Die 4^{m} helle Hauptkomponente von ε Draconis hat in $3''_{,}2$ einen 7^{m} hellen Begleiter. η Draconis wiederum hat mit $5''_{,}3$ Separation einen etwas größeren Abstand, allerdings ist der Begleiter der 3^{m} hellen Hauptkomponente lediglich 9. Größe.

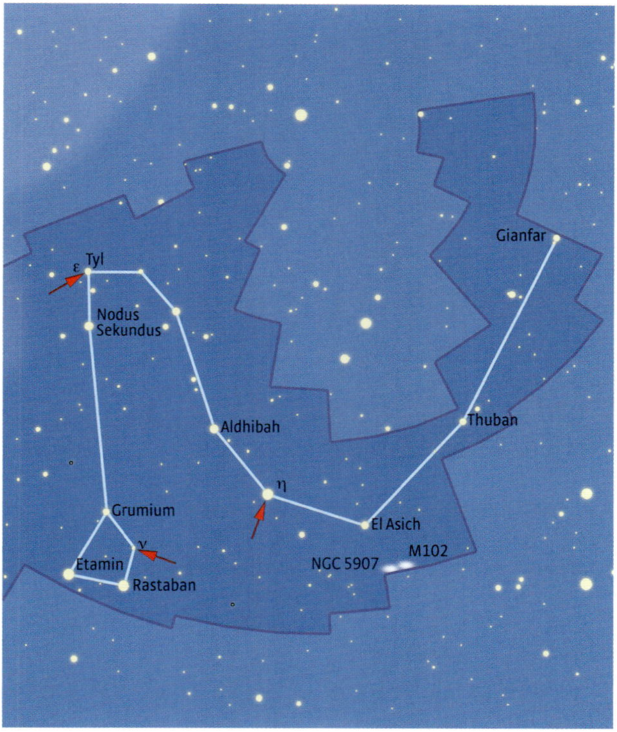

8.8 Der Drache:
Das Sternbild Drache mit den Doppelsternen ν, ε und η Draconis. Eingetragen sind ferner die beiden Galaxien NGC 5907 und M 102.

Galaxien Wer schon η im Drachen im Blickfeld hat, schwenke sein Teleskop über ϑ Dra zu ι Draconis. Ein wenig südöstlich von ι Dra stößt man auf die beiden Galaxien NGC 5907 und M 102 (siehe Sternkarte N 16 im *Atlas für Himmelsbeobachter*).

Bei NGC 5907 blickt man auf die Kante dieser Galaxie. Dabei ist anzumerken, dass diese Galaxie nicht besonders auffällig ist und man sie nicht so leicht erkennt. Rund 40 Millionen Lichtjahre trennen uns von dem Milchstraßensystem NGC 5907.

Etwas auffälliger, aber dennoch nicht besonders hell ($10^{m}_{,}5$), ist M 102 (NGC 5866) an der Grenze zum Bootes. Auch hier sehen wir von der Seite auf die Kante dieser Galaxie, die manchmal auch als Spindelgalaxie bezeichnet wird. Aufnahmen zeigen deutlich das dunkle Staubband, das die Spindel in zwei Teile symmetrisch spaltet.

Erst in größeren Instrumenten – etwa ab 30 cm Öffnung auf-

8.9 Die Galaxie NGC 5907: Eine Spiralgalaxie, auf deren Kante wir blicken. Aufnahme: M. Emmerich

wärts und bei mindestens hundertfacher Vergrößerung – erkennt man bei visueller Beobachtung das dunkle Band interstellaren Staubes, das das Licht der Sterne in der Hauptebene dieses Milchstraßensystems absorbiert. Mit 40 Millionen Lichtjahren ist M102 ähnlich weit entfernt wie die benachbarte Galaxie NGC 5907.

Sternhaufen Im Schwan stößt man auf den schönen offenen Sternhaufen M 39, der nordöstlich von Deneb (α Cygni) liegt und leicht im Fernglas auszumachen ist. Etwa 25 Sterne mit Helligkeiten von 7^m und schwächer lassen sich beobachten. Mit 900 Lichtjahren Entfernung ist M 39 doppelt soweit weg wie die Plejaden im Stier. Im Fernglas hat man eher den Eindruck eines Sternhaufens, denn im Teleskop reicht meist die Größe des Gesichtfeldes nicht aus, um den gesamten Haufen zu erfassen. Da er nur wenige Sterne verteilt auf die Fläche einer Vollmondscheibe enthält, verliert sich der Eindruck eines Sternhaufens.

Als Kugelsternhaufen bietet sich M 4 im Skorpion an. Er ist knapp westlich von Antares zu finden. Im Fernglas sieht M 4 wie ein kreisrundes, diffuses Lichtfleckchen aus. Die Gesamthelligkeit von 6^m lässt ihn im Fernglas auch nicht besonders zur Geltung kommen. Erst im Teleskop wirkt M 4 beeindruckend. Ab einer Öffnung von 10 cm lassen sich in den Randpartien einzelne Sterne erkennen. Der scheinbare Durchmesser von M 4 ist etwa halb so groß wie der Vollmond. Mit 7000 Lichtjahren Entfernung ist M 4 einer der nächsten Kugelhaufen.

Der Kugelhaufen M 80 ist ebenfalls im Skorpion gelegen, und zwar nordwestlich von Antares, etwa auf der Linie zwischen ρ Ophiuchi und δ Scorpii, ziemlich in der Mitte zwischen diesen beiden Sternen, eine Spur näher an ρ Oph. M 80 ist erheblich lichtschwächer als M 4 und mit nur 5′ scheinbarem Durchmesser auch deutlich kleiner. Ihn zu finden erfordert schon etwas Erfahrung. Nach neueren Messungen ist M 80 gut 48 000 Lichtjahre entfernt – fast doppelt so weit wie einst vermutet. Sein Durchmesser ergibt sich daraus zu 130 Lichtjahren.

Die Tränen des Laurentius

8.10 **Aufnahme einiger Perseïden-Meteore, gewonnen von Stefan Seip/www.astromeeting.de.**

Wer in einer schönen dunklen Sternennacht zum Himmel blickt, sieht dann und wann ein Lichtpünktchen über das Firmament flitzen. Es sieht aus, als fiele ein Stern vom Himmel. Doch es ist kein Stern, sondern eine Sternschnuppe. Im Unterschied zu den Sternen, riesigen, glühenden Gaskugeln wie unsere Sonne auch, sind Sternschnuppen winzig klein. Oft erreichen sie nicht einmal einen Millimeter Durchmesser. Kosmische Materie verglüht beim Eintritt in die Lufthülle unseres Planeten.

Die Fachbezeichnung für eine Sternschnuppe lautet: das Meteor. Diese Bezeichnung leitet sich aus dem Griechischen ab und bedeutet soviel wie „in der Luft schwebend" oder schlicht „Himmelserscheinung". Unter „Meteor" versteht man also die Leuchterscheinung, die Sternschnuppe mit ihrem glimmenden Pfad. Ist ein solcher kosmischer Kleinschrott auf die Erde gefallen, so nennt man den Gesteins- oder Eisenbrocken einen Meteoriten. Die kleinen Partikel, die unsere Sonne auf Kepler-Bahnen im interplanetaren Raum umrunden, heißen hingegen Meteoroide.

Lange Zeit konnte man sich nicht vorstellen, dass Steine aus den ewig unvergänglichen, überirdischen Gefilden vom Himmel fallen können. Erst der Physiker Ernst Florens Friedrich Chladni (1756–1827) gab im Jahre 1819 eine Schrift mit dem Titel *Über Feuer-Meteore und über die mit denselben herabfallenden Massen* heraus. Chladni war ein berühmter Wissenschaftler, der sich hauptsächlich akustischen Fragen widmete. So bestimmte er die Schallgeschwindigkeiten in festen und flüssigen Medien. Noch heute spricht man von den Chladnischen Klangfiguren schwingender Körper.

Chladni hatte es schwer, seine Ansicht durchzusetzen, Sternschnuppen würden durch die Kollision außerirdischen Materials mit der Erdatmosphäre hervorgerufen. Noch lange nach seinem Tod zweifelten viele Forscher an der außerirdischen Herkunft der Meteorite. Erst allmählich setzte sich die Erkenntnis durch, dass Meteorerscheinungen von Aerolithen, also Luftsteinen, hervorgerufen werden.

Komprimierte Luft

Meteoroide, die mit unserem Globus zusammenprallen, dringen mit hohen Geschwindigkeiten von etwa zehn bis siebzig Kilometer pro Sekunde in die Lufthülle ein. Dabei werden sie stark abgebremst. Der überwiegende Teil der kinetischen Energie (Bewegungsenergie) wird in Wärme umgewandelt. Weniger als ein Prozent davon wird als Leuchterscheinung sichtbar. Die Erhitzung ist keine Folge der Reibung an den Luftmolekülen, wie manchmal irrtümlich behauptet wird. Vielmehr können die Luftmoleküle wegen der hohen Eindringgeschwindigkeit nicht ausweichen. Die Luft wird stark komprimiert, was zu einer Aufheizung von einigen tausend Grad führt. Auch eine Fahrradpumpe wird heiß, wenn man einen Fahrradschlauch unter Druck aufpumpt. Wie die Meteorspektren zeigen, ist das Licht eines Meteors ein Anregungs- und Ionisationsleuchten der erhitzten Luftmoleküle.

In rund 80 bis 120 Kilometer Höhe sind die Luftschichten für einen aus dem Weltraumvakuum kommenden Körper bereits so dicht, dass er auf 3000 Kelvin oder mehr aufgeheizt wird. Kleinere Meteorite von der Größe eines Staubkörnchens verdampfen bei so hohen Temperaturen recht schnell – lange noch bevor sie vollständig abgebremst sind. Man sieht ihre glühenden Leuchtspuren.

Etwas größere Objekte von einigen Zentimeter Durchmesser verdampfen nicht so schnell. Vor ihrer Zerstörung tauchen sie tiefer in die Atmosphäre ein und zerbersten erst in Höhen zwischen fünfzig und zehn Kilometer. In diesen Höhen ist die Erdatmosphäre schon wesentlich dichter, was eine erheblich stärkere Abbremsung bedingt. Ein Objekt von Tennisballgröße leuchtet schon so hell wie der Vollmond. Solche Objekte nennt man Feuerkugeln. Größere Objekte zerplatzen. Ihre Bruchstücke stürzen auf die Erde und kommen gelegentlich als Meteorite ins Museum.

Von einer Feuerkugel spricht man, wenn das Meteor die Helligkeit der Venus (-4^m) erreicht oder gar übertrifft. Extrem helle Feuerkugeln, die noch heller als der Vollmond werden, nennt man auch Boliden. Sternschnuppen, die lichtschwächer als 6^m sind, werden teleskopische Meteore genannt. Man sieht sie nicht mit bloßen Augen, sondern nur im Fernglas oder Teleskop, wenn sie durch das Gesichtsfeld huschen.

Mehr Meteore am Morgen

Am Morgenhimmel sieht man öfters eine Sternschnuppe als am Abendhimmel. Denn gegen 6^h morgens Ortszeit kulminiert der Erdapex (Zielpunkt der Erdbewegung), einfacher ausgedrückt: Morgens blicken wir in Fahrtrichtung der mit rund dreißig Kilometer pro Sekunde um die Sonne eilenden Erde. Wir rasen dem kosmischen Kleinschrott entgegen, während wir abends durch die Heckscheibe nach hinten blicken und gewissermaßen im „Windschatten" der Erde durchs Weltall eilen. Einen Radfahrer, der durch einen Mückenschwarm fährt, treffen im Gesicht mehr Mücken als am Hinterkopf.

Dies ist auch der Grund, warum im Herbst mehr Meteore zu sehen sind als im Frühjahr. Der Apex liegt nämlich in der Ekliptik. In unseren Breiten kulminiert er zu Herbstbeginn am höchsten, da er dann mit dem Sommerpunkt in der Ekliptik zusammenfällt. Denn der Apex befindet sich stets in westlicher Quadratur, hat also 90° westlichen Abstand von der Sonne (in der Ekliptik gemessen).

Nicht nur mit der Tages- bzw. Nachtstunde schwankt die Häufigkeit der Meteore. In manchen Nächten flammen besonders viele Meteore auf, in anderen sieht man selten eine Sternschnuppe. Schon Alexander von Humboldt (1769–1859) hat beobachtet, dass Mitte November besonders viele Sternschnuppen zu sehen sind. Verlängert man die Leuchtspuren der Sternschnuppen nach rückwärts, so treffen sie sich in einem kleinen, eng begrenzten Gebiet, aus dem die Meteore zu strömen scheinen. Man nennt diesen scheinbaren Ursprungsort der Meteore Radiant oder Fluchtpunkt. Je nachdem, in welchem Sternbild der Radiant liegt, erhalten die Meteore ihren Namen. Die Perseïden scheinen aus dem Sternbild Perseus zu kommen, die Lyriden aus der Leier und die Leoniden aus dem Löwen. Die Sternschnuppen kommen nicht tatsächlich aus dem Sternbild, also aus dem interstellaren Raum. Sie kommen aus unserem Sonnensystem. Der Radiant entsteht durch einen geometrischen Effekt: Die Erde kollidiert mit einem Haufen von Meteoroiden, die als Schwarm die Erdbahn kreuzen. Man spricht von einem Meteorstrom im Gegensatz zu den sporadischen Meteoren, die keinen gemeinsamen Fluchtpunkt haben. Bei einem Meteorstrom laufen die Sternschnuppen scheinbar von einem Fluchtpunkt weg ähnlich wie Schneeflocken, wenn man mit einem Auto durch ein Schneegestöber fährt.

Sternschnuppenschwärme sind häufig die Auflösungsprodukte von Kometen, die ihr Material entlang ihrer Bahn verstreut haben. Die meteoroidischen Teilchen laufen in den gleichen Bahnen wie ihr Ursprungs- oder Erzeugerkomet. Im Laufe der Zeit verbreitern sich die Sternschnuppenschwärme, so dass die Erde mehrere Tage lang den „Kreuzungsbereich" passiert. Solange die Schwärme noch jung sind, laufen sie noch als relativ kompakte Gruppe um die Sonne – auf meist langgestreckten Ellipsenbahnen. Entsprechend ihrer synodischen Umlaufzeit kommt es zu periodischen Sternschnuppenfällen. Hat sich das meteoroidische Material im Laufe der Zeit jedoch mehr oder minder gleichmäßig entlang der gesamten Bahn verstreut, kommt es alljährlich zu Meteorschauern, wenn die Erde die Strombahn kreuzt. In diesen Fällen spricht man von permanenten Meteorströmen.

Nicht alle Sternschnuppenströme haben einen Ursprungskometen. Manche werden aus der interplanetaren Materie gespeist. Man nennt solche Meteorströme planetarisch im Unterschied zu den kometarischen Strömen. Planetarische Ströme, deren Radiant im Tierkreis liegt, werden als ekliptikale Meteorströme bezeichnet, wie die Aquariden, Pisciden oder die Virginiden, die nicht kometarischen Ursprungs sind.

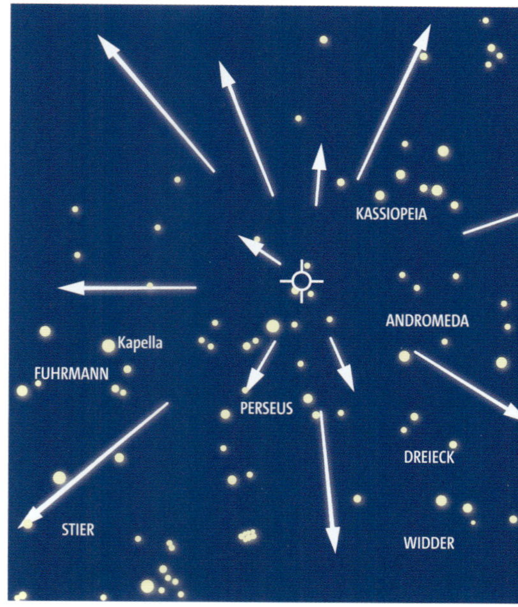

8.11 Der Fluchtpunkt oder Radiant des Perseïden-Meteorstroms liegt im Sternbild Perseus.

Der beste Sternschnuppenmonat

In weiten Kreisen der Bevölkerung ist der August als Sternschnuppenmonat bekannt. Vom 10. bis 14. August erscheinen die Meteore der Perseïden, der zurzeit reichste Sternschnuppenstrom. Sie scheinen dem Sternbild Perseus zu entströmen, daher der Name dieses Stromes. Der Radiant liegt also im Perseus. Die Bahnbreite des Perseïdenstromes ist inzwischen auf über 60 Millionen Kilometer angewachsen. So erscheinen schon im letzten Julidrittel die ersten Perseïden. Nachzügler flammen noch etwa bis zum 20. August auf. Um den 12./13. August wird jährlich das

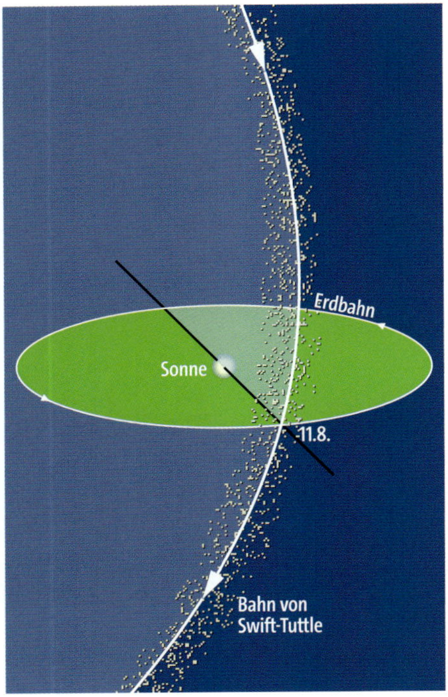

8.12 Die Bahn des Kometen Swift-Tuttle, dem Ursprungskometen der Perseïden.

Maximum an Meteoren des Perseïdenstromes registriert. Als Ursprungskomet wurde 109P/Swift-Tuttle ausgemacht. Er wurde unabhängig voneinander am 16. Juli 1862 von dem amerikanischen Amateurastronomen Lewis A. Swift (1820–1913) mit einem 11-cm-Refraktor und dem ebenfalls amerikanischen Astronomen Horace Parnell Tuttle (1839–1923) am Harvard College Observatory nur drei Tage später entdeckt. Swift selbst entdeckte insgesamt dreizehn Kometen und 1248 (!) damals noch nicht katalogisierte stellare Nebel. Swift suchte auch – allerdings vergeblich – ein Leben lang nach dem hypothetischen intramerkuriellen Planeten Vulkan. Er konnte ihn nicht finden, da er nicht existiert. Assistant Astronomer Tuttle wiederum fand acht Kometen und zwei bis dahin unbekannte Planetoiden. Da Komet Swift-Tuttle als dritter Komet im Jahr 1862 durch sein Perihel lief, erhielt er die Bezeichnung 1862 III. Die mittlere Umlaufzeit von 109P/Swift-Tuttle beträgt 134 Jahre. Im September 1992 wurde er von dem japanischen Amateurastronomen Tsuruhiko Kiuchi wiederentdeckt. Sein Perihelabstand von der Sonne misst 0,960 AE, das sind 143,6 Millionen Kilometer. Das Perihel liegt knapp innerhalb der Erdbahn. Sein geringster Abstand von der Erde bei seiner letzten Perihelpassage waren immerhin respektvolle 1,160 AE (= 173,5 Millionen Kilometer). Durch seinen sonnennächsten Bahnpunkt raste Komet 109P am 11. Dezember 1992 mit einer Geschwindigkeit von 42,6 Kilometer pro Sekunde, das sind 153 000 Kilometer pro Stunde. Mit dieser Geschwindigkeit legt man die Strecke von der Erde zum Mond in etwas mehr als zwei Stunden zurück.

Spektakulär war 109P bei seiner letzten Wiederkehr nicht. Als Objekt fünfter Größenklasse war er nur im Fernglas oder Teleskop zu erkennen. Mit einer numerischen Exzentrizität von e = 0,9632 ist seine Bahn eine langgestreckte Ellipse, die ihn bis 51,2 AE (= 7659 Millionen Kilometer) von der Sonne entfernt. Sein Aphel liegt somit noch außerhalb der Plutobahn. Im sonnenfernsten Bahnpunkt beträgt seine Geschwindigkeit nur noch 0,8 Kilometer pro Sekunde. Seine Wiederkehr ist für das Jahr 2126 prognostiziert. Er wird dann besser zu beobachten sein, da er sich bis auf 0,17 AE (= 25 Millionen Kilometer) der Erde nähern wird. Der Kern von 109P dürfte etwa 30 Kilometer im Durchmesser groß sein.

Dass 109P der Ursprungskomet des Perseïdenstromes ist, darauf machte als erster der Direktor der Mailänder Sternwarte Giovanni Schiaparelli im Jahre 1866 aufmerksam. Schiaparelli wurde weltberühmt durch seine Marsbeobachtungen. Er war es, der die Marskanäle erstmals sah (siehe auch Monatsthema März auf Seite 69). Wie Rückrechnungen ergaben, war 109P/Swift-Tuttle auch für die spektakulären Kometenerscheinungen der Jahre 69 vor Chr. und 199 nach Chr. verantwortlich, die von chinesischen Astronomen aufgezeichnet wurden.

Meteore nach dem Martyrium

Im Volksmund heißen die Perseïden auch Laurentius-Tränen. Der Diakon Laurentius war enger Weggefährte von Papst Sixtus II. in Rom. Sixtus hatte sich in den Katakomben vor dem römischen Kaiser Valerian, einem erbitterten Christenverfolger, versteckt. Laurentius wurde von Sixtus beauftragt, die Schätze der Kirche zu verstecken, da er befürchtete, sie würden von römischen Soldaten gefunden. Tatsächlich wurde Sixtus bald gefangen genommen und hingerichtet. Auch Laurentius wurde geschnappt und zu Valerian geschleppt. Der Kaiser wollte von ihm wissen, wo er die Schätze der Kirche versteckt habe. Laurentius bat sich drei Tage aus, dann wolle er dem Kaiser die Schätze der Kirche vorführen. Alles Gold und Silber verteilte Laurentius an die Armen in Rom. Am dritten Tag erschien er beim Kaiser mit einer großen Schar armer Menschen und sprach: „Dies sind die Schätze der Kirche. Denn diese Menschen glauben an Gott und sind gute Christen. Ihr Glaube strahlt heller als alles Gold." Valerian war außer sich vor Zorn. Er ließ am 10. August 258 Laurentius auf glühendem Rost zu Tode foltern. Zu den Marterknechten soll Laurentius gesagt haben: „Dreht mich um, die eine Seite meines Leibes ist schon gar gebraten." Zu Valerian aber gewandt bemerkte er: „Du arme Kreatur! Für mich ist die Pein des Feuers nichts gegen die ewige Verdammnis, die dich erwartet!"

Am Abend seines Todestages flammten zahlreiche Sternschnuppen am Himmel über Rom auf und die Menschen sprachen: „Seht hin, es sind die Tränen des Laurentius, der sie wegen der Sünden der Menschen vergießt." Seither heißen die Meteore des Perseïdenstromes auch Laurentius-Tränen.

Als Kaiser Otto im Jahre 955 am 10. August, also am Tag des inzwischen heilig gesprochenen Laurentius, in einer blutigen Schlacht die Ungarn besiegte, wurde Laurentius noch mehr verehrt. Der heilige Laurentius gilt als Nothelfer bei Brandverletzungen und hohem Fieber. Über seinem Grab ließ Kaiser Konstantin im Jahre 330 eine Kirche errichten. Zusammen mit Stephanus gilt Laurentius als Erzmärtyrer.

September 2012

- Die Sonne passiert am 22. um 15^h49^m MEZ ($= 16^h49^m$ MESZ) den Herbstpunkt, die Tagundnachtgleiche tritt ein.
- Venus spielt ihre Rolle als Morgenstern.
- Der Riesenplanet Jupiter ist Planet der zweiten Nachthälfte.
- Mars kann noch am Abendhimmel gesehen werden.
- Uranus steht am 29. im Sternbild Fische in Opposition zur Sonne.

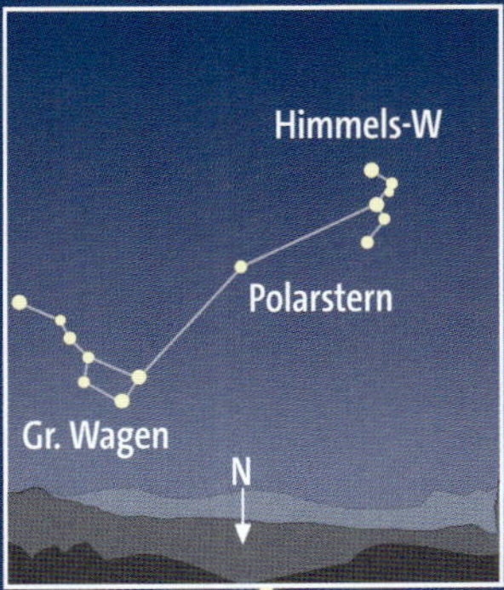

Großer Wagen und Himmels-W Anfang September um 22 Uhr

9.1 Anblick des morgendlichen Osthimmels am 12. September gegen 3^h MEZ ($= 4^h$ MESZ). Jupiter steht im Stier, tief am Osthimmel sieht man Venus und die schmale Sichel des abnehmenden Mondes.

1 Sa	
2 So	
3 Mo	
4 Di	
5 Mi	
6 Do	
7 Fr	Mond in Erdferne
8 Sa	Mond im letzten Viertel Mond bei Jupiter (Morgenhimmel)
9 So	
10 Mo	
11 Di	
12 Mi	Mond bei Venus (Morgenhimmel)
13 Do	
14 Fr	
15 Sa	
16 So	**Neumond**

17 Mo	
18 Di	
19 Mi	Mond in Erdnähe Mond bei Mars (Abendhimmel)
20 Do	
21 Fr	
22 Sa	Herbstbeginn Mond im ersten Viertel
23 So	
24 Mo	
25 Di	
26 Mi	
27 Do	
28 Fr	
29 Sa	Uranus in Opposition
30 So	**Vollmond**

Sonne – Sternbilder

16. 9. 13^h:
Sonne tritt in das Sternbild Jungfrau
22.9. 15^{h}49^m:
Sonne tritt in das Tierkreiszeichen Waage
Julianisches Datum am
1. September, 1^h MEZ: 2456171,5

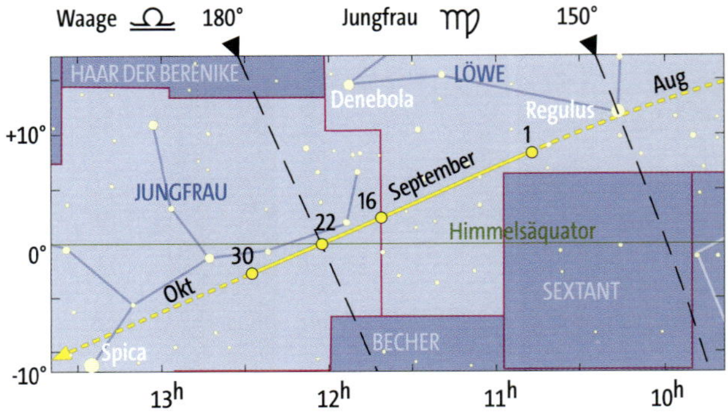

Tabelle Sonnenlauf

Tag	Dämmerg. Anfang	Aufgang MEZ	Kulmination	Untergang MEZ	Dämmerg. Ende	Mittagshöhe	Zeitgleichg.	Rektaszension	Deklination
	h m	h m	h m	h m	h m	°	m	h m	°
1.	4 20	5 35	12 20	19 03	20 18	48,1	0	10 41	+8,3
5.	4 27	5 41	12 18	18 55	20 08	46,6	+ 2	10 56	+6,8
10.	4 36	5 48	12 17	18 44	19 56	44,7	+ 3	11 14	+5,0
15.	4 44	5 56	12 15	18 33	19 44	42,8	+ 5	11 32	+3,0
20.	4 53	6 03	12 13	18 22	19 32	40,9	+ 7	11 50	+1,1
25.	5 01	6 11	12 11	18 11	19 21	38,9	+ 9	12 08	−0,8
30.	5 09	6 19	12 10	18 00	19 09	37,0	+10	12 26	−2,8

Tages- und Nachtstunden

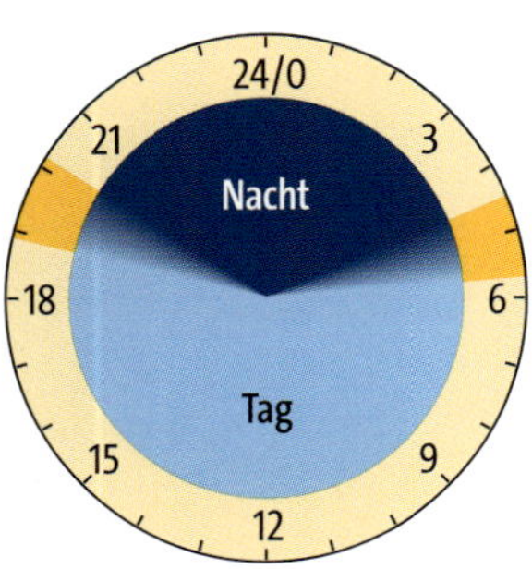

5. September

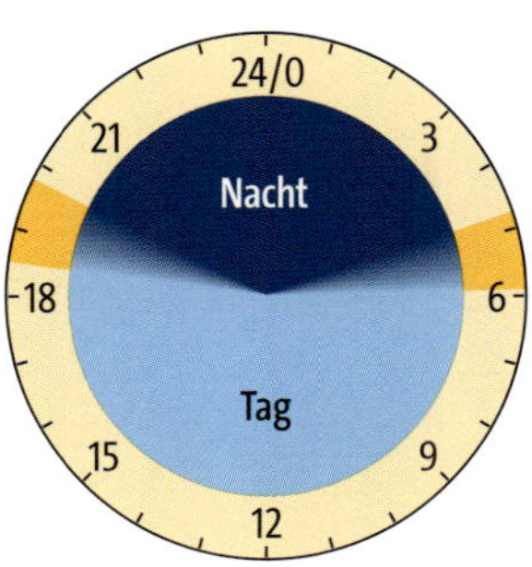

15. September

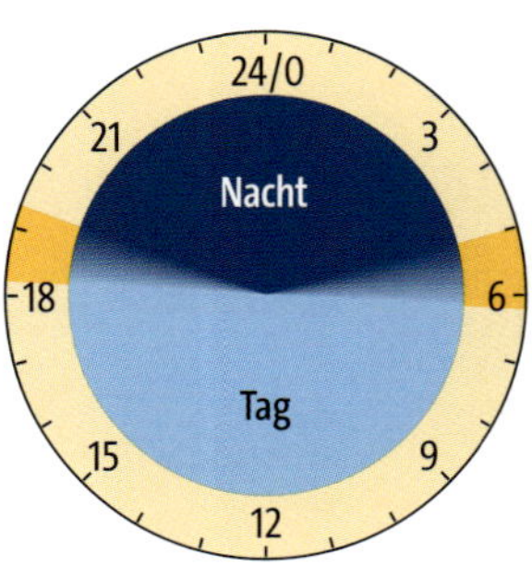

25. September

Tabelle Mondlauf

Datum		Aufg. MEZ	Kulmination	Unterg. MEZ	Rektaszension	Deklination	Sterne und Sternbilder	Phase	MEZ
		h m	h m	h m	h m	o			
Sa	1.	18 57	0 31	6 38	22 53	− 1,9	Fische		
So	2.	19 19	1 16	7 47	23 41	+ 2,8	Fische		
Mo	3.	19 43	2 01	8 55	0 29	+ 7,3	Fische		
Di	4.	20 08	2 46	10 01	1 16	+11,3	Fische		
Mi	5.	20 37	3 31	11 06	2 04	+14,9	Widder		
Do	6.	21 10	4 17	12 07	2 53	+17,7	Widder		
Fr	7.	21 50	5 05	13 05	3 42	+19,8	Stier, Plejaden	Erdferne 404/29′,6 Absteigender Knoten	7^h
Sa	8.	22 36	5 53	13 58	4 32	+20,9	Stier, Hyaden	**Letztes Viertel**	**14^h 15^m**
So	9.	23 29	6 41	14 45	5 23	+21,2	Stier		
Mo	10.	–	7 31	15 26	6 15	+20,5	Alhena		
Di	11.	0 29	8 20	16 01	7 06	+18,8	Alhena		
Mi	12.	1 34	9 09	16 32	7 58	+16,2	Krebs		
Do	13.	2 43	9 58	16 59	8 49	+12,8	* Krebs	Libration Ost	
Fr	14.	3 55	10 47	17 25	9 40	+ 8,6	Löwe, Regulus	Größte Südbreite	
Sa	15.	5 10	11 36	17 49	10 32	+ 3,9	Sextant		
So	16.	6 26	12 27	18 14	11 24	− 1,1	Löwe	**Neumond Nr. 1110**	**3^h 11^m**
Mo	17.	7 45	13 19	18 42	12 17	− 6,2	Jungfrau		
Di	18.	9 04	14 13	19 12	13 13	−11,0	Spica		
Mi	19.	10 23	15 10	19 49	14 10	−15,1	Jungfrau	Erdnähe 366/32′,7	4^h
Do	20.	11 38	16 08	20 34	15 09	−18,4	Waage	Aufsteigender Knoten	
Fr	21.	12 47	17 08	21 27	16 10	−20,4	Antares		
Sa	22.	13 46	18 07	22 29	17 11	−21,1	Schlangenträger	**Erstes Viertel**	**20^h 41^m**
So	23.	14 35	19 04	23 38	18 11	−20,5	Schütze		
Mo	24.	15 14	19 58	–	19 09	−18,6	Schütze, Nunki		
Di	25.	15 47	20 50	0 49	20 05	−15,7	Schütze		
Mi	26.	16 14	21 39	2 02	20 58	−12,0	* Wassermann		
Do	27.	16 38	22 26	3 14	21 49	− 7,8	Wassermann	Größte Nordbreite Libration West	
Fr	28.	17 01	23 11	4 24	22 38	− 3,2	Wassermann		
Sa	29.	17 23	23 56	5 33	23 26	+ 1,4	Fische		
So	30.	17 46	–	6 41	0 14	+ 5,8	Fische	**Vollmond**	**4^h 19^m**

Der Mond steuert auf Jupiter zu

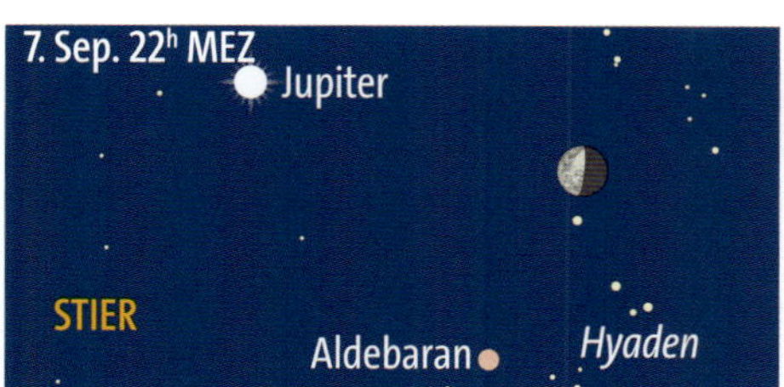

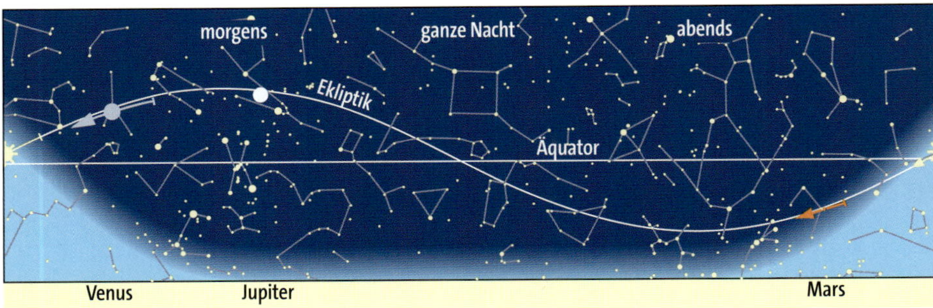

Merkur kommt am 10. in obere Konjunktion mit der Sonne. Bis Monatsende wächst sein östlicher Winkelabstand von der Sonne auf 15° an. Dies reicht nicht für eine Abendsichtbarkeit, zumal die abendliche Ekliptik recht flach zum Westhorizont verläuft. Merkur bleibt im September unbeobachtbar.

Am Tag der oberen Konjunktion trennen uns 206 Millionen Kilometer (= 1,38 AE) von Merkur. Wegen seiner stark elliptischen Bahn wird seine größte Entfernung von der Erde mit 209 Millionen Kilometer (= 1,40 AE) erst am 17. erreicht.

Venus dominiert den Morgenhimmel. Sie wandert entlang dem absteigenden Ast der Ekliptik. Am 4. tritt sie in das Sternbild Krebs und wechselt bereits am 23. ins Sternbild Löwe.

Am 1. geht Venus um 1^h37^m (= 2^h37^m Sommerzeit) auf und am 15. um 1^h58^m. Am Monatsende erfolgt der Aufgang unseres inneren Nachbarplaneten erst um 2^h30^m (= 3^h30^m Sommerzeit). Die immer später erfolgenden Venusaufgänge werden weitgehend durch die immer später einsetzende Morgendämmerung kompensiert, weshalb die Sichtbarkeitsdauer von Venus am Morgenhimmel im September etwa gleich bleibt.

Die Venushelligkeit sinkt von $-4{,}^m3$ auf $-4{,}^m1$ leicht ab. Der scheinbare Venusdurchmesser schrumpft merklich von gut 20″ auf knapp 16″. Ende September beträgt der Beleuchtungsgrad 71 %.

Mars verabschiedet sich vom Abendhimmel. Der $1{,}^m2$ helle, rötliche Planet geht immer früher unter. Er wandert rechtläufig durch die Jungfrau und wechselt am 5. in das Sternbild Waage. Die Sichel des zunehmenden Mondes passiert den roten Planeten am 19. nur $0{,}^\circ2$ südlich gegen 22^h. Bei dieser Begegnung wird Mars vom Mond bedeckt, was aber in Europa nicht zu verfolgen ist, sondern in Südamerika und im südlichen pazifischen Raum beobachtet werden kann. Bei der engsten Begegnung ist Mars bei uns schon untergegangen; gegen 19^h sind Mars und Mond noch gut 2° voneinander entfernt (siehe Abb. 9.2 unten).

Mars geht am 1. um 20^h43^m unter, am 15. um 20^h08^m und am 30. schon um 19^h34^m (= 20^h34^m Sommerzeit). Am 29. nachmittags beginnt auf der Marsnordhalbkugel der Herbst.

9.2 Mond trifft auf Mars: **Begegnung von Mars mit der Sichel des zunehmenden Mondes. Fernglasanblick am 19. gegen 19^h MEZ (= 20^h MESZ).**

Jupiter bremst seine rechtläufige Bewegung im Sternbild Stier merkbar ab und kommt zu Monatsende fast zum Stillstand (siehe Abb. 12.5 auf S. 225). Seine Aufgänge verlagert der Riesenplanet in die späten Abendstunden. Am 1. geht Jupiter um 22^h30^m (= 23^h30^m Sommerzeit) auf, am 15. um 21^h39^m und am 30. bereits um 20^h42^m. Im Laufe des

9.3 Uranus und Pallas:
Scheinbare Bahn des Planeten Uranus im Sternbild Fische von Januar bis März und von Juni bis Dezember 2012. Eingetragen ist ferner die Bahn des Kleinplaneten (2) Pallas von Juli bis Ende Dezember 2012.

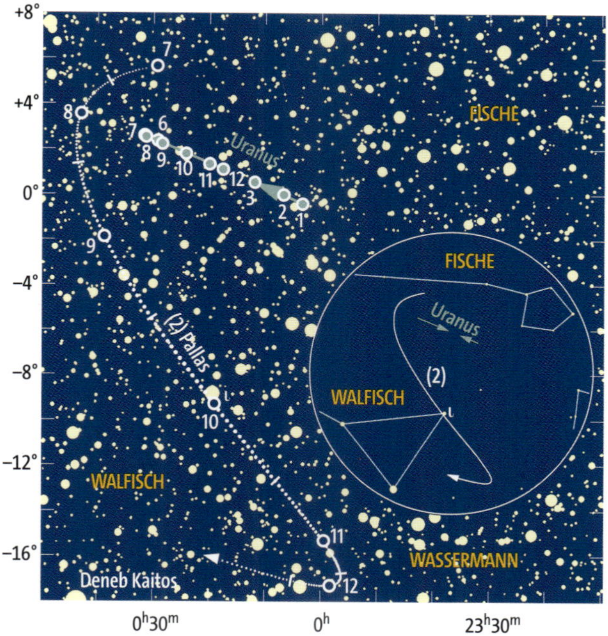

Monats nimmt die Jupiterhelligkeit um $0^m{,}2$ auf $-2^m{,}5$ zu. Damit ist Jupiter ein auffälliges Gestirn und vor Aufgang der Venus hellster Planet am Nachthimmel. Turnusgemäß kommt am 8. der abnehmende Halbmond am Riesenplaneten vorbei (siehe Abb. auf Seite 171).

Saturn, rechtläufig in der Jungfrau, verabschiedet sich vom Abendhimmel und wird unsichtbar. Allenfalls im ersten Monatsdrittel lässt sich der Ringplanet noch in der Abenddämmerung tief im Westen erspähen.

Der Untergang des $0^m{,}8$ hellen Saturn erfolgt am 1. um 20^h41^m (= 21^h41^m Sommerzeit) und am 10. um 20^h07^m. Nach dem 10. kann Saturn als Beobachtungsobjekt gestrichen werden. Am 20. geht der Ringplanet schon um 19^h30^m unter. Bis dahin ist die Saturnhelligkeit ein wenig auf $0^m{,}7$ angestiegen, da sich die Ringöffnung inzwischen auf 15° leicht vergrößert hat und der Saturnring dadurch ein wenig mehr zur Gesamthelligkeit beiträgt.

Die Sonne verfolgt den Ringplaneten und holt ihn gegen Ende des nächsten Monats schließlich ein.

Uranus steht am 29. im Sternbild Fische in **Opposition** zur Sonne, nachdem er rückläufig am 17. die Grenze vom Walfisch zu den Fischen überschritten hat.

Am 1. geht Uranus um 19^h49^m (= 20^h49^m Sommerzeit) auf und kulminiert um 2^h07^m (= 3^h07^m Sommerzeit). Am Tag der Opposition (29.) geht Uranus schon um 17^h57^m auf. In der Oppositionsnacht durchschreitet er den Himmelsmeridian um 0^h13^m und geht morgens um 6^h24^m (= 7^h24^mSommerzeit) unter. In Opposition erreicht Uranus eine scheinbare Helligkeit von $5^m{,}7$. Das Aufsuchkärtchen Abb. 9.3 auf dieser Seite soll helfen, den lichtschwachen Planeten mit einem Fernglas oder Teleskop zu finden. Bei einem Scheibchendurchmesser von nur 3,″7 sind auf Uranus keine Details zu sehen – übrigens auch nicht in guten Teleskopen. Selbst die Aufnahmen der Raumsonde VOYAGER 2, die Anfang 1986 an Uranus vorbei flog, lassen im sichtbaren Licht keine Einzelheiten in der wolkenverhangenen Atmosphäre dieses Gasplaneten erkennen.

Zur Opposition ist Uranus 2852 Millionen Kilometer (= 19,06 AE) von der Erde entfernt. Von Uranus braucht das Licht daher zwei Stunden und 39 Minuten, um zu uns zu gelangen.

Die geringste Entfernung von Uranus wird bereits mittags am 28. erreicht.

Von der Sonne ist Uranus zur Opposition 3001 Millionen Kilometer (= 20,06 AE) entfernt.

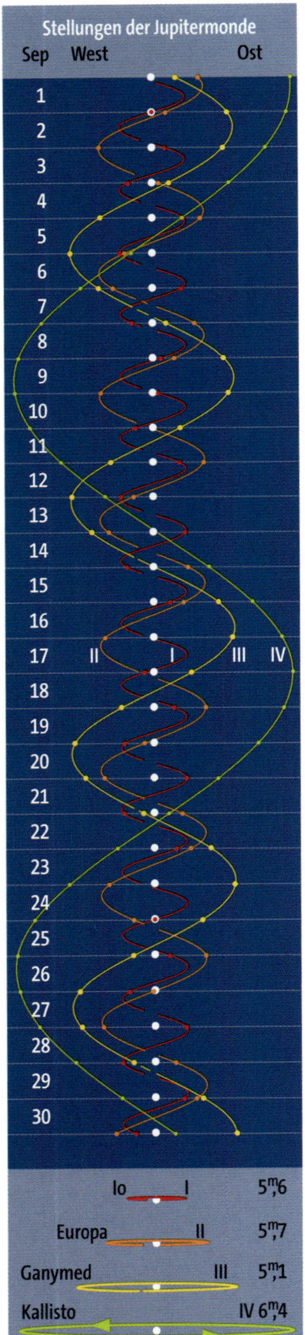

Jupitermonde

Tag	MEZ h m	Vorgang	
1.	4 31	I	BE
	23 32	I	DA
2.	0 16	II	SA
	0 21	I	SE
	1 41	I	DE
	2 38	II	SE
	3 02	II	DA
	23 00	I	BE
3.	23 44	III	SA
	23 47	II	BE
4.	1 38	III	SE
8.	2 52	I	VA
9.	0 06	I	SA
	1 26	I	DA
	2 14	I	SE
	2 53	II	SA
	3 34	I	DE
10.	0 54	I	BE
	23 40	II	VE
	23 59	II	BA
11.	2 20	II	BE
	3 43	III	SA
14.	23 06	III	BA
15.	0 58	III	BE
	4 47	I	VA
16.	1 59	I	SA
	3 18	I	DA
	4 08	I	SE
	23 15	I	VA

Tag	MEZ h m	Vorgang	
17.	2 47	I	BE
	22 36	I	SE
	23 51	II	VA
	23 55	I	DE
18.	2 14	II	VE
	2 31	II	BA
	4 52	II	BE
19.	23 50	II	DE
21.	21 33	III	VA
	23 31	III	VE
22.	2 58	III	BA
	4 50	III	BE
23.	3 53	I	SA
	5 10	I	DA
24.	1 09	I	VA
	4 39	I	BE
	22 21	I	SA
	23 38	I	DA
25.	0 30	I	SE
	1 46	I	DE
	2 25	II	VA
	4 48	II	VE
	5 01	II	BA
	23 06	I	BE
26.	21 24	II	SA
	23 47	II	SE
27.	0 02	II	DA
	2 22	II	DE
29.	1 32	III	VA
	3 31	III	VE

Neptun hat seine Opposition zur Sonne gerade hinter sich. Er wandert ganz gemächlich rückläufig im Wassermann an der Grenze zum Steinbock auf den Stern 38 Aquarii ($5^{m}{,}5$) zu, der sowohl zum Aufsuchen von Neptun als auch zur Beobachtung der Neptunbewegung als Referenzstern dienlich sein kann (siehe Abb. 8.7 auf Seite 156).

Neptun verlagert seine Meridianpassagen in die späten Abendstunden. Am 1. kulminiert der $7^{m}{,}8$ lichtschwache Planet um $23^{h}49^{m}$, am 15. um $22^{h}53^{m}$ und am 30. bereits um $21^{h}52^{m}$ (= $22^{h}52^{m}$ Sommerzeit). Die Neptununtergänge verfrühen sich von $5^{h}00^{m}$ am Monatsbeginn auf $3^{h}02^{m}$ (= $4^{h}02^{m}$ Sommerzeit) Ende September.

Pluto wird am 17. im Sternbild Schütze stationär und bewegt sich anschließend wieder rechtläufig durch die Sternenwelt (siehe Abb. 6.6 auf Seite 120).

Planetoiden

Ceres (1) wandert rechtläufig durch den östlichen Bereich des Stiers und steuert auf die Zwillinge zu, in die sie gegen Monatsende wechselt. In der ersten Woche zieht sie gut eine Vollmondbreite südlich an ζ Tauri ($3\overset{\mathrm{m}}{,}0$, bläulich) vorbei. Am 26. passiert sie $2\overset{\circ}{,}4$ südlich den Sommerpunkt (siehe Abb. 12.5 auf Seite 225). Die Helligkeit von Ceres nimmt um $0\overset{\mathrm{m}}{,}3$ im September zu und erreicht zu Monatsende $8\overset{\mathrm{m}}{,}6$. Ihre Kulminationen verlagert sie von $7^{\mathrm{h}}11^{\mathrm{m}}$ am 1. auf $5^{\mathrm{h}}46^{\mathrm{m}}$ (= $6^{\mathrm{h}}46^{\mathrm{m}}$ Sommerzeit) am Monatsletzten. Ceres geht am 1. um $23^{\mathrm{h}}21^{\mathrm{m}}$ auf und am 30. um $21^{\mathrm{h}}50^{\mathrm{m}}$. Am 9. wird Ceres um 10^{h} vormittags vom Mond bedeckt.

Pallas (2), rückläufig und rasch südwärts strebend im Walfisch (Cetus), kommt am 25. um 4^{h} in **Opposition** zur Sonne. Ende September (am 29. abends) wandert sie nur $0\overset{\circ}{,}2$ südöstlich an ι Ceti ($3\overset{\mathrm{m}}{,}6$) vorbei (siehe Abb. 9.3 auf Seite 173). Mit $8\overset{\mathrm{m}}{,}3$ Oppositionshelligkeit ist Pallas ein typisches Fernglasobjekt. Zu Monatsanfang kulminiert sie um $2^{\mathrm{h}}17^{\mathrm{m}}$, in der Oppositionsnacht schon um $0^{\mathrm{h}}28^{\mathrm{m}}$ (= $1^{\mathrm{h}}28^{\mathrm{m}}$ Sommerzeit).

Vesta (4), rechtläufig im Stier, nimmt deutlich an Helligkeit zu. Zu Monatsanfang noch $8\overset{\mathrm{m}}{,}1$ hell, erreicht sie Ende September $7\overset{\mathrm{m}}{,}7$. Das schafft auch ein bescheidenes Fernglas bei guten Sichtbedingungen. Ihre Aufgänge verlagert Vesta von $23^{\mathrm{h}}13^{\mathrm{m}}$ am 1. auf $21^{\mathrm{h}}43^{\mathrm{m}}$ am Monatsende. Am 1. kulminiert sie um $6^{\mathrm{h}}47^{\mathrm{m}}$, am 30. schon um $5^{\mathrm{h}}18^{\mathrm{m}}$ (= $6^{\mathrm{h}}18^{\mathrm{m}}$ Sommerzeit).

Periodische Sternschnuppenströme

Noch einige Nachzügler der **Alpha-Aurigiden** sind in den ersten Septembertagen zu erwarten. Es handelt sich um recht schnelle Sternschnuppen – um die 65 Kilometer pro Sekunde. Der Radiant liegt nahe Kapella im Fuhrmann.

Die **Pisciden** sind im gesamten September aktiv. Ihr Ausstrahlungspunkt liegt in den Fischen. Beste Beobachtungszeit ist zwischen 22^{h} und 4^{h} morgens. Das Maximum ist um den 19. September zu erwarten, wobei nur etwa fünf bis zehn Meteore pro Stunde auftauchen. Die Geschwindigkeit der Meteorite liegt um 25 Kilometer pro Sekunde. Die Pisciden zerfallen in mehrere Teilströme, von denen einer bis Mitte Oktober tätig ist.

Die **Tauriden** tauchen vom letzten Septemberdrittel bis Ende November auf. Ihr Radiant liegt im Stier. Der Tauriden-Strom geht wahrscheinlich auf den Kometen 2P/Encke zurück. Das wenig ausgeprägte Maximum fällt auf den 11. November. Die Objekte sind um 30 Kilometer pro Sekunde schnell, haben also eher langsame Geschwindigkeiten. Manchmal unterscheidet man zwischen Süd- und Nordtauriden. Die Südtauriden erreichen ihr Maximum schon am 4. November.

Konstellationen und Ereignisse

Datum	MEZ	Ereignis
3.	1^{h}	Mond bei Uranus, Mond $5\overset{\circ}{,}0$ nördlich
8.	12	**Mond bei Jupiter**, Mond $0\overset{\circ}{,}6$ südlich (Bedeckung!), **Abstand $3\overset{\circ}{,}6$ um 5^{h}**
10.	14	Merkur in oberer Konjunktion mit der Sonne
12.	18	**Mond bei Venus**, Mond $3\overset{\circ}{,}7$ südlich, **Abstand $5\overset{\circ}{,}9$ um 6^{h}**
16.	17	Mond bei Merkur, Mond $5\overset{\circ}{,}9$ südlich
17.	22	Pluto im Stillstand, anschließend rechtläufig
18.	15	Mond bei Saturn, Mond $5\overset{\circ}{,}0$ südlich
19.	22	**Mond bei Mars**, Mond $0\overset{\circ}{,}2$ südlich (Bedeckung!), **Abstand $2\overset{\circ}{,}1$ um 19^{h}**
22.	$15^{\mathrm{h}}49^{\mathrm{m}}$	**Sonne im Herbstpunkt, Tagundnachtgleiche**
23.	8	Mond bei Pluto, Mond $0\overset{\circ}{,}4$ südlich (Bedeckung!)
27.	12	Mond bei Neptun, Mond $6\overset{\circ}{,}1$ nördlich
29.	8	**Uranus in Opposition** zur Sonne
30.	6	Mond bei Uranus, Mond $5\overset{\circ}{,}0$ nördlich

Ein relativ neuer Strom sind die **Delta-Aurigiden**, deren Radiant im Fuhrmann nahe δ Aurigae zu finden ist. Ihre Geschwindigkeit liegt bei 60 Kilometer pro Sekunde. Sie erscheinen vom 17. September bis etwa 9. Oktober, wobei das wenig ausgeprägte Maximum um den 3. Oktober eintreten dürfte. Nur etwa fünf Meteore sind pro Stunde zu erwarten.

Der Fixsternhimmel

Gegenüber dem Augusthimmel hat sich der Anblick des abendlichen Sternenhimmels nicht allzu sehr verändert. Noch beherrschen die Sommersternbilder die Himmelsszene. Man bemerkt aber eine leichte Verschiebung des Sommerdreiecks nach Westen. Deneb steht nun fast im Zenit, während Wega und Atair den Meridian schon durchschritten haben. Der Skorpion ist ebenso wie die Jungfrau längst untergegangen. Arktur steht recht horizontnah in westlicher Richtung.

Im Südwesten schickt sich der Schütze ebenfalls an, die Himmelsbühne zu verlassen, während der Steinbock gerade den Meridian passiert. Ihm folgt im Tierkreis der Wassermann, ein unscheinbares Sternbild. Viele Völker sahen im Steinbock einen Ziegenbock. Die Bezeichnung „Südliches Tor der Sonne" erinnert daran, dass einst das Wintersolstitium (der Winterpunkt) im Steinbock lag. Durch die Präzessionsbewegung der Erde liegt der Winterpunkt inzwischen im Sternbild Schütze nahe dem Stern μ Sagittarii. Trotzdem spricht man noch heute vom „Wendekreis des Steinbocks". In unserer Zeit wandert die Sonne vom 20. Januar bis 16. Februar durch den Steinbock.

Heller Stern in Horizontnähe

Tief im Südosten flackert ein Stern erster Größe, Fomalhaut im Südlichen Fisch (lat.: Piscis Austrinus). Fomalhaut oder α Piscis Austrini erreicht bei uns nie große Höhen. Er ist ein weißer Hauptreihenstern (Spektralklasse A3 V) in 25 Lichtjahren Entfernung, also etwa gleich weit weg wie Wega in der Leier.

Auf halber Höhe zwischen Steinbock und Schwan stößt man auf das kleine, aber sehr markante und darum leicht einprägsame Bild des Delphins. Es liegt östlich von Atair im Adler.

Zwischen Zenit und Polarstern durchschneidet der Meridian gerade den Kepheus, der jetzt seine höchste Position erklommen hat. Die lichtschwachen Sterne, die den König von Äthiopien darstellen sollen, sind nicht leicht auszumachen. Erfahrene Sternfreunde finden sich dennoch zurecht und können auch den berühmten veränderlichen Stern δ Cepheï identifizieren. Er ist der Prototyp einer Klasse von Veränderlichen, den sogenannten Cepheïden oder Delta-Cepheï-Sternen. Die Cepheïden gehören zu den leuchtkräftigsten Sternen im Universum überhaupt. Die Entfernung von δ Cepheï selbst beträgt tausend Lichtjahre. Der Pegasus steht schon hoch im Osten. Der zentrale Teil der Figur wird durch ein mächtiges Sternenquadrat markiert, zu dem man auch Herbstviereck sagt.

Algol funkelt im Osten

An der einen Ecke des Pegasusquadrats hängt die Sternenkette der Andromeda. Ihr folgt halbhoch im Nordosten der Perseus, strahlender Held und Retter der Andromeda. Im Perseus findet man den Teufelsstern Algol (β Perseï). Algol ist ein prominenter Bedeckungsveränderlicher und Prototyp der Algol-Variablen.

Im Osten hat sich das kleine Bild des Widders emporgeschwungen. Der Widder (lat.: Aries) setzt sich im Wesentlichen aus drei Sternen zusammen, die ein stumpfwinkliges Dreieck bilden. Der Hauptstern des Widders (α Arietis) heißt Hamal, was arabisch soviel wie Lamm bedeutet. Mit $2^{m}{,}0$ scheinbarer Helligkeit ist Hamal etwa so hell wie der Polarstern. Seine Entfernung von uns misst 66 Lichtjahre. Er leuchtet in einem orangen Licht (Spektraltyp: K2 III).

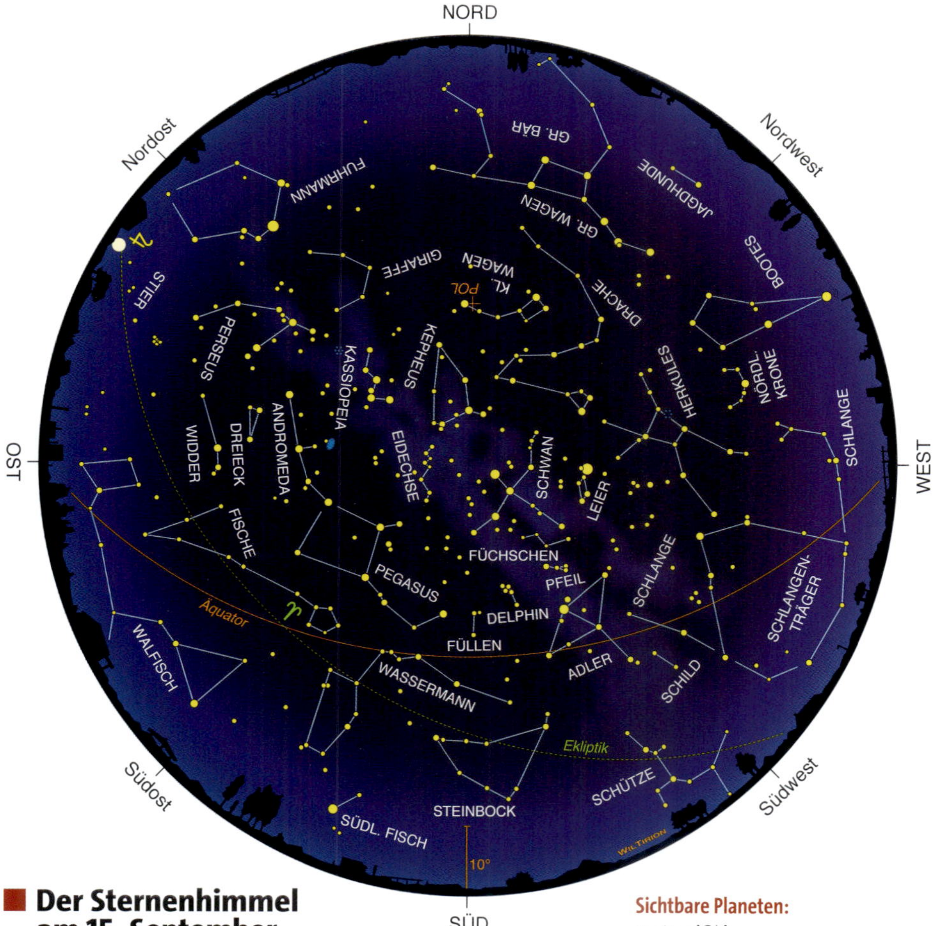

Der Sternenhimmel am 15. September um 22^h MEZ

Sichtbare Planeten:
Jupiter (♃)

Die Sternkarte ist auch gültig für:		
	MEZ	MESZ
15. 7.	2^h	3^h
1. 8.	1	2
15. 8.	0	1
1. 9.	**23**	**24**
15. 9.	**22**	**23**
30. 9.	**21**	**22**
15.10.	20	21
31.10.	19	
15.11.	18	

Das Sternbild Südlicher Fisch (Piscis Austrinus)

Der Südliche Fisch ist ein recht unscheinbares Sternbild, das sich nur rund 10° über den Horizont erhebt. Da es südlich von Steinbock und Wassermann liegt, ist es am besten an Herbstabenden zu beobachten. Auffallend im Südlichen Fisch ist lediglich ein einziger heller Stern, α Piscis Austrini, Fomalhaut genannt, der mit $1\overset{m}{,}2$ Helligkeit noch zu den Sternen erster Größe zählt und sich gut bemerkbar macht, findet sich doch in seiner weiteren Umgebung kein anderer Stern vergleichbarer Helligkeit.

Das Sternbild Südlicher Fisch ist babylonischer Herkunft. Der Südliche Fisch soll direkt vom

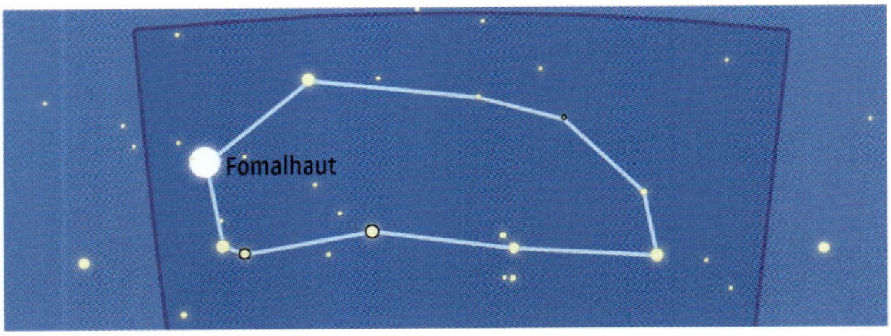

9.4 Der Südliche Fisch: **Skelettkarte des Sternbildes Südlicher Fisch (Piscis Austrinus).**

babylonischen Fischgott Oannes abstammen und gilt als Vorfahre der beiden Tierkreis-Fische. Meist wird der Südliche Fisch mit geöffnetem Maul dargestellt, wie er sich am Wasser labt, das der Wassermann aus seinem Krug ausgießt. Wie der Bärenhüter über den Großen und Kleinen Bären wacht, so ist der Wassermann Herr über den Südlichen Fisch. Der Wassermann regiert die sogenannte Wasserregion, zu der folgende Sternbilder gehören: Südlicher Fisch, Ziegenfisch (heutiges Sternbild Steinbock), Walfisch, Fische, gelegentlich auch Delphin und Pegasus, der in manchen Darstellungen mit einem Fischschwanz zu sehen ist. Einer syrischen Fabel nach handelt es sich um einen heiligen Fisch, der vom Gott Dagon der Syrer abstammt und selbst die beiden Ekliptik-Fische zeugte. Der griechischen Mythologie nach ist der Wassermann Deukalion, der aus einem Gefäß ständig Wasser ausschüttet, das der Südliche Fisch gierig schlürft. Bei den Griechen hieß der Südliche Fisch schlicht „Großer Fisch", nämlich Ἰχθύς μέγας, bei den Römern dann Piscis magnus (lat., großer Fisch), bei den Arabern al hut al janubiyy, der große, südliche Fisch. Der Südliche Fisch soll die aus Babylon stammende Derketo sein, die nach einer heißen Liebesnacht sich voll Scham und Reue in einen heiligen See stürzt und sich augenblicklich in einen entsprechend großen Fisch verwandelt.

Eine etwas andere Version berichtet, dass die unfreiwillig in den Teich von Bambyke gestürzte Göttin Derketo von einem großen Fisch gerettet wird. Zum Dank für die Hilfe wird der Fisch samt seinen Sprösslingen (die beiden Tierkreis-Fische) unter die Sterne versetzt. Einer anderen Überlieferung nach handelt es sich um die ägyptische Königin Isis, die der große Fisch nach ihrem Sturz in den Nil aus den Fluten errettet.

Manchmal findet man auch die Bezeichnung Piscis Australis statt Austrinus oder auch Piscis Capricorni, der Fisch des Steinbocks, was von seiner Position her verständlich wird.

Der Hauptstern, α PsA, heißt wie erwähnt Fomalhaut. Der Name stammt von der arabischen Bezeichnung fam al hut al janubi, was „Maul des südlichen Fisches" bedeutet. Fomalhaut, dessen scheinbare Helligkeit $1\overset{m}{,}2$ beträgt, ist ein bläulich-weißer Stern wie Sirius. Sein Spektraltyp ist A3 V, die Entfernung misst 22 Lichtjahre. Damit gehört Fomalhaut noch zu den weiteren Nachbarsternen unserer Sonne. Er übertrifft unsere Sonne zwölffach an Leuchtkraft. Anfang September kulminiert Fomalhaut um Mitternacht, wobei er in 50° nördlicher Breite nur 10° hoch steht. Ein anderer arabischer Name für α PsA ist Diphda von al awwal, der erste Frosch, und bezieht sich auf die Legende vom schrecklichen Ungeheuer namens Typhon.

Veränderliche Sterne im September

Algol-Minima	14.	5^h02^m	17.	1^h50^m	19.	22^h39^m	22.	19^h29^m				
β-Lyrae-Minima	2.	3^hH	8.	15^hN	15.	2^hH	21.	13^hN	28.	1^hH		
δ-Cephei-Maxima	1.	21^h	7.	6^h	12.	15^h	17.	24^h	23.	8^h	28.	17^h
Mira-Helligkeit	1.	3^m	10.	3^m	20.	4^m	30.	4^m				

Auf dem Weg zu Pluto

Am 18. Februar des Jahres 1930 verglich Clyde William Tombaugh (1906–1997) auf der Lowell-Sternwarte drei Aufnahmen miteinander, die am 21., 23. und 29. Januar aufgenommen worden waren. Dabei entdeckte er in der sternreichen Milchstraßengegend der Zwillinge ein winziges Sternpünktchen, das seinen Ort unter den Sternen verschoben hatte. Es war der neunte Planet unseres Sonnensystems jenseits der Neptunbahn. Bekannt gegeben wurde die Entdeckung erst am 13. März 1930, dem 75. Geburtstag des Sternwartengründers Percival Lowell. In der klaren Luft Arizonas hatte Lowell 1894 nahe der Stadt Flagstaff eine Sternwarte errichten lassen. Zwei Ziele verfolgte Lowell: die Erforschung der mysteriösen Marskanäle und die Suche nach einem transneptunischen Planeten. Die Entdeckung des neuen Planeten jenseits der Neptunbahn erlebte Lowell jedoch nicht mehr. Bereits im November 1916 war er verstorben (geb. 1855).

Nach kurzer Debatte wurde der neue Planet am 1. Mai auf den Namen des Gottes der Unterwelt „Pluto" getauft. Ein Vorschlag, der von der elfjährigen Schülerin Venetia Burney (1918–2009) stammte. Die ersten beiden Buchstaben entsprechen auch den Initialen des Observatoriumsgründers: PL. Niemand ahnte damals allerdings, dass 76 Jahre später Pluto seinen Status als neunter Planet unseres Sonnensystems verlieren sollte. Spätestens nach der Entdeckung von Eris im Oktober 2003, der mit vermutlich 3100 Kilometer Durchmesser deutlich größer ist als Pluto, wurde das Dilemma „Wie viele Planeten umfasst unser Sonnensystem?" virulent. Deshalb entschloss sich auf der Generalversammlung der IAU (International Astronomical Union) im August 2006 nach heftiger Debatte die zuständige Astronomen-Kommission, die neue Kategorie der Zwergplaneten (engl.: dwarf planets) einzuführen. Pluto wurde dabei prominentester Zwergplanet. Außerdem verpasste man ihm die Planetoidennummer 134340. Diese Entscheidung rief empörte Proteste in der Neuen Welt

9.5 Pluto und Charon mit den Minimonden Nix und Hydra (Hubble Space Telescope, NASA/ESA)

hervor. War Pluto doch der einzige „Planet", der in Amerika entdeckt worden war. Die damals 89-jährige Namenspatronin Venetia Burney-Phair setzte sich vehement dafür ein, Pluto als Mitglied der großen Planeten zu belassen. Der Verfasser dieser Zeilen nahm an der IAU-Konferenz teil, war aber bei der entscheidenden Abstimmung für den Status von Pluto in einer Sitzung über kosmologische Fragen.

Kein Planet wie die anderen

Schon bald nach seiner Entdeckung zeigte sich, dass Pluto eine für einen Planeten recht ungewöhnliche Bahn um die Sonne beschreibt. Mit 17° ist sie am stärksten von allen Planetenbahnen zur Ekliptik geneigt. Mit einer numerischen Exzentrizität von $e = 0{,}246$ weicht sie auch am stärksten von der Kreisform ab. Somit kommt Pluto im Perihel bis auf 29,6 AE (= 4425 Millionen Kilometer) an die Sonne heran. Im Aphel trennen ihn aber 49,3 AE (= 7375 Millionen Kilometer)

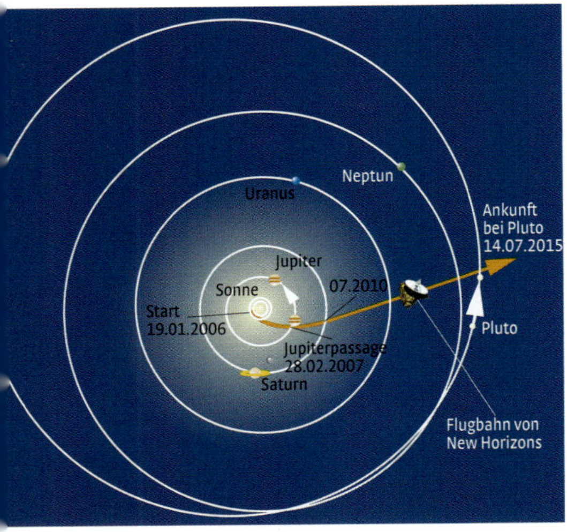

9.6 Die Bahn der Raumsonde New Horizons zum Zwergplaneten Pluto

von dem Zentralgestirn. Die stark exzentrische Bahn bedingt auch, dass Pluto der Sonne zuweilen näher ist als Neptun. So war vom 21. Januar 1979 bis zum März 1999 die Plutoentfernung geringer als die des Neptuns. Am 5. September 1989 passierte Pluto sein Perihel. Durch sein Aphel wird er dann im Februar 2114 wandern.

An zwei Stellen kreuzt die Plutobahn die Neptunbahn. Allerdings schneiden die beiden Bahnen einander nicht. Deshalb kommt es auch nie zu einem Zusammenstoß zwischen beiden Planeten. Durch seine große Bahnneigung bedingt, wandert Pluto etwa 1200 Millionen Kilometer, das sind etwa acht AE, nördlich durch die Kreuzungspunkte. Außerdem treffen sich Neptun und Pluto niemals an ihren Kreuzungspunkten. Dies verhindert die 2:3-Resonanz ihrer Umlaufzeiten: Drei Neptunumläufe von je 165 Jahren entsprechen zwei Plutojahren zu 247,7 Jahren. In den letzten hundert Millionen Jahren kamen beide einander nie näher als 2500 Millionen Kilometer (siehe auch Monatsthema Mai „Pluto wieder fernster Planet" auf Seite 105 im *Kosmos Himmelsjahr 1999*).

Der „schrumpfende" Planet

Als Pluto entdeckt wurde, schätzte man seine Größe auf rund 14 000 Kilometer im Durchmesser, also ein wenig größer als die Erde. Aber selbst in großen Teleskopen zeigte sich der sonnenferne Trabant stets punktförmig. Man vermutete sogar, dass man nur den Sonnenreflex auf einer spiegelglatten Methaneisfläche sehen würde, ähnlich wie Kerzen sich in Christbaumkugeln spiegeln. Damit schien erklärbar, weshalb man trotz hoher Vergrößerungen kein Planetenscheibchen zu erkennen vermochte. Als jedoch Pluto am 28. April 1965 ganz knapp einen Fixstern passierte, ergab sich als Obergrenze für seinen Durchmesser ein Wert von 5500 Kilometer. Seine Masse schätzte man ursprünglich auf eine Erdmasse, später korrigierte man sie auf ein Zehntel der Erdmasse.

Aus dem periodischen Lichtwechsel von nur $0\overset{m}{,}1$ Amplitude wurde auf eine Rotationsdauer von 6,38 Tagen geschlossen. Schließlich entdeckte James W. Christy im Jahre 1978 einen Begleiter von Pluto, der auf den Namen Charon getauft wurde. Charon und Pluto umkreisen einander in einer Distanz von knapp 20 000 Kilometer in sechs Tagen, neun Stunden und achtzehn Minuten. Beide Körper rotieren in gleicher Zeit auch um ihre Achsen. Man spricht dabei von doppelt gebundener Rotation: Pluto und Charon wenden einander stets die gleichen Globushälften zu.

Die Bahnebene von Charon ist ebenso wie die Rotationsachse von Pluto um 118° zur Plutobahnebene geneigt. Sie steht damit fast senkrecht auf seiner Umlaufebene. Von 1985 bis 1990 zeigte die Bahnebene von Charon in Richtung Sonne und Erde, genauer: Erde und Sonne durchstießen langsam die Bahnebene. Dabei kam es zu einer Reihe gegenseitiger Bedeckungen, aus denen sehr genau die wahren Durchmesser von Pluto und Charon abgeleitet werden konnten. Für Pluto ergab sich ein Durchmesser von 2360 Kilometer und für Charon einer von 1200 Kilometer. Aus der Umlaufbewegung konnte endlich auch die Plutomasse bestimmt werden: Sie beträgt nur ein Vierhundertstel der Erdmasse.

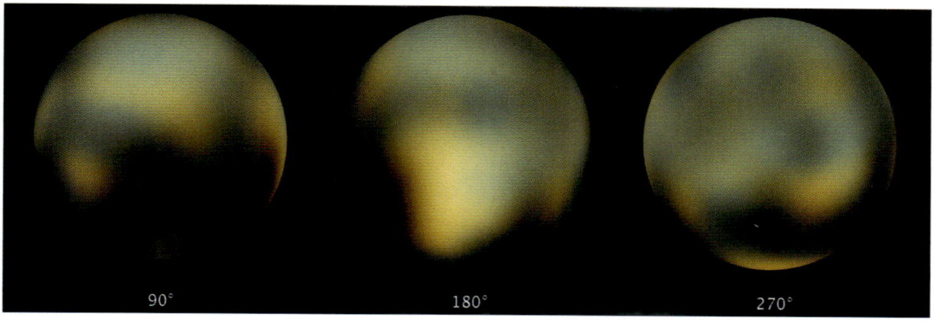

9.7 **Helle und dunkle Gebiete auf Pluto (Aufnahme des Hubble Space Telescope, NASA/ESA)**

Damit ist Pluto auch fünfmal leichter als unser Erdmond. Pluto hat daher auch so gut wie keinen gravitativen Einfluss auf die Planeten Uranus und Neptun. Daraus folgt, dass die Versuche von Lowell und Pickering, aus Bahnstörungen von Uranus und Neptun den Ort eines transneptunischen Planeten zu bestimmen, von vorneherein aussichtslos waren. Einzig die fleißige Suche von Tombaugh führte zur Entdeckung von Pluto.

Außergewöhnlicher Mond

Im Verhältnis zu seinem Mutterplaneten ist Charon der größte Mond im Sonnensystem. Das Verhältnis von Mond zu Planet beträgt bei Charon – Pluto 1:2, beim Erde-Mond-System 1:4, beim Jupitermond Ganymed, dem absolut größten Mond im Sonnensystem, rund 1:30. Man stufte daher Pluto und Charon als Doppelplaneten ein. Heute spricht man von einem doppelten Zwergplaneten. Zwei „echte", nämlich winzige Monde von Pluto wurden 2005 entdeckt. Sie wurden Nix und Hydra getauft. Ihre Durchmesser liegen bei 35 beziehungsweise 70 Kilometer. Nix läuft in einem mittleren Abstand von 49 400 Kilometer in 25,5 Tagen um das Schwerezentrum von Pluto und Charon, während Hydra bei einer großen Halbachse von 64700 Kilometer für eine Umrundung 38,2 Tage benötigt.

Mit Hilfe der Infrarotspektroskopie erkannte man, dass die Plutooberfläche zum überwiegenden Teil aus gefrorenem Stickstoff besteht. Methan- und Kohlenmonoxideis machen zusammen nur etwa drei Prozent aus. Auch vermutet man Kryovulkanismus, ähnlich wie VOYAGER 2 ihn im August 1988 auf dem größten Neptunmond Triton vorfand: Stickstofffontänen sprudeln aus Geysiren und gefrieren schnell, sobald sie auf die Oberfläche herabgeregnet sind.

Ferner konnte man spektroskopisch eine außerordentlich dünne Atmosphäre nachweisen, die im Wesentlichen aus Stickstoff besteht. Im Jahr 1994 wurden in ihr auch Spuren von Methan entdeckt. Im Gegensatz zu Pluto wird die Charonoberfläche von Wassereiskristallen bedeckt. Eine Atmosphäre besitzt Charon höchstwahrscheinlich nicht. In knapp dreißig Kilometer Höhe über der Plutooberfläche beträgt die Atmosphärentemperatur −173 °C (= 100 K). Darunter fällt sie schnell mit einem Temperaturgradienten von 2,2 Grad pro Kilometer ab. Wie das Temperaturprofil zeigt, existiert in dieser Schicht offensichtlich eine Inversion.

Raumsonde unterwegs

Um das Plutosystem genauer zu erforschen, plante die amerikanische Weltraumbehörde NASA schon seit dem Beginn der 1990er Jahre, eine Raumsonde zu diesem fernen Zwergplaneten zu entsenden. Die Zeit drängte, denn Pluto entfernt sich immer mehr von der Sonne. Nach dem Jahre 2020 wird es auf Pluto so kalt werden, dass sich die Atmosphäre als Raureif an der Oberfläche niederschlägt und somit nicht mehr untersucht werden kann. Zum anderen wird ein immer kleinerer Teil der Pluto- und der Charonoberfläche zu erfassen sein, je später ein irdischer Späher bei Pluto eintrifft. In den 80er und 90er Jahren des letzten Jahrhunderts blickte man auf den Äquator beider Zwergplaneten. In einer vollen Rotationsperiode von 6,4 Tagen ist somit die gesamte Oberfläche zu erfassen. Nach einem Viertelumlauf (62 Jahre) blickt man auf einen der beiden Pole. Dann liegt immer nur eine Halbkugel im Sonnenlicht.

Nach langem Hin und Her und diversen Budgetkürzungen im wissenschaftlichen Programm der NASA zugunsten der bemannten Raumfahrt konnte endlich am 19. Januar 2006 die Plutosonde NEW HORIZONS auf den Weg zu ihrem fernen Ziel gebracht werden. Am 28. Februar 2007 flog sie bereits in nur 2,25 Millionen Kilometer Distanz an Jupiter vorbei. Dabei wurden alle Systeme ausführlich getestet. NEW HORIZONS sandte beeindruckende Bilder von Jupiter und seinen Trabanten zur Erde. Zudem katapultierte er die Plutosonde auf einen schnelleren Weg zum fernen Ziel. Durch dieses Bahnmanöver (gravity assist oder swing by) wurde die Geschwindigkeit der Sonde um vier Kilometer pro Sekunde auf 23 km/s (fast 83 000 km/h) erhöht und ihre Reisezeit um vier Jahre verkürzt. Bereits im Juni 2008 überquerte NEW HORIZONS die Saturnbahn und kreuzte im März 2011 die Uranusbahn. Nun rast sie zwischen der Uranus- und der Neptunbahn in Richtung Pluto. Im August 2014 wird sie schließlich die Neptunbahn hinter sich lassen. Mit Spannung erwartet man den 14. Juli 2015. An diesem Tag soll NEW HORIZONS in nur 10 000 Kilometer Distanz an Pluto vorbeigleiten. Ihre geringste Entfernung von Charon wird dabei 27 000 Kilometer betragen. Aus energetischen Gründen ist ein Einschwenken in eine Umlaufbahn um den doppelten Zwergplaneten leider

9.8 Die Raumsonde NEW HORIZONS

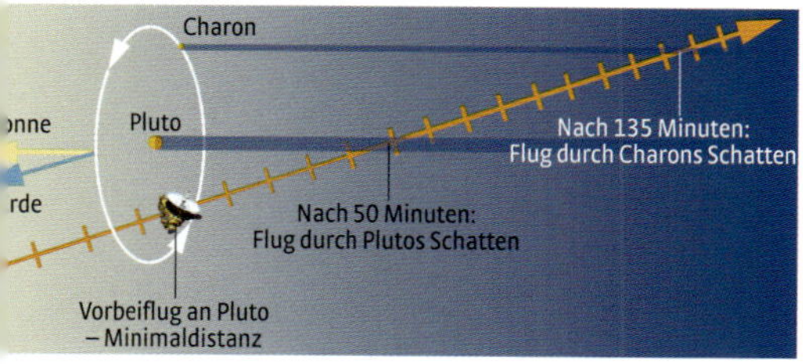

9.9 Flugbahn der Raumsonde New Horizons beim Vorbeifliegen an Pluto und Charon. Die Sonde passiert die Schatten von Pluto und Charon.

nicht möglich, denn bei ihrer Plutopassage ist die Raumsonde noch 14 Kilometer pro Sekunde schnell. Um einen Plutodurchmesser zurückzulegen, braucht sie nur etwa drei Minuten.

Bereits auf dem Hinflug wurden und werden zahlreiche Tests durchgeführt. Fünf Monate vor dem „Close Encounter" beginnt die eigentliche Beobachtungsphase, wobei acht Detektoren zum Einsatz kommen: LORRI (**LO**ng **R**ange **R**econnaissance **I**mager) ist eines der größten Teleskope, das je auf einer Raumsonde mitflog. Seine Optik erlaubt es, hochauflösende Bilder zu gewinnen, die Details auf der Plutooberfläche von der Größe eines Fußballfeldes erkennen lassen werden. Man hofft, mit LORRI die gesamte Oberfläche sowohl von Pluto als auch von Charon mit hoher Auflösung vollständig zu kartografieren.

SWAP (**S**olar **W**ind **A**round **P**luto) und PEPSSI (**P**luto **E**nergetic **P**article **S**pectrometer **S**cience **I**nvestigation) sollen die Atmosphäre und ihre Wechselwirkung mit dem Sonnenwindplasma näher untersuchen.

Ralph/LEISA (**L**inear **E**talon **I**maging **S**pektral **A**rray) ist ein Spektrometer für sichtbares und infrarotes Licht, um die Oberflächen der beiden Zwergplaneten in Augenschein zu nehmen und Temperatur, Farben sowie ihre chemische Zusammensetzung zu bestimmen.

Ralph/MVIC (**M**ulticolor **V**isible **I**maging **C**amera) soll mit vergleichsweise geringer Auflösung Farbaufnahmen im Blauen, im Roten und nahen Infrarot gewinnen, um Methan und andere Moleküle aufzuspüren.

REX (**R**adio Science **EX**periment) soll Druck und Temperatur der Plutoatmosphäre messen. Nach dem Vorbeiflug wird New Horizons durch den Kernschatten von Pluto fliegen. Die Radiosignale des Deep Space Network der NASA (auf der Erde) werden durch die Atmosphäre von Pluto hindurchlaufen. Ihre Ablenkung und Absorptionen lassen dann die gewünschten Daten ermitteln. Nach heutigem Wissen beträgt der Atmosphärendruck von Plutos Lufthülle nur ein paar Dutzend Mikrobar.

Alice (Ultraviolett Imaging Spectrometer) soll die Struktur der Plutoatmosphäre bildlich darstellen und auch nachsehen, ob Charon nicht doch Spuren einer Atmosphäre zeigt.

SDC (**S**tudent **D**ust **C**ounter) untersucht die Dichte des interplanetaren Staubes auf dem Weg zu Pluto. Im Rückblick wird New Horizons beim Durchqueren der Kernschatten von Pluto und Charon (Abb. oben) auch nachsehen, ob sich Geysire oder Vulkaneruptionen ähnlich wie auf Triton und dem Jupitermond Io zeigen.

Reise tief in den Kuipergürtel

Nach dem Vorbeiflug an Pluto und Charon ist die Mission von New Horizons noch nicht beendet. Sie heißt ja nicht umsonst „(Aufbruch zu) neuen Horizonten". Die Plutosonde wird in den Kuipergürtel eindringen und soll an mindestens zwei KBOs (Kuiper Belt Objects) vorbeifliegen. Diese Himmelskörper sollen genauso untersucht werden wie Pluto und Charon. Die Ingenieure und Projektwissenschaftler der ehrgeizigen Plutomission hoffen, dass bis zu einer Entfernung von 55 AE (etwa acht Milliarden Kilometer) die Raumsonde voll funktionsfähig bleibt und alle gewonnenen Informationen problemlos zur Erde gefunkt werden können. Die Astronomen wiederum hoffen, dass die Ingenieure Recht behalten. Möglicherweise stehen noch Überraschungen aus wie die Entdeckung eines erdgroßen Zwergplaneten. Werden dann eventuell die Planeten Merkur, Venus, Erde und Mars zu Zwergplaneten degradiert? (Siehe auch Tabelle Seite 201.)

Oktober 2012

- Venus ist weiterhin am Morgenhimmel vertreten.
- Mars kann noch etwa eine halbe Stunde in der Abenddämmerung gesehen werden.
- Jupiter im Sternbild Stier wird zum Planeten der gesamten Nacht.

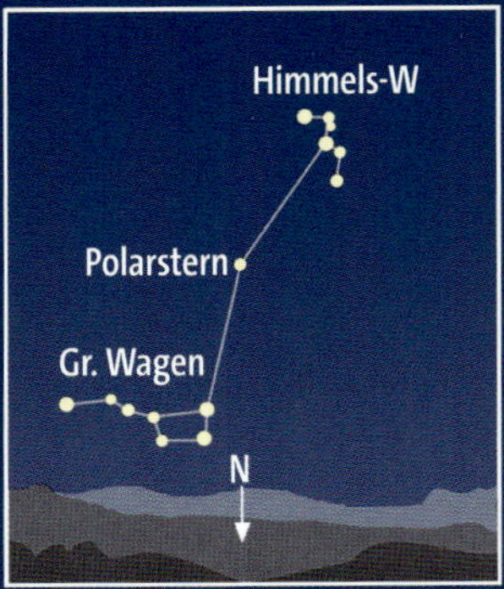

Großer Wagen und Himmels-W Anfang Oktober um 22 Uhr

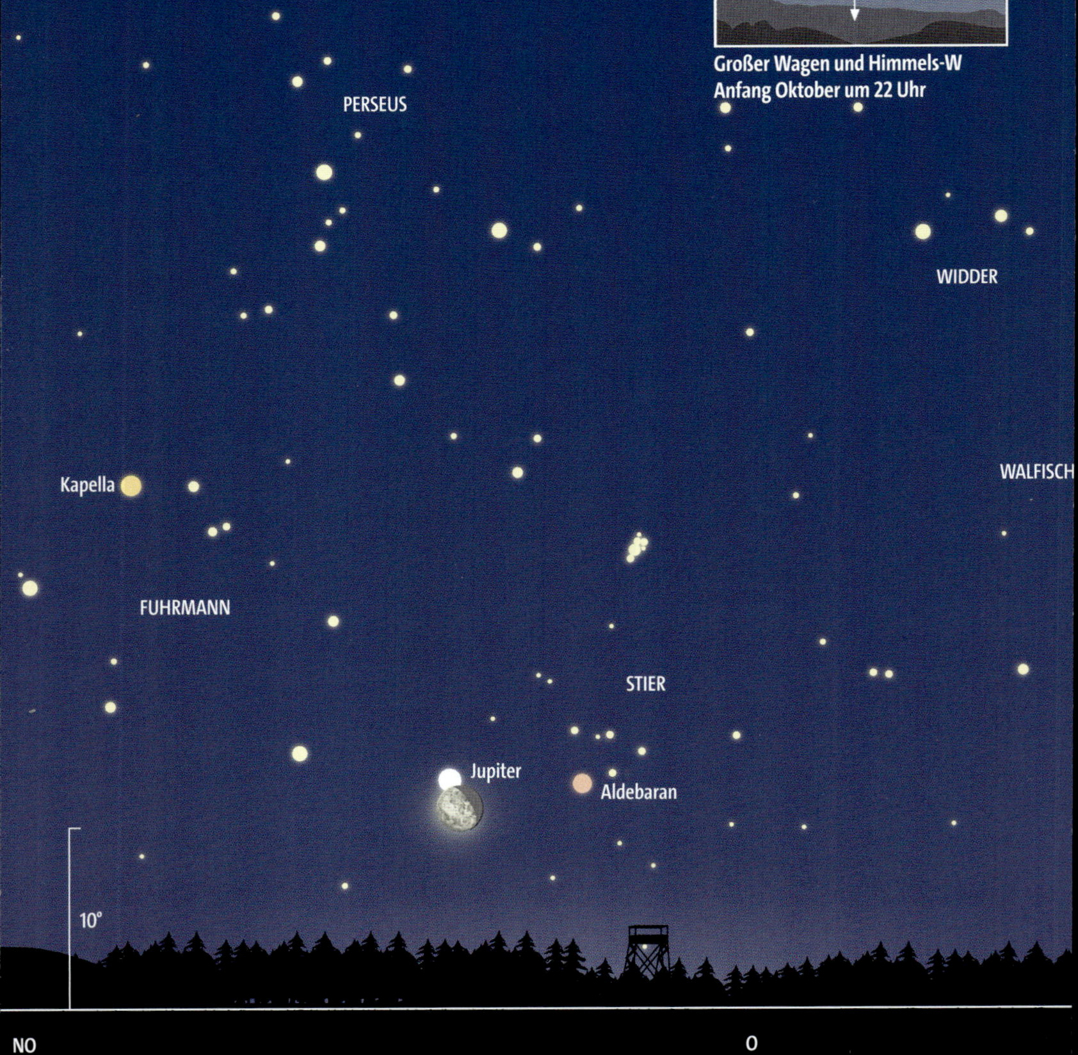

10.1 Himmelsanblick am 5. Oktober gegen 22h MEZ (= 23h MESZ). Tief am Osthimmel erkennt man Jupiter, an dem der abnehmende Mond vorbeizieht.

1 Mo	
2 Di	
3 Mi	Tag der deutschen Einheit
4 Do	
5 Fr	Mond in Erdferne Mond bei Jupiter (Abendhimmel)
6 Sa	
7 So	
8 Mo	Mond im letzten Viertel
9 Di	
10 Mi	
11 Do	
12 Fr	
13 Sa	
14 So	
15 Mo	**Neumond**
16 Di	
17 Mi	Mond in Erdnähe
18 Do	Mond bei Mars (Abendhimmel)
19 Fr	
20 Sa	
21 So	
22 Mo	Mond im ersten Viertel
23 Di	
24 Mi	
25 Do	
26 Fr	Österr. Nationalfeiertag
27 Sa	
28 So	Ende der Sommerzeit
29 Mo	**Vollmond**
30 Di	
31 Mi	

Sonne – Sternbilder

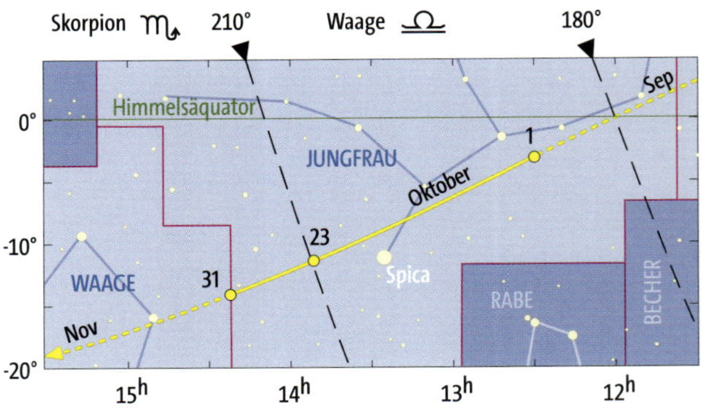

23.10. 1h:
Sonne tritt in das Tierkreiszeichen Skorpion
31.10. 1h:
Sonne tritt in das Sternbild Waage
Julianisches Datum am
1. Oktober, 1h MEZ: 2 456 201,5

Tabelle Sonnenlauf

Tag	Dämmerg. Anfang	Aufgang MEZ	Kulmination	Untergang MEZ	Dämmerg. Ende	Mittagshöhe	Zeitgleichg.	Rektaszension	Deklination
	h m	h m	h m	h m	h m	°	m	h m	°
1.	5 10	6 20	12 09	17 58	19 07	36,6	+11	12 29	– 3,2
5.	5 16	6 26	12 08	17 49	18 59	35,0	+12	12 44	– 4,7
10.	5 24	6 34	12 07	17 38	18 48	33,1	+13	13 02	– 6,6
15.	5 32	6 42	12 05	17 28	18 38	31,3	+15	13 21	– 8,5
20.	5 39	6 50	12 04	17 18	18 29	29,5	+16	13 39	–10,3
25.	5 47	6 58	12 04	17 09	18 20	27,7	+16	13 58	–12,1
31.	5 56	7 08	12 03	16 58	18 10	25,7	+17	14 21	–14,1

Sonntag, 28. Oktober 2012: Ende der Sommerzeit!

Tages- und Nachtstunden

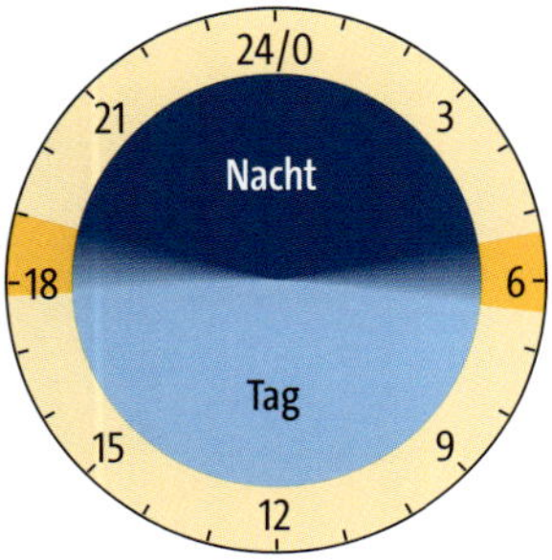

5. Oktober

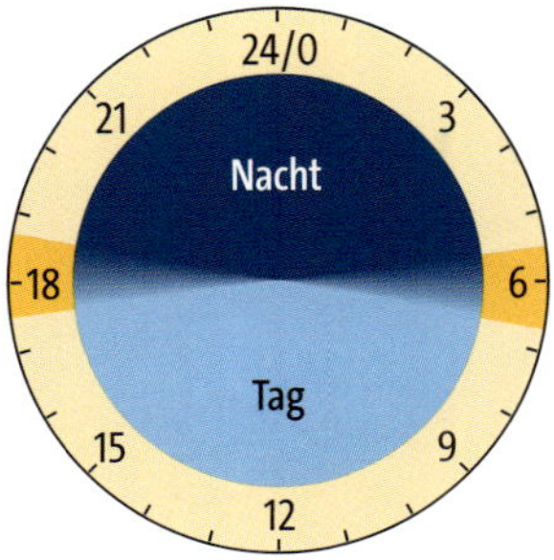

15. Oktober

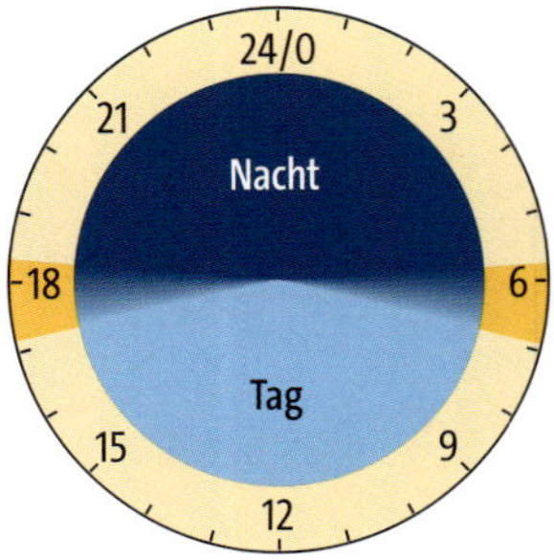

25. Oktober

Tabelle Mondlauf

Datum		Aufg. MEZ h m	Kulmination h m	Unterg. MEZ h m	Rektaszension h m	Deklination °		Sterne und Sternbilder	Phase	MEZ
Mo	1.	18 11	0 41	7 47	1 01	+10,0		Fische		
Di	2.	18 38	1 26	8 52	1 49	+13,7		Widder		
Mi	3.	19 10	2 12	9 55	2 37	+16,7		Widder		
Do	4.	19 47	2 58	10 54	3 26	+19,0		Stier, Plejaden	Absteigender Knoten	
Fr.	5.	20 30	3 46	11 49	4 16	+20,5		Stier, Hyaden	Erdferne 405/29,5	2^h
Sa	6.	21 20	4 34	12 38	5 07	+21,0	*	Stier		
So	7.	22 17	5 23	13 21	5 58	+20,6	*	Orion		
Mo	8.	23 18	6 11	13 58	6 48	+19,3		Alhena	**Letztes Viertel**	**8^h 33^m**
Di	9.	–	6 59	14 30	7 39	+17,1		Zwillinge		
Mi	10.	0 24	7 47	14 58	8 29	+14,0		Krebs, Krippe		
Do	11.	1 33	8 35	15 24	9 19	+10,2	*	Krebs	Größte Südbreite Libration Ost	
Fr	12.	2 45	9 23	15 48	10 10	+ 5,8		Regulus		
Sa	13.	4 00	10 13	16 13	11 02	+ 0,9		Löwe		
So	14.	5 18	11 05	16 40	11 55	– 4,1		Jungfrau		
Mo	15.	6 38	11 59	17 10	12 50	– 9,1		Jungfrau	**Neumond Nr. 1111**	**13^h 03^m**
Di	16.	7 59	12 56	17 45	13 47	–13,6		Spica		
Mi	17.	9 19	13 56	18 27	14 47	–17,2		Waage	Erdnähe 361/33,1 Aufsteigender Knoten	2^h
Do	18.	10 33	14 57	19 19	15 50	–19,8	*	Waage		
Fr	19.	11 38	15 58	20 20	16 53	–20,9		Antares		
Sa	20.	12 31	16 58	21 29	17 55	–20,6		Schütze		
So	21.	13 14	17 54	22 41	18 55	–19,0	*	Schütze, Nunki		
Mo	22.	13 49	18 47	23 53	19 52	–16,3		Schütze	**Erstes Viertel**	**4^h 32^m**
Di	23.	14 18	19 37	–	20 46	–12,7		Wassermann	Libration West	
Mi	24.	14 43	20 24	1 05	21 38	– 8,6		Steinbock	Größte Nordbreite	
Do	25.	15 06	21 09	2 15	22 27	– 4,2		Wassermann		
Fr	26.	15 28	21 53	3 23	23 14	+ 0,3	*	Fische		
Sa	27.	15 50	22 37	4 30	0 01	+ 4,7		Fische		
So	28.	16 14	23 22	5 36	0 48	+ 8,9		Fische		
Mo	29.	16 40	–	6 41	1 35	+12,7		Fische	**Vollmond**	**20^h 49^m**
Di	30.	17 11	0 07	7 45	2 23	+15,9		Widder		
Mi	31.	17 46	0 54	8 45	3 12	+18,4		Widder	Absteigender Knoten	

Der Mond läuft im Stier auf Jupiter zu

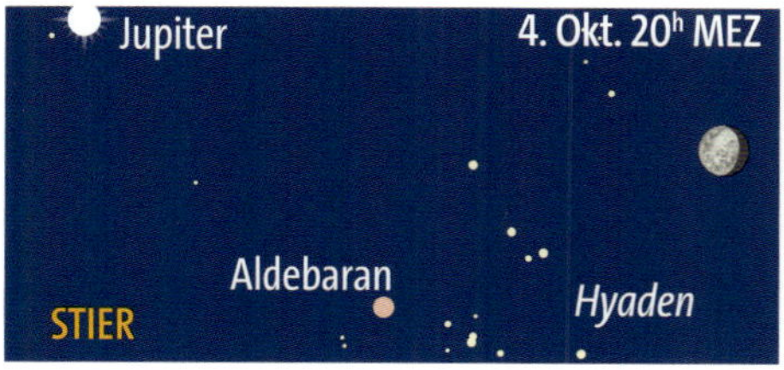

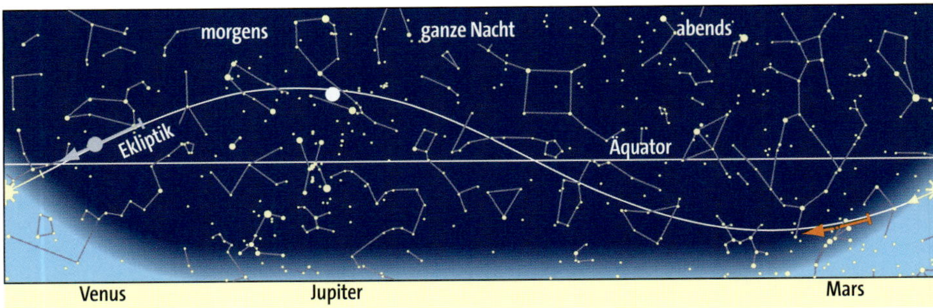

Merkur wandert rechtläufig durch den Tierkreis und vergrößert langsam seinen östlichen Vorsprung vor der Sonne, die ihm nachläuft. Am 26. erreicht er mit 24°05′ seine größte östliche Elongation. Wegen seiner südlichen Position im Tierkreis (δ = −22°,5) ergibt sich in unseren Breiten keine Abendsichtbarkeit. In südlichen Gegenden – etwa auf Sizilien, Kreta oder in Nordafrika – kann man den flinken Planeten am Abendhimmel etwa eine halbe Stunde nach Sonnenuntergang durchaus sehen.

Venus spielt nach wie vor ihre Rolle als Morgenstern. Sie wandert durch den Löwen und wechselt am 23. in das Sternbild Jungfrau, wobei sie den Himmelsäquator erreicht.

10.2 Heliozentrischer Anblick des Planetensystems im letzten Jahresviertel 2012. Eingetragen sind im linken Teil die Positionen der inneren Planeten für den 1. Oktober (10), den 1. November (11), den 1. Dezember (12) und den 1. Januar 2013 (1). Der rechte Teil zeigt das äußere Planetensystem samt einiger Planetoiden. Die Pfeile deuten die Richtungen zu den ferneren Planeten sowie zum Frühlingspunkt an.

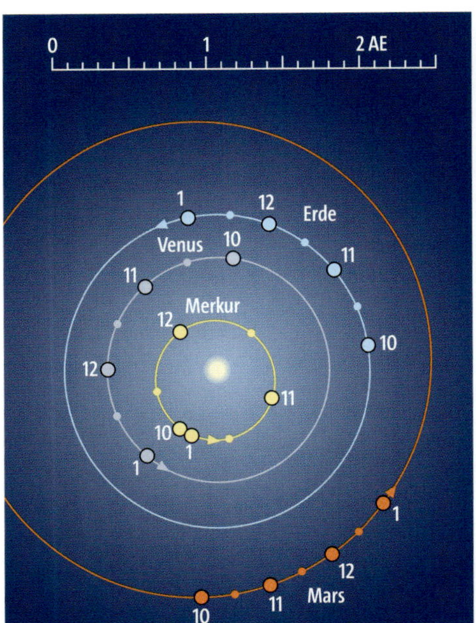

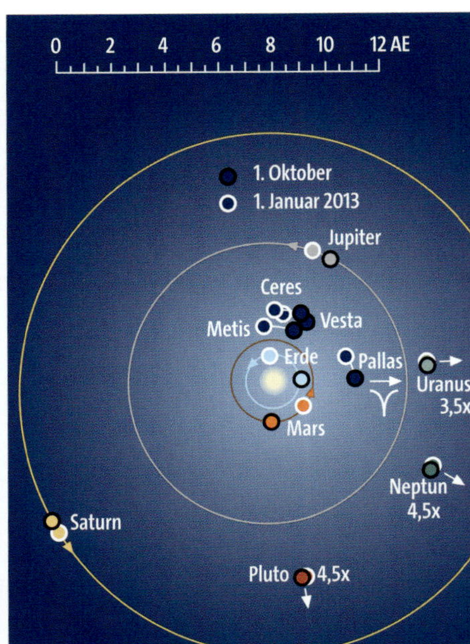

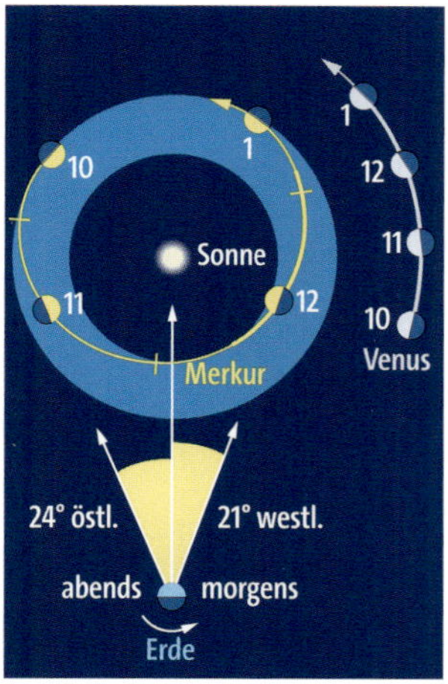

10.3 Bahnen von Merkur und Venus:
Heliozentrische Bewegungen von Merkur und Venus relativ zur Erde. In den dicker ausgezogenen Bahnteilen sind die Planeten beobachtbar. Die Zahlen geben die Positionen jeweils zum Monatsersten an. Östlicher Winkelabstand bedeutet Abendsichtbarkeit; westliche Elongation: Planet steht am Morgenhimmel.

Am 28. steht sie 1°,5 nördlich vom Herbstpunkt. Bereits am 3. zieht sie morgens nur 0°,12 oder 7′ südwestlich an Regulus, dem Löwenhauptstern, vorbei (siehe Abb. 10.5 rechts).

Venus geht immer später auf, die Sonne allerdings ebenfalls. Am 1. steigt der Morgenstern um 2^h33^m (= 3^h33^m Sommerzeit) über die Horizontlinie, am 15. um 3^h07^m und am 31. erst um 3^h50^m. Die Venushelligkeit nimmt leicht auf $-4^m,0$ ab.

Im Teleskop erscheint das knapp 15″ große Venusscheibchen am 13. zu 75 Prozent beleuchtet. Der Beleuchtungsgrad nimmt weiter zu, das Planetenscheibchen hingegen wird immer kleiner. Am 31. abends geht Venus zum zweiten Mal in diesem Jahr durch ihr Perihel. Dabei trennen sie 107,4 Millionen Kilometer (= 0,718 AE) von ihrem Zentralgestirn.

Mars verlässt am 6. die Waage und wechselt in das Sternbild Skorpion, in dem er nur bis 18. verweilt. Anschließend eilt er rechtläufig durch den Schlangenträger. Der $1^m,2$ helle Mars kann nur noch unter sehr günstigen Sichtbedingungen freiäugig für eine knappe Dreiviertelstunde in der Abenddämmerung ausgemacht werden. Wegen seiner weit südlichen Position (zu Monatsende: $\delta = -24°$), kann man ihn nur von südlichen Gegenden Europas aus sehen. Nördlich von 50° Nord ist er nur noch mit Ferngläsern oder Teleskopen erkennbar.

Am 18. kommt es wieder zu einer Begegnung mit der zunehmenden Mondsichel. Der Mond zieht 2° nördlich an Mars vorbei (siehe Abb. 10.6 oben). An Antares (α Scorpii) zieht Mars am 20. etwa 4° nördlich vorbei. Beide

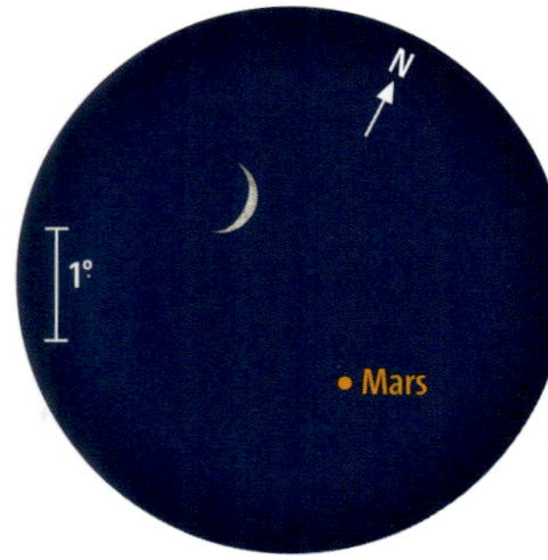

10.6 Mond trifft Mars:
Begegnung der zunehmenden Mondsichel mit Mars am 18. Oktober gegen 18^h MEZ (= 19^h MESZ).

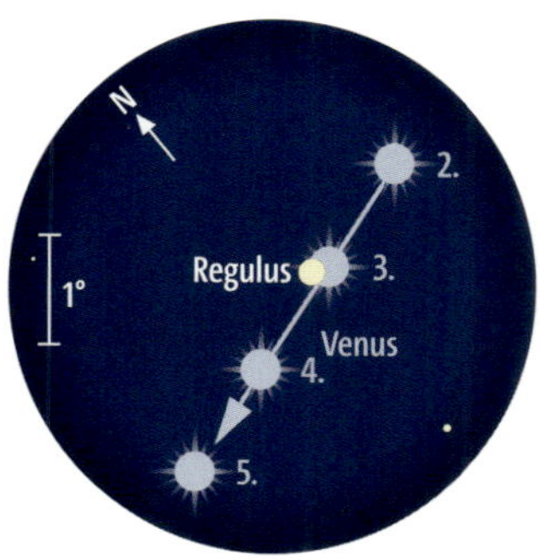

10.5 Venus trifft Regulus:
Venus zieht am 3. Oktober an Regulus im Löwen vorbei. Fernglasanblick bei 5° Gesichtsfelddurchmesser.

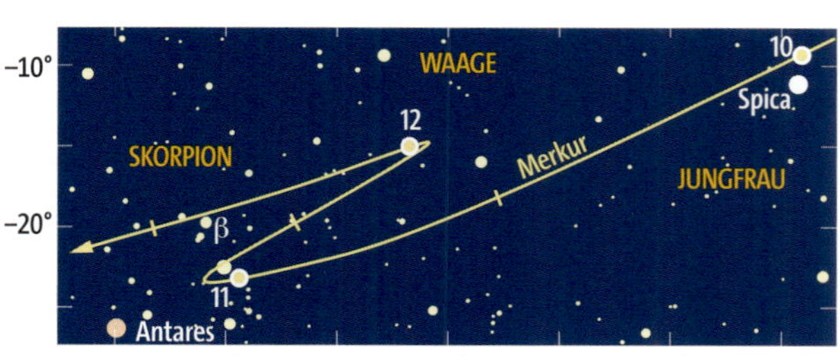

10.4 Bahn von Merkur:
Konjunktionsschleife von Merkur im Gebiet der Sternbilder Waage und Skorpion.

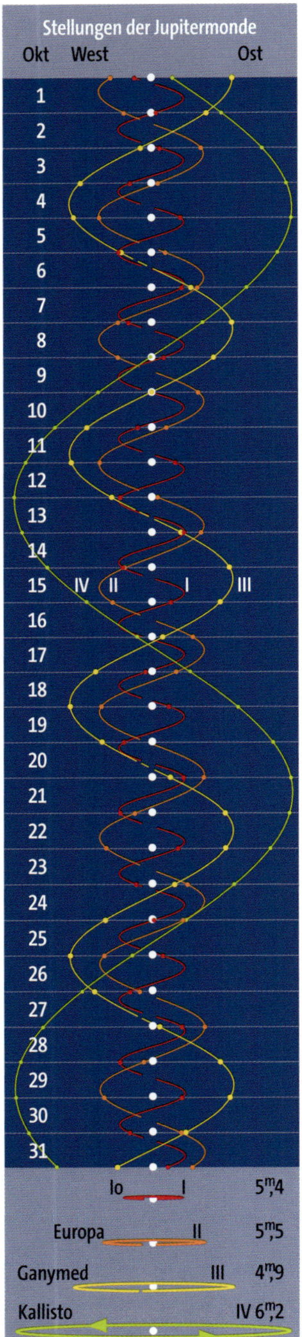

Jupitermonde

Tag	MEZ h m	Vorgang	
1.	3 03	I	VA
2.	0 15	I	SA
	1 28	I	DA
	2 23	I	SE
	3 36	I	DE
	5 00	II	VA
	21 32	I	VA
	22 35	III	DE
3.	0 57	I	BE
	22 04	I	DE
4.	0 01	II	SA
	2 24	II	SE
	2 31	II	DA
	4 50	II	DE
5.	20 40	II	VE
	20 42	II	BA
	23 02	II	BE
6.	5 32	III	VA
8.	4 57	I	VA
9.	2 08	I	SA
	3 17	I	DA
	4 17	I	SE
	5 26	I	DE
	21 40	III	SE
	23 26	I	VA
10.	0 26	III	DA
	2 14	III	DE
	2 46	I	BE
	20 36	I	SA
	21 44	I	DA
	22 45	I	SE
	23 53	I	DE
11.	2 37	II	SA
	4 57	II	DA
	5 00	II	SE
	21 13	I	BE
12.	20 51	II	VA
13.	1 26	II	BE
14.	20 29	II	DE
16.	4 01	I	SA
	5 05	I	DA
	23 40	III	SA

Tag	MEZ h m	Vorgang	
17.	1 20	I	VA
	1 39	III	SE
	4 01	III	DA
	4 34	I	BE
	5 49	III	DE
	22 30	I	SA
	23 32	I	DA
18.	0 39	I	SE
	1 41	I	DE
	5 14	II	SA
	23 01	I	BE
19.	20 07	I	DE
	23 26	II	VA
20.	3 48	II	BE
21.	20 32	II	DA
	20 55	II	SE
	22 52	II	DE
23.	5 55	I	SA
24.	3 14	I	VA
	3 39	III	SA
	5 39	III	SE
25.	0 23	I	SA
	1 18	I	DA
	2 33	I	SE
	3 27	I	DE
	21 43	I	VA
26.	0 48	I	BE
	19 45	I	DA
	21 02	I	SE
	21 54	I	DE
27.	2 01	II	VA
	6 08	II	BE
	19 34	III	VE
	21 10	III	BA
	23 00	III	BE
28.	21 08	II	SA
	22 53	II	DA
	23 32	II	SE
29.	1 12	II	DE
30.	19 18	II	BE
31.	5 08	I	VA

haben eine ähnliche Farbe. „Antares“ heißt auch soviel wie marsähnlicher Stern (Ares ist der griechische Kriegsgott, der bei den Römern Mars hieß – siehe auch das Monatsthema März „Steckbrief Mars“ auf Seite 69). Die Marsuntergänge verfrühen sich von 19^h32^m (= 20^h32^m MESZ) am 1. Oktober auf 19^h05^m am 15. Oktober und auf 18^h42^m Ende Oktober.

Jupiter kommt am 4. im Sternbild Stier zum Stillstand und wird rückläufig. Damit setzt er zu seiner Oppositionsschleife an. Im Gegenschein zur Sonne steht er zwei Monate später (siehe Abb. 12.5 auf Seite 225).

Jupiter wird zum Planeten der gesamten Nacht. Sein Aufgang erfolgt am 1. um 20^h38^m (= 21^h38^m Sommerzeit) und am 15. um 19^h43^m. Am Monatsletzten geht der inzwischen $-2^m{,}7$ helle Riesenplanet schon um 18^h36^m auf, eine halbe Stunde nach Ende der nautischen Dämmerung.

Jupiter dominiert mit seinem Glanz den Nachthimmel. Erst am Morgenhimmel bekommt er Konkurrenz von Venus, die ihn an Helligkeit deutlich übertrifft.

Am 5. begegnet der abnehmende Mond dem Riesenplaneten – ein netter Himmelsanblick gegen 21^h (siehe Abb. 10.1 auf Seite 184).

Saturn, rechtläufig in der Jungfrau, hat sich vom Abendhimmel zurückgezogen und bleibt unsichtbar. Die Sonne läuft ihm nach und holt ihn am 25. vormittags ein. Der Ringplanet steht in Konjunktion mit ihr. An diesem Tag trennen Saturn 1611 Millionen Kilometer (= 10,77 AE) von der Erde, eine Strecke, die das Licht in eineinhalb Stunden zurücklegt. Von der Sonne ist Saturn zur Konjunktion 1462 Millionen Kilometer (= 9,77 AE) entfernt.

Uranus hat seine Opposition zur Sonne hinter sich und ist die gesamte Nacht über am Firmament vertreten. Vom Morgenhimmel beginnt er sich allmählich zurückzuziehen.

Der grünliche Planet bewegt sich gemächlich rückläufig durch das Sternenfeld im Sternbild Fische (siehe Abb. 9.3 auf Seite 173). Mit einem Fernglas kann Uranus bei Einbruch der Dunkelheit bereits aufgesucht werden. Seine Kulminationszeit verlegt der $5^m{,}7$ helle Planet von Mitternacht in die späten Abendstunden. Am 1. passiert er um 0^h05^m (= 1^h05^m Sommerzeit) den Meridian, am 15. um 23^h04^m und am 31. um 21^h59^m. Die Uranusuntergänge verfrühen sich von 6^h16^m (= 7^h16^m Sommerzeit) am Monatsanfang auf 4^h12^m am letzten Oktobertag.

Neptun kann in der ersten Nachthälfte aufgesucht werden. Er verzögert seine rückläufige Bewegung im Ostteil des Wassermanns merkbar und zieht dabei am Stern 38 Aquarii knapp südlich vorbei. 38 Aqr ($5^m{,}5$) kann als Leitstern helfen, Neptun zu finden. An ihm kann man auch die langsame Wanderung von Neptun unter den Sternen studieren (siehe Abb. 8.7 auf Seite 156).

Die beste Zeit, um Neptun zu beobachten, ist die Stunde um seine Kulmination. Am 1. passiert der bläuliche Planet um 21^h48^m (= 22^h48^m Sommerzeit) den Meridian, am 15. um 20^h52^m und am Monatsletzten schon um 19^h49^m. Am 31. geht der inzwischen $7^m{,}9$ helle Neptun schon eine Stunde nach Mitternacht, nämlich um 0^h57^m unter.

Konstellationen und Ereignisse

Datum	MEZ	Ereignis
4.	15^h	Jupiter im Stillstand, anschließend rückläufig
5.	22	**Mond bei Jupiter**, Mond 0°,9 südlich (Bedeckung!), **Abstand 1°,6 um 21^h**
6.	8	Merkur bei Saturn, Merkur 3°,5 südlich
8.	4	Merkur im Aphel
12.	20	Mond bei Venus, Mond 6°,3 südlich
16.	6	Mond bei Saturn, Mond 4°,6 südlich
17.	3	Mond bei Merkur, Mond 1°,3 nördlich
18.	14	**Mond bei Mars,** Mond 2°,0 nördlich, **Abstand 2°,1 um 18^h**
20.	15	Mond bei Pluto, Mond 0°,08 (!) südlich (Bedeckung!)
24.	17	Mond bei Neptun, Mond 6°,2 nördlich
25.	10	Saturn in Konjunktion mit der Sonne
26.	23	Merkur in größter östlicher Elongation (24°)
27.	11	Mond bei Uranus, Mond 5°,1 nördlich
31.	22	Venus im Perihel

Planetoiden

Ceres (1) verzögert deutlich ihre rechtläufige Bewegung durch die Zwillinge und bleibt am Monatsende stehen, womit sie zu ihrer Oppositionsschleife ansetzt. Der Umkehrpunkt liegt nahe bei η Geminorum (Tejat Prior, $3^{\mathrm{m}},2$ – $3^{\mathrm{m}},8$), der gut als Aufsuchhilfe für Ceres dienen kann. Die Helligkeit von Ceres nimmt um eine halbe Größenklasse zu und erreicht am Monatsende $8^{\mathrm{m}},0$. Die Ceres-Kulmination erfolgt am 1. um $5^{h}43^{m}$ (= $6^{h}43^{m}$ Sommerzeit), am 15. um $4^{h}46^{m}$ und am 31. schon um $3^{h}57^{m}$. Die Aufgänge des Planetoiden Nr. 1, der heute auch den Rang eines Zwergplaneten genießt, verfrühen sich von $21^{h}46^{m}$ am Monatsbeginn auf $19^{h}53^{m}$ Ende Oktober. Am 7. wird Ceres um 6^{h} zum zweiten Mal vom Mond bedeckt, von Europa aus allerdings unbeobachtbar. Lediglich von der Südspitze Afrikas und den südlichen Partien des Südatlantiks kann diese Okkultation verfolgt werden. Das Aufsuchkärtchen findet man auf Seite 225 (Abb. 12.5).

Pallas (2) hat ihre Opposition eben hinter sich. Sie eilt weiter südwärts durch den Cetus (Walfisch), wobei ihre Helligkeit von $8^{\mathrm{m}},3$ während des Monats deutlich auf $8^{\mathrm{m}},9$ abnimmt. Pallas kann in der ersten Nachthälfte beobachtet werden. Ihre Kulmination erfolgt am 1. um $23^{h}55^{m}$, am 15. um $22^{h}50^{m}$ (= $23^{h}50^{m}$ MESZ) und am 31. schon um $21^{h}38^{m}$ (Abb. 9.3 auf Seite 173).

Vesta (4) bremst ihren Lauf im Stier stark ab und wird am 21. um 8^{h} stationär. Anschließend strebt sie rückläufig ihrer Opposition entgegen, die sie im ersten Dezemberdrittel erreicht (siehe Abb. 12.5 auf Seite 225). Ihre Helligkeit nimmt weiter um eine halbe Größenklasse zu und erreicht Ende Oktober $7^{\mathrm{m}},2$. Damit wird sie zu einem leichten Fernglasobjekt.

Vesta passiert am Monatsbeginn um $5^{h}15^{m}$ den Meridian, nachdem sie schon um $21^{h}40^{m}$ (= $22^{h}40^{m}$ Sommerzeit) aufgegangen ist. Bis Ende Oktober verfrüht sie ihre Aufgangszeit auf $19^{h}49^{m}$ und die Kulmination auf $3^{h}21^{m}$. Damit kann Vesta am besten in der Zeit um Mitternacht beobachtet werden.

10.7 Planetoid Vesta: **Aufnahme der Raumsonde DAWN aus einer Entfernung von 15 000 km.**

Periodische Sternschnuppenströme

Die **Delta-Draconiden**, auch **Oktober-Draconiden** genannt, sind ein temporärer Strom, dessen Radiant im Sternbild des Drachen, etwa 3° östlich von γ Draconis liegt. Die Oktober-Draconiden führen ihren Ursprung auf den Kometen 21P/Giacobini-Zinner (alte Bezeichnung: 1900 III) zurück, weshalb dieser Meteorstrom auch **Giacobiniden** heißt. Vom 5. bis 9. Oktober passiert die Erde relativ nahe den absteigenden Knoten der Bahn des Kometen 21P. Seine Umlaufzeit beträgt 6,5 Jahre. Da die Trümmerwolke schon recht langgezogen ist, die Meteoroide sich also entlang der Bahn verteilt haben, ist mit Überraschungen zu rechnen. Die Meteorhäufigkeit schwankt von Jahr zu Jahr erheblich.

Von Anfang Oktober bis in die erste Novemberwoche sind die **Orioniden** aktiv, deren Ursprung auf den Halleyschen Komet deutet. Mit dem Maximum ist am 20. Oktober zu rechnen, wobei etwa zwanzig Meteore pro Stunde zu erwarten sind. Die Frequenz ist von Jahr zu Jahr verschieden. Im Jahr 2010 flammten im Maximum am 21. Oktober gegen 10^{h} MEZ innerhalb einer Stunde um die vierzig Sternschnuppen auf.

Die beste Beobachtungszeit, um die Orioniden zu verfolgen, ist die Zeit von Mitternacht bis 5^{h} morgens. Der Radiant liegt etwa 10° nordöstlich von Beteigeuze. Es handelt sich bei den Orioniden um sehr schnelle Objekte (um 65 Kilometer pro Sekunde).

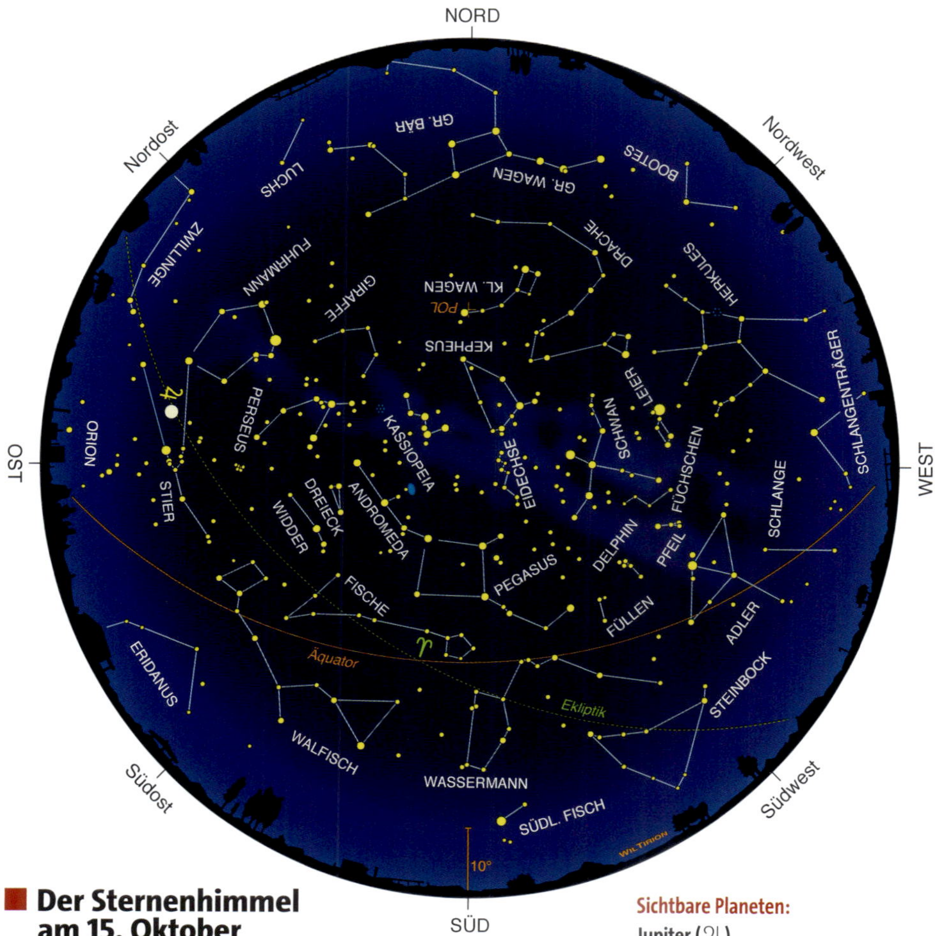

Der Sternenhimmel am 15. Oktober um 22ʰ MEZ

Sichtbare Planeten:
Jupiter (♃)

Die Sternkarte ist auch gültig für:		
	MEZ	MESZ
1. 8.	3^h	4^h
15. 8.	2	3
1. 9.	1	2
15. 9.	0	1
1.10.	**23**	**24**
15.10.	**22**	**23**
31.10.	**21**	
15.11.	20	
30.11.	19	
15.12.	18	

Zur abendlichen Beobachtungsstunde sind inzwischen alle Herbstbilder in günstige Positionen gerückt. Die westliche Himmelshälfte dominiert noch das Sommerdreieck. Arktur im Bootes ist schon untergegangen. Auch der ausgedehnte und lichtschwache Herkules nähert sich dem Nordwesthorizont.

Der Himmelsanblick wird von der Andromeda-Gruppe charakterisiert. Diese Sternbildergruppe, die fast den gesamten Osthimmel einnimmt, setzt sich aus den Bildern Kassiopeia, Kepheus, Andromeda, Pegasus, Perseus und Walfisch zusammen. Zwar sind diese Herbstbilder längst nicht so hell wie die leuchtkräftigen Wintersternbilder, denn es fehlen Sterne erster Größenklasse, aber sie haben ihren eigenen Reiz und sind mit

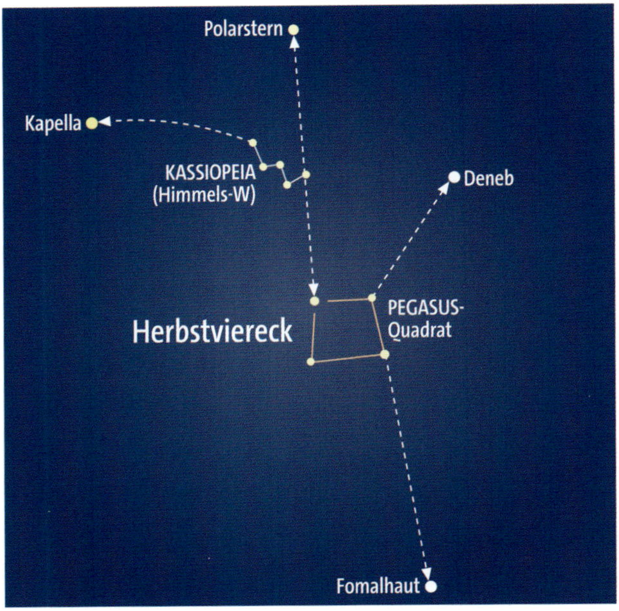

10.8 Das Herbstviereck:
Vom Herbstviereck (Pegasusquadrat) ausgehend findet man schnell die Kassiopeia, den Polarstern, Deneb und Fomalhaut, Hauptstern des Sternbildes Südlicher Fisch.

Ausnahme des Walfischs alle verhältnismäßig leicht auszumachen.

Die charakteristische Sternenfigur des Himmels-W, die Kassiopeia, steht zurzeit hoch über dem Beobachter, fast im Zenit. Die mittlere Spitze des „W" deutet ungefähr in Richtung des Polarsterns. Verlängert man diese Sichtlinie hinunter zum Nordhorizont, so trifft man auf den Großen Wagen, der jetzt seine tiefste Stellung knapp über dem Nordhorizont einnimmt. Deshalb ist er an Herbstabenden auch nicht so leicht zu entdecken.

Das Herbstviereck

Zwischen Polarstern und Zenit nimmt der Kepheus seinen Platz ein. König Kepheus ist der Gemahl der Kassiopeia. Im Gegensatz zur Kassiopeia ist die Figur des Kepheus nicht so leicht zu erfassen. Kassiopeia und Kepheus sind die Eltern der Prinzessin Andromeda, die jetzt ebenfalls am Herbsthimmel vertreten ist. Die Andromeda ist als Sternenkette südlich der Kassiopeia leicht zu erkennen. Die Sternenkette hängt gewissermaßen am Pegasusquadrat, dem Herbstviereck.

Der Pegasus nimmt hoch im Süden seinen Platz ein. Auch der Einsteiger in die Himmelskunde erkennt das markante Sternenquadrat des Pegasus leicht. Die westliche Kante markiert zur Standardbeobachtungszeit recht genau den Himmelsmeridian. Zum Pegasus gehört noch sein Kopf mit der Schnauze, der den Meridian schon passiert hat.

Der heldenhafte Retter der Andromeda – der Perseus mit seinen Flügelschuhen, dem Schwert in der einen und dem abgeschlagenen Haupt der Medusa in der anderen Hand – gehört ebenfalls zu den Herbstbildern. Perseus steht jetzt hoch im Osten zwischen der Andromeda und dem Hauptstern im Fuhrmann, der

Veränderliche Sterne im Oktober

Algol-Minima	7.	3^h32^m	10.	0^h20^m	12.	21^h09^m	15.	17^h58^m	27.	5^h13^m	30.	2^h02^m
β-Lyrae-Minima	4.	12^hN	10.	23^hH	17.	11^hN	23.	22^hH	30.	9^hN		
δ-Cephei-Maxima	4.	2^h	9.	11^h	14.	20^h	20.	4^h	25.	13^h	30.	22^h
Mira-Helligkeit	1.	4^m	10.	4^m	20.	4^m	31.	5^m				

gelblichen Kapella, die unübersehbar im Nordosten strahlt.

Am schwierigsten zu identifizieren von den Bildern um die Andromedasage ist sicher der Walfisch, lateinisch Cetus genannt. Der Cetus ist das schreckliche Meeresungeheuer vor der Küste Äthiopiens, dem die Prinzessin Andromeda geopfert werden soll. Zum Glück eilt Perseus durch die Lüfte herbei und tötet den Cetus, indem er ihm das abgeschlagene Medusenhaupt präsentiert. Augenblicklich erstarrt der Cetus beim fürchterlichen Anblick der Medusa zu Stein.

Im Walfisch findet sich unter anderem der berühmte veränderliche Stern Mira (ο Ceti), ein langperiodischer Pulsationsvariabler, dessen Helligkeitsdaten in der monatlichen Rubrik „Veränderliche Sterne" verzeichnet sind.

Das Tierkreissternbild Fische

Nördlich des Cetus und südlich von Andromeda und Pegasus sind die beiden Fische beheimatet. Als Tierkreisbild sind sie wohl bekannt, am Himmel entdeckt man sie nicht so leicht, da sie nur aus lichtschwächeren Sternen gebildet werden und deshalb am Firmament kaum auffallen. Vor allem beim aufgehellten Nachthimmel in unseren Städten und Siedlungen sind die Sterne der Fische mit bloßen Augen kaum mehr zu sehen.

Tief im Osten kündet der eben aufgegangene Stier (lat.: Taurus) vom nahenden Winter. Außer Aldebaran, dem Hauptstern des Stieres (α Tauri), fällt noch das Siebengestirn, der offene Sternhaufen der Plejaden auf.

Knapp über dem Südhorizont, noch in Meridiannähe, funkelt ein Stern erster Größe. Es handelt sich um Fomalhaut im Sternbild Südlicher Fisch (lat.: Piscis Austrinus). Der Name Fomalhaut kommt aus dem Arabischen und heißt soviel wie „Maul des Fisches".

Was versteht man unter Sternzeit?

Mancher mag glauben, die Sternzeit sei die Zeit, in der man die Sterne sehen kann. Doch dies ist nicht der Fall. In der Astronomie gibt es verschiedene Zeitdefinitionen, die nicht nur der Sternfreund, sondern eigentlich jeder zu seinem Allgemeinwissen zählen sollte. Die Zeit selbst ist ein rätselhaftes Phänomen, das schon seit tausenden Jahren die klügsten Köpfe der Menschheit beschäftigt. Der Kirchenlehrer Aurelius Augustinus von Hippo (354–430) hat einst bemerkt: „Was also ist Zeit? Wenn mich niemand fragt, so weiß ich es, will ich es aber dem Fragenden erklären, weiß ich auf einmal nicht, was Zeit ist." Albert Einstein (1879–1955) hat es einfacher gesehen, indem er sagte: „Zeit ist, was ich an der Uhr ablese." Die Astronomen kümmern sich weniger um philosophische Spekulationen. Sie leiten ihre Zeitbestimmung aus den Positionsmessungen der Gestirne ab.

Es gibt so etwas wie eine natürliche Zeit. Sie wird durch den täglichen Lauf der Sonne am Firmament bestimmt. Morgens geht die Sonne auf, mittags steht sie im Süden am höchsten und abends geht sie unter. Man sagt, ein Sonnentag ist die Zeitspanne zwischen zwei aufeinander folgenden Höchststellungen der Sonne, auch Kulminationen genannt (von lat.: culminare – den Gipfel erreichen). Der Großkreis an der Himmelskugel, in dem nicht nur die Sonne, sondern alle Gestirne ihre höchste Stellung über dem Horizont erreichen, heißt Mittagslinie oder Meridian. Denn der astronomische Mittag ist festgelegt als der Zeitpunkt, in dem die Sonne den Meridian überschreitet. Die Mittagslinie steigt vom Südpunkt am Horizont senkrecht empor, geht durch den Zenit (Scheitelpunkt) und zieht von dort senkrecht über den Himmelspol zum Nordpunkt am Horizont hinab (siehe Abb. 10.9).

Noch eine zweite natürliche Zeitspanne kennt jeder Mensch: Das Sonnenjahr, die Zeit, die vom Frühlingsbeginn bis zum folgenden Frühlingsbeginn vergeht. Die Astronomen sprechen vom

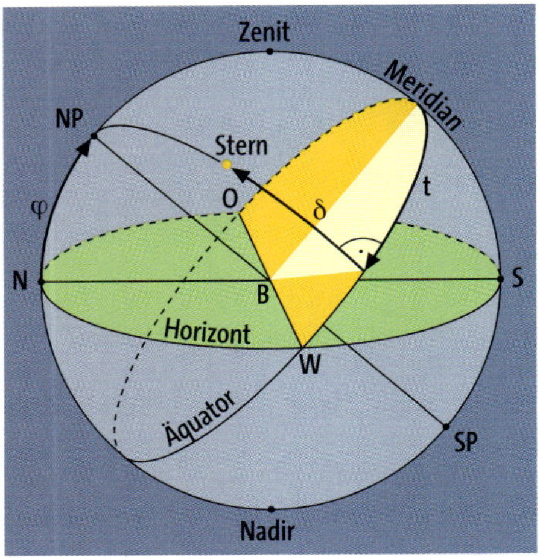

10.9 Der Meridian zieht sich vom Südpunkt am Horizont über Zenit, Himmelsnordpol (NP) zum Nordpunkt. Unter dem Horizont verläuft er über den Nadir zum Südpunkt zurück. t = Stundenwinkel und δ = Deklination eines Sternes.

tropischen Jahr. Ursache ist die Wanderung der Erde um die Sonne in Kombination mit der Schrägstellung der Erdachse, die die Abfolge der Jahreszeiten Frühling, Sommer, Herbst und Winter bedingt. Ein tropisches Jahr ist um etwa einen Vierteltag länger als 365 Sonnentage. Deshalb schiebt man alle vier Jahre einen Schalttag in den Kalender ein (siehe auch das Monatsthema im Januar: „Der Ursprung unseres Kalenders" auf Seite 32).

Der Sonnentag

Einen Sonnentag unterteilt man in 24 Stunden oder 86 400 Sekunden. Eine Stunde nach der Meridianpassage der Sonne sagt man, es ist ein Uhr nachmittags, zwei Stunden nach Mittag ist es zwei Uhr nachmittags, usw. Man nennt den Winkel zwischen Meridian und Sonne daher den Stundenwinkel. Da ein voller Kreis 360° hat, bewegt sich die Sonne in einer Stunde um 360°/24 = 15° in westlicher Richtung weiter. Der Stundenwinkel wird also vom Meridian aus in Richtung West parallel zum Himmelsäquator gezählt. Im allgemeinen Sprachgebrauch ist es heute noch üblich, von 9 Uhr vormittags oder 5 Uhr nachmittags zu sprechen. Wenn jemand sagt „... wir treffen uns um drei Uhr an der Bushaltestelle", so meint er nicht drei Stunden nach Mitternacht, sondern drei Stunden nach Mittag. Am 1. Mai 1921 wurde in Deutschland sowie in zahlreichen anderen Ländern jedoch die 24-Stunden-Zählung eingeführt. Danach ist die Sonnenzeit definiert als der Stundenwinkel der Sonne plus zwölf. Steht ein Gestirn im Meridian, so ist sein Stundenwinkel t = 0. Steht die Sonne im Meridian, so lautet die Sonnenzeit t = 0 + 12, also 12 Uhr. Eine Stunde danach ist es dann 13 Uhr, zwei Stunden nach der Meridianpassage der Sonne 14 Uhr, usw. Drei Uhr ist dann heute klar definiert als drei Uhr morgens, also drei Stunden nach Mitternacht, während drei Uhr nachmittags eben 15 Uhr ist. In den angelsächsischen Ländern wird vielfach noch immer nicht die 24-Stunden-Zählung angewandt. Man sagt vielmehr 3 a. m. (ante meridiem) für 3 Uhr nachts und 3 p.m. (post meridiem) für 3 Uhr nachmittags.

Ein Sonnentag entsteht durch die Rotation der Erde. Er ist allerdings etwas länger als eine volle Umdrehung der Erde. Denn in einem Tag wandert die Sonne im Mittel um 0,°985 647 (= 360°/365,24219^d) unter den Sternen nach Osten weiter – eine Folge des Laufes der Erde um die Sonne. Eine volle Erdrotation nennt man einen Sterntag. Da die Sonne, wie oben erwähnt, pro Stunde infolge der Erdrotation um 15° weiterwandert, muss sich die Erde nach einer vollen Rotation noch um ein knappes Grad weiterdrehen, bevor die Sonne wieder im Meridian steht. Ein Grad entspricht aber vier Zeitminuten. Ein Sterntag ist somit um vier Minuten, oder genauer um $3^m56,^s555$, kürzer als ein Sonnentag, da das Vorrücken der Sonne im Mittel pro Tag eben nicht genau ein ganzes Grad, sondern nur 0,°985 647 beträgt.

Der Lauf der Sonne am Himmel erfolgt jedoch nicht gleichmäßig, wie sich bald herausstellte,

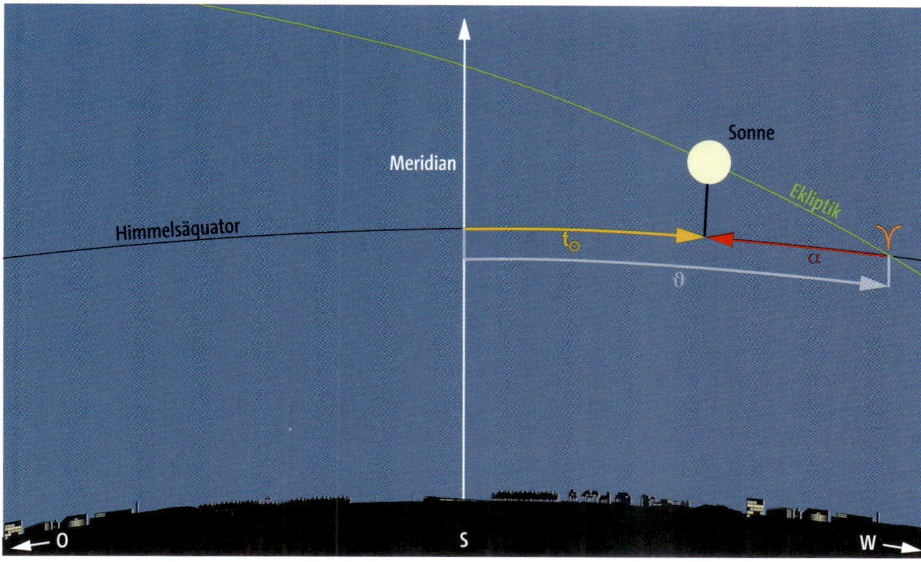

10.10 Zur Definition von Stundenwinkel (t), Sternzeit (ϑ) und Rektaszension (α).

als man genau gehende Räderuhren herstellte. Die Sonne geht während eines Jahres mal eine Viertelstunde vor, ein anderes Mal eine Viertelstunde nach. Die Differenz zwischen dem wahren Sonnenstand und einer gleichmäßig am Himmelsäquator entlang laufenden, fiktiven mittleren Sonne wird Zeitgleichung genannt. (Nähere Erläuterungen zur Zeitgleichung im *Kompendium der Astronomie* auf Seite 49f.) Die Zeitgleichung ist in jedem Monat in der Tabelle „Sonnenlauf" vermerkt (siehe auch unter „Erläuterungen zum Gebrauch", Abschnitt „Die Zeitgleichung" auf Seite 244).

Der Sterntag

Die genaue Definition des Sterntages und der Sternzeit lautet: Ein Sterntag ist die Zeitspanne zwischen zwei aufeinander folgenden Meridianpassagen des mittleren Frühlingspunktes. Der Frühlingspunkt ist der Schnittpunkt der aufsteigenden Ekliptik (scheinbare Sonnenbahn) mit dem Himmelsäquator. Die Sternzeit (ϑ) wiederum ist der Stundenwinkel des Frühlingspunktes. Kulminiert der Frühlingspunkt, so ist es 0^h Sternzeit. Genau genommen ist der Sterntag sogar um 0,00916 Sekunden kürzer als eine siderische Erdrotation. Während sich die Erde einmal um sich selbst dreht, also der gleiche Fixstern wieder den Meridian passiert, kommt der Frühlingspunkt infolge der Präzessionsbewegung der Erde ein kleines Stück entgegen. Die Differenz zwischen der Dauer einer siderischen Erdrotation und dem Sterntag summiert sich in knapp 25 800 Jahren zu einem ganzen Tag. Diese rund 26 000 Jahre sind die Präzessionsperiode, auch als Platonisches Jahr bezeichnet. In dieser Zeit wandert der Frühlingspunkt einmal durch den gesamten Tierkreis.

Aus dem Sterntag lässt sich auch die Sternzeitstunde definieren. Sie ist der 24. Teil eines Sterntages. Jede Sternzeitstunde hat 60 Sternzeitminuten und 3600 Sternzeitsekunden. Ein Sterntag hat somit 86 400 Sternzeitsekunden. Da ein Sterntag vier Minuten kürzer ist als ein mittlerer Sonnentag, so sind auch Sternzeitstunde, Sternzeitminute und Sternzeitsekunde etwas kürzer als die Stunde, Minute und Sekunde der oben schon definierten Sonnenzeit. Der exakte Umrechnungsfaktor lautet: 0,997 269 566. Um diesen Faktor sind Stunde, Minute und Sekunde der Sternzeit kürzer als die entsprechenden Einheiten in der Sonnenzeit.

Wozu dient nun die Sternzeit? Sie gibt die relative Stellung des Beobachters an einem bestimmten Ort auf der Erde zum Sternenhimmel an. Allgemein benutzen wir die Sonnenzeit. Geht nach Sonnenzeit beispielsweise der hellste Fixstern des Himmels abends um 22^h durch den Meridian, so erfolgt seine Meridianpassage am nächsten Abend bereits vier Minuten früher, also schon um 21^h56^m. Jeden Tag gehen somit die Fixsterne vier Minuten früher auf, kulminieren vier Minuten früher und gehen somit auch vier Minuten früher unter. Nach einem Monat von 30 Tagen gehen alle Gestirne dann schon zwei Stunden früher auf und passieren den Meridian zwei Stunden früher als zu Monatsbeginn ($30 \times 4^m = 120^m = 2^h$). Somit ändert sich der Himmelsanblick im Laufe der Zeit. Sirius geht nach einem Monat schon um 20^h statt um 22^h durch den Meridian. Nach drei Monaten, also einem Vierteljahr, stehen die gleichen Fixsterne bereits sechs Stunden früher im Süden. Sirius kulminiert dann schon um 16^h statt um 22^h.

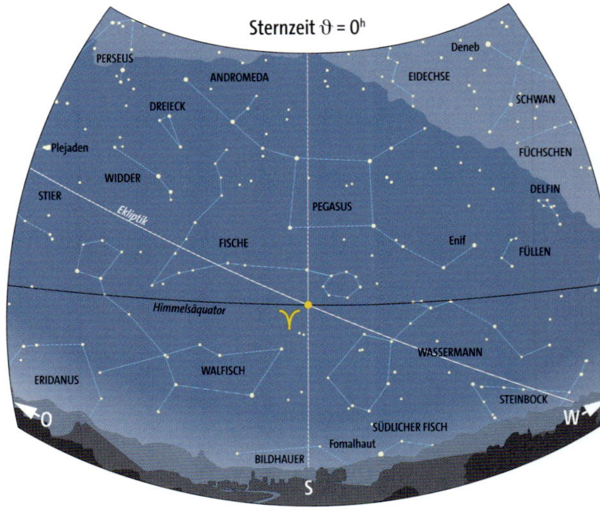

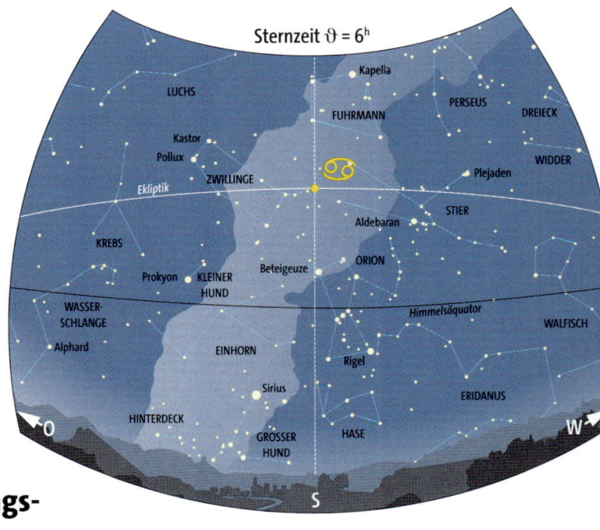

Sternzeit und Beobachtungsobjekte

Beobachtet man den Fixsternhimmel immer zur gleichen Stunde, beispielsweise abends gegen 22^h, so ändert sich der Himmelsanblick im Laufe des Jahres. Man spricht daher von einem Frühlings-, Sommer-, Herbst- und Wintersternhimmel. Denn nach jeweils drei Monaten hat sich die Himmelskugel bezogen auf die gleiche Sonnenzeitstunde um 90° oder 6^h weitergedreht.

Bei **0^h Sternzeit** (Frühlingspunkt im Meridian) passiert gerade der Pegasus mit dem Herbstviereck den Meridian. Das Himmels-W, die Kassiopeia, steht fast im Zenit, der Große Wagen rollt den Nordhorizont entlang. Hoch im Westen sieht man das Sommerdreieck mit Wega, Deneb und Atair. Am Osthimmel nimmt der Stier seinen Platz ein und Orion ist eben am Osthorizont im Aufgehen. 0^h Sternzeit ist es beispielsweise am

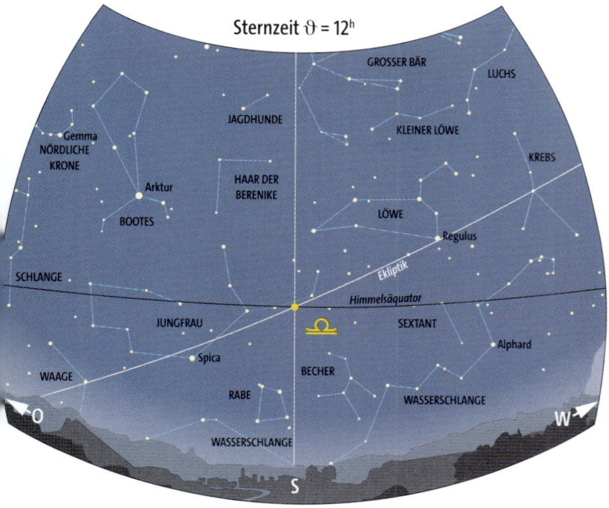

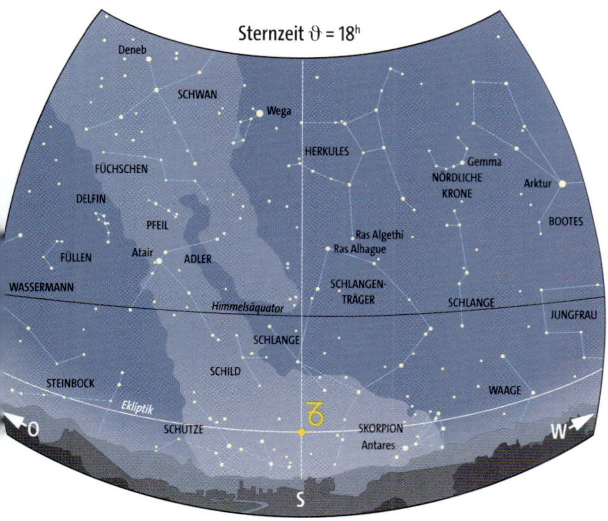

20. September um Mitternacht, denn der Stundenwinkel der Sonne beträgt an diesem Tag um Mitternacht 12^h. Laut Definition erhält man die Sonnenzeit, wenn man zum Stundenwinkel der Sonne zwölf addiert: $12^h + 12^h = 24^h$, also Mitternacht.

Wenn die Sonne am 20. März den Frühlingspunkt passiert, dann ist es um 0^h Sternzeit gleich 12^h mittags Sonnenzeit. Zu Herbstbeginn laufen Sonnenzeit und Sternzeit parallel, zu Frühlingsbeginn zwölf Stunden versetzt.

Zeigt die **Sternzeituhr 6^h** an, dann entfaltet der Winterhimmel seine volle Pracht. Dies ist am 21. Dezember um Mitternacht oder am 21. Januar schon um 22^h der Fall. Orion kulminiert eben, direkt gefolgt von dem strahlend hellen, bläulichen Sirius. Kapella steht senkrecht über den Köpfen, das Pegasusquadrat oder Herbstviereck ist zum Westhorizont hinabgesunken. Die Zwillinge stehen kurz vor ihrem Meridiandurchgang und am Osthimmel ist das Frühlingssternbild Löwe erschienen.

12^h Sternzeit: Der Große Wagen steht hoch über unseren Köpfen, nämlich im Zenit, während das Himmels-W, die Kassiopeia, knapp über dem Nordpunkt am Horizont zu erspähen ist. Der Löwe hat eben den Meridian durchschritten. Weit im Westen sind die Zwillinge zu sehen. Arktur im Bootes hält sich hoch im Südosten auf, Spica in der Jungfrau halbhoch im Süden. Das Frühlingsdreieck mit Regulus, Arktur und Spica nimmt somit seinen Platz im Süden ein. 12 Uhr Sternzeit zeigt den typischen Frühlingshimmel, wie man ihn am 21. März um Mitternacht oder am 21. April um 22^h sieht.

18^h Sternzeit entspricht dem Sommerhimmel. Im Westen sieht man den Bootes mit dem hell strahlenden Arktur. Das Sommerdreieck setzt zu seiner Meridianpassage an, wobei Wega steil über den Köpfen ziemlich in Zenitnähe zu sehen ist. Am Osthimmel steigt das Herbstviereck, das Pegasusquadrat, soeben über den Horizont empor (außerhalb der Karte). Diese Stellung erlebt man am 21. Juni gegen Mitternacht und am 21. Juli schon um 22^h. Jeden Tag verschiebt sich die Sternbilderszenerie zur gleichen Stunde Sonnenzeit um 4^m oder $1°$ nach Westen. Nach einem Monat hat sich dieser Betrag auf zwei Stunden summiert.

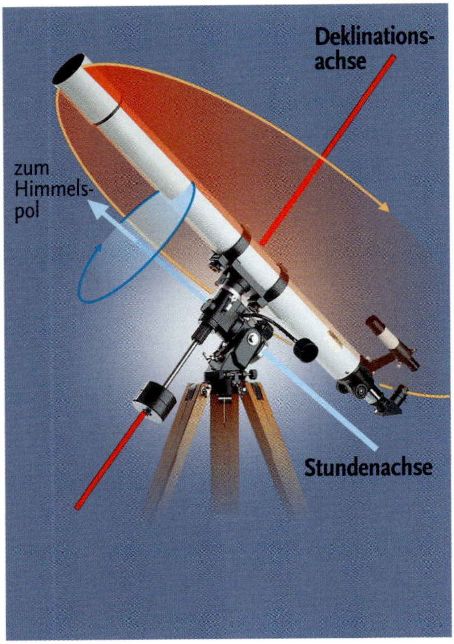

10.11 **Bei einem parallaktisch montierten Teleskop lassen sich Stundenwinkel und Deklination eines Gestirns einstellen. Die Stundenachse liegt parallel zur Erdachse und zeigt auf den Himmelspol (auf der nördlichen Halbkugel auf den Himmelsnordpol).**

Objekte am Fernrohr einstellen

Die Sternzeit muss man auch kennen, wenn man ein Himmelsobjekt nach Koordinaten mit seinem Teleskop einstellen will. Ein helles Objekt kann man direkt anpeilen. Hat man es einmal im Gesichtsfeld des Sucherfernrohrs, dann stellt man es in die Mitte des Fadenkreuzes und sollte es anschließend im Hauptrohr sehen (wenn beide Fernrohre parallel ausgerichtet sind). Bei lichtschwachen Objekten, die mit bloßen Augen gar nicht zu sehen sind, sucht man zunächst hellere Anhaltssterne, nach denen man sein Teleskop ausrichtet. Dann hangelt man sich mit Hilfe einer Sternkarte von Stern zu Stern, bis man auf das Objekt trifft. Man spricht auch von „starhopping" (engl., Sternhüpfen). Diese Methode ist umständlich und zeitaufwändig. Viel eleganter ist es, einfach die Deklination und den Stundenwinkel des gesuchten Himmelsobjektes an der parallaktischen Montierung des Teleskops einzustellen. Während die Deklination unverändert bleibt (bei stellaren Objekten) oder sich nur langsam ändert (Planeten, Kometen), so ändert sich der Stundenwinkel des Gestirns von Minute zu Minute, von Stunde zu Stunde. Man muss somit den Stundenwinkel des Gestirns zu dem Zeitpunkt ermitteln, zu dem man das Objekt aufsuchen will. Dies ist relativ schnell getan. Denn zwischen dem Stundenwinkel t_* des Gestirns, der Sternzeit ϑ (Theta, th) und der Rektaszension α (Alpha, a) gilt die einfache Beziehung: $\vartheta = \alpha + t_*$, oder in Worten: Sternzeit ist die Summe aus Rektaszension und Stundenwinkel des gesuchten Gestirns. Rektaszension und Deklination entnimmt man dem Sternkatalog (für stellare Objekte) oder dem Jahrbuch (für Sonne, Mond, Planeten und Planetoiden). Wie die Deklination, so ändert sich auch die Rektaszension während einer Beobachtungsnacht nicht oder kaum. Der Stundenwinkel des gesuchten Gestirns ergibt sich somit aus der Differenz Sternzeit minus Rektaszension ($t_* = \vartheta - \alpha$). Hat ein Gestirn die Rektaszension 2^h15^m und die Sternzeituhr zeigt 5^h40^m an, so hat das Gestirn den Stundenwinkel $t_* = 3^h25^m$.

Es steht somit 51°15′ westlich des Meridians. Erhält man einen negativen Stundenwinkel, so hat das Gestirn seine Kulmination noch vor sich, das Teleskop muss nach Osten geschwenkt werden. Beispiel: Ein Gestirn hat $\alpha = 6^h$ und die Sternzeit zeigt $\vartheta = 4^h$ an. Dann ist der Stundenwinkel $t_* = 4 - 6 = -2^h$ oder gleichbedeutend 22^h. Das Gestirn hält sich somit 30° vor dem Meridian auf (stets in der Ebene des Himmelsäquators gemessen).

Bei modernen Teleskopen übernimmt der Computer die Rechenarbeit. Man tippt einfach das gewünschte Objekt ein, und leise surrend bewegt sich das Teleskop, bis es in der richtigen Stellung anhält (sogenannte „go to" [„gehe zu"] Teleskope).

Einst waren die Astronomen die Hüter der Zeit

Die Astronomen wiederum verwenden speziell ausgesuchte Sterne (Fundamentalsterne), deren Koordinaten genau bestimmt sind, um die Zeit zu ermitteln. Kulminiert das Gestirn, so entspricht seine Rektaszension der Sternzeit im Augenblick der Meridianpassage. Denn im Meridian hat das Gestirn den Stundenwinkel $t = 0$, somit folgt $\alpha = \vartheta$. Aus der so gemessenen Sternzeit kann mittels kurzer Rechnung die Sonnenzeit bestimmt werden, nach der dann die „bürgerlichen" Uhren gestellt werden. Früher war es üblich, dass die großen Sternwarten einen Zeitdienst unterhielten. Sie bestimmten regelmäßig aus genauen Beobachtungen der Meridianpassagen von Fundamentalsternen die Zeit und stellten sie der Öffentlichkeit (Rundfunk, Straßenuhren, Telefonansagen, etc.) zur Verfügung. Heute hat dies in Deutschland die Physikalisch-Technische Bundesanstalt in Braunschweig übernommen, die über sehr genau gehende Atomuhren verfügt. Die Beobachtungen von Fundamentalsternen werden heute nicht mehr dazu benutzt, um die genaue Zeit zu bestimmen, sondern um Ungleichförmigkeiten in der längst nicht genau gehenden „Erduhr" zu registrieren. Alle global zur Verfügung gestellten Messdaten werden im International Earth Rotation Service (IERS) in Paris gesammelt und ausgewertet.

Viele Sternwarten verfügen über eigene Sternzeituhren, die etwas schneller laufen als die normalen Uhren, die Sonnenzeit anzeigen. Wer über keine Sternzeituhr verfügt und dennoch sein Teleskop nach Koordinaten einstellen will, kann mit Hilfe der Tabelle „Sternzeit um 20^h MEZ" auf Seite 266 die Sternzeit schnell ermitteln.

Meilensteine der Plutoforschung (zum Monatsthema Seite 179)

1930	Clyde W. Tombaugh findet Pluto auf der Lowell-Sternwarte in Flagstaff, Arizona.
1965	C. J. Cohen und E. C. Hubbard entdecken die 3:2-Resonanz der Umlaufzeiten von Neptun und Pluto.
1976	D. Cruikshank et al. (University of Hawaii) entdeckt Methaneis auf Pluto.
1978	J. Christy entdeckt am US Naval Observatory in Washington, D. C., den großen Plutomond Charon. Erstmals genaue Massenbestimmung.
1985	Gegenseitige Bedeckungen von Pluto und Charon ermöglichen genaue Durchmesserbestimmungen.
1987	M. Buie (University of Hawaii) und R. Marcialis (University of Arizona) et al. finden Wassereis auf Charon.
1988	J. Elliot et al. (MIT) entdecken bei einer Sternbedeckung die dünne Stickstoff- und Methanatmosphäre von Pluto.
1992	T. Owen et al. (University of Hawaii) detektieren Stickstoff- und Kohlenmonoxideis auf Pluto.
2005	H. Weaver (Johns Hopkins University) entdeckt zwei Minimonde von Pluto. Sie werden Nix und Hydra genannt.
2006	Start der Raummission New Horizons zu Pluto (Abschuss vom Kennedy Space Center, Florida)
2006	Pluto wird von der IAU in die neue Kategorie der Zwergplaneten eingestuft und erhält die Planetoiden-Nr. 134340.
2007	Die Raumsonde New Horizons passiert Jupiter in 2,3 Millionen Kilometer Distanz.
2015	New Horizons erreicht Pluto und Charon; Vorbeiflug und Eintritt in den Kuipergürtel.

November 2012

- Ende November taucht der flinke Merkur am Morgenhimmel auf.
- Venus verkürzt ihre Morgensichtbarkeit. Am 27. überholt Venus den Ringplaneten Saturn, der ab Mitte November am Morgenhimmel sichtbar ist.
- Jupiter dominiert den Nachthimmel.

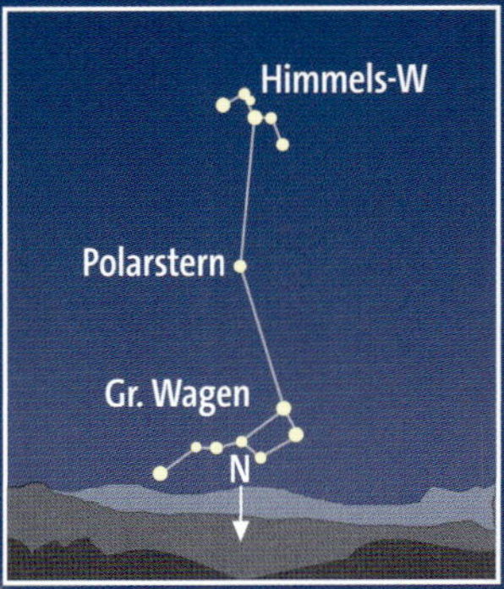

Großer Wagen und Himmels-W Anfang November um 22 Uhr

11.1 Himmelsanblick am 12. November gegen 6^h MEZ. Am östlichen Morgenhimmel strahlt Venus. Knapp über dem Osthorizont ist Saturn zu erkennen, zu dem sich die extrem schmale Sichel des abnehmenden Mondes gesellt.

1 Do Allerheiligen, Mond in Erdferne	**17 Sa**
2 Fr Mond bei Jupiter (Morgenhimmel)	**18 So**
3 Sa	**19 Mo**
4 So	**20 Di** Mond im ersten Viertel
5 Mo	**21 Mi**
6 Di	**22 Do**
7 Mi Mond im letzten Viertel	**23 Fr**
8 Do	**24 Sa**
9 Fr	**25 So** Totensonntag
10 Sa	**26 Mo**
11 So	**27 Di** Venus bei Saturn (Morgenhimmel)
12 Mo	**28 Mi** **Vollmond** Mond in Erdferne
13 Di **Neumond**	**29 Do** Mond bei Jupiter (Morgenhimmel)
14 Mi Mond in Erdnähe	**30 Fr**
15 Do	
16 Fr Mond bei Mars (Abendhimmel)	

Sonne – Sternbilder

21. 11. 23^h:
Sonne tritt in das Tierkreiszeichen Schütze
23. 11. 6^h:
Sonne tritt in das Sternbild Skorpion
29. 11. 16^h:
Sonne tritt in das Sternbild Schlangenträger
Julianisches Datum am
1. November, 1^h MEZ: 2 456 232,5

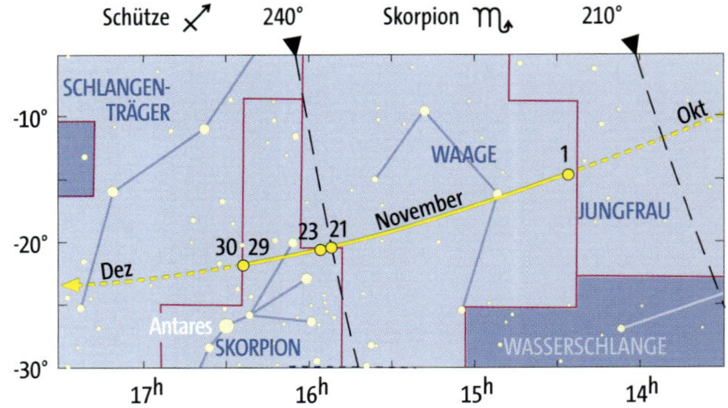

Tabelle Sonnenlauf

Tag	Dämmerg. Anfang	Aufgang MEZ	Kulmination	Untergang MEZ	Dämmerg. Ende	Mittagshöhe	Zeitgleichg.	Rektaszension	Deklination
	h m	h m	h m	h m	h m	°	m	h m	°
1.	5 58	7 10	12 03	16 56	18 08	25,4	+17	14 25	–14,4
5.	6 03	7 16	12 03	16 50	18 02	24,1	+17	14 41	–15,7
10.	6 11	7 25	12 04	16 42	17 56	22,7	+16	15 01	–17,1
15.	6 18	7 33	12 04	16 35	17 50	21,4	+16	15 21	–18,5
20.	6 25	7 41	12 05	16 30	17 46	20,2	+15	15 42	–19,7
25.	6 31	7 48	12 07	16 25	17 42	19,1	+13	16 03	–20,7
30.	6 37	7 55	12 09	16 21	17 39	18,3	+11	16 25	–21,6

Tages- und Nachtstunden

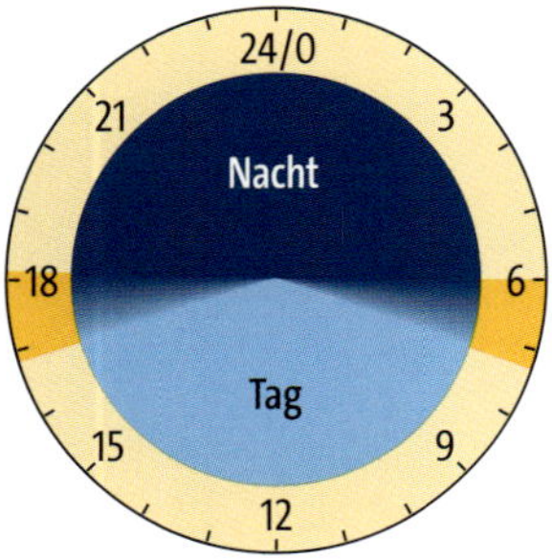

5. November

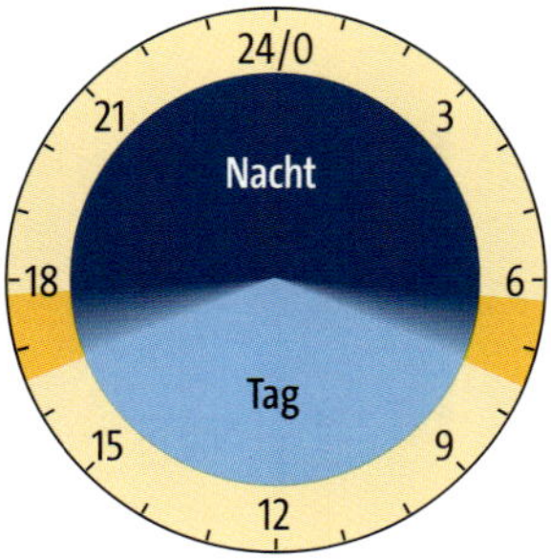

15. November

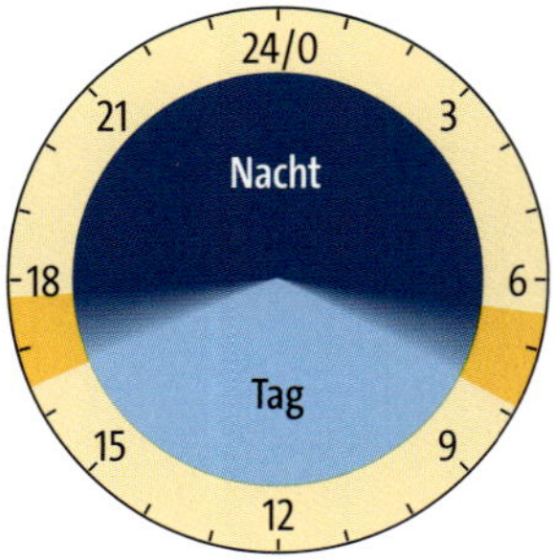

25. November

Tabelle Mondlauf

Datum	Aufg. MEZ	Kulmination	Unterg. MEZ	Rektaszension	Deklination	Sterne und Sternbilder	Phase	MEZ
	h m	h m	h m	h m	°			
Do 1.	18 27	1 41	9 42	4 02	+20,1	Stier, Plejaden	Erdferne 406/29',4	16^{h}
Fr 2.	19 15	2 29	10 33	4 52	+20,9	Aldebaran		
Sa 3.	20 08	3 18	11 18	5 43	+20,7	Stier		
So 4.	21 07	4 06	11 56	6 33	+19,7	Alhena		
Mo 5.	22 10	4 53	12 29	7 23	+17,7	Zwillinge		
Di 6.	23 16	5 40	12 58	8 13	+15,0	Krebs		
Mi 7.	–	6 26	13 24	9 02	+11,5	* Krebs	**Letztes Viertel**	**1^{h} 36^{m}**
							Größte Südbreite	
Do 8.	0 25	7 13	13 48	9 51	+ 7,4	Löwe, Regulus	Libration Ost	
Fr 9.	1 36	8 00	14 12	10 40	+ 2,9	Sextant		
Sa 10.	2 50	8 50	14 37	11 31	– 2,0	Löwe		
So 11.	4 07	9 41	15 05	12 24	– 6,9	Jungfrau		
Mo 12.	5 27	10 37	15 37	13 20	–11,6	Spica		
Di 13.	6 48	11 36	16 16	14 20	–15,7	Jungfrau	**Neumond Nr. 1112**	**23^{h} 08^{m}**
Mi 14.	8 07	12 38	17 04	15 22	–18,8	Waage	Erdnähe 357/33',4	11^{h}
							Aufsteigender Knoten	
Do 15.	9 19	13 41	18 03	16 26	–20,6	Antares		
Fr 16.	10 21	14 44	19 11	17 31	–20,8	* Schlangenträger		
Sa 17.	11 10	15 44	20 25	18 34	–19,6	* Schütze, Nunki		
So 18.	11 49	16 40	21 40	19 35	–17,2	* Schütze		
Mo 19.	12 21	17 33	22 54	20 31	–13,7	* Steinbock		
Di 20.	12 47	18 21	–	21 24	– 9,7	Wassermann	**Erstes Viertel**	**15^{h} 31^{m}**
							Größte Nordbreite	
							Libration West	
Mi 21.	13 11	19 07	0 06	22 15	– 5,2	Wassermann		
Do 22.	13 33	19 52	1 15	23 03	– 0,7	Fische		
Fr 23.	13 55	20 36	2 22	23 50	+ 3,7	* Fische		
Sa 24.	14 18	21 20	3 28	0 37	+ 8,0	Fische		
So 25.	14 44	22 05	4 33	1 23	+11,8	Fische		
Mo 26.	15 12	22 51	5 37	2 11	+15,1	Widder		
Di 27.	15 46	23 38	6 38	2 59	+17,8	Widder	Absteigender Knoten	
Mi 28.	16 25	–	7 36	3 49	+19,7	Stier, Plejaden	**Vollmond**	**15^{h} 46^{m}**
							Erdferne 406/29',4	21^{h}
Do 29.	17 10	0 26	8 29	4 39	+20,7	Aldebaran		
Fr 30.	18 02	1 14	9 16	5 30	+20,8	Stier		

Der Mond zieht an Jupiter vorbei

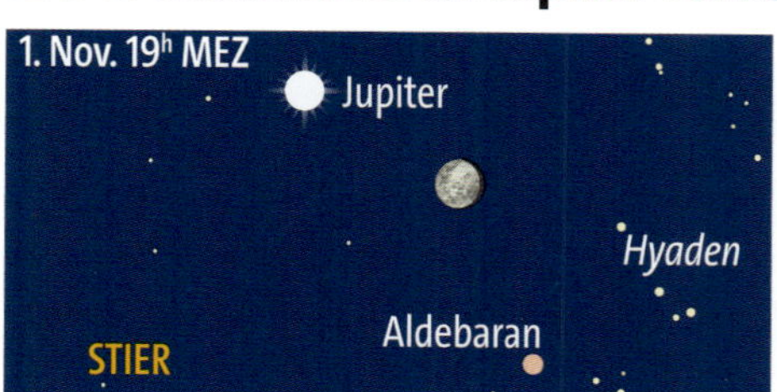

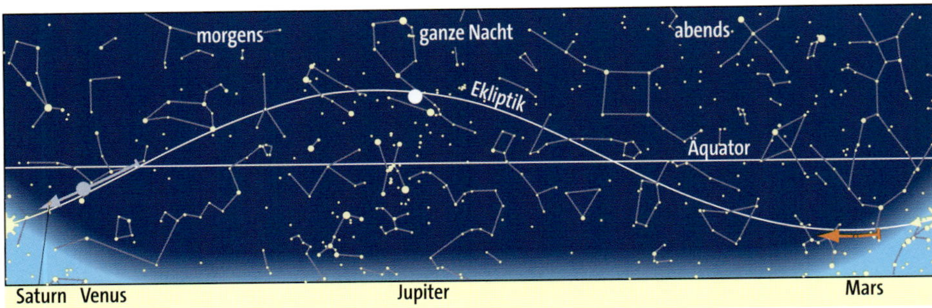

Merkur erreichte im letzten Drittel des Vormonats seine größte östliche Elongation. Am 7. wird er stationär und nähert sich anschließend rasch der Sonne, die ihm entgegenkommt. Am 17. steht er in unterer Konjunktion mit ihr. An diesem Tag erreicht er mit 101 Millionen Kilometer (= 0,675 AE) seine geringste Entfernung von der Erde. Bereits am 26. wird der flinke Planet wieder rechtläufig. Am 21. rast er durch das Perihel seiner Bahn. Bis Monatsende wächst sein östlicher Winkelabstand von der Sonne auf knapp 20° an, wobei er am Morgenhimmel auftaucht.

Erfahrene Sternfreundinnen und -freunde können Merkur ab dem 26. am Morgenhimmel auffinden, wobei ein Fernglas sehr hilfreich ist.

Der $0^{m}\!,5$ helle Merkur geht am 26. um $6^{h}14^{m}$ auf. Etwa eine knappe halbe Stunde später hat er sich über die dichtesten Dunstschichten am Südosthorizont erhoben und kann erspäht werden. Gegen 7^{h} verblasst er in der Morgendämmerung. Bis 30. nimmt seine scheinbare Helligkeit auf $-0^{m}\!,3$ deutlich zu, die Merkuraufgänge verfrühen sich auf $6^{h}02^{m}$ (siehe Abb. 12.2 und 12.3 auf Seite 224).

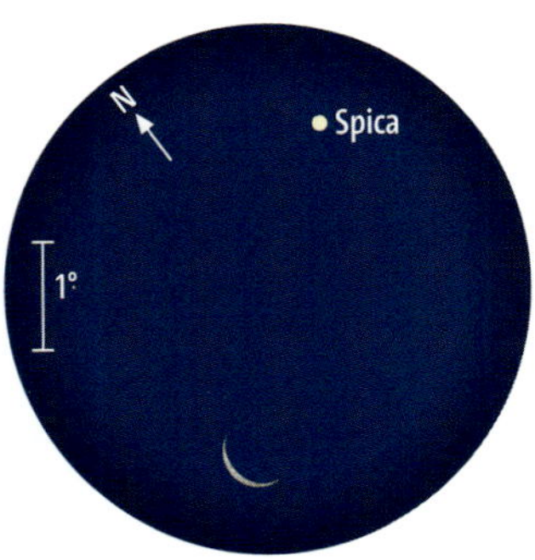

11.2 Mond bei Spica:
Die schmale Sichel des abnehmenden Mondes zieht an Spica in der Jungfrau vorbei. Fernglasanblick am 12. November gegen 6^{h} MEZ.

Venus verkürzt ihre Morgensichtbarkeit. Nach wie vor strahlt sie am morgendlichen Osthimmel auffällig und ist kaum übersehbar. Ihre Aufgänge verspäten sich erheblich. Geht Venus am 1. noch um $3^{h}53^{m}$ auf, so steigt sie am 15. um $4^{h}32^{m}$ über die Horizontlinie. Am 30. erfolgt der Aufgang der $-3^{m}\!,9$ hellen Venus erst um $5^{h}16^{m}$. Gegen $7^{h}30^{m}$ verblasst sie in der zunehmenden Morgenhelle.

Venus wandert durch das Sternbild Jungfrau und wechselt am 28. in das Sternbild Waage. Am 6. passiert sie morgens den Stern Porrima (γ Virginis) $1^{\circ}\!,1$ südlich. An Spica (α Virginis) zieht sie am 17. morgens $3^{\circ}\!,8$ nördlich vorbei.

Die extrem schmale Sichel des abnehmenden Mondes gesellt sich am 12. zu Venus und Spica, wobei auch der Ringplanet Saturn mit von der Partie ist (siehe Abb. 11.1 auf Seite 202). Am 27. kommt es zu einer engen Begegnung von Venus und Saturn. Venus wandert in nur einem Voll-

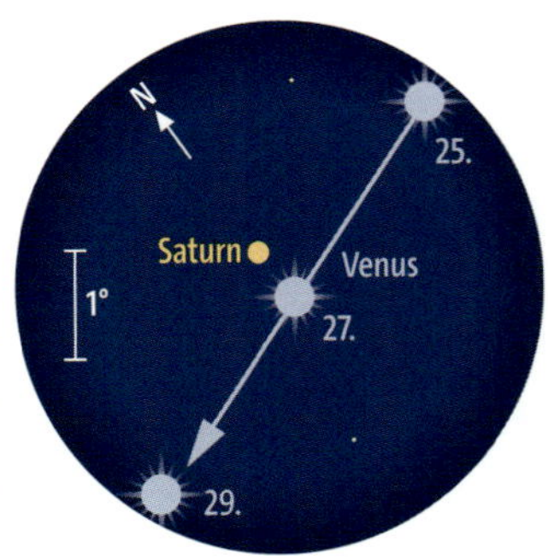

11.3 Venus und Saturn:
Venus wandert in der Nacht vom 26. auf den 27. November südlich an Saturn vorbei. Fernglasanblick bei 5° Gesichtsfelddurchmesser.

monddurchmesser südlichem Abstand an Saturn vorbei (siehe Abb. 11.3 auf Seite 206).

Der scheinbare Durchmesser des Venusscheibchens geht auf knapp 12″ zurück, dies ist fast der Minimalwert. Der Beleuchtungsgrad erreicht 88 Prozent, Venus erscheint im Fernrohr wie ein winziges Vollmöndchen.

Mars kann unter guten Sichtbedingungen wegen der nun früher einsetzenden Dunkelheit noch für eine Dreiviertelstunde in der Abenddämmerung tief am Südwesthimmel erspäht werden. Um ihn zu finden, ist ein Fernglas empfehlenswert.

Der rote Planet verlässt am 12. den Schlangenträger und tritt in das Sternbild Schütze. Am 17. passiert er $1^{\circ}{,}1$ südlich den Winterpunkt. Der $1^{m}{,}2$ helle Mars geht am 1. um 18^h40^m unter, am 15. um 18^h27^m und am 30. bereits um 18^h21^m.

Jupiter, rückläufig im Stier, nähert sich seiner Oppositionsstellung zur Sonne, die er aber erst Anfang Dezember erreicht. Seine rückläufige Wanderung lässt sich gut an Aldebaran und den Hyaden als Anhaltspunkte verfolgen (siehe Abb. 12.5 auf Seite 225).

Die nahende Opposition macht sich auch an seiner weiter steigenden Helligkeit bemerkbar, die bis Monatsende $-2^{m}{,}8$ erreicht. Damit beherrscht der Riesenplanet den Nachthimmel, bis die immer später aufgehende Venus für kurze Zeit am Morgenhimmel erscheint.

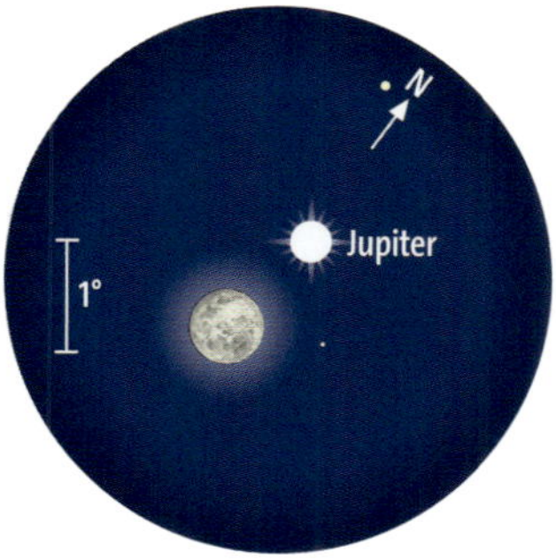

11.4 Mond bei Jupiter:
Begegnung von Jupiter mit dem Vollmond. Fernglasanblick gegen 3^h MEZ am 29. November.

Jupiter geht am 1. um 18^h32^m auf, am 15. um 17^h32^m und am 30. schon um 16^h26^m.

Zweimal kommt es im November zu einer Begegnung mit dem Mond. In der Nacht vom 1. auf 2. zieht der noch fast volle Mond etwa ein Grad südlich an Jupiter vorbei (siehe Mondlaufgrafik auf Seite 205). Am 29. wandert der Vollmond ebenfalls nur ein Grad südlich am Riesenplaneten vorbei (siehe Abb. 11.4 oben).

Saturn im Sternbild Jungfrau stand im letzten Drittel des Vormonats in Konjunktion mit der Sonne. Der Ringplanet bleibt daher zunächst unbeobachtbar. Um die Monatsmitte taucht er am Morgenhimmel auf. Am 15. geht der $0^{m}{,}6$ helle Saturn um 5^h45^m auf und am 30. schon um 4^h55^m.

Zum Monatsende passiert die wesentlich hellere Venus nur etwa ein halbes Grad südlicher den Ringplaneten. Venus kann als Hilfe benutzt werden, um Saturn zu entdecken (siehe Abb. 11.3 auf Seite 206).

Bei Einsatz eines Fernglases können erfahrene Beobachter Saturn schon am 11. erspähen, wo sich am Morgenhimmel noch Venus und die schmale Sichel des abnehmenden Mondes zu einer interessanten Konstellation zusammenfinden. Saturn steht dabei ganz knapp über dem Osthimmel (siehe Abb. 11.1 auf Seite 202). Am 11. erfolgt der Aufgang des $0^{m}{,}6$ hellen Saturns um 5^h57^m.

Uranus bremst seine ohnehin zögerliche, rückläufige Bewegung im Sternbild Fische stark ab. Sein Stillstand erfolgt dann Mitte Dezember (siehe Abb. 9.3 auf Seite 173). Die Uranushelligkeit geht leicht auf $5^{m}{,}8$ zurück.

Aus der zweiten Nachthälfte zieht sich der grünliche Planet zurück. Geht er am 1. noch um 4^h08^m unter und am 15. um 3^h11^m, so erfolgt sein Untergang am 30. bereits um 2^h10^m. Nach Mitternacht bleibt somit lediglich eine Stunde, in der Uranus noch beobachtet werden kann. Seine Kulminationszeit verlagert der sonnenfernste Planet von 21^h55^m zu Monatsbeginn auf 19^h58^m zu Monatsende.

Neptun kommt am 11. im Ostteil des Wassermanns zum Stillstand und wird wieder rechtläufig, was anfangs kaum bemerkbar ist, da er fast auf der Stelle tritt (siehe Abb. 8.7 auf Seite 156).

Der sonnenfernste Planet kann am Abendhimmel aufgesucht werden. Mit Einbruch der Dun-

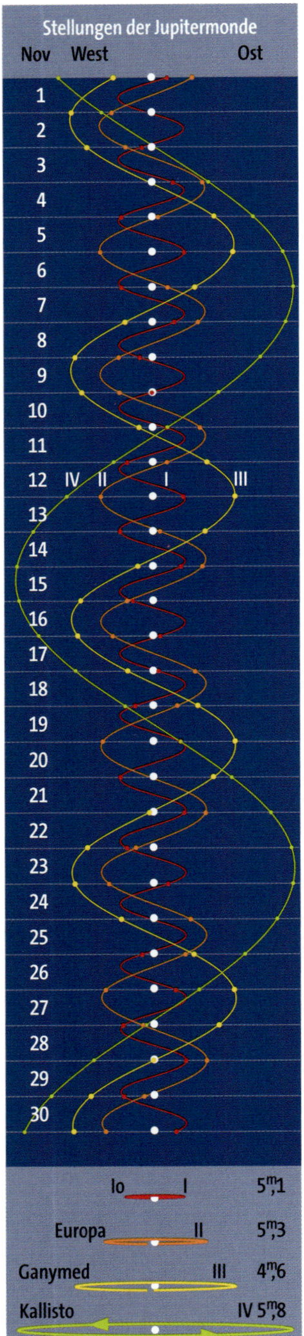

Jupitermonde

Tag	MEZ h m	Vorgang	
1.	2 17	I	SA
	3 04	I	DA
	4 27	I	SE
	5 13	I	DE
	23 37	I	VA
2.	2 33	I	BE
	20 46	I	SA
	21 30	I	DA
	22 56	I	SE
	23 39	I	DE
3.	4 36	II	VA
	21 00	I	BE
	21 32	III	VA
	23 35	III	VE
4.	0 35	III	BA
	2 24	III	BE
	23 45	II	SA
5.	1 11	II	DA
	2 08	II	SE
	3 31	II	DE
6.	21 35	II	BE
8.	4 11	I	SA
	4 49	I	DA
9.	1 31	I	VA
	4 18	I	BE
	22 40	I	SA
	23 15	I	DA
10.	0 50	I	SE
	1 24	I	DE
	20 00	I	VA
	22 44	I	BE
11.	1 31	III	VA
	3 35	III	VE
	3 55	III	BA
	5 44	III	BE
	19 18	I	SE
	19 50	I	DE
12.	2 21	II	SA
	3 27	II	DA
	4 45	II	SE
	5 47	II	DE
13.	20 29	II	VA
	23 50	II	BE
14.	19 29	III	DE
15.	6 05	I	SA
	18 55	II	DE
16.	3 26	I	VA
	6 02	I	BE
17.	0 34	I	SA
	0 59	I	DA

Tag	MEZ h m	Vorgang	
17.	2 44	I	SE
	3 08	I	DE
	21 54	I	VA
18.	0 28	I	BE
	5 30	III	VA
	19 02	I	SA
	19 25	I	DA
	21 13	I	SE
	21 34	I	DE
19.	4 57	II	SA
	5 42	II	DA
	18 54	I	BE
20.	23 04	II	VA
21.	2 05	II	BE
	19 38	III	SA
	20 57	III	DA
	21 43	III	SE
	22 46	III	DE
22.	18 15	II	SA
	18 49	II	DA
	20 39	II	SE
	21 10	II	DE
23.	5 20	I	VA
24.	2 28	I	SA
	2 42	I	DA
	4 38	I	SE
	4 52	I	DE
	23 49	I	VA
25.	2 12	I	BE
	20 56	I	SA
	21 08	I	DA
	23 07	I	SE
	23 18	I	DE
26.	18 17	I	VA
	20 38	I	BE
28.	1 40	II	VA
	4 19	II	BE
	23 38	III	SA
29.	0 11	III	DA
	1 44	III	SE
	2 02	III	DE
	20 51	II	SA
	21 03	II	DA
	23 15	II	SE
	23 24	II	DE

kelheit steht er bereits halbhoch im Süden. Die Neptunkulmination erfolgt am 1. um $19^{h}45^{m}$, am 15. um $18^{h}50^{m}$ und am 30. schon um $17^{h}51^{m}$. Geht Neptun am 1. noch um $0^{h}53^{m}$ unter, so erfolgt der Untergang des $7^{m}\!,9$ lichtschwachen Planeten am 30. bereits um $22^{h}56^{m}$.

Planetoiden

Ceres (1), rückläufig in den Zwillingen, beschleunigt in der zweiten Monatshälfte ihren Lauf und zieht südlich am offenen Sternhaufen M 35 vorbei (siehe Abb. 12.5 auf Seite 225). Ihre Helligkeit nimmt kräftig von $8^{m}\!,0$ auf $7^{m}\!,3$ zu – die Opposition ist nicht mehr fern!

Am 1. kulminiert Ceres um $3^{h}53^{m}$, am 15. um $2^{h}55^{m}$ und am 30. schon um $1^{h}47^{m}$.

Pallas (2) wird am 17. um 15^{h} stationär und zieht eine Spitzkehre im Walfisch (Cetus). Anschließend ist sie wieder rechtläufig (siehe Abb. 9.3 auf Seite 173). Damit beendet sie ihre Oppositionsperiode. Zu Monatsbeginn noch $8^{m}\!,9$ hell, hat sie am Tag des Stillstandes nur mehr $9^{m}\!,2$. Damit ist ihre diesjährige Beobachtungssaison für die meisten Kleinplanetenjäger zu Ende. Am 1. kulminiert Pallas um $21^{h}34^{m}$ und am 17. bereits um $20^{h}28^{m}$.

Vesta (4), rückläufig im Stier, strebt ihrer Opposition entgegen, die sie aber erst im nächsten Monat erreicht (siehe Abb. 12.5 auf Seite 225). Ihre Helligkeit nimmt deutlich zu, nämlich von $7^{m}\!,2$ auf $6^{m}\!,6$ am Monatsende. Damit ist sie mit jedem Fernglas zu finden (unter guten Sichtbedingungen). Am 1. passiert Vesta um $3^{h}17^{m}$ den Meridian, am 15. um $2^{h}14^{m}$ und am 30. bereits um $1^{h}02^{m}$.

Metis (9) setzt am 22. im Sternbild Zwillinge zu ihrer Oppositionsschleife an, sie wird rückläufig (siehe Abb. 12.6 auf Seite 229). Zu Monatsbeginn noch $9^{m}\!,9$ hell, erreicht sie Ende November $9^{m}\!,3$. Damit ist sie kein leichtes Beobachtungsobjekt. Ihre Aufgänge verfrühen sich von $20^{h}34^{m}$ am 1. auf $18^{h}34^{m}$ Ende November. Sie kulminiert am 1. um $4^{h}49^{m}$, am 15. um $4^{h}01^{m}$ und am 30. schon um $3^{h}02^{m}$.

Periodische Sternschnuppenströme

Vom 9. November an treten am Morgenhimmel die **Leoniden** in Aktion. Ihr Radiant liegt im Löwen rund 10° nordöstlich von Regulus. Das spitze Maximum ist in der Nacht vom 17. auf 18. November zu erwarten (gegen 3^{h}

Konstellationen und Ereignisse

Datum	MEZ	Ereignis
2.	2^{h}	**Mond bei Jupiter**, Mond $0^{\circ}\!,9$ südlich (Bedeckung!), **Abstand $1^{\circ}\!,3$ um 2^{h}**
7.	5	Merkur im Stillstand, anschließend rückläufig
11.	12	Neptun im Stillstand, anschließend rechtläufig
11.	19	Mond bei Venus, Mond $5^{\circ}\!,3$ südlich
12.	22	Mond bei Saturn, Mond $4^{\circ}\!,3$ südlich
13.	23	Totale Sonnenfinsternis – von Mitteleuropa aus unbeobachtbar (siehe Seite 14)
14.	11	Mond bei Merkur, Mond $1^{\circ}\!,0$ nördlich
16.	11	**Mond bei Mars**, Mond $4^{\circ}\!,0$ nördlich, **Abstand $5^{\circ}\!,1$ um 18^{h}**
17.	0	Mond bei Pluto, Mond $0^{\circ}\!,1$ nördlich (Bedeckung!)
17.	17	Merkur in unterer Konjunktion mit der Sonne
20.	23	Mond bei Neptun, Mond $6^{\circ}\!,3$ nördlich
21.	4	Merkur im Perihel
23.	15	Mond bei Uranus, Mond $5^{\circ}\!,2$ nördlich
26.	21	Merkur im Stillstand, anschließend rechtläufig
27.	6	**Venus bei Saturn,** Venus $0^{\circ}\!,6$ südlich, **Abstand $0^{\circ}\!,6$ um 6^{h}**
28.	16	Halbschattenfinsternis des Mondes – von Mitteleuropa aus unbeobachtbar (siehe Seite 15)
29.	2	**Mond bei Jupiter,** Mond $0^{\circ}\!,6$ südlich (Bedeckung!), **Abstand $1^{\circ}\!,1$ um 3^{h}**

MEZ). Die Sternschnuppen sind außerordentlich schnell (um 70 Kilometer pro Sekunde). Das Erscheinen der Leoniden geht auf den Kometen 55P/Tempel-Tuttle (alte Bezeichnung: 1866 I) zurück. In den Jahren 1999 und 2001 waren die Leoniden besonders aktiv. Es war ein regelrechter „Leoniden-Sturm" zu beobachten. Nur alle 33 Jahre kollidiert die Erde mit dem Zentrum der Leoniden-Trümmerwolke. In diesem Jahr ist mit einer eher bescheidenen Leoniden-Aktivität zu rechnen. Immerhin sind etwa fünfzig Sternschnuppen pro Stunde am Morgenhimmel zu erwarten.

Auf die **Tauriden**, deren Maximum auf den 11. November fällt, wurde schon im September hingewiesen. Zwischen 20^h und 4^h morgens ist mit etwa fünf bis zehn Meteoren pro Stunde zu rechnen. In den letzten Jahren hat sich gezeigt, dass die **Tauriden** eigentlich in zwei Teilströme zerfallen. Die **N-Tauriden** haben ihr Maximum am 11. November, die **S-Tauriden** sind etwas früher dran, ihr Höhepunkt fällt auf den 4. November.

Der Fixsternhimmel

Die Bilder hoch im Süden und die um den Zenit wie Kassiopeia, Andromeda, Pegasus, Perseus und Widder prägen den typischen Herbstcharakter des gestirnten Firmaments. Im Osten hingegen kündigt sich der Winter durch eine Reihe heller Sterne an: Kapella im Fuhrmann, Aldebaran im Stier, Beteigeuze und Rigel im Orion, Kastor und Pollux in den Zwillingen. Lediglich der strahlend helle Sirius im Großen Hund und der ebenfalls recht helle Prokyon im Kleinen Hund sind zur Standardbeobachtungszeit (23^h zu Monatsbeginn, 22^h zur Monatsmitte) noch nicht auf der Himmelsbühne erschienen.

Die Kassiopeia durchschreitet gerade in oberer Kulmination, also zwischen Zenit und Polarstern, den Meridian.

Die Sternenkette der Andromeda geht ebenfalls gerade hoch über unseren Köpfen durch den Meridian. Der berühmte Andromedanebel (M 31), unsere Nachbarmilchstraße in rund drei Millionen Lichtjahren Entfernung, steht recht zenitnah und kann unter günstigen Sichtbedingungen schon mit bloßen Augen als mattes Lichtfleckchen ausgemacht werden. Auch die Fische haben nun ihre höchste Stellung im Süden erreicht. Sie sind nicht leicht zu erkennen, da sie sich nur aus Sternen vierter Größe und schwächer zusammensetzen. Dem Namen nach ist das Sternbild Fische zwar jedermann gut bekannt, weil es zum Tierkreis (Zodiak) gehört, aber wegen seiner lichtschwachen Sterne haben es nur wenige mit eigenen Augen bewusst am Himmel gesehen. Vermutlich wegen seiner geringen Helligkeit hat man dieses Bild fast immer mit den Mächten der Finsternis oder der Erdmutter Gaia in Verbindung gebracht.

Orion im Südosten

Im Südwesten nimmt noch der ebenfalls lichtschwache Wassermann seinen Platz ein.

Südlich der Fische passiert der Walfisch (lat.: Cetus) eben den Meridian. Es ist nicht ganz einfach, den Cetus als Sternbild zu erkennen, da er ein ausgedehn-

Veränderliche Sterne im November

Algol-Minima	1. 22^h51^m	4. 19^h40^m	19. 3^h44^m	22. 0^h33^m	24. 21^h22^m	27. 18^h11^m
β-Lyrae-Minima	5. 20^hH	12. 8^hN	18. 19^hH	25. 6^hN		
δ-Cephei-Maxima	5. 7^h	10. 15^h	16. 0^h	21. 9^h	26. 18^h	
Mira-Helligkeit	1. 5^m	10. 5^m	20. 5^m	30. 6^m		

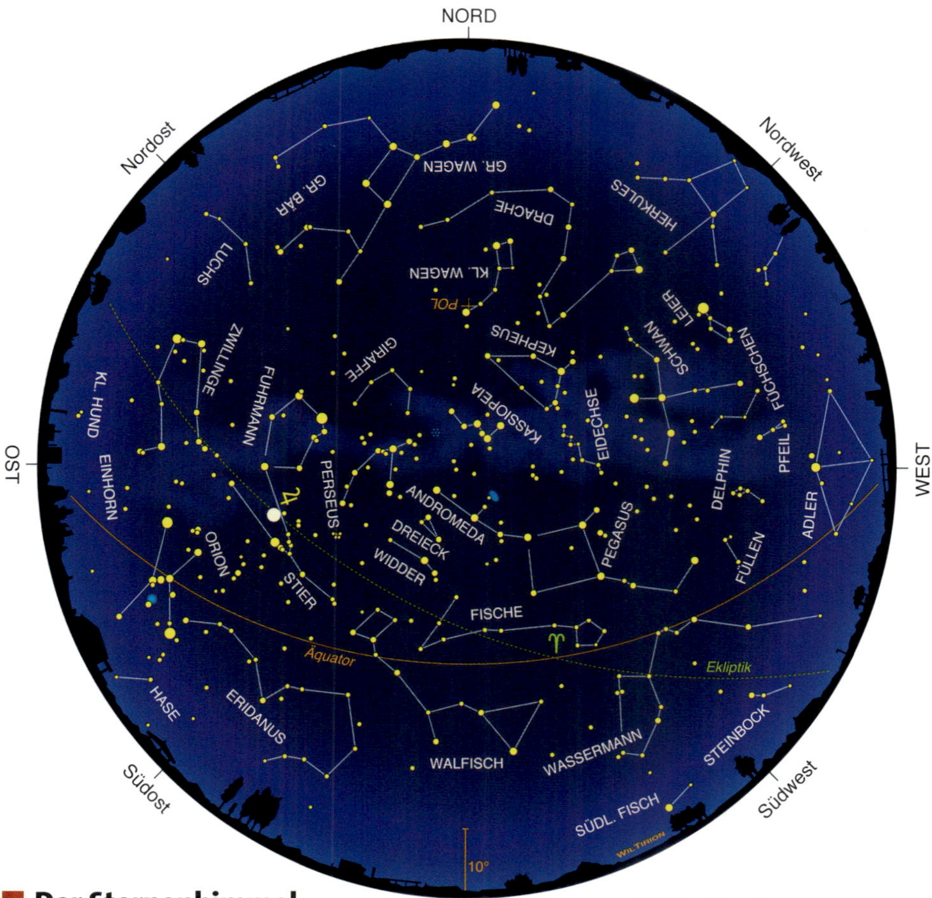

Der Sternenhimmel am 15. November um 22ʰ MEZ

Sichtbare Planeten:
Jupiter (♃)

Die Sternkarte ist auch gültig für:

	MEZ	MESZ
1. 9.	3ʰ	4ʰ
15. 9.	2	3
1.10.	1	2
15.10.	0	1
1.11.	**23**	
15.11.	**22**	
30.11.	**21**	
15.12.	20	
31.12.	19	
15. 1.	18	

tes aber lichtschwaches Sternbild ist.

Tief im Südosten ist der Himmelsjäger Orion bereits erschienen, das bekannteste aller Wintersternbilder. Von seinem hellen, bläulichen Fußstern Rigel zieht sich das ausgedehnte Sternbild Fluss Eridanus in Richtung Westen und knickt dann kurz vor dem Meridian nach Süden ab.

Das Sternbild Eridanus

Der Eridanus schlängelt sich weit nach Süden und ist von unseren Breiten aus nie vollständig zu sehen.

Auch sein Hauptstern Achernar (α Eridani), mit $0^{m}\!,5$ scheinbarer Helligkeit einer der zehn hellsten Sterne am irdischen Firmament, steht so weit südlich,

11.5 Der Kegelnebel im Sternbild Einhorn (Aufnahme Hubble-Weltraumteleskop/NASA/ESA).

dass er bei uns nie den Horizont übersteigt.

Die bei uns sichtbaren Sterne des Eridanus sind dritter und vierter Größenklasse, so dass der Eridanus in Mitteleuropa recht unauffällig bleibt. Am hellsten ist noch β Eridani oder Cursa beziehungsweise Dhalim genannt, dessen scheinbare Helligkeit zu $2^{\mathrm{m}}{,}8$ gemessen wurde. Cursa leuchtet weißlich (Spektralklasse A3 III) und ist 89 Lichtjahre von uns entfernt. Cursa liegt in unmittelbarer Nachbarschaft von Rigel im Orion. Mit ihm beginnt der Fluss Eridanus seinen Lauf.

Nach Vorstellung der alten Ägypter war der Eridanus der Totenfluss. Er beginnt bei Osiris, dem Richter der Toten, dargestellt durch das Sternbild Orion. Teilweise war der Fluss Eridanus aber auch das himmlische Gegenstück zum Nil. Die Griechen übernahmen die Vorstellung von einem Fluss. Er wird für den mit dem Sonnenwagen abstürzenden Phaeton zum nassen Grab.

Mit $3^{\mathrm{m}}{,}7$ Helligkeit gehört ε Eridani zu den lichtschwächeren Sternen, die noch bei uns in Mitteleuropa sichtbar sind. Als K2 V-Stern ist er noch einigermaßen sonnenähnlich und ebenfalls ein Einzelstern. Mit zehn Lichtjahren Distanz gehört er zur engeren Sonnenumgebung.

Objekte für Feldstecher und Fernrohr

Doppelsterne Außer den prominenten Doppelsternen des Herbsthimmels γ Andromedae (Alamak) und γ Arietis (Mesarthim) sei ferner α in den Fischen als Doppelstern empfohlen: Alrescha (α Piscium) ist 140 Lichtjahre entfernt. Beide $4^{\mathrm{m}}{,}2$ und $5^{\mathrm{m}}{,}2$ hellen Komponenten leuchten weiß und umkreisen einander in 900 Jahren. Zurzeit beträgt ihr Abstand $1''{,}8$, weshalb ein 10-cm-Refraktor oder ein 15-cm-Spiegelteleskop erforderlich ist, um α Psc zu trennen. Der Positionswinkel beträgt P = 260° (von Nord über Ost gezählt). Beide Komponenten sind spektroskopische Doppelsterne – Alrescha ist also ein Vierfachstern.

Schon ein Fernglas trennt den wenig bekannten Doppelstern λ Arietis. Er steht ein wenig östlich von Hamal (α Arietis). Man findet ihn in der Sternkarte E1 im Karkoschka-Atlas. Die $4^{\mathrm{m}}{,}8$ helle Hauptkomponente hat in 38" Distanz einen $7^{\mathrm{m}}{,}3$ hellen Begleiter. Beide Sterne leuchten weiß und sind 134 Lichtjahre von uns entfernt.

Galaxien Infolge der zunehmenden Luftverschmutzung und der rapide ansteigenden Störung durch exzessive künstliche Beleuchtung sind heute eine Reihe von Himmelsobjekten nur noch im Fernglas zu sehen, die man einst mit bloßen Augen leicht erkennen konnte. So war früher der Andromedanebel (M 31), unsere Nachbarmilchstraße, leicht mit unbewaffneten Augen zu sehen. M 31 zählt zu den prominenten Objekten des Herbsthimmels. Er ist jetzt leicht mit einem Fernglas zu finden, steht er doch zu unserer Standardbeobachtungszeit fast im Zenit.

11.6 Sternbild Einhorn:
Die Lage des Kegelnebels (NGC 2264) im Sternbild Einhorn.

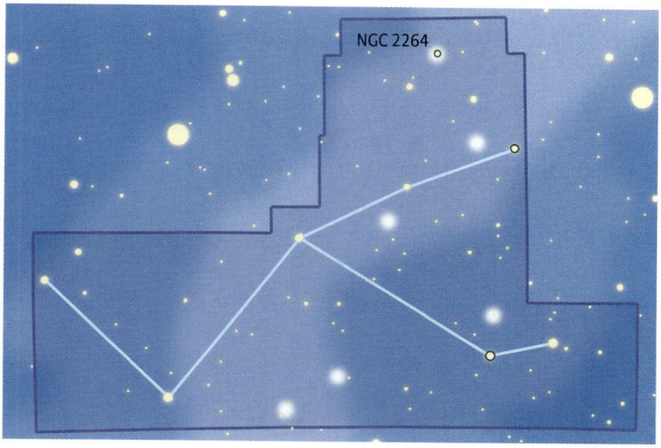

Man sieht ein matt schimmerndes Lichtfleckchen, hervorgerufen von mehr als 200 Milliarden Sternen in fast drei Millionen Lichtjahren Entfernung. In einem größeren Teleskop zeigt M 31 einen kleinen, runden Kern mit einem spindelförmigen Lichtschleier. Spiralarme erkennt man jedoch nicht. Sie sind nur auf Aufnahmen zu sehen.

Nicht weit von M 31 entfernt trifft man auf die Triangulum-Galaxie, M 33. Sie steht im Sternbild Dreieck, wie ihr Name andeutet. Sie ist deutlich kleiner als M 31 und lichtschwächer, aber dennoch im Fernglas auszumachen. M 33 ist fast genauso weit wie M 31 entfernt. Beide Galaxien gehören zur sogenannten Lokalen Gruppe, zu der auch unsere eigene Milchstraße zählt. Es sind dies die drei großen Welteninseln der Lokalen Gruppe, die noch mehr als zwei Dutzend Zwerggalaxien Mitglieder aufweist.

Sternhaufen Unbedingt zum Programm einer Himmelsdurchmusterung gehören die beiden offenen Sternhaufen h + χ im Perseus. Sie wurden so im Sternatlas von Johannes Bayer aus dem Jahre 1603 benannt. Doch schon 130 vor Chr. hat sie Hipparchos von Nikaia (190–120 vor Chr.) in seinen Sternkatalog aufgenommen. Auch in Tycho Brahes (1546–1601) Katalog sind sie vermerkt, allerdings als zwei Sterne. Ihre Katalogbezeichnungen lauten NGC 869 und NGC 884. In einem Vierzöller gewinnt man bei geringer Vergrößerung (etwa 50-fach) einen fantastischen Eindruck. Wie Edelsteine auf schwarzem Samt funkeln die Sterne in allen Farben – rot, orange, gelb und blau. Darunter auch Sterne, die schlicht weiß leuchten.

Dunkelwolke Auch sollte man einmal eine Dunkelwolke ins Visier nehmen. Es empfiehlt sich der Kegelnebel (lat.: Conus nebula) im Sternbild Einhorn (lat.: Monoceros). Er ist als etwa 5′ langer, schmaler dunkler Streifen südlich des Weihnachtsbaum-Sternhaufens aufzufinden. Der Weihnachtsbaum-Sternhaufen sieht wie ein spitzes Dreieck aus, das an einen Weihnachtsbaum erinnert. Er trägt die Katalogbezeichnung NGC 2264 und ist rund 2400 Lichtjahre entfernt. Er wurde 1784 von Wilhelm Herschel entdeckt. Der etwas südlich unmittelbar anschließende Kegelnebel bildet sich als Kontrast gegenüber hellen Emissions- und Reflexionswolken rund um den Monocerotis-Cluster ab, wie der Weihnachtsbaum-Sternhaufen auch genannt wird. Hellster Stern in dem Haufen ist 15 Monocerotis mit $4^{m}_{,}7$.

Gasnebel Im aufgehenden Orion sehe man sich einmal M 78 an. Dieser Gasnebel ist nicht so prominent wie der große Orionnebel (M 42). Man gehe vom östlichsten Gürtelstern (Alnitak oder ζ Orionis) aus in Richtung Nordost auf Beteigeuze zu. Etwa in gleicher Distanz wie M 42 südwestlich von ζ Ori liegt, stößt man nordöstlich auf M 78. Der helle Reflexionsnebel mag im ersten Augenblick an einen Kometen erinnern. Die Helligkeit liegt bei 8^{m}.

Dieser Reflexionsnebel, der auch Staubstrukturen in größeren Instrumenten erkennen lässt, ist ähnlich weit entfernt wie der Orionnebel, rund 1400 Lichtjahre.

Das Kometenfrettchen und seine Liste nebelhafter Himmelsobjekte

11.7 M 1 – der Krabbennebel im Stier, Überrest der Supernova vom 4. Juli 1054. Aufnahme von Martin Gertz/ Sternwarte Welzheim.

Kometen oder Schweifsterne hielt man lange Zeit schon allein wegen ihres Aussehens und plötzlichen, unerwarteten Auftauchens am Firmament für „Ausdünstungen“ der irdischen Lufthülle, kurz für meteorologische Phänomene und nicht für Himmelskörper. Doch der dänische Astronom Tycho Brahe, kaiserlicher Hofastronom bei Rudolf II. in Prag, konnte noch vor Erfindung des Teleskops mittels genauer Parallaxenmessungen nachweisen, dass der helle Komet von 1577 weiter als der Mond entfernt war. Damit war nachgewiesen, dass Schweifsterne Mitglieder unseres Sonnensystems sind und sich im interplanetaren Raum aufhalten. Kometen laufen auf lang gestreckten Ellipsen um unsere Sonne, wie sich bald nach den ersten Bahnbestimmungen herausstellte. Einer der renommiertesten Astronomen, der zahlreiche Kometenbeobachtungen auswertete und die Bahnen dieser Vagabunden im Sonnensystem berechnete, war der Engländer Edmond Halley (1656–1742). Dabei fiel ihm auf, dass der von Apianus beschriebene Komet von 1531, der von Kepler erwähnte Komet von 1607 und die helle Kometenerscheinung von 1682 offensichtlich auf ein und denselben Schweifstern zurückgehen. Denn die von ihm errechneten Bahnelemente waren innerhalb der Fehlergrenzen nahezu identisch. Halley sagte daher voraus, dass „sein“ Komet im Jahre 1758 wiederkehren werde.

Halley selbst hatte keine Gelegenheit mehr, sich von der Richtigkeit seiner Kalkulationen persönlich zu überzeugen. Er starb bereits sechzehn Jahre vor der Rückkehr des inzwischen nach ihm benannten Kometen. Mit Spannung warteten die Astronomen auf das Jahr 1758 – kommt er oder kommt er nicht, der von Halley angekündigte Schweifstern? Jeder wollte der erste sein, ihn zu sehen, sollte der Halleysche Komet wiederkehren.

Start als Bürogehilfe

Auch Charles Messier war unter den Kometenjägern. Seit September 1751 in Paris ansässig, hatte er wegen seiner schönen Handschrift eine Anstellung als Bürogehilfe an der Marinesternwarte erhalten, die von ihrem Gründer und Direktor Joseph Delisle in einem Turm des Hôtel de Cluny untergebracht war. Messiers Interesse war schon in jungen Jahren geweckt worden, als er den hellen, sechsschwänzigen Kometen von 1743 sah und am 25. Juli 1748 eine ringförmige Sonnenfinsternis erlebte. Seine Anstellung bei Delisle, dem ersten „Marine-Astronomen", nutzte Messier, um sich von Libour, einem Mitarbeiter von Delisle, in die Kunst astronomischer Beobachtungen einweisen zu lassen. Er lernte nicht nur die exakte Positionsbestimmung, sondern es wurde ihm auch beigebracht, alle Beobachtungen sorgfältig zu dokumentieren, was sich in seiner späteren Karriere als sehr nützlich erwies.

Charles Messier wurde als zehntes von zwölf Kindern von Nicolas Messier (1682–1741) und seiner Frau Françoise B., geb. Grandblaise, am 26. Juni 1730 in Badenweiler (heute Badonviller in Lothringen) geboren. Sechs Geschwister starben noch als Kinder. Sein Vater war Büttel und Gerichtsdiener des Grafen von Salm und später Verwaltungschef der Güter in der Salmschen Grafschaft, die aber bald ihre Selbstständigkeit verlor und in das Herzogtum Lothringen einverleibt wurde, das kurz darauf von Frankreich annektiert wurde. Nach dem frühen Tod seines Vaters wurde der zehnjährige Charles von seinem dreizehn Jahre älteren Bruder namens Hyacinthe erzogen und ausgebildet. Hyacinthe war oberster Verwalter und Finanzchef der Salmschen Grafschaft. Am 23. September 1751 zieht Messier nach Paris, nachdem die Grafschaft ihre Unabhängigkeit verloren hatte und Hyacinthe seinen gut dotierten Job. In der Marinesternwarte im Hôtel de Cluny erhielt Messier, wie erwähnt, eine Anstellung als Bürogehilfe mit bescheidenem Salär. Die erste dokumentierte astronomische Beobachtung von Messier betraf den Merkurtransit am 6. Mai 1753.

11.8 Charles Messier (1730 – 1817), das sogenannte „Kometenfrettchen"

Suche nach dem Halleyschen Kometen

Delisle wurde nach seiner Rückkehr aus St. Petersburg, wo er das dortige Observatorium gegründet und aufgebaut hatte, vom französischen König zum „Astronome de la Marine" ernannt. Im Jahr 1757 trug Delisle seinem Assistenten Messier auf, den Halleyschen Kometen bei seiner Rückkehr aufzuspüren. Messier standen dabei in der Turmsternwarte des Hôtel de Cluny drei Teleskope zur Verfügung: Ein Refraktor von 9 cm freier Öffnung und 110 cm Brennweite, ein Gregory-Reflektor von 19 cm Öffnung und ein Newton-Spiegelteleskop mit einem 20-cm-Objektiv.

11.9 Johann Georg Palitzsch (1723 – 1788), der sächsische Bauernastronom

Delisle selbst hatte sich daran gemacht, die Bahn des Halleyschen Kometen zu berechnen. Nach seinen Kalkulationen sollte er im Gebiet der Sternbilder Wassermann und Widder auftauchen. Die Spannung in der Fachwelt war groß, denn das abermalige Erscheinen des Halleyschen Kometen würde die Newtonsche Gravitationstheorie glänzend bestätigen – oder widerlegen. Die Bahnberechnungen gestalteten sich schwierig, denn es mussten vor allem die gravitativen Einflüsse, also die Störungen von Jupiter und Saturn, berücksichtigt werden, deren Massen aber zu damaliger Zeit noch nicht genau bekannt waren. Hinzu kommt, dass Kometen durch Entgasungsprozesse Impulse erhalten, weshalb auch nichtgravitative Einflüsse deren Bahn verändern.

Mehrere Irrtümer

Im August 1758 glaubte Messier, den Halleyschen Kometen entdeckt zu haben. Was er nicht wusste: Die Berechnungen von Delisle waren falsch. Tatsächlich hatte Messier einen Kometen entdeckt, aber es war nicht der Halleysche, sondern ein zuvor von De la Nux gefundener Komet. Messier stellte außerdem fest, dass Kometen in Sonnenferne keine Schweife zeigen, sondern als mehr oder minder runde, unscharf begrenzte Nebelfleckchen erscheinen. Am 12. September 1758 sah Messier im Teleskop abermals ein Nebelfleckchen, und zwar im Sternbild Stier. Aber auch diesmal war es nicht der Halleysche Komet. Ja, es war überhaupt kein Komet, denn dieses Nebelfleckchen rührte sich nicht von der Stelle, sondern blieb beharrlich auf seiner Position nahe dem Stern ζ Tauri stehen. Was Messier damals sah, war der Krabbennebel im Stier, die expandierende Gaswolke der Supernova vom 4. Juli 1054.

Endlich, am 21. Januar 1759, fand Messier im Sternbild Fische den Halleyschen Kometen. Groß war seine Enttäuschung, als er erfuhr, dass vor ihm der Bauer und Amateurastronom Johann Georg Palitzsch aus Prohlis bei Dresden den Halleyschen Kometen bereits am 25. Dezember 1758 als Objekt der achten Größenklasse gesehen hatte. Messiers Chef Delisle mochte nicht glauben, dass ein privater Sterngucker erfolgreicher war als ein königlicher Astronom. Der als wortkarg und verschlossen geltende Delisle verbot zunächst Messier, seine Entdeckung bekannt zu machen. Erst am 1. April 1759 teilte Delisle die Wiederentdeckung des Halleyschen Kometen durch seinen Mitarbeiter Messier der Pariser Akademie der Wissenschaften mit. Die astronomische Gemeinschaft allerdings misstraute den Angaben Delisles. Vor allem die Astronomen des damals bereits berühmten Pariser Observatoriums sahen in der kleinen „Marinesternwarte" im Turmgeschoss des Hôtels de Cluny eine eher zweitrangige Einrichtung.

Messier aber widmete sich fortan der Suche nach Kometen. Er war der erste Astronom, der systematisch nach neuen Schweifsternen Ausschau hielt. Seine Himmelsdurchmusterungen waren von Erfolg gekrönt. Er fand 46 Kometen, davon waren 21 Entdeckungen. Seine erfolgreiche Beobachtungstätigkeit blieb auch bei Hofe nicht unbeachtet. Ludwig der XV., König von Frankreich, nannte ihn scherzhaft sein „Kometenfrettchen".

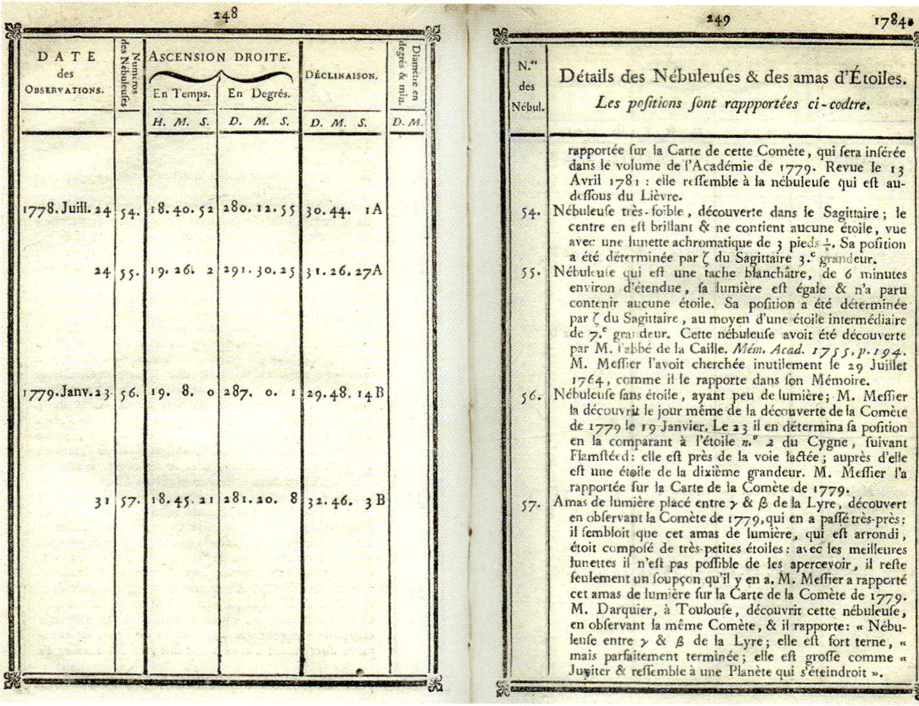

248

DATE des OBSERVATIONS.	Numéros des Nébuleuſes	ASCENSION DROITE. En Temps.	En Degrés.	DÉCLINAISON.	Diamètre en degrés & min.
		H. M. S.	D. M. S.	D. M. S.	D. M.
1778. Juill. 24	54.	18.40.52	280.12.55	30.44. 1A	
24	55.	19.26. 2	291.30.25	31.26.27A	
1779. Janv. 23	56.	19. 8. 0	287. 0. 1	29.48. 14B	
31	57.	18.45.21	281.20. 8	32.46. 3B	

249 1784.

N.os des Nébul.	Détails des Nébuleuſes & des amas d'Étoiles. *Les poſitions ſont rappportées ci-codtre.*
	rapportée ſur la Carte de cette Comète, qui ſera inſérée dans le volume de l'Académie de 1779. Revue le 13 Avril 1781 : elle reſſemble à la nébuleuſe qui eſt au-deſſous du Lièvre.
54.	Nébuleuſe très-foible, découverte dans le Sagittaire; le centre en eſt brillant & ne contient aucune étoile, vue avec une lunette achromatique de 3 pieds ½. Sa poſition a été déterminée par ζ du Sagittaire 3.e grandeur.
55.	Nébuleuſe qui eſt une tache blanchâtre, de 6 minutes environ d'étendue, ſa lumière eſt égale & n'a paru contenir aucune étoile. Sa poſition a été déterminée par ζ du Sagittaire, au moyen d'une étoile intermédiaire de 7.e grandeur. Cette nébuleuſe avoit été découverte par M. l'abbé de la Caille. *Mém. Acad. 1755, p. 194.* M. Meſſier l'avoit cherchée inutilement le 29 Juillet 1764, comme il le rapporte dans ſon Mémoire.
56.	Nébuleuſe ſans étoile, ayant peu de lumière; M. Meſſier la découvrit le jour même de la découverte de la Comète de 1779 le 19 Janvier. Le 23 il en détermina ſa poſition en la comparant à l'étoile *n.o* 2 du Cygne, ſuivant Flamſtéed: elle eſt près de la voie lactée; auprès d'elle eſt une étoile de la dixième grandeur. M. Meſſier l'a rapportée ſur la Carte de la Comète de 1779.
57.	Amas de lumière placé entre γ & β de la Lyre, découvert en obſervant la Comète de 1779, qui en a paſſé très-près: il ſembloit que cet amas de lumière, qui eſt arrondi, étoit compoſé de très-petites étoiles: avec les meilleures lunettes il n'eſt pas poſſible de les apercevoir, il reſte ſeulement un ſoupçon qu'il y en a. M. Meſſier a rapporté cet amas de lumière ſur la Carte de la Comète de 1779. M. Darquier, à Toulouſe, découvrit cette nébuleuſe, en obſervant la même Comète, & il rapporte: « Nébuleuſe entre γ & β de la Lyre; elle eſt fort terne, « mais parfaitement terminée; elle eſt groſſe comme « Jupiter & reſſemble à une Planète qui s'éteindroit ».

11.10 Die Objekte 54 bis 57 im Katalog von Charles Messier

Die Idee für die Nebel-Liste

Der Misserfolg bei seiner Sichtung des Nebelfleckchens im Sternbild Stier, das er zunächst als neuen Kometen ansah, ließ Messier auf den Gedanken kommen, eine Liste mit nebelhaften Objekten anzulegen, die ihren Ort unter den Fixsternen beibehalten und daher keine Kometen, keine Vagabunden im Sonnensystem, sein konnten. Denn bei seiner Jagd nach neuen Schweifsternen wurde er öfters von nebeligen Erscheinungen wie Galaxien, Sternhaufen oder interstellaren Wolken genarrt. Damit er nicht jedes Mal abwarten musste, ob ein nebelhaftes Objekt sich bewegt oder nicht, also um entscheiden zu können „Komet ja oder nein", begann er im Jahre 1760 ein Verzeichnis anzulegen, in dem er alle als feste, nebelhaft erscheinende Objekte eintrug. In vier Jahren hatte er vierzig Objekte in seine Liste aufgenommen. Darunter gab es auch Objekte, die bereits von Edmond Halley oder Wilhelm Herschel entdeckt und beschrieben worden waren. Das nebelhafte Objekt im Sternbild Stier, das ihn einst genarrt hatte, erhielt die Nummer 1. Heute ist M 1 jedem Astronomen und Sternfreund ein fester Begriff. Für die Objekte in seiner Liste interessierte sich Messier weniger. Sein Ziel war stets, neue Schweifsterne aufzufinden.

Als seine Liste auf 45 Objekte angewachsen war, entschloss sich Messier 1769, diese zu publizieren. Sie erschien 1771 in den Memoirs der Pariser Akademie. Messier selbst war Beobachter. Die Berechnung der Kometenbahnen nahm sein gleichaltriger Freund Gaspard Borchart de Saron (1730–1794) vor. De Saron war Generalstaatsanwalt des Königs, später Parlamentspräsident und damit ein einflussreicher Mann. Er war von der theoretischen Astronomie begeistert und bestimmte mit Hilfe der von Messier gelieferten Beobachtungsdaten die Kometenbahnen, so dass die Schweifsterne nach ihrer Perihelpassage von Messier wieder aufgefunden werden konnten.

Viele Ehrungen

Als Delisle 1765 in den Ruhestand ging, dauerte es bis 1771, bevor Messier offiziell sein Nachfolger wurde und vom König den Titel „Astronome de la Marine" erhielt. Dabei soll auch der königliche Spruch vom „Kometenfrettchen" gefallen sein. Seine Ernennung verdankte Messier vor allem den vielen ausländischen Ehrungen. Ein Vorschlag, ihn in die Pariser Akademie der Wissenschaften aufzunehmen, wurde 1763 abgelehnt. Die Royal Society in London wählte ihn jedoch 1764 zu ihrem Mitglied. 1769 folgten die Royal Academy of Sweden und die Preußische Akademie. Die Akademien von Belgien und Ungarn ernannten ihn 1772 zu ihren Mitgliedern, 1777 zog Russland nach. Seine Landsleute nahmen Messier schließlich am 30. Juni 1770 in die Pariser Akademie auf. Im gleichen Jahr heiratete der vierzigjährige Messier seine langjährige Bekannte und 37 Jahre alte Mitbeobachterin Marie-Françoise de Vermauchampt. Am 15. März 1772 wurde ihr gemeinsamer Sohn Antoine-Charles geboren. Die Freude währte kurz; Mutter und Sohn starben nur elf Tage nach der Geburt.

Im Jahre 1774 lernte Messier den jungen Astronomen Pierre François André Méchain (1744–1804) kennen, mit dem es zu einer erfolgreichen Kooperation kam. Bis 1780 spürten beide weitere 23 nebelhafte, nichtstellare Objekte auf. Méchain, später Direktor des Pariser Observatoriums, war ein ausgezeichneter Beobachter, den Messier sehr schätzte. Der Katalog von Messier erschien daraufhin mit nunmehr 68 nebelhaften Himmelsobjekten in der zweiten Auflage. Nur ein Jahr später veröffentlichte Messier die dritte und letzte Auflage seiner Liste mit inzwischen 103 Objekten im französischen Almanach *Connaissance de Temps*, Jahrgang 1784. Aufgrund der überlieferten Beobachtungsprotokolle hat der renommierte Astronomiehistoriker Owen Gingerich (Harvard-Observatorium, USA) den Messier-Katalog noch um einige weitere Objekte ergänzt. Heute enthält der inzwischen weithin bekannte Messier-Katalog somit 110 Objekte – galaktische und planetarische Nebel, offene und kugelförmige Sternhaufen sowie Galaxien. M 110 ist die elliptische Begleitgalaxie NGC 205 der Andromedagalaxie, die selbst die Nummer M 31 trägt. Heute enthält der Messier-Katalog zwölf galaktische Nebel inklusive vier planetarischer Nebel und einem Supernova-Überrest, 26 offene Sternhaufen, 29 Kugelhaufen und 40 Galaxien sowie drei Sterngruppierungen.

Ein fleißiger Beobachter

Messier hat nicht nur Kometen aufgespürt. In seiner Beobachtungslaufbahn registrierte er fast hundert Sternbedeckungen durch den Mond, verfolgte einige hundert Jupitermonderscheinungen, bestimmte die genaue Position von 400 Fixsternen, beobachtete fünf Sonnen- und acht Mondfinsternisse sowie vier Merkurtransite und zwei Venusdurchgänge (1761 und 1769).

An einem nebligen Novembertag im Jahr 1781 traf Messier ein schwerer Schicksalsschlag. Bei einem Spaziergang mit seinem Freund und Gönner de Saron im Park von Monceaux stürzte er acht Meter tief in einen Eiskeller. Dabei erlitt er zahlreiche Knochenbrüche und andere Verletzungen. Ein Jahr war er im Krankenstand. Erst den Merkurtransit am 12. November 1782 konnte er wieder beobachten. Von seinen Verletzungen hatte er sich nie ganz erholt. Er hinkte von da an sein Leben lang.

Die Auswirkungen der französischen Revolution setzten Messier ebenfalls schwer zu. Im Jahre 1793 wurde die Pariser Akademie geschlossen. Am 20. April 1794 wurde sein Freund Borchart de Saron ein Opfer des Fallbeils, er starb unter der Guillotine. 1795 wurde das Nationale Institut für Wissenschaften und Künste gegründet, dessen Mitglied Messier bald wurde. Die Inflation verhinderte zahlreiche Publikationen. Die Mittel der Sternwarte im Hôtel de Cluny wurden so knapp, dass selbst das Öl für die Beobachtungslampen entliehen werden musste. Schließlich wurden auch die Gehaltszahlungen eingestellt und Messier musste von seinen Ersparnissen leben.

Eine Ehrung wurde ihm noch 1806 zuteil: Napoleon Bonaparte verlieh ihm das Verdienstkreuz der Ehrenlegion. Das nachlassende Augenlicht machte seine astronomischen Beobachtungen immer schwieriger; die letzten galten dem großen Kometen von 1807 (C/1807 R1). 1815 erlitt Messier einen Schlaganfall, der ihn teilweise lähmte. Am 12. April 1817 starb er im Alter von 87 Jahren in seiner Wohnung im Hôtel de Cluny.

Die Messier-Objekte

Nicht seine Kometenbeobachtungen, sondern sein Katalog der nebelartigen Himmelsobjekte machte seinen Ruf als Astronom unsterblich. Jedem nur einigermaßen an der Himmelskunde Interessierten sind die Messier-Objekte ein fester Begriff. Gerade für Sternfreunde mit bescheidenen optischen Geräten wie Ferngläser oder kleinen Teleskopen sind die Messier-Objekte willkommene Beobachtungsziele. Jedem ist geläufig: M 13 – Kugelhaufen im Herkules, M 31 – Andromedagalaxie, M 42 – Orionnebel oder M 45 – Plejaden im Stier.

Auch auf dem Mond wurde Messier verewigt. Ein Krater im Meer der Fruchtbarkeit (Mare Foecunditatis) wurde nach ihm benannt. Er liegt knapp südlich des Mondäquators ($47\overset{\circ}{,}6$ östliche selenografische Länge und $-1\overset{\circ}{,}9$ selenografische Breite) und ist ein wenig elliptisch mit 9 mal 11 Kilometer Ausdehnung.

Schließlich wurde noch der Planetoid Nr. 7359 „Messier“ getauft. Er wurde von M. Tichy am 16. Januar 1996 entdeckt. Der Kleinplanet umrundet die Sonne in einem mittleren Abstand von 3,1 AE (= 463,6 Millionen Kilometer). Im Perihel beträgt sein Sonnenabstand 380,7 Millionen Kilometer, die Apheldistanz misst dagegen 546,5 Millionen Kilometer. Seine nur um $3\overset{\circ}{,}7$ zur Ekliptik geneigte Bahn liegt im Planetoidengürtel zwischen der Mars- und der Jupiterbahn. Für einen Sonnenumlauf benötigt Planetoid Messier fünfeinhalb Jahre. Seine Oppositionshelligkeit beträgt $12\overset{m}{,}2$.

Eine ausführliche Beschreibung aller 110 Messier-Objekte mit Aufsuchkarten und Abbildungen der Objekte findet man in dem Buch von B. Koch und S. Korth *Die Messier-Objekte*.

Dezember 2012

- Merkur bietet in der ersten Monatshälfte eine günstige Morgensichtbarkeit.
- Jupiter steht am 3. im Sternbild Stier in Opposition zur Sonne.
- Venus und Saturn sind in der Morgendämmerung tief am Osthimmel zu sehen.
- Am 21. passiert die Sonne um 12^h12^m MEZ den tiefsten Punkt ihrer Jahresbahn, die Wintersonnenwende tritt ein.

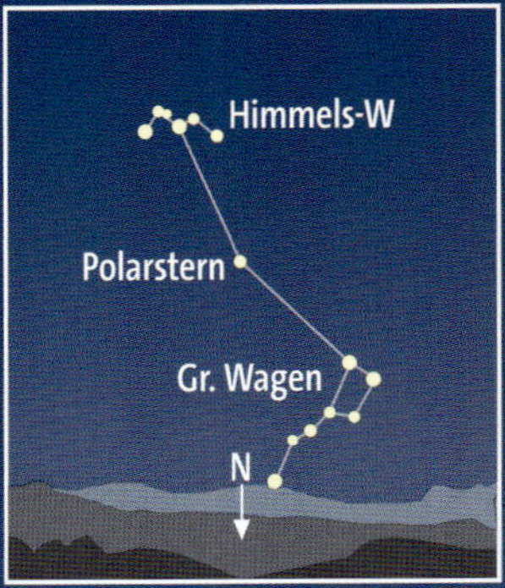

Großer Wagen und Himmels-W Anfang Dezember um 22 Uhr

12.1 Anblick des morgendlichen Südosthimmels am 11. Dezember gegen 6^h30^m MEZ. Knapp über dem Horizont leuchten Venus und die schmale Sichel des abnehmenden Mondes. Ein wenig höher ist Saturn zu erkennen.

1 Sa	
2 So	1. Advent
3 Mo	Jupiter in Opposition
4 Di	
5 Mi	
6 Do	Mond im letzten Viertel
7 Fr	
8 Sa	
9 So	2. Advent
10 Mo	Mond bei Saturn (Morgenhimmel)
11 Di	Mond bei Venus (Morgenhimmel)
12 Mi	Mond bei Merkur (Morgenhimmel)
13 Do	**Neumond** Mond in Erdnähe
14 Fr	
15 Sa	
16 So	3. Advent
17 Mo	
18 Di	
19 Mi	
20 Do	Mond im ersten Viertel
21 Fr	Winterbeginn
22 Sa	
23 So	4. Advent
24 Mo	Heiliger Abend
25 Di	1. Weihnachtstag Mond in Erdferne
26 Mi	2. Weihnachtstag Mond bei Jupiter (Morgenhimmel)
27 Do	
28 Fr	**Vollmond**
29 Sa	
30 So	
31 Mo	Silvester

Sonne – Sternbilder

18.12. 0^h:
Sonne tritt in das Sternbild Schütze
21.12. 12^{h}12^m:
Sonne tritt in das Tierkreiszeichen Steinbock
Julianisches Datum am
1. Dezember, 1^h MEZ: 2 456 262,5

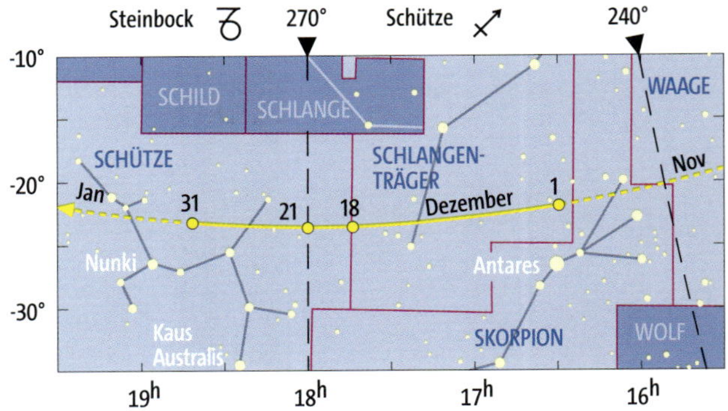

Tabelle Sonnenlauf

Tag	Dämmerg. Anfang	Aufgang MEZ	Kulmination	Untergang MEZ	Dämmerg. Ende	Mittagshöhe	Zeitgleichg.	Rektaszension	Deklination
	h m	h m	h m	h m	h m	°	m	h m	°
1.	6 39	7 57	12 09	16 21	17 39	18,1	+11	16 29	−21,8
5.	6 43	8 02	12 10	16 19	17 38	17,6	+10	16 46	−22,4
10.	6 48	8 07	12 13	16 18	17 37	17,0	+ 7	17 08	−22,9
15.	6 52	8 12	12 15	16 18	17 38	16,7	+ 5	17 30	−23,3
20.	6 55	8 15	12 17	16 20	17 40	16,6	+ 3	17 52	−23,4
25.	6 57	8 17	12 20	16 23	17 43	16,6	0	18 15	−23,4
31.	6 59	8 18	12 23	16 28	17 47	16,9	− 3	18 41	−23,1

Tages- und Nachtstunden

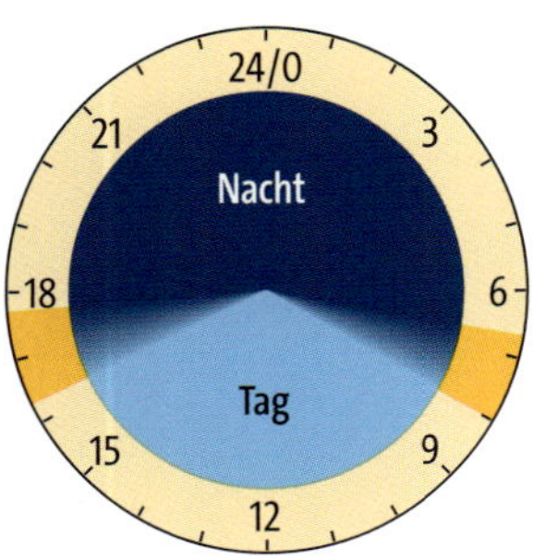

5. Dezember

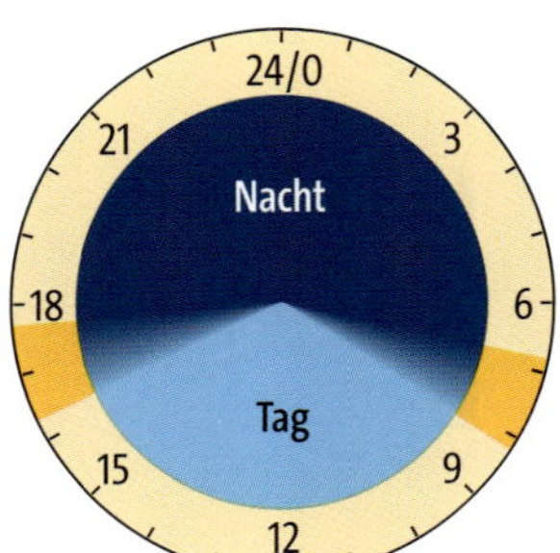

15. Dezember

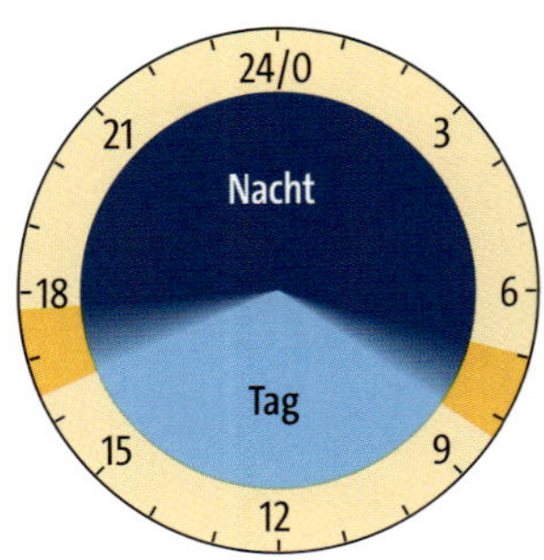

25. Dezember

Tabelle Mondlauf

Datum	Aufg. MEZ h m	Kulmination h m	Unterg. MEZ h m	Rektaszension h m	Deklination °	Sterne und Sternbilder	Phase	MEZ
Sa 1.	19 00	2 02	9 57	6 20	+20,0	Alhena		
So 2.	20 01	2 50	10 31	7 11	+18,3	Zwillinge		
Mo 3.	21 05	3 37	11 01	8 00	+15,8	Krebs		
Di 4.	22 12	4 22	11 28	8 48	+12,5	Krebs		
Mi 5.	23 20	5 08	11 52	9 36	+ 8,7	Löwe	Größte Südbreite	
Do 6.	–	5 54	12 15	10 25	+ 4,4	Sextant	**Letztes Viertel**	**16^{h} 31^{m}**
							Libration Ost	
Fr 7.	0 30	6 40	12 38	11 13	– 0,2	Löwe		
Sa 8.	1 43	7 29	13 03	12 04	– 5,0	Jungfrau		
So 9.	2 59	8 20	13 32	12 57	– 9,7	Spica		
Mo 10.	4 17	9 16	14 06	13 53	–13,9	Spica		
Di 11.	5 36	10 15	14 48	14 52	–17,4	Waage	Aufsteigender Knoten	
Mi 12.	6 52	11 18	15 40	15 55	–19,9	Waage		
Do 13.	8 00	12 22	16 44	17 00	–20,9	Schlangenträger	**Neumond Nr. 1113**	**9^{h} 42^{m}**
							Erdnähe 357/33′,5	0^{h}
Fr 14.	8 57	13 25	17 57	18 05	–20,4	Schütze		
Sa 15.	9 43	14 25	19 15	19 09	–18,4	Schütze, Nunki		
So 16.	10 19	15 21	20 33	20 09	–15,3	Steinbock		
Mo 17.	10 49	16 14	21 49	21 06	–11,3	Wassermann	Größte Nordbreite	
Di 18.	11 15	17 02	23 01	21 59	– 6,8	* Wassermann		
Mi 19.	11 38	17 49	–	22 49	– 2,2	* Wassermann	Libration West	
Do 20.	12 01	18 34	0 11	23 37	+ 2,4	Fische	**Erstes Viertel**	**6^{h} 19^{m}**
Fr 21.	12 24	19 18	1 18	0 24	+ 6,8	Fische		
Sa 22.	12 48	20 03	2 24	1 11	+10,8	Fische		
So 23.	13 15	20 48	3 28	1 59	+14,3	Widder		
Mo 24.	13 47	21 34	4 30	2 47	+17,1	Widder	Absteigender Knoten	
Di 25.	14 24	22 22	5 29	3 36	+19,3	Stier, Plejaden	Erdferne 406/29′,4	22^{h}
Mi 26.	15 07	23 10	6 24	4 26	+20,5	* Stier, Hyaden		
Do 27.	15 57	23 59	7 13	5 17	+20,9	* Stier		
Fr 28.	16 53	–	7 57	6 07	+20,4	Alhena	**Vollmond**	**11^{h} 21^{m}**
Sa 29.	17 53	0 47	8 34	6 58	+18,9	Alhena		
So 30.	18 57	1 34	9 05	7 48	+16,6	Zwillinge		
Mo 31.	20 03	2 21	9 33	8 37	+13,5	Krebs, Krippe		

Jupiter und Mond begegnen sich

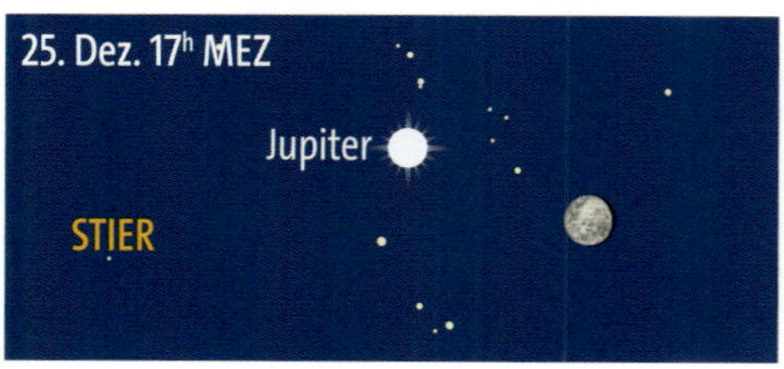

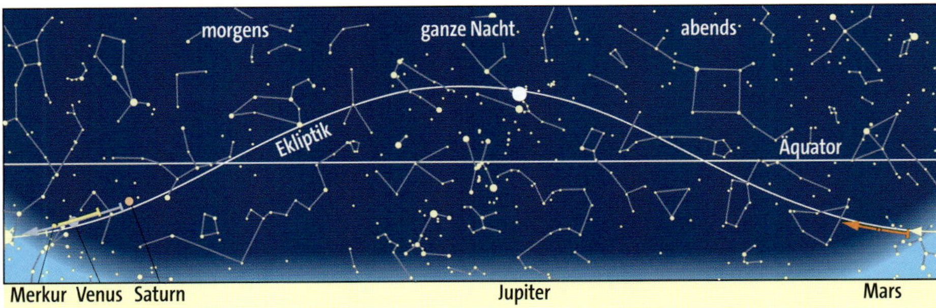

Merkur, rechtläufig im Gebiet Waage und Skorpion, bietet in der ersten Monatshälfte eine respektable Morgensichtbarkeit. In der Nacht vom 4. auf 5. nimmt er mit 20°33′ Winkelabstand seine größte westliche Elongation ein (siehe Abb. 10.3 auf Seite 189). Am 13. zieht er in den Morgenstunden ein wenig nördlich von Acrab (β Sco) vorbei. Um den $2^{m}\!,4$ hellen Acrab in der Morgendämmerung zu erkennen, benötigt man allerdings ein Fernglas (siehe Abb. 10.4 auf Seite 189).

Der $-0^{m}\!,4$ helle Merkur geht am 1. um $6^{h}01^{m}$ auf. Zwanzig Minuten später macht er sich als fahler, gelblicher Lichtpunkt knapp über dem Südosthorizont bemerkbar. Etwa eine Viertelstunde nach 7^{h} morgens wird er in der zunehmenden Morgenhelle unsichtbar. Bis 15. nimmt die Merkurhelligkeit leicht auf $-0^{m}\!,5$ zu, die Merkuraufgänge verspäten sich auf $6^{h}38^{m}$. Nach dem 15. wird es schwierig, Merkur ohne optische Hilfsmittel aufzuspüren. Letztmals kann man ihn unter sehr guten Bedingungen am 18. sehen. An diesem Tag geht der $-0^{m}\!,5$ helle Merkur um $6^{h}50^{m}$ auf (siehe Abb. 12.2 und 12.3 unten).

Venus kann noch am Morgenhimmel gesehen werden. Sie ist aber längst nicht mehr so auffäl-

12.2 Merkur am Morgenhimmel:
Stellung von Merkur über dem Osthorizont zu den angegebenen Daten jeweils eine Stunde vor Sonnenaufgang. Die Pfeile deuten die Bewegungen von Merkur und Sonne in der folgenden halben Stunde an.

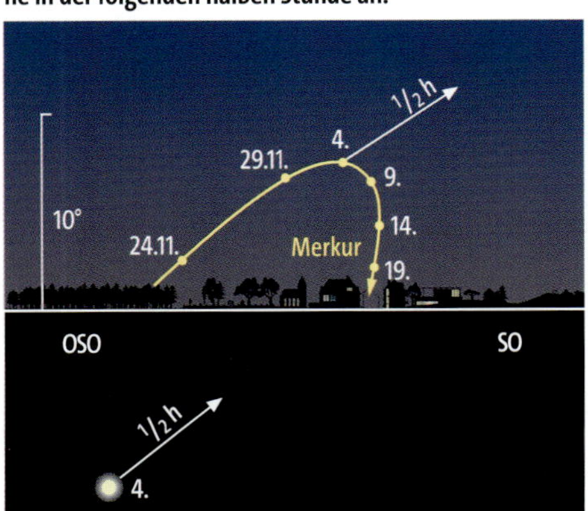

12.3 Sichtbarkeitsdiagramm für Merkur:
Es gilt genau für 50° nördlicher Breite und 10° östlicher Länge. Dunkelgelbe Fläche: Unter günstigen Sichtbedingungen kann man Merkur mit bloßen Augen erkennen, hellgelbe Fläche: Merkur ist leicht zu sehen.

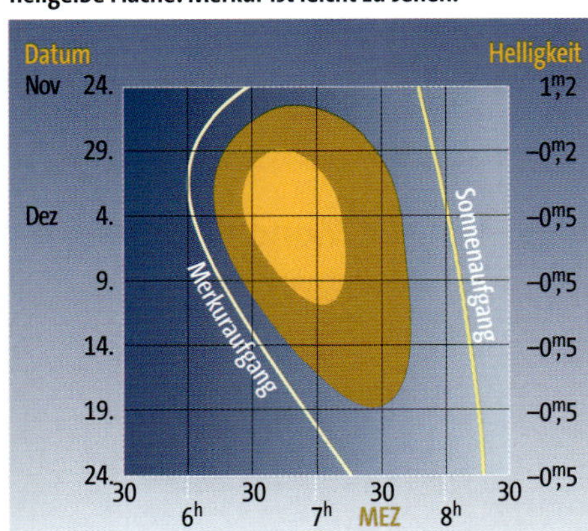

lig wie in den Monaten August bis Oktober. Venus erreicht nun die südlichen Bezirke des Tierkreises. Ihre Tagbögen werden immer kleiner und ihre Aufgänge erfolgen immer später. Am 18. verlässt sie das Sternbild Waage und wechselt in das Sternbild Skorpion. Nur vier Tage später tritt sie in das Sternbild Schlangenträger. Am 4. geht sie morgens 1°,3 nördlich an Zubenelgenubi (α Librae; $2^m,6$) und am 19. nur 0°,5 an Acrab (β Scorpii; $2^m,4$) vorbei. Am 23. sieht man Venus 6° nördlich von Antares (α Scorpii; $1^m,0$). Die schlanke Sichel des abnehmenden Mondes gesellt sich am 11. zur Venus – ein hübscher Anblick des Dreigestirns Venus – Mond – Saturn am Morgenhimmel (siehe Abb. 12.1 auf Seite 220).

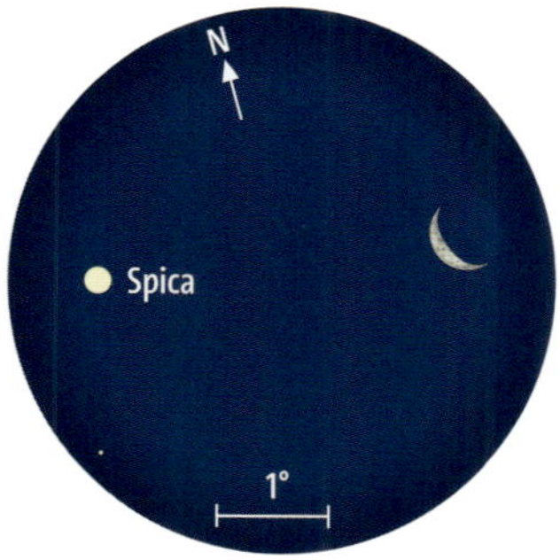

12.4 Mond bei Spica: Begegnung der abnehmenden Mondsichel mit Spica in der Jungfrau. Fernglasanblick am 9. Dezember gegen 7^h MEZ.

Geht Venus am 1. um 5^h19^m auf und am 15. um 6^h01^m, so erfolgt der Aufgang der $-3^m,9$ hellen Venus zu Silvester erst um 6^h44^m.

Im Fernrohr zeigt sich das nur noch 11″ große Venusscheibchen fast voll beleuchtet (Beleuchtungsgrad am 31.: 94 %). Venus eilt der Sonne nach und holt sie schließlich am 13. März 2013 ein, die obere Konjunktion ist erreicht.

Mars eilt rechtläufig durch den Schützen und wechselt zu Weihnachten, am 25., in das Sternbild Steinbock. Erfahrene Beobachter können ihn noch in der Abenddämmerung bis Anfang Januar 2013 ausmachen. Die Untergänge des $1^m,2$ hellen Mars verschieben sich nur unwesentlich von 18^h20^m am Monatsanfang auf 18^h26^m am Silvestertag. An diesem Tag trennen ihn 333 Millionen Kilometer (= 2,23 AE) von der Erde. Da die Marsdeklinationen um 4° anwachsen, kann er bis 55° Nord bald nach Sonnenuntergang knapp über dem Südwesthorizont erkannt werden. Am 18. April 2013 wird er dann in Konjunktion mit der Sonne kommen.

Jupiter, rechtläufig im Stier, kommt in der Nacht vom 2. auf 3. in **Opposition** zur Sonne. Somit ist alles gesagt: Ganze Nacht über sichtbar, geringste Entfernung von der Erde, maximale Helligkeit und größtes Planetenscheibchen – kurz: die besten Beobachtungsbedingungen des ganzen Jahres. Unübersehbar strahlt der Riesenplanet mit $-2^m,8$ am winterlichen Sternenhimmel. Seine rückläufige Wanderung ist gut an Aldebaran,

12.5 Jupiter, Ceres und Vesta: Scheinbare Bahnen des Planeten Jupiter von August bis Jahresende sowie der Kleinplaneten (1) Ceres und (4) Vesta im Gebiet der Sternbilder Stier und Zwillinge. Die Zahlen geben die Positionen zum jeweiligen Monatsersten an (9 = 1. September).

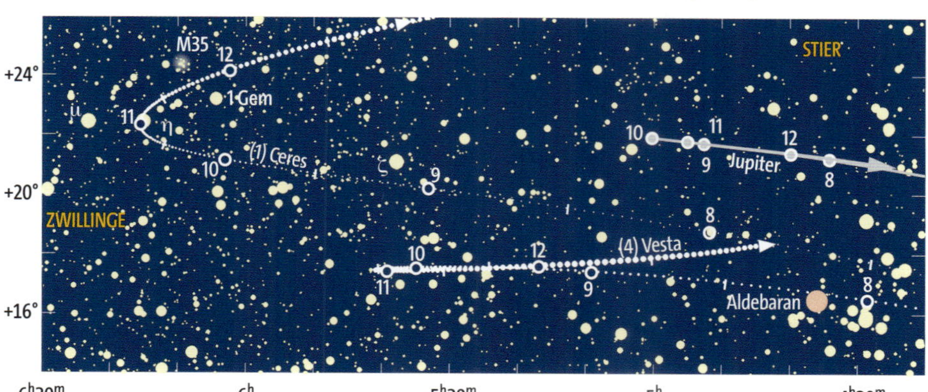

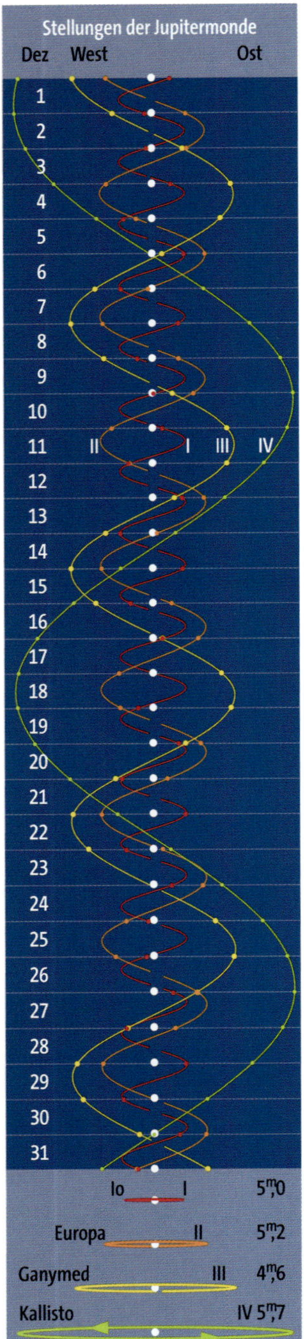

Jupitermonde

Tag	MEZ h	MEZ m	Vorgang	
1.	4	22	I	SA
	4	26	I	DA
	6	33	I	SE
	6	36	I	DE
2.	1	43	I	VA
	3	55	I	BE
	22	51	I	SA
	22	52	I	DA
3.	1	01	I	DE
	1	02	I	SE
	20	11	I	BA
	22	23	I	VE
4.	17	17	I	DA
	17	20	I	SA
	19	27	I	DE
	19	31	I	SE
5.	4	12	II	BA
	6	42	II	VE
6.	3	25	III	DA
	3	37	III	SA
	5	17	III	DE
	5	44	III	SE
	23	16	II	DA
	23	27	II	SA
7.	1	37	II	DE
	1	52	II	SE
8.	6	09	I	DA
	6	17	I	SA
	20	00	II	VE
9.	3	29	I	BA
	5	49	I	VE
	16	55	III	BA
	19	40	III	VE
10.	0	35	I	DA
	0	46	I	SA
	2	45	I	DE
	2	57	I	SE
	21	55	I	BA
11.	0	18	I	VE
	19	01	I	DA
	19	14	I	SA
	21	11	I	DE

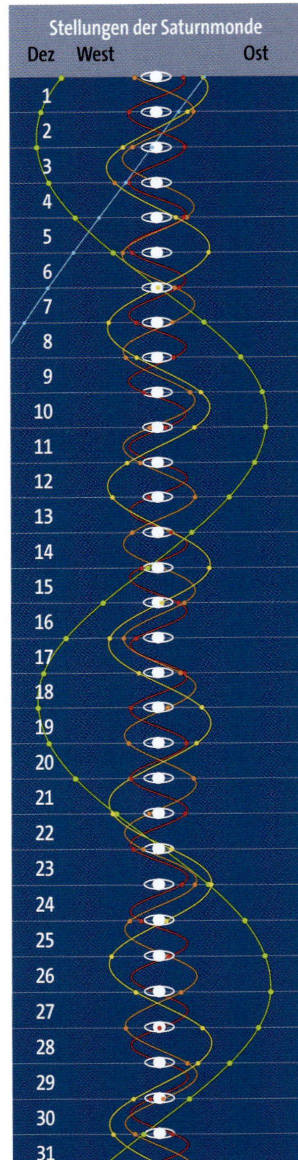

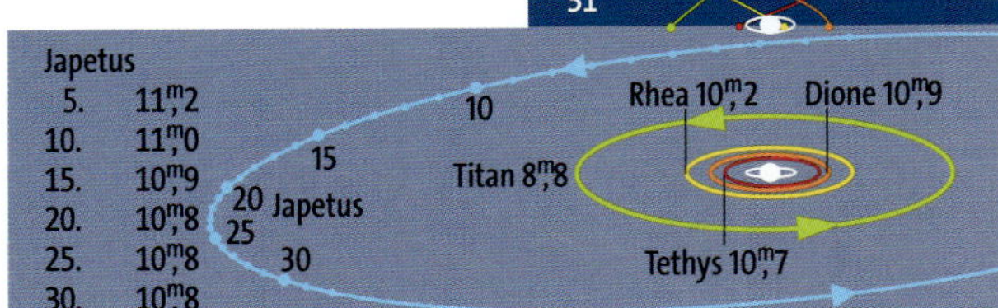

Jupitermonde

Tag	MEZ h m	Vorgang
	21 25	I SE
12.	6 25	II BA
	18 46	I VE
14.	1 30	II DA
	2 03	II SA
	3 52	II DE
	4 28	II SE
15.	19 33	II BA
	22 37	II VE
16.	5 12	I BA
	20 11	III BA
	23 41	III VE
17.	2 19	I DA
	2 41	I SA
	4 29	I DE
	4 52	I SE
	17 46	II SE
	23 38	I BA
18.	2 12	I VE
	20 45	I DA
	21 09	I SA
	22 55	I DE
	23 20	I SE
19.	18 05	I BA
	20 41	I VE
20.	17 21	I DE
	17 49	I SE
21.	3 45	II DA
	4 40	II SA
22.	21 48	II BA
23.	1 15	II VE
	23 28	III BA
24.	1 26	III BE
	1 32	III VA
	3 43	III VE
	4 04	I DA
	4 36	I SA
	17 58	II SA
	19 15	II DE
	20 22	II SE
25.	1 23	I BA
	4 07	I VE
	22 30	I DA
	23 04	I SA
26.	0 40	I DE
	1 15	I SE
	19 49	I BA
	22 36	I VE
27.	17 33	I SA
	17 48	III SE

Tag	MEZ h m	Vorgang
	19 07	I DE
	19 44	I SE
30.	0 05	II BA
	3 52	II VE
31.	2 47	III BA
	4 49	III BE
	19 10	II DA
	20 34	II SA
	21 32	II DE
	22 58	II SE

dem rötlichen Stierauge, als Referenzpunkt zu verfolgen. Am 12. erreicht Jupiter mit $4\overset{\circ}{,}7$ seinen geringsten nördlichen Abstand von Aldebaran (α Tauri). Die Konjunktion in Rektaszension mit Aldebaran erfolgt bereits am 7. um 21^h (siehe Abb. 12.5 auf Seite 225).

In der Nacht der Opposition geht Jupiter um 16^h17^m auf, kulminiert um 0^h11^m und geht um 8^h05^m unter. Bis Monatsende verfrühen sich die Jupiteruntergänge auf 5^h57^m.

Seine geringste Distanz von der Erde erreicht der Riesenplanet ebenfalls am 3., wobei ihn 609 Millionen Kilometer (= 4,07 AE) von uns trennen. Damit ist er viermal weiter von der Erde entfernt als die Sonne. Von Jupiter benötigt das Licht etwas mehr als eine halbe Stunde (34 Minuten), um zur Erde zu gelangen. Von der Sonne ist Jupiter zur Opposition 756 Millionen Kilometer (= 5,05 AE) entfernt.

Im Teleskop zeigt der Riesenplanet ein ovales Planetenscheibchen. Infolge seiner schnellen Rotation ist der Jupiterglobus stark, nämlich 1:16, abgeplattet, was leicht auffällt. Der scheinbare Äquatordurchmesser beträgt zur Opposition $48\overset{''}{,}5$, der Poldurchmesser hingegen nur $45\overset{''}{,}3$.

Saturn kann am Morgenhimmel beobachtet werden. Der Ringplanet wandert rechtläufig durch das Sternbild Jungfrau und wechselt am 6. in die Waage (siehe Abb. 4.8 auf Seite 85).

Der $0\overset{m}{,}6$ helle Saturn geht am 1. um 4^h52^m auf, am 15. um 4^h04^m und am Silvestertag bereits um 3^h09^m. Jeweils etwa 20 Minuten nach Aufgang lohnt es sich, nach dem Ringplaneten Ausschau zu halten.

Für Fernrohrbeobachter sei angemerkt, dass der Saturnring zum Jahreswechsel knapp 19° geöffnet ist. Zurzeit sehen wir auf die Nordseite des mächtigen Ringsystems.

Uranus ist in der ersten Nachthälfte beobachtbar. Am 13. abends kommt er im Sternbild Fische zum Stillstand und wird wieder rechtläufig – ein Vorgang, der kaum auffällt, tritt doch der nur $5\overset{m}{,}8$ hellen Planet fast auf der Stelle (siehe Abb. 9.3 auf Seite 173).

Die günstigste Beobachtungszeit sind die Abendstunden, in denen Uranus im Süden in Meridiannähe zu finden ist. Seine Kulmination erfolgt am 1. um 19^h54^m, zur Monatsmitte um 18^h59^m und am Silvestertag schon um 17^h57^m. Am 1. geht Uranus um 2^h06^m unter und am 31. bereits kurz nach Mitternacht, nämlich um $0^{h}09^{m}$. Im letzten Dezemberdrittel macht sich Mondlicht bei der Suche nach Uranus störend bemerkbar.

Neptun beschleunigt etwas seine rechtläufige Wanderung durch den Wassermann und passiert wieder 38 Aqr ($5^{m}\!,5$) rechtläufig (siehe Abb. 8.7 auf Seite 156).

Noch kann der bläuliche Planet nach Beginn der jetzt früh einsetzenden Dunkelheit am Abendhimmel aufgespürt werden. Gegen Jahresende wird es jedoch schwierig, Neptun noch ins Visier zu bekommen.

Bei Einbruch der Dunkelheit hat der $7^{m}\!,9$ lichtschwache Planet seinen Meridiandurchgang schon hinter sich. Am 1. kulminiert Neptun um $17^{h}47^{m}$, am 31. schon um $15^{h}52^{m}$. Der Neptununtergang erfolgt am 1. um $22^{h}52^{m}$, am 15. um $21^{h}58^{m}$ und am 31. bereits um $20^{h}57^{m}$. Etwa zwei Stunden vor seinem Untergang ist es erfahrungsgemäß nicht mehr sinnvoll, nach dem sonnenfernsten Planeten zu suchen.

Pluto kommt am 30. in Konjunktion mit der Sonne. Vor der Erde ist der sonnenferne Zwergplanet an diesem Tag 4988 Millionen Kilometer (= 33,34 AE) entfernt. Seine Sonnendistanz misst 4841 Millionen Kilometer (= 32,36 AE).

Planetoiden

Ceres (1) beschleunigt ihre rückläufige Wanderung und wechselt dabei aus den Zwillingen wieder in den Stier. Am 3. zieht sie $0^{\circ}\!,9$ nördlich am Sommerpunkt vorbei. Am 18. kommt sie um 10^{h} in **Opposition** zur Sonne. Am Monatsanfang noch $7^{m}\!,3$ hell, erreicht sie zur Opposition eine scheinbare Helligkeit von $6^{m}\!,7$, was sie zu einem ausgesprochen leichten Fernglasobjekt werden lässt. Bis Jahresende sinkt die Cereshelligkeit allerdings wieder auf $7^{m}\!,1$ ab. Am 1. kulminiert Ceres um $1^{h}42^{m}$, in der Oppositionsnacht um $0^{h}19^{m}$ und am 31. um $23^{h}09^{m}$. Wegen ihrer elliptischen Bahn erreicht Ceres erst zwei Tage nach ihrer Opposition ihre geringste Entfernung von der Erde: Am 20. um 11^{h} trennen uns 252 Millionen Kilometer (= 1,68 AE) von Ceres. Ihre Sonnendistanz beträgt 399 Millionen Kilometer (= 2,67 AE).

Juno (3) steht am 22. um 19^{h} in Konjunktion mit der Sonne. Von der Erde ist sie an diesem Tag 620 Millionen Kilometer (= 4,14 AE) entfernt. Von der Sonne trennen Juno am 22. immerhin 476 Millionen Kilometer (= 3,18 AE).

Vesta (4) steht am 9. um 9^{h} im Sternbild Stier in **Opposition** zur Sonne. Mit einer Oppositionshelligkeit von $6^{m}\!,4$ ist sie fast mit bloßem Auge zu erkennen (unter idealen Beobachtungsbedingungen). Auf alle Fälle reicht ein Fernglas, um den Planetoiden Nr. 4 ausfindig zu machen. In der Oppositionsnacht passiert Vesta um $0^{h}16^{m}$ den Meridian, in der Neujahrsnacht schon um $22^{h}23^{m}$. Bis Silvester geht die Vestahelligkeit um eine halbe Größenklasse auf $6^{m}\!,9$ zurück. Zur

Konstellationen und Ereignisse

Datum	MEZ	Ereignis
3.	3^{h}	**Jupiter in Opposition** zur Sonne
5.	0	Merkur in größter westlicher Elongation (21°)
10.	13	**Mond bei Saturn**, Mond $4^{\circ}\!,0$ südlich, **Abstand $5^{\circ}\!,3$ um 7^{h}**
11.	15	**Mond bei Venus**, Mond $1^{\circ}\!,6$ südlich, **Abstand $4^{\circ}\!,0$ um 8^{h}**
12.	2	Mond bei Merkur, Mond $1^{\circ}\!,1$ südlich (Bedeckung!)
13.	21	Uranus im Stillstand, anschließend rechtläufig
14.	13	Mond bei Pluto, Mond $0^{\circ}\!,2$ nördlich (Bedeckung!)
15.	11	Mond bei Mars, Mond $5^{\circ}\!,6$ nördlich
18.	7	Mond bei Neptun, Mond $6^{\circ}\!,2$ nördlich
20.	21	Mond bei Uranus, Mond $5^{\circ}\!,1$ nördlich
21.	$12^{h}12^{m}$	**Sonne im Winterpunkt, Wintersonnenwende**
26.	1	**Mond bei Jupiter**, Mond $0^{\circ}\!,4$ südlich (Bedeckung!), **Abstand $0^{\circ}\!,9$ um 2^{h}**
30.	15	Pluto in Konjunktion mit der Sonne

Opposition ist Vesta 238 Millionen Kilometer (= 1,59 AE) von der Erde und 385 Millionen Kilometer (= 2,57 AE) von der Sonne entfernt.

Metis (9), rückläufig im Sternbild Zwillinge, strebt ihrer Opposition entgegen, die sie am 1. Januar 2013 erreicht (siehe Abb. 12.6 rechts). Ihre Helligkeit nimmt von $9^{m}{,}2$ auf $8^{m}{,}5$ während des Monats zu. Bis Silvester verfrühen sich ihre Meridiandurchgänge von $2^{h}58^{m}$ auf $0^{h}35^{m}$.

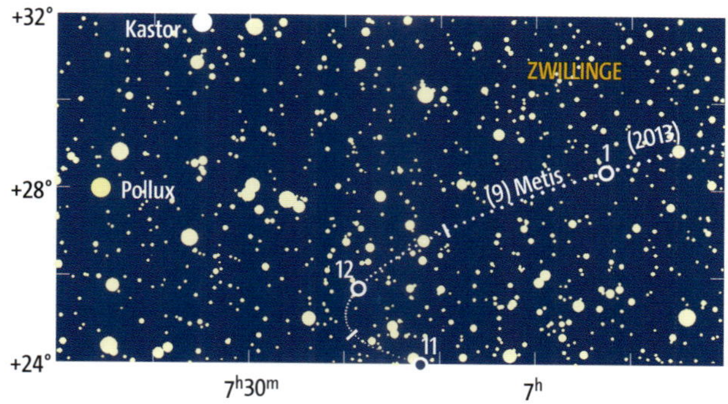

12.6 Bahn von Metis: Scheinbare Bahn des Kleinplaneten (9) Metis von November 2012 bis Anfang 2013 im Gebiet des Sternbildes Zwillinge.

Die günstigste Beobachtungszeit liegt zwischen 21^{h} und 6^{h} morgens.

Periodische Sternschnuppenströme

Vom 6. bis 16. Dezember macht sich der ekliptikale Strom der **Geminiden** bemerkbar. Ihr Ausstrahlungspunkt liegt in den Zwillingen, rund 1° südwestlich von Kastor. Das Maximum ist in den Morgenstunden des 12. Dezember zu erwarten, wo stündlich bis 120 Meteore, mitunter auch sehr helle Objekte, über den Himmel huschen. Die Geschwindigkeiten liegen um 35 Kilometer pro Sekunde.

Vom 16. bis 25. Dezember tauchen die **Ursiden** auf, deren Radiant im Sternbild Kleiner Bär zu finden ist. Ihr scharfes Maximum erreichen die Ursiden-Meteore in der Nacht vom 21. auf den 22. Dezember gegen Mitternacht. Da der Radiant zirkumpolar ist, können die Ursiden die ganze Nacht beobachtet werden. Der Ursprung der Ursiden wird auf den Kometen 8P/Tuttle (früher: 1858 I) zurückgeführt. Die Sternschnuppen haben mittlere Geschwindigkeiten von 35 Kilometer pro Sekunde. In den letzten Jahren wurden rund zehn bis zwanzig, manchmal auch mehr Objekte pro Stunde im Maximum registriert.

Wenig ergiebig ist der Strom mit dem Namen **Coma-Bereniciden**, dessen Radiant im Haar der Berenike liegt und der um die Jahreswende auftritt – etwa von Mitte Dezember bis Mitte Januar. Es handelt sich um sehr schnelle Objekte (um 65 Kilometer pro Sekunde). Das Maximum liegt um den 19. Dezember, wobei nur fünf bis zehn Meteore pro Stunde zu erwarten sind.

Veränderliche Sterne im Dezember

Algol-Minima	9. $5^{h}28^{m}$	12. $2^{h}16^{m}$	14. $23^{h}06^{m}$	17. $19^{h}55^{m}$		
β-Lyrae-Minima	1. 18^{h}H	8. 5^{h}N	14. 16^{h}H	21. 4^{h}N	27. 15^{h}H	
δ-Cephei-Maxima	2. 3^{h}	7. 11^{h}	12. 20^{h}	18. 5^{h}	23. 14^{h}	28. 23^{h}
Mira-Helligkeit	1. 6^{m}	10. 6^{m}	20. 7^{m}	31. 7^{m}		

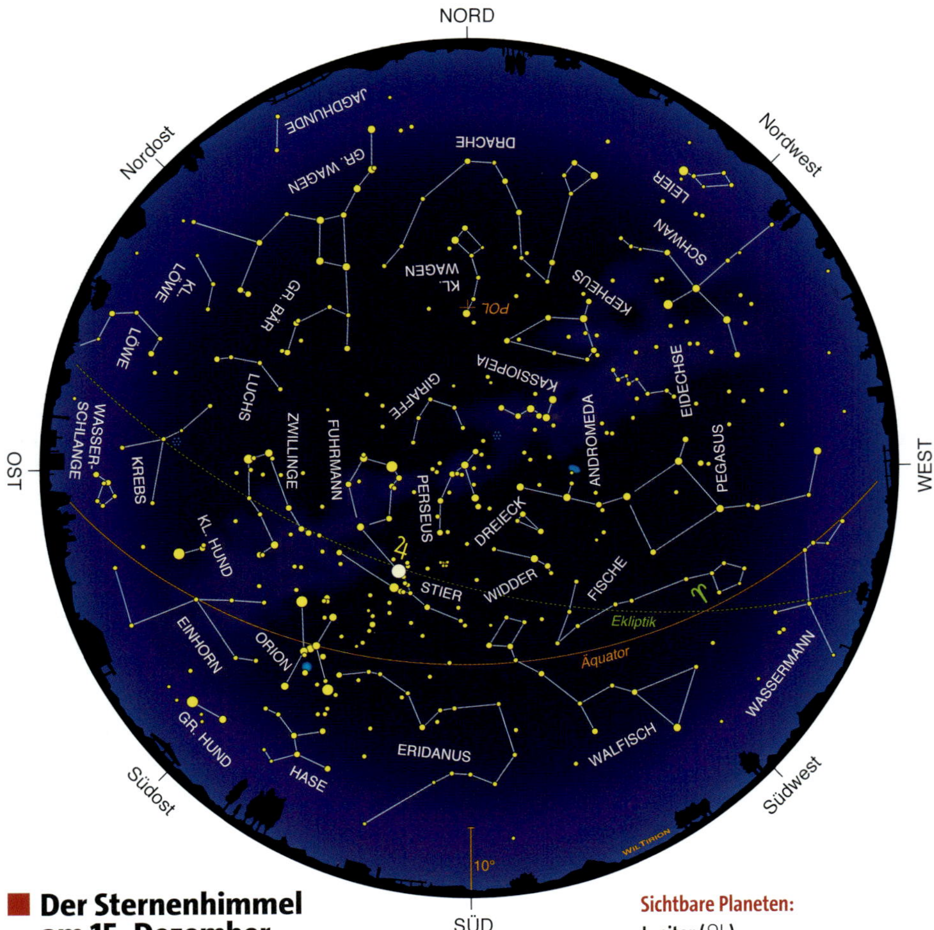

Der Sternenhimmel am 15. Dezember um 22^{h} MEZ

Sichtbare Planeten:
Jupiter (♃)

Die Sternkarte ist auch gültig für:		
	MEZ	MESZ
15. 9.	4^{h}	5^{h}
1.10.	3	4
15.10.	2	3
1.11.	1	
15.11.	0	
1.12.	**23**	
15.12.	**22**	
31.12.	**21**	
15. 1.	20	
31. 1.	19	

In der östlichen Himmelshälfte sind die Wintersternbilder bereits vollständig vertreten. Mit Ausnahme des Perseus haben alle Herbstbilder die Mittagslinie, den Meridian, überschritten und befinden sich in der westlichen Hemisphäre des Firmaments. Tief im Nordwesten ist noch das Sternenkreuz des fliegenden Schwans mit dem hellen Stern Deneb zu sehen. Der Schwan ist gewissermaßen ein Relikt des Sommerhimmels. Knapp über dem Nordhorizont flackert die Wega in der Leier, die bei uns nahezu zirkumpolar ist und daher fast das ganze Jahr über in klaren Nächten beobachtbar bleibt.

Noch hoch in westlicher Richtung erblickt man das Herbstviereck, das Pegasusquadrat, dessen Spitze zum Horizont deutet. Das Pegasusquadrat hängt mit der obersten Ecke an der Sternenkette der Andromeda, die sich vom Zenit ausgehend nach Westen erstreckt. Den Platz im Zenit nimmt nun der Perseus ein, der strahlende Held aus der Andromedasage. Zwischen Kassiopeia und Perseus findet man fast senkrecht über unseren Köpfen die beiden prächtigen offenen Sternhaufen h und χ Perseï. Für den Einsteiger in die Beobachtung von veränderlichen Sternen sei auf Algol (β Perseï) hingewiesen. Er ist der Prototyp der Algol-Bedeckungsveränderlichen. Algol steht jetzt hoch über unseren Köpfen und ist leicht zu finden. Schon mit bloßen Augen kann man sich im Schätzen seiner Helligkeit üben. Die Helligkeitsminima von Algol sind in den Rubriken „Veränderliche Sterne“ vermerkt.

Lichtschwache Sterne im Süden

Hoch im Süden hat gerade der Widder (lat.: Aries) den Meridian durchschritten. Sein Hauptstern Hamal (α Arietis) leuchtet in einem orange-gelben Licht (Spektralklasse: K2 III).

Südlich des Widders macht der Sternenhimmel einen vergleichsweise düsteren Eindruck. Helle Sterne fehlen völlig in diesem Areal, das vom Walfisch und dem langgestreckten Fluss Eridanus eingenommen wird.

Umso eindrucksvoller zeigt sich nun der Ost- und Südosthimmel. Hoch im Osten, fast im Zenit, steht die helle, gelbliche Kapella im Fuhrmann, darunter die beiden Sternenketten der Zwillinge mit Kastor und Pollux. Die meisten Völker sahen in diesen beiden Sternenketten zwei Menschengestalten. Die Inder nannten das Bild Mithuna und sahen darin einen Knaben und ein Mädchen. Bei den Persern hießen die Zwillinge Do Patkar, was nur „die beiden Figuren“ bedeutete. Im Mittelalter wurden hier zwei Engel gesehen.

Zwillinge und Stier

Kastor (α Geminorum) ist mit $1\overset{m}{,}6$ scheinbarer Helligkeit etwas lichtschwächer als Pollux (β Geminorum). Kastor ist 52 Lichtjahre entfernt und setzt sich aus sechs Sonnen zusammen. Pollux ist ein orangefarbener, normaler Riesenstern (Spektraltyp K0 III) mit $1\overset{m}{,}2$ scheinbarer Helligkeit. Seine Entfernung beträgt 34 Lichtjahre. Damit ist Pollux uns ein wenig näher als Arktur. Er ist somit der sonnennächste rote Riesenstern mit einer dreißigfachen Sonnenleuchtkraft.

Der Stier mit dem prächtigen Sternhaufen der Hyaden, in dessem Vordergrund der rot-gelbe Aldebaran auffällig glänzt, und dem Siebengestirn, den Plejaden, schreitet zügig auf den Meridian zu. Die westlichen Teile des Stieres haben bereits die Mittagslinie erreicht.

Südöstlich des Stieres strahlt unübersehbar der Orion, das prominenteste der Wintersternbilder, mit den beiden hellen Sternen Beteigeuze und Rigel sowie den in einer geraden Linie stehenden drei Gürtelsternen. Tief im Süden ist gerade Sirius im Großen Hund (α Canis Maioris), der hellste Fixstern am irdischen Himmel, über die Horizontlinie gestiegen. Auch Prokyon im Kleinen Hund (α Canis Minoris) ist bereits im Osten aufgetaucht. Damit ist das komplette Wintersechseck am Osthimmel vertreten. Es setzt sich aus den Sternen Sirius, Prokyon, Pollux, Kapella, Aldebaran und Rigel zusammen.

Das Sternbild Andromeda (lat.: Andromeda)

Das Sternbild der Andromeda wird hauptsächlich von vier in einer Linie stehenden Sternen gebildet. Obwohl es keinen Stern erster Größe enthält, ist die Sternenkette α – δ – β – γ Andromedae so auffällig, dass man sie relativ leicht und schnell am Himmel findet. α, β und γ And sind 2. Größenklasse, δ And ist mit $3\overset{m}{,}3$ deutlich lichtschwächer. Insgesamt nur sieben Sterne sind heller als 4^m. α Andromedae, Sirrah genannt, bildet dabei das eine Eck des Pegasusquadrates, gehört aber selbst nicht zum Sternbild Pegasus. Das Pegasusquadrat, auch als Herbstviereck bekannt, erweckt zusammen mit der Sternenkette der Andromeda den Eindruck eines überdimensionalen Großen Wagens oder riesigen Dippers (engl., Schöpflöffel).

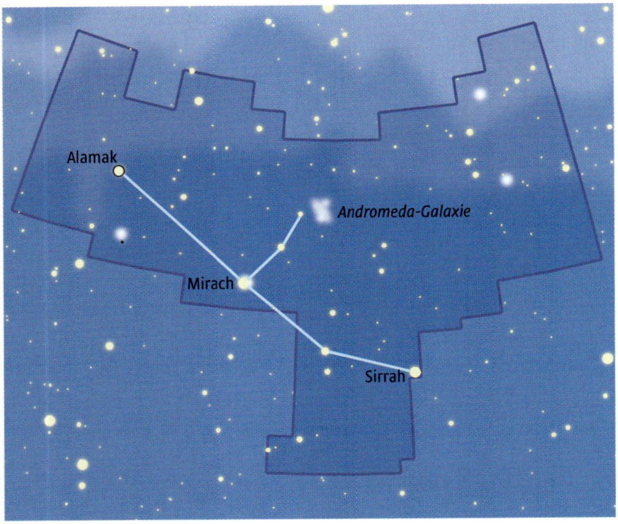

12.7 Die Andromeda:
Das Sternbild Andromeda mit unserer Nachbargalaxie M 31, meist als Andromedanebel bezeichnet.

Im Norden wird das Andromeda-Areal von Kassiopeia und Perseus begrenzt. Perseus markiert auch den Ostrand. Im Westen grenzt die Andromeda an die Bilder Lacerta und Pegasus, im Süden an die Fische und das Dreieck. Schon bei den griechischen Astronomen Eratosthenes, Hipparchos und Ptolemaios findet man die Bezeichnung Ἀνδρομέδα (griech., Andromeda) für diese Sternenkette. Andromeda ist die Tochter des Königspaares Kepheus und Kassiopeia. Die meisten Völker sahen hier eine Mädchengestalt.

Der Ursprung dieser Vorstellung ist im alten Babylon zu suchen, im Epos von der Entstehung der Welt, in der Geschichte vom Gott Marduk und seinem Kampf mit dem Drachen Tiamat. Den Drachen finden wir ebenfalls als polnahes Sternbild am Himmel. Durch den chaldäischen Einfluss haben die Phönizier diese Mädchengestalt ebenfalls übernommen. Ursprünglich sahen jedoch die Phönizier in den Sternen der Andromeda einen Dreschboden bzw. eine Tenne, wobei die Sterne der Kassiopeia Ährenleser waren. Beide Sternbilder gehörten zum „großen Weizenfeld", dessen genaue Form aber unbekannt ist.

In der römischen Welt sprach man von Virgo Devota, der unseligen, dem Tode geweihten Jungfrau, von Persea, der Braut des Perseus, mit Nivea Cervice, dem weißen Nacken.

Die Araber sprachen von Asnade, dem unverheirateten, jungfräulichen Mädchen, das bei den Hindus Antamarda hieß. Im Hebräischen markierte diese Sternenkette die biblische Abigail aus den Büchern Samuels. Wie gesagt, fast alle Völker sahen hier eine hingestreckte Frauengestalt. Nur der Augsburger Jurist Julius Schiller erwähnt in seinem im Jahre 1627 erschienenen *Coelum stellatum christianum* dieses Sternbild als Sepulchrum Christi, als Grab Christi, das leer vorgefunden wird.

Die klassische Sage berichtet: Im fernen Lande Äthiopien, am Südrand der Erdscheibe, herrschte einst glücklich und zufrieden König Kepheus. Seine Gemahlin Kassiopeia gebar ihm eine Tochter, die Andromeda. Kassiopeia, die als eingebildet und eitel bekannt war, war stolz auf ihre Tochter, deren Schönheit die aller anderen Äthiopierinnen weit übertraf. Kassiopeia prahlte damit, Andromeda sei noch viel hübscher als die Nereïden, die Töchter des Meeresgottes Nereus. Als die Nereïden von der Anmaßung der Kassiopeia hörten, beklagten sie sich tränenüberströmt bei ihrem Vater, Beherrscher der Weltmeere. Dieser beschloss, das Königspaar für seinen Frevel hart zu bestrafen, und schickte ein schreckliches Meeresungeheuer, den Ketos (lat.: Cetus) an die Gestade Äthiopiens. Der Ketos wühlte das Meer beim Herannahen auf, die sturmgepeitschten Wellen überschwemmten die Küstenstriche. Doch damit noch nicht genug. Aus seinen Augen zuckten Blitze, die Häuser und Scheunen in Brand steckten, aus seinem Rachen schoss ein heißer Feuer-

12.8 Die Andromeda-Galaxie: Unsere nächste große Nachbargalaxie trägt auch die Bezeichnung Messier 31. Aufnahme von Stefan Seip/www.astromeeting.de.

hauch, der das Land verdörrte und zur unfruchtbaren Wüste werden ließ. Aus den Ohren quollen dunkle Rauchwolken hervor, die das Land mitten am Tag in tiefe Finsternis hüllten und selbst Helios, den Sonnengott, verdunkelten. In seiner großen Not wandte sich König Kepheus an das Orakel. Dieses weissagte ihm: Erst wenn deine Tochter dem Ketos geopfert wird, werden die Götter besänftigt sein, und Ketos wird nicht länger dein Land bedrängen. Schweren Herzens entschloss sich das Königspaar, den grausamen Orakelspruch zu befolgen, um Äthiopien vor dem totalen Untergang zu retten. Am nächsten Morgen, noch ehe die rosenfingrige Eos, Göttin der Morgenröte, ihre ersten Lichtstrahlen hervorbrechen ließ, wurde die unglückliche Andromeda an einen Küstenfelsen in Ketten angeschmiedet. Der Morgen begann zu grauen, da nahte aus den Lüften Perseus, der Bezwinger der schrecklichen Gorgone Medusa, auf seinen geflügelten Sandalen.

Im Dämmerlicht erblickte er das gefesselte, bildhübsche Mädchen. Doch schon kam Ketos mit aufgerissenem Maul heran, um mit seinen dolchartigen Zähnen die jungfräuliche Andromeda zu zerfleischen. Perseus stürzte kurzentschlossen herab auf das durch die Wogen pflügende Monster und stieß ihm sein Sägezahnschwert tief in den Nacken. Blut spritzte in hohem Bogen ins Meer, das schwer getroffene Untier bäumte sich auf. Die Andromeda hatte es vergessen, denn Perseus war nun sein neues Angriffsziel. Trotz mehrmaliger Schwertstöße schien das Monster nicht zu erlahmen. Da holte Perseus das Gorgonenhaupt der Medusa aus seinem Reisesack und zeigte das Antlitz dem Ketos. Dieser war über den Anblick so entsetzt, dass er augenblicklich zu Stein erstarrte. Perseus löste die Fesseln der Andromeda und trug sie eilends heim zu ihren Eltern. Begeistert von dieser Heldentat, gaben sie ihre Tochter dem mutigen Perseus zur Frau. Im Königspalast ließ Kepheus eine Hochzeitsfeier ausrichten, wie sie Äthiopien noch nie erlebt hatte. Alle Beteiligten sind am Sternenhimmel wiederzufinden: Neben der Andromeda ihr Retter Perseus, das Elternpaar Kassiopeia und Kepheus, wie sie mit erhobenen Armen die Götter anflehen, sowie Cetus der Walfisch.

α Andromedae heißt mit Eigennamen Sirrah, was sich vom arabischen Surrat al Faras ableitet, der Nabel des Pferdes – nämlich des Pegasus.

Die Bezeichnung Mirach für β And stammt ebenfalls aus dem Arabischen und bedeutet Gürtel (der Andromeda). γ And wird Alamak genannt und kommt vom arabischen Al Anak, das „Schwarzohr“, eine Erdziegenart.

Licht von Dunklen Sternen

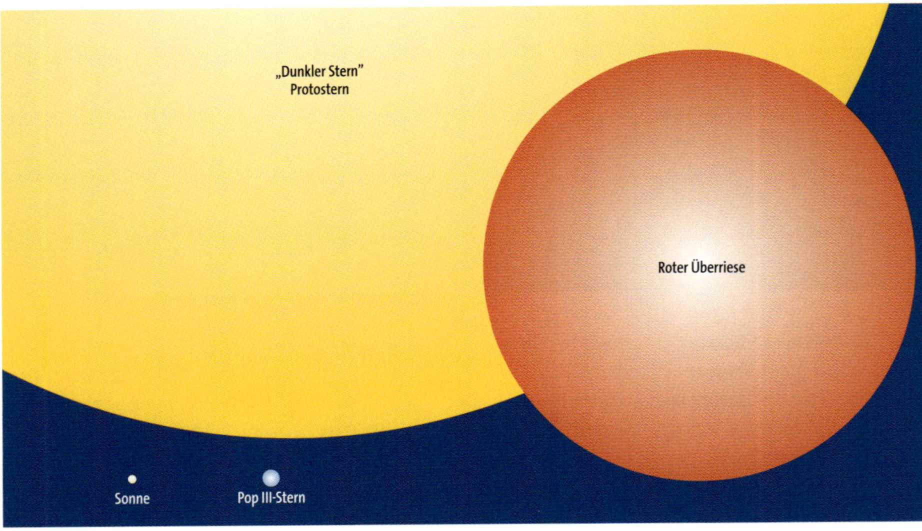

12.9 Größenvergleich: Unsere Sonne – Roter Überriesenstern – Stern der Population III – Protostern („Dunkler Stern")

Vor knapp vierzehn Milliarden Jahren entstand unser Universum aus einem superheißen und überdichten Feuerball. Der Schöpfungsakt wird gemeinhin als Big Bang oder Urknall bezeichnet. Rasch dehnte sich das junge Weltall aus und kühlte dabei ab. Schon nach knapp 400 000 Jahren sank die Temperatur unter 3000 Kelvin, Protonen und Alpha-Teilchen fingen Elektronen ein, das Universum wurde durchsichtig und dunkel. Das dunkle Zeitalter des Kosmos endete nach etwa 200 Millionen Jahren mit dem Aufflammen der ersten Sterne. Dass überhaupt Sterne entstehen konnten, wurde durch die bis heute noch rätselhafte Dunkle Materie bewirkt. Auf große Distanzen zeigt das Universum eine honigwabenartige Struktur: Galaxienhaufen und Superhaufen von Galaxien bilden riesige Wände, die Leerräume von einigen hundert Millionen Lichtjahren umschließen wie die Wände einer Zelle. Diese großräumige Materieverteilung hat ihren Ursprung in den primordialen Dichteschwankungen bei der Entstehung des Universums. Die Dichtefluktuationen zeigen sich auch in der kosmischen Hintergrundstrahlung, dem Rest des Feuerballs vom Urknall. Man blickt zurück auf die Feuerwand des Big Bang, als das Universum knapp 400 000 Jahre alt war. Infolge der Expansion des Kosmos registriert man heute diese Strahlung, die einem Planckschen Strahler (Schwarzer Körper) von nur drei Grad über dem absoluten Nullpunkt (2,7 K = –270,4 °C) entspricht.

Die Dunkle Materie und die uns wohl bekannte gewöhnliche Materie bildeten schon in der Frühphase des Kosmos riesige, filamentartige Strukturen, gewissermaßen ein gewaltiges, kosmisches Netzwerk. Die gewöhnliche Materie, aus der Sterne, Planeten und interstellare Gas- und Staubwolken bestehen, nennt man im Fachjargon baryonische Materie. Baryonen sind massereiche Elementarteilchen wie Protonen und Neutronen, die sich aus je drei Quarks zusammensetzen. Die Bezeichnung stammt aus dem Griechischen: βαρύς heißt soviel wie „schwer". Nur vier Prozent der Gesamtmasse des Universums entfallen auf die baryonische Materie. 23 Prozent gehen auf das Konto der Dunklen Materie und 73 Prozent macht die mysteriöse Dunkle Energie aus, auf deren Wirken die heute beschleunigte Expansion des Weltalls zurückgeht.

Die Folgen der Dunklen Materie

Die baryonische Materie allein hätte nie die filamentartige Struktur des Universums erzeugen können. Denn der thermische Druck („Gasdruck") hätte eine Klumpung der Materie verhindert. Die Dunkle Materie wirkt jedoch nur über ihre Schwerkraft, das heißt, sie „spürt" keinen thermischen Druck. Präziser ausgedrückt: Dunkle Materie koppelt nur gravitativ; nur durch ihre Gravitationswirkung macht sie sich bemerkbar. Einen Planeten aus Dunkler Materie könnten wir nicht sehen, würde er in unser Sonnensystem eindringen. Auch wenn er sich zwischen Sonne und Erde schöbe, würde er die Sonne nicht im Geringsten verdunkeln oder ihr Licht dämpfen. Allerdings könnte er die Erde aus der Bahn werfen – allein durch seine Schwerkraft. (Näheres zur Dunklen Materie findet man im *Kosmos Himmelsjahr 2001*, Seite 57: „Wo verbirgt sich die Dunkle Materie?" und im *Kosmos Himmelsjahr 2007*, Seite 111: „Woraus besteht das Universum?".)

Kurzum, die Dunkle Materie zwang auch die baryonische Materie in die filamentartige Verteilung in der Frühphase des Kosmos. An den Kreuzungspunkten und Knoten des Netzwerkes war die Materiedichte besonders hoch – es bildeten sich riesige Wolken, die aufgrund ihrer Masse kollabierten.

Die ersten Sterne flammten auf. Die allermeisten Sterne haben Massen von etwa 0,2- bis 50-facher Sonnenmasse. Bei weniger als etwa 0,1 Sonnenmassen reichen Zentraldruck und Zentraltemperatur nicht aus, um die Kernfusion zu zünden. Bei mehr als etwa 50-facher Sonnenmasse lodert das Atomfeuer so heftig, dass der Stern durch den Strahlungsdruck auseinandergetrieben wird.

Nicht so bei den Sternen der ersten Generation, der sogenannten Population III. Da sie lediglich aus Wasserstoff und Helium bestanden und keine schwereren Elemente besaßen, war die Sternmaterie für Strahlung vergleichsweise durchlässiger als bei Sternen beispielsweise vom Typ unserer Sonne. Die Sterne der Population III hatten einige hundert Sonnenmassen und strahlten dementsprechend hell, mit einer Leuchtkraft vom rund Zehnmillionenfachen unserer Sonne. Ihr Durchmesser war zehnmal größer als der unserer Sonne, ihre Oberflächentemperaturen lagen bei 100 000 K! Sie existierten aber nicht lange. Schon nach wenigen Millionen Jahren detonierten sie und reicherten das interstellare Gas mit schwereren Elementen an, die sie in ihrem Inneren gekocht hatten.

Gibt es Dunkle Sterne?

Doch neue Forschungen führten zu der Vermutung, dass die Sterne der Population III noch viel größere, massereichere und leuchtkräftigere Kollegen hatten, die als Hauptquelle für ihre Energieabstrahlung nicht die Kernfusion einsetzten, sondern ihre Energie aus der Zerstrahlung von Dunkler Materie bezogen. Im Fachjargon nennt man sie Dunkle Sterne, obwohl sie die leuchtkräftigsten Sonnen waren, die je in unserem Universum strahlten.

Beim Kollaps der frühen Gaswolken wurde auch die Dunkle Materie komprimiert. Die Dunklen Sterne (engl.: Dark Stars) besaßen einen vergleichsweise großen Anteil an Dunkler Materie. Die ersten Sterne badeten in der damals noch recht dichten Dunklen Materie. Die Schwerkraft bewirkte dabei eine Konzentration der Dunklen Materie in den Zentren der Dunklen Sterne. Ab einer bestimmten Schwellendichte kommt es zur Annihilation der Dunklen Materie: Die Teil-

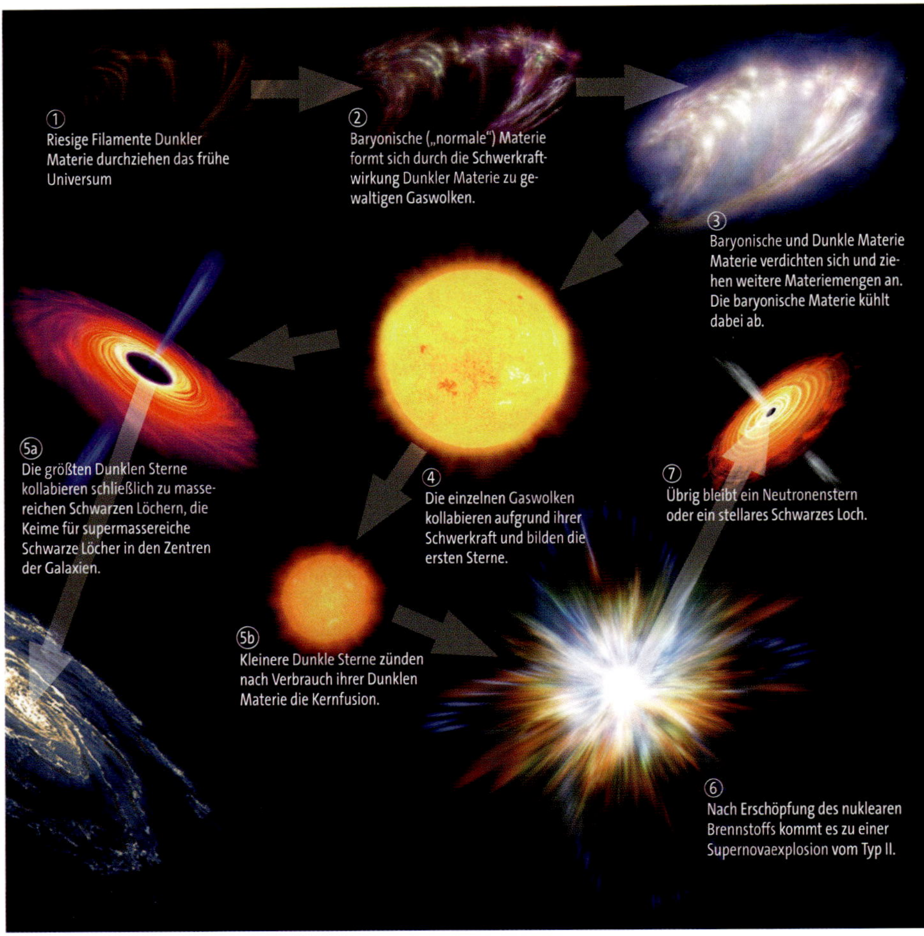

12.10 Lebensweg eines Protosterns („Dunkler Stern"). Illustration: Ralf Schoofs/astrofoto Bildagentur.

chen und Antiteilchen der Dunklen Materie zerstrahlen und senden dabei Photonen, Neutrinos und Elektronen aus. Masse wird somit in Strahlungsenergie umgewandelt gemäß der Speziellen Relativitätstheorie ($E = mc^2$). Der Annihilationsprozess ist viel ergiebiger und effizienter, was die Energiefreisetzung betrifft, als die Fusion von Wasserstoff zu Helium, bei der nur ein geringer Massenanteil in Strahlungsenergie umgewandelt wird. Bei der Annihilation Dunkler Materie wird jedoch die gesamte Ruhemasse als Strahlungsenergie freigesetzt.

Dunkle Sterne sind somit keineswegs dunkel, sondern extrem hell. Besser wäre daher die Bezeichnung Protosterne – nicht zu verwechseln mit dem Begriff „protostellar bodies" (engl., Vorsternkörper). Letzteres bezeichnet Objekte, die im Entstehen begriffene Sterne sind, bei denen das Atomfeuer noch nicht gezündet hat.

Ein typischer Protostern oder Dunkler Stern hat eine Masse von rund zehntausend Sonnenmassen, einen Durchmesser von 30 AE, dies ist die Strecke von der Sonne zu Neptun (= 4500

Millionen Kilometer), und eine Leuchtkraft von einer Milliarde, also tausend Millionen unserer Sonnen. Dabei ist ein Protostern mit einer Oberflächentemperatur von 5000 K nicht besonders heiß, im Gegensatz zu einem Stern der Population III. Die gewaltig große Oberfläche bedingt jedoch die hohe Leuchtkraft. Protosterne leuchten daher in einem gelblich-orangen Licht.

Annihilation statt Kernfusion

Während unsere Sonne eine mittlere Dichte von 1,4 g/cm^3 aufweist, ist die Durchschnittsdichte eines Protosterns lediglich 10^{-6} g/cm^3, also ein Millionstel Gramm pro Kubikzentimeter. Die geringe Dichte selbst im Zentrum eines Protosterns verhindert auch eine Kernfusion in der üblichen Weise. Die Annihilation Dunkler Materie im Herzen der Protosterne hält solange an, wie es genügend Dunkle Materie in der Umgebung gibt. Denn die Partikel der Dunklen Materie stürzen ungehindert in der Freifallzeit in das Zentrum eines Protosterns. Die baryonische Materie bremst den Fall keineswegs. Die Partikel der Dunklen Materie spüren lediglich die Schwerkraft. Für sie ist der Sternkörper nur ein leerer Raum mit einem Gravitationszentrum.

Nach einigen Millionen Jahren ist die Dunkle Materie zerstrahlt, der Nachschub von außen versiegt. Der Stern beginnt mit der Kernfusion als supermassereiche Sonne, die schließlich als Supernova vom Typ II (core collapsing star) detoniert und die interstellare Materie mit schwereren Elementen anreichert. Übrig bleibt ein stellares Schwarzes Loch von einigen Sonnenmassen.

Den meisten Protosternen blüht jedoch ein anderes Schicksal. Die massereicheren von ihnen erleben gar kein „normales Sternstadium", sondern brechen noch vor Einsetzen der Kernfusion zu massereichen Schwarzen Löchern von einigen tausend Sonnenmassen zusammen. Diese schweren Black Holes sind wohl die Keime für die supermassereichen Schwarzen Löcher, die in den Zentren vieler großer Galaxien hausen.

Noch sind Dunkle Sterne mit Superleuchtkraft hypothetische Gebilde. Man hat noch keine direkt beobachtet. Aber man sucht nach ihnen, genauer: nach ihren Spuren. Bei ihrem Kollaps müssten sie als Supernovae viel heller aufflammen als die Sterne der Population III. Eine neue Satellitengeneration soll nach Supernovae der sterbenden Protosterne fahnden, allen voran das im Bau befindliche James Webb Space Telescope, Nachfolger des erfolgreichen Hubble Space Telescope. Gesucht wird dabei im fernen Infrarot, da wegen der riesigen Entfernung der Sterne eine hohe Rotverschiebung zu erwarten ist.

Möglicherweise gibt es aber Relikte aus der Frühphase des Kosmos. Manche Protosterne haben vielleicht bis in jüngere Zeit überlebt. Sie müssten sich dadurch bemerkbar machen, dass sie größer, massereicher, aber kühler sind als normale Sterne gleicher Masse. Werden solche Dunklen Sterne entdeckt, dann wären sie für uns exotische Relikte aus der Morgendämmerung des Universums und ein weiterer Beweis für die Existenz der Dunklen Materie.

Zustandsgrößen Dunkler Sterne

	Sonne	Roter Überriese	Population-III-Stern	Dunkler Stern
Masse	1	15	200	10 000
Durchmesser (AE)	0,009	10	0,1	30
in Millionen Kilometer	1,4	1500	15	4500
Leuchtkraft	1	10^5	10^7	10^9
Oberflächentemperatur (K)	5570	3500	100 000	5000

Erläuterungen zum Gebrauch

Wer zum ersten Mal dieses Jahrbuch in Händen hält, dem bieten nachstehende Erläuterungen eine erste Einführung in seine Benutzung. Wer jedoch schon mit den Grundlagen der Himmelskunde vertraut ist, kann sofort die „Kurzhinweise zum Gebrauch" dieses Jahrbuches auf der vorderen Umschlagklappe aufschlagen.

Im *Kosmos Himmelsjahr* ist das Bild des abendlichen Fixsternhimmels für jeden Monat beschrieben. Eine Sternkarte erleichtert die Übersicht. Außerdem ist die Stellung des Großen Wagens und des Himmels-Ws um 22^h MEZ für jeden Monat aus einer Grafik ersichtlich. Der Große Wagen und das Himmels-W sind in jeder klaren Nacht zu beobachten, da sie bei uns zirkumpolar sind, also niemals untergehen.

Während die Fixsterne ihre Stellungen zueinander nicht ändern, sondern nur gemeinsam infolge der Erdrotation über das Firmament ziehen, gibt es Gestirne, die ihre Position im Laufe von Wochen und Monaten ändern. Man nennt sie Wandelsterne oder Planeten. Sie sind die Geschwister unserer Erde, die ebenfalls ein Planet ist. Mit freiem Auge sind fünf Planeten zu sehen: Merkur, Venus, Mars, Jupiter und Saturn.

Von der Erde aus gesehen wandert somit die Sonne in einem Jahr durch die bekannten Sternbilder des Tierkreises. Der Wanderweg der Sonne heißt Ekliptik. Mond und Planeten bewegen sich ebenfalls in der Nähe der Ekliptik. Sie sind daher stets in den Tierkreissternbildern zu finden.

Sterne, Sternbilder und Sternkarten

Je nach Fantasie und Kultur haben die einzelnen Völker Sterne und Sternbilder unterschiedlich benannt. Die Internationale Astronomische Union (IAU) hat für die gesamte Himmelskugel 88 Sternbilder festgelegt, die für alle Astronomen und Sternfreunde verbindlich sind. Diese 88 Sternbilder haben lateinische Namen und jeweils eine Abkürzung von drei Buchstaben; Beispiel: der Krebs, lat.: Cancer, Abkürzung: Cnc.

Speziell für die Benutzer des Himmelsjahres empfehlen sich zur ersten Orientierung die Sternkarten im *Atlas für Himmelsbeobachter* von Erich Karkoschka. Neben den klassischen Sternatlanten gibt es heute auch gute Computerprogramme, die einen gewünschten Himmelsausschnitt am Monitor erscheinen lassen.

Nur die hellsten oder auffällige Sterne, die beispielsweise periodisch ihre Helligkeit ändern, haben Eigennamen erhalten. So heißen die beiden hellsten Sterne im Wintersternbild Orion Beteigeuze und Rigel, der berühmte veränderliche Stern im Perseus Algol.

Etwas systematischer hat Johannes Bayer im Jahre 1603 die Sterne bezeichnet, nämlich mit griechischen Buchstaben und dem Genitiv des lateinischen

Sternbildnamens. So bekam der hellste Stern in der Leier die Bezeichnung α Lyrae (oder kurz α Lyr), der zweithellste β Lyrae, der dritthellste γ Lyrae usw. Die Helligkeitsfolge ist aber nicht immer streng eingehalten, manchmal hatte die Mythologie Vorrang; von den beiden hellen Zwillingssternen trägt der hellere Pollux die Bezeichnung β Geminorum, der etwas schwächere Kastor α Geminorum. Bei Doppelsternen wird gelegentlich noch ein Index an den griechischen Buchstaben angehängt. Beispiel: ε_1 und ε_2 Lyrae, der berühmte Vierfachstern in der Leier (jede Komponente ist ihrerseits ebenfalls ein Doppelstern). Die 24 griechischen Buchstaben (siehe Seite 249) pro Sternbild reichen natürlich nicht aus, um alle Sterne zu benennen.

Den ersten umfangreichen Sternkatalog nach Erfindung des Fernrohrs hat John Flamsteed (1646–1719) im Jahre 1712 herausgegeben. Flamsteed hat die Sterne in einem Sternbild durchnummeriert. So hat ω Aurigae beispielsweise bei Flamsteed die Bezeichnung 4 Aurigae. Viele Sterne, die keine Bayer-Bezeichnung haben, sind jedoch mit Flamsteed-Nummern gekennzeichnet.

Bei schwächeren Sternen gibt man die Katalognummer an, unter der sie verzeichnet sind, oder einfach die genauen Koordinaten. Beispiele für Katalognummern: BD +52°1312 bedeutet Stern Nummer 1312 in der Deklinationszone von +52° bis +53° der sogenannten Bonner Durchmusterung. HD 128974, Stern aus dem Henry-Draper-Katalog, SAO 146912, Stern aus dem Smithsonian Astrophysical Observatory Star Catalogue, FK5: 1051, Stern aus dem 5. Fundamental-Katalog.

Sterne, deren Helligkeit variiert, werden häufig mit großen lateinischen Buchstaben und ihren Sternbildnamen versehen: RR Lyrae, T Coronae Borealis. Man kann somit aus der Bezeichnung auf die Eigenart dieser Sterne schließen.

Sternhaufen und Nebel

Man unterscheidet offene und kugelförmige Sternhaufen. Offene Sternhaufen enthalten Dutzende bis einige hundert Sterne, die alle einzeln als Lichtpunkte erkennbar sind. Kugelhaufen haben Hunderttausende bis Millionen Mitgliedssterne und sind als verwaschene, kreisrunde Lichtfleckchen zu sehen. Nur die Randpartien sind in Einzelsterne auflösbar, im Zentrum stehen die Sterne zu dicht, um als einzelne Lichtpunkte erkannt zu werden.

Zwischen den punktförmigen Sternen zeigen sich auch nebelhafte Gebilde. Bei den „Nebeln" gilt es zwei Kategorien zu unterscheiden: Einmal beobachtet man tatsächlich Staub- und Gasmassen zwischen den Sternen unserer Milchstraße, wie zum Beispiel im Sternbild Orion den berühmten Orionnebel. Andere nebelhafte Lichtfleckchen lassen sich jedoch mit sehr großen Teleskopen in einzelne Sterne auflösen. Hier sieht man fremde, ferne Milchstraßensysteme. Das Licht von Milliarden Sternen wird von uns nur als schwaches Nebelfleckchen registriert, wie beispielsweise beim Andromedanebel. Wegen ihrer häufig spiraligen Gestalt spricht man auch von Spiralnebeln oder Galaxien.

Der französische Astronom Charles Messier (1730–1817) hat einen Katalog mit über hundert Sternhaufen und Nebeln zusammengestellt. Der Orionnebel wird z. B. mit M 42, der Andromedanebel mit M 31, der Kugelhaufen im Herkules mit M 13 bezeichnet. Wesentlich umfangreicher ist der Katalog von John L. E. Dreyer mit dem Namen *New General Catalogue of Nebulae and Clusters of Stars*, abgekürzt NGC. Später erschienen noch zwei Ergänzungen (*Index-Catalogue I and II*, kurz IC I und IC II) und schließlich der überarbeitete *Revised New General Catalogue* (RNGC). Daher trägt der Andromedanebel M 31 auch die Bezeichnung NGC 224.

Die Helligkeit der Sterne

Man teilt die Sterne in Größenklassen ein. Diese Größenklassen geben nicht den Durchmesser oder die wahre Leuchtkraft der Sterne an, sondern ihre scheinbare Helligkeit am Himmel. Sterne erster Größe sind dabei heller als solche zweiter

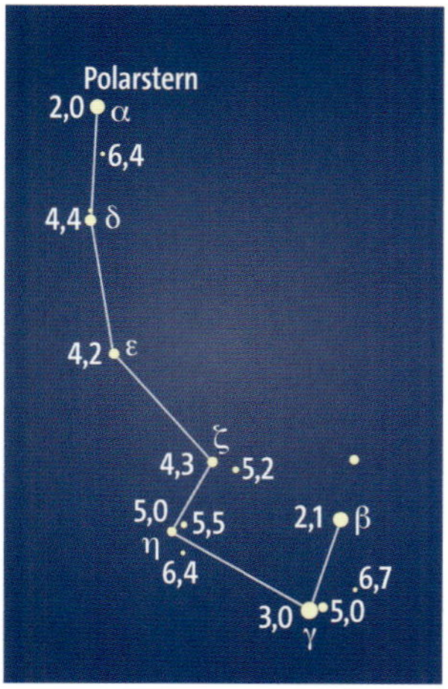

E.1 Sternbild Kleiner Wagen mit Helligkeitsangaben in Größenklassen für die einzelnen Sterne.

Größe. Ein schwaches Sternpünktchen sechster Größe ist eben noch mit bloßen Augen zu erkennen. Ein Stern erster Größe ist dabei hundertmal heller als ein Stern sechster Größe. Daraus folgt, dass ein Stern zweiter Größe 2,512-mal lichtschwächer ist als ein Stern erster Größe. Ein Stern dritter Größe wiederum ist 2,512-mal lichtschwächer als ein Stern zweiter Größe, denn $2{,}512^5 = 100$. Die Größenklassenskala ist somit ein logarithmisches Maß.

Als Abkürzung verwendet man ein kleines hochgestelltes ^{m} für magnitudo (lat.) = Größe. Sterne, die heller als 1^m sind, bezeichnet man mit 0^m, -1^m, -2^m usw. Die Venus kann -4^m hell sein. Das bedeutet, dass sie dann hundertmal heller strahlt als ein Stern erster Größe, also mit 1^m! In manchen Schriften findet man gelegentlich die Abkürzung „mag" für Größenklasse. In der Fachastronomie ist sie jedoch nicht in Gebrauch. Mit Teleskopen lassen sich auch Sterne beobachten, die schwächer sind als 6^m. In einem guten Fernglas sind Sterne bis 10^m erkennbar.

In großen Teleskopen werden Sterne bis 26^m beobachtet, also Objekte, die hundert Millionen Mal lichtschwächer sind als die schwächsten, dem menschlichen Auge zugänglichen Sterne mit 6^m. Die Helligkeiten der Sterne zu schätzen, sollte man üben. Abb. E.1 zeigt den Kleinen Wagen, wobei die Helligkeiten der einzelnen Sterne vermerkt sind. Da das Sternbild Kleiner Wagen zirkumpolar ist, kann es in jeder klaren Nacht zu jeder Uhrzeit gesehen werden.

Stünden alle Sterne gleich weit entfernt, sozusagen in einer Normentfernung, dann entspräche die beobachtete scheinbare Helligkeit auch ihrer wirklichen Leuchtkraft. Eine solche Normentfernung wurde mit 10 Parsec (knapp 33 Lichtjahre) festgelegt. Man rechnet nun die Helligkeit aus, die ein Stern in 10 Parsec Entfernung hätte, und bezeichnet diese Größe als „absolute Helligkeit" oder „wahre Leuchtkraft" eines Sterns.

Um die absolute nicht mit der scheinbaren Helligkeit zu verwechseln, wird sie mit einem großen M (Magnitudo) abgekürzt. Beispiel: Unsere Sonne hat die enorme scheinbare Helligkeit von -27^m am Firmament und eine absolute Helligkeit von $+4{,}8^M$. Das heißt, in 33 Lichtjahren Entfernung erschiene uns die Sonne nur noch als Sternchen 5. Größe. Anmerkung: Da ^{m} auch für Minute steht, ist aus dem Textzusammenhang zu entnehmen, ob Helligkeiten oder Zeiten beziehungsweise Koordinaten gemeint sind.

Entfernungsangaben

In der Astronomie verwendet man, um große Zahlenungetüme zu vermeiden, für die Distanzen im Sonnensystem als Längenmaß die Astronomische Einheit (AE). Eine Astronomische Einheit entspricht der mittleren Entfernung der Erde von der Sonne, das sind rund 150 Millionen Kilometer.

Es gilt: 1 AE = 149 597 870 km

Diese Strecke legt das Licht in 8^m20^s zurück. Man spricht von der Lichtlaufzeit der Astronomischen Einheit. Jupiter ist beispielsweise 5,2 AE von der Sonne und Neptun rund 30 AE von ihr entfernt. Die Lichtlaufzeiten der Planetendistanzen betragen Minuten bis wenige Stunden. Die Sterne sind jedoch so weit entfernt, dass ihr Licht Jahre, Jahrhunderte und Jahrmillionen zur Erde unterwegs ist. Man gibt daher ihre Distanzen in Lichtlaufzeiten an, wobei man ein Lichtjahr (LJ) als Einheit nimmt. In einem Jahr legt ein Lichtstrahl im Vakuum rund zehn Billionen Kilometer zurück.

Es gilt: 1 LJ = $9{,}46 \times 10^{12}$ km
= 63 240 AE

Ein Lichtjahr ist somit keine Zeit-, sondern eine Entfernungsangabe. In der Stellarastronomie wird ferner das Parsec (Parallaxensekunde) verwendet. Ein Parsec entspricht 3,26 Lichtjahren. Die Definition des Parsec findet man im Begleitbuch zum *Himmelsjahr*, dem *Kompendium der Astronomie* im Abschnitt „Entfernungseinheiten in der Astronomie".

Im *Himmelsjahr* werden die Entfernungen im Sonnensystem in AE und die Fixsterndistanzen in Lichtjahren angegeben. Parsec werden nicht verwendet.

Zeitangaben

Alle Uhrzeiten im *Himmelsjahr* sind grundsätzlich in Mitteleuropäischer Zeit (MEZ) angegeben. Die Mitteleuropäische Zeit ist die mittlere Sonnenzeit des Meridians 15° östlich von Greenwich (Nullmeridian der Erde). Sie geht gegenüber der Weltzeit (UT = Universal Time) um eine Stunde vor. Es gilt: Weltzeit plus eine Stunde = MEZ.

Wenn es in Greenwich Mitternacht (0^h) ist, dann haben wir schon 1^h (MEZ) morgens. Für ortsabhängige Angaben (z. B. Auf- und Untergänge) gelten alle Zeiten genau für einen Ort 10° östlich von Greenwich und 50° nördlicher Breite. Dieser Punkt liegt für Mitteleuropa ziemlich zentral.

Die Sommerzeit ist eine willkürliche Verschiebung der Zonenzeit um eine Stunde, um die Tageshelligkeit besser auszunutzen und (angeblich) Energie einzusparen. Sie beruht nicht auf astronomischen Grundlagen und ist außerdem von Staat zu Staat verschieden. Um die Benutzer des Himmelsjahres nicht zu verwirren und die Daten konsistent zu halten, sind alle Angaben das ganze Jahr durchgehend in MEZ vermerkt. Es gilt: MEZ plus eine Stunde = MESZ (Mitteleuropäische Sommerzeit). Gilt in einem Land die Sommerzeit, so ist zu den Zeitangaben im *Himmelsjahr* einfach eine Stunde zu addieren.

Achtung: Fällt ein Ereignis in die letzte Stunde vor Mitternacht, so ändert sich auch das Datum um einen Tag.

Während der Dauer der Sommerzeit sind alle Zeitangaben in den Tabellen in einem dunkleren Farbton unterlegt.

Auf- und Untergangszeiten

Alle Auf- und Untergangszeiten (MEZ) gelten exakt für 10° östlicher Länge und 50° nördlicher Breite.

Für andere Orte in Mitteleuropa können diese Zeiten erheblich differieren (bis etwa eine halbe Stunde). Um schnell auch für andere Orte die Auf- und Untergänge ermitteln zu können, ist das Nomogramm auf Seite 268 gedacht. Im Nomogramm sind die wichtigsten Städte in Mitteleuropa eingetragen. Man wähle eine Stadt, die dem eigenen Standpunkt am nächsten kommt. Dann lege man ein Lineal so auf das Nomogramm, dass es mit der Deklination des Gestirns beziehungsweise der Uhrzeit laut Tabelle „Sonnenlauf" am oberen Bogen übereinstimmt. Dabei gilt das obere Vorzeichen für den Aufgang, das untere für den Untergang. Die Verbindungslinie (Lineal) gibt dann am unteren Bogen die Korrektur für die Auf- bzw. Untergangszeit an. Positive Werte bedeuten eine Verspätung, ein negativer Wert deutet an: Der Auf- oder Untergang erfolgt entsprechend früher. Die Zahlen geben die Minuten an. Beispiel: Wann geht in Wien am 31. März die Sonne auf? Man verbinde mit einem Lineal den Punkt „Wien" mit der 6-Uhr-Marke am oberen Bogen. Denn laut Tabelle „Sonnenlauf" auf Seite 58 erfolgt der Sonnenaufgang am 31. März um 5^h58^m. Die Verbindungslinie schneidet den unteren Bogen bei -24^m. Der Sonnenaufgang erfolgt in Wien somit 24 Minuten früher, also um 5^h34^m MEZ bzw. 6^h34^m Sommerzeit.

Wem die Verwendung des Nomogramms zu kompliziert erscheint, der kann auch die Tabelle zur Auf- und Untergangskorrektur auf Seite 269 benutzen. Man suche die seinem Wohnort nächstliegende Stadt und lese einfach die Korrekturzeit in Minuten ab, wobei für Mond, Planeten oder Sterne noch vorher die Deklination zu ermitteln ist. Bei der Sonne beachte man das Datum.

Die Sternzeit: Um mit einem Fernrohr ein bestimmtes Gestirn zu finden, muss man die Stellung des Beobachters auf der

Erde zu einer bestimmten Uhrzeit des Tages relativ zur Fixsternwelt kennen. Man braucht dazu einen Referenzpunkt unter den Sternen. Dies ist der Frühlingspunkt. Er ist der Schnittpunkt der aufsteigenden Sonnenbahn mit dem Himmelsäquator.

Im Frühlingspunkt steht die Sonne zu Frühlingsbeginn. Er ist auch der Nullpunkt der äquatorialen Himmelskoordinaten. Nimmt man statt der Sonne den unter den Fixsternen (fast) feststehenden Frühlingspunkt, erhält man statt der Sonnenzeit die Sternzeit.

Steht der Frühlingspunkt im Süden (Meridian), spricht man von 0^h Sternzeit, eine Stunde später von 1^h Sternzeit, usw. Es gilt: **Sternzeit = Stundenwinkel des Frühlingspunktes**.

Im *Himmelsjahr* ist die Sternzeit jeweils für 1^h MEZ (= 0^h Weltzeit) von zehn zu zehn Tagen für den Meridian von Greenwich (Nullmeridian) angegeben (siehe Tabelle auf Seite 262).

Die Tabelle auf Seite 266 erlaubt eine schnelle Bestimmung der Sternzeit zur abendlichen Beobachtungsstunde. Die Tabelle „Sternzeit“ gibt die Sternzeit um 20^h MEZ (= 21^h MESZ) am Ortsmeridian 10° östlicher Länge für jeden Tag des Jahres an.

Um den Stundenwinkel eines Gestirns zu ermitteln, bilde man die Differenz: Sternzeit minus Rektaszension des Gestirns, dann hat man den Stundenwinkel zum Beobachtungszeitpunkt und kann das Teleskop entsprechend einstellen.

Für die Bestimmung des Stundenwinkels eines Planeten kann man auch seine Kulminationszeit (Zeit des Meridiandurchganges) benutzen, wenn man keine Sternzeituhr zur Verfügung hat und sich die Berechnung der Sternzeit zum Beobachtungszeitpunkt ersparen will. Die Kulminationszeiten der Planeten und Kleinplaneten sind auf den Seiten 256 bis 260 angegeben. Die Kulminationszeit gilt für 10° östlicher Länge. Zunächst ist die Korrektur für die Längendifferenz des Beobachtungsortes anzubringen (siehe Seite 267, Spalte Zeitkorrektur gegen 10° östlicher Länge). Um diese so erhaltene Zeit geht der Planet durch den Meridian des Beobachters und hat somit den Stundenwinkel Null. Man bilde nun die Zeitdifferenz zwischen der Beobachtungszeit und der Zeit des Meridiandurchganges. Sie entspricht direkt dem Stundenwinkel (im Zeitmaß).

Sommerzeit (MESZ) in der Bundesrepublik Deutschland

	Beginn Sonntag	Ende Sonntag		Beginn Sonntag	Ende Sonntag
1980	06. April	28. September	2000	26. März	29. Oktober
1981	29. März	27. September	2001	25. März	28. Oktober
1982	28. März	26. September	2002	31. März	27. Oktober
1983	27. März	25. September	2003	30. März	26. Oktober
1984	25. März	30. September	2004	28. März	31. Oktober
1985	31. März	29. September	2005	27. März	30. Oktober
1986	30. März	28. September	2006	26. März	29. Oktober
1987	29. März	27. September	2007	25. März	28. Oktober
1988	27. März	25. September	2008	30. März	26. Oktober
1989	26. März	24. September	2009	29. März	25. Oktober
1990	25. März	30. September	2010	28. März	31. Oktober
1991	31. März	29. September	2011	27. März	30. Oktober
1992	29. März	27. September	2012	25. März	28. Oktober
1993	28. März	26. September	2013	31. März	27. Oktober
1994	27. März	25. September	2014	30. März	26. Oktober
1995	26. März	24. September	2015	29. März	25. Oktober
1996	31. März	27. Oktober	2016	27. März	30. Oktober
1997	30. März	26. Oktober	2017	26. März	29. Oktober
1998	29. März	25. Oktober	2018	25. März	28. Oktober
1999	28. März	31. Oktober	2019	31. März	27. Oktober

Die Dynamische Zeit: In der Astronomie wird seit 1984 eine Dynamische Zeit verwendet, die die früher übliche Ephemeridenzeit abgelöst hat. Nähere Erläuterungen zu den Dynamischen Zeitskalen finden sich in dem Buch *Kompendium der Astronomie*. Die genaue Differenz der Dynamischen Zeit (TT) zur Weltzeit (UT = Universal Time) kann erst im Nachhinein aus Beobachtungen der Gestirnspositionen bestimmt werden. Der extrapolierte Wert für das Jahr 2012 lautet: $\Delta T = +67$ Sekunden, wobei $\Delta T = TT - UT$ gilt. Die Weltzeit (UT) hinkt somit der Dynamischen Zeit (TT) um eine Minute nach.

Der beobachtende Sternfreund kann die TT unberücksichtigt lassen, wenn er nicht hohe Genauigkeitsansprüche hat. Wer jedoch die Angaben im *Himmelsjahr* mit anderen Jahrbüchern vergleicht, muss beachten, dass alle Zeitangaben hier in MEZ = UT + 1^h und nicht in TT vermerkt sind.

Der Himmelskalender

Jede Monatsübersicht beginnt mit dem zweiseitigen Himmelskalender. Auf der ersten Seite wird in kurzen Stichworten auf aktuelle Ereignisse im betreffenden Monat hingewiesen. Eine kleine Grafik zeigt die Stellung von Großem Wagen und Himmels-W jeweils um 22 Uhr MEZ relativ zum Nordhorizont. Sie soll zum schnellen Auffinden des Polarsterns dienen. Außerdem ist ein Himmelsanblick mit einer interessanten Konstellation – meist Begegnungen von hellen Planeten mit dem Mond – dargestellt.

Die zweite Seite des Himmelskalenders enthält eine Tabelle mit den Wochentagen und für jeden Tag die entsprechende Mondphase in einer kleinen Grafik. Vermerkt sind in der Tabelle ferner Feiertage, die Hauptphasen des Mondes, sichtbare Konstellationen von Mond und Planeten sowie bei uns beobachtbare Finsternisse.

Der Sonnenlauf

Die Bewegung der Sonne durch den Tierkreis ist zu Beginn jeder Monatsübersicht aus einer kleinen Grafik zu entnehmen. Die Grenzen der Sternbilder sind eingetragen sowie die wichtigsten Bahnpunkte der Sonne.

Die Tages- und Nachtstunden sowie Dämmerungslängen werden durch eine dreiteilige Zeichnung (Uhrensymbole) veranschaulicht. Diese soll einen groben und schnellen Überblick über die Länge der Tages- und Nachtzeit geben. Für die Dämmerungszeiten wurde die nautische Dämmerung (Sonne 12° unter dem Horizont) eingesetzt.

Die Tabelle „Sonnenlauf" gibt die Auf- und Untergangszeiten, Meridiandurchgang (Kulmination), Zeitgleichung und die Mittagshöhe der Sonne an sowie die äquatorialen Koordinaten Rektaszension und Deklination für 1^h MEZ jeweils von fünf zu fünf Tagen. Die Zeiten gelten exakt für einen zentralen Ort mit 10° östlicher Länge und 50° nördlicher Breite. Für diesen Ort gelten auch die Dämmerungszeiten. Angegeben ist jeweils der Beginn und das Ende der nautischen Dämmerung.

Die Sonnenhöhe zu Mittag: Sie ist in der Tabelle „Sonnenlauf" für 50° nördlicher Breite angegeben. Für andere Breiten ist sie einfach zu ermitteln: 90° minus geografische Breite des Beobachters plus Sonnendeklination. Beispiel: Wie hoch steht die Sonne am 10. Juni zu Mittag (Kulmination) in Düsseldorf (geografische Breite: +51°)? $90° - 51° + 23° = 62°$ (Im Winterhalbjahr die negativen Deklinationen der Sonne beachten!).

In der Grafik „Sonnenlauf" jeweils zu Monatsbeginn ist die scheinbare Sonnenbahn (Ekliptik) durch die Sternbilder des Tierkreises für den jeweiligen Monat eingezeichnet. Ferner sind die Eintritte der Sonne sowohl in die einzelnen Tierkreissternbilder als auch in die Tierkreiszeichen vermerkt sowie die Äquinoktien (Tagundnachtgleichen) und Solstitien (Sommer- und Winterbeginn).

Die Zeitgleichung: Die Sonnenzeit wird nach einer fiktiven „mittleren Sonne" gerechnet. Die wahre Sonne läuft nämlich ungleichförmig. So geht sie einmal vor, dann wieder nach. Die Differenz kann bis zu einer Viertelstunde plus oder minus betragen. Diese Differenz wird Zeitgleichung (ZGL) genannt. Sie ist definiert zu:

ZGL = Wahre Sonnenzeit minus Mittlere Sonnenzeit

Die Zeitgleichung und die Kulmination der wahren Sonne sind tabellarisch aufgeführt. Ein negativer Wert der Zeitgleichung bedeutet, die wahre Sonne geht nach der mittleren durch den Meridian.

Der Mondlauf

Auf- und Untergangszeiten (MEZ) gelten genau für 10° östlicher Länge und 50° nördlicher Breite (siehe Zeitangaben). Ferner sind die Kulminationszeiten (Meridiandurchgänge) für 10° östlicher Länge tabelliert.

Der Mond bewegt sich recht schnell durch den Tierkreis. Deshalb sind für jeden Tag des Jahres seine Koordinaten angegeben. Sie gelten jeweils für 1^h MEZ (= 0^h Weltzeit). Wem diese Zahlen nichts sagen, der findet in der Spalte „Sterne und Sternbilder" die Position des Mondes im Tierkreis vermerkt. Ein Sternchen (*) deutet auf eine Sternbedeckung hin.

Die Position des Mondes gilt wie erwähnt für 1^h MEZ. Wer also abends beobachtet, sollte die Stellung des Mondes im Tierkreis aus der Zeile des folgenden Tages entnehmen, denn der Mond läuft recht rasch. Nähere Angaben zu den Sternbedeckungen finden sich in der Tabelle „Sternbedeckungen durch den Mond" auf Seite 264. Die letzte Spalte enthält die Mondphasen sowie wichtige Punkte in der Bahn.

Die Mondbahn ist rund 5° gegen die Ekliptik (scheinbare Sonnenbahn) geneigt. Aufsteigender Knoten bedeutet, der Mond überschreitet die Ekliptik nach Norden; absteigender Knoten, er wechselt wieder nach Süden. Größte Nordbreite: Der Mond steht am weitesten in nördlicher Richtung von der Ekliptik entfernt; analog dazu heißt größte Südbreite: Der Mond hat maximalen südlichen Abstand von der Ekliptik.

Im Tabellenteil findet man auf Seite 254 die Mondbahn relativ zur Ekliptik eingetragen. Wegen der Rückläufigkeit der Mondbahnknoten verläuft die Mondbahn unter den Sternen in jedem Jahr anders.

Die Libration: Bei größter Südbreite ist die Nordhalbkugel des Mondes uns ein wenig mehr zugekehrt, man spricht von maximaler Libration Nord; entsprechend sieht man bei größter Nordbreite mehr vom Südpolgebiet des Mondes. Libration West: Westrand des Mondes, Libration Ost: Ostrand des Mondes ist uns zugekehrt (Astronomische Definition West/Ost siehe auch *Kompendium der Astronomie*, Kapitel „Der Mond der Erde").

„Libration West" bedeutet, das Mare Crisium zeigt sich randfern, das Mare Smythii wird sichtbar. „Libration Ost" heißt, das Mare Crisium rückt an den Westrand, im Osten zeigt sich der Ringwall Grimaldi randfern und das Mare Orientale wird gut sichtbar.

Bei Erdnähe und Erdferne ist die Distanz des Mondes jeweils in tausend Kilometer vermerkt. Außerdem ist der scheinbare Monddurchmesser in Bogenminuten angegeben. Neben der Phase „Neumond" steht die Brownsche Lunationsnummer. Eine Lunation ist die Zeitspanne, die der Mond benötigt, um einmal alle Phasen zu durchlaufen, also von einem Neumond bis zum nächstfolgenden. Diese Zeitspanne heißt „Synodischer Monat". Auf Vorschlag von Ernst William Brown werden die Lunationen seit dem Neumond vom 16. (17.) Januar 1923 fortlaufend nummeriert.

Der Planetenlauf

Planeten sind Geschwister der Erde. Sie laufen gemeinsam mit ihr um die Sonne. Je näher ein Planet der Sonne steht, desto schneller wandert er um sie. Wir beobachten die Planeten nicht von einem ruhenden Punkt aus, sondern vom Raumschiff Erde, das ständig in Bewegung ist. Deshalb erscheinen uns von der Erde aus (geozentrisch) die Bewegungen der Planeten vor dem Hintergrund der fernen Fixsterne – dem Muster der Sternbilder also – recht kompliziert. Überholt die Erde einen weiter außen laufenden Planeten, so scheint er einige Wochen lang zurückzubleiben, er ist „rückläufig", wie man zu sagen pflegen. Anschließend bewegt er sich wieder in

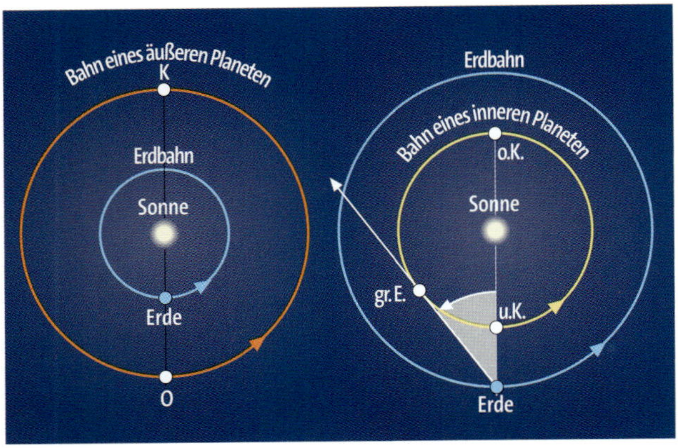

E.2 Die linke Zeichnung zeigt die Erdbahn und die Bahn eines äußeren Planeten. Bei O steht der Planet in Opposition, bei K in Konjunktion. Auf der rechten Seite der Abbildung sind die Erdbahn und die Bahn eines inneren Planeten dargestellt. Bei u.K. steht der Planet in unterer, bei o.K. in oberer Konjunktion mit der Sonne. Bei gr. E. steht er in größter Elongation (Winkel grau gerastert).

der ursprünglichen Richtung wie die Sonne von West nach Ost, er ist wieder „rechtläufig". Durch diesen Bewegungswechsel bildet die Bahn des Planeten eine Schleife.

Ob ein Planet am Himmel zu sehen ist, hängt von der gegenseitigen Stellung von Sonne und Planet ab. Steht ein äußerer Planet von der Erde aus gesehen hinter der Sonne, Planet – Sonne – Erde bilden also eine Linie, so ist er nicht beobachtbar (Abb. E.2). Da er in Sonnenrichtung steht, geht er mit der Sonne auf und unter, bleibt somit nachts unter dem Horizont verborgen. Diese Konstellation heißt Konjunktion.

Steht der Planet von der Erde aus gesehen der Sonne gegenüber, also in der Reihenfolge Sonne – Erde – Planet (Abb. E.2), so spricht man von Opposition oder Gegenschein. Der Planet ist die ganze Nacht über zu sehen, da er mit Sonnenuntergang aufgeht und morgens mit Sonnenaufgang unter dem Westhorizont verschwindet. Bilden Sonne – Erde – Planet ein rechtwinkliges Dreieck, so spricht man von einer Quadratur.

Die inneren Planeten Merkur und Venus können niemals in Oppositionsstellung kommen. Dafür unterscheidet man bei ihnen zwischen oberer und unterer Konjunktion (Abb. E.2). In diesen beiden Stellungen bleibt der Planet unsichtbar. Nur wenn der Planet westlich oder östlich der Sonne „in Elongation" steht, kann er gesehen werden. Steht Venus in östlicher Elongation, so geht sie erst nach Sonnenuntergang unter, sie ist dann Abendstern. Steht sie in westlicher Elongation, so geht sie vor der Sonne auf und ist am Morgenhimmel zu sehen.

Ähnliches gilt für Merkur. Die größte Elongation (Winkelabstand von der Sonne) kann für die Venus 48° betragen, für den sonnennäheren Merkur aber nur 28°. Merkur ist daher schwierig zu beobachten – entweder abends kurz nach Sonnenuntergang tief im Westen oder kurz vor Sonnenaufgang tief am Osthimmel. Die Sichtbarkeiten der Planeten hängen nicht nur von den geometrischen Verhältnissen (Stellung des Planeten und der Sonne), sondern auch von meteorologischen Gegebenheiten ab. Eine starke Dunstglocke, hohe Luftfeuchtigkeit (Nebel) oder irdisches Streulicht (Neonreklame, Autoscheinwerfer, Lichtdom eines Stadions) beeinträchtigen die Beobachtung.

Eine Grafik vor der Rubrik „Planetenlauf" ermöglicht einen schnellen Überblick, welche Planeten am Abend, die ganze Nacht über, am Morgen oder gar nicht zu sehen sind. Eine grafische Jahresübersicht der Stellung, Größe, Helligkeit und Sichtbarkeit der Planeten findet sich auf den Seiten 252–253.

Die großen Planeten

Merkur: Sonnennächster Planet, zwischen $+3^m$ und $-1^m\!,5$ hell; schwer zu beobachten, da nur kurze Sichtbarkeitsperioden und stets horizontnahe Stellung; chromgelbes Licht.

E.3 Die Bahnen der inneren Planeten um die Sonne (1 AE = 1 Astronomische Einheit = 149,6 Millionen Kilometer). Der Pfeil deutet die Richtung zum Frühlingspunkt an (Symbol: ♈).

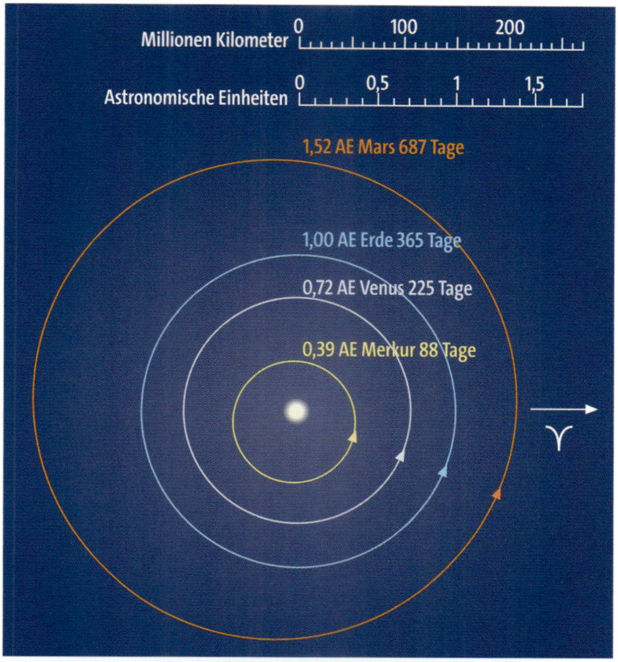

Venus: Nach Sonne und Mond hellstes Gestirn, oft als Abend- bzw. Morgenstern bezeichnet. Helligkeiten von $-3\overset{\text{m}}{,}9$ bis $-4\overset{\text{m}}{,}9$; strahlend weißes Licht; entweder abends am Westhimmel oder morgens in der östlichen Himmelshemisphäre zu sehen.
Mars: Äußerer Nachbarplanet der Erde, auffallend seine rötliche Farbe (der „rote Planet"); sehr unterschiedliche Helligkeiten von $+1\overset{\text{m}}{,}8$ bis $-2\overset{\text{m}}{,}9$.
Jupiter: Der größte aller Planeten, ein auffallend heller Planet, daher kaum zu übersehen; Helligkeit von $-1\overset{\text{m}}{,}7$ bis $-2\overset{\text{m}}{,}9$, weißlichgelbes Licht.
Saturn: Der sonnenfernste mit freiem Auge noch sichtbare Planet strahlt in einem fahlen Licht zwischen $+1\overset{\text{m}}{,}3$ und 0^{m}, in Ausnahmefällen bis $-0\overset{\text{m}}{,}5$. Den berühmten Ring kann man mit einem Fernrohr ab etwa 30-facher Vergrößerung erkennen.
Uranus: Ist theoretisch mit bloßem Auge gerade noch erkenn-

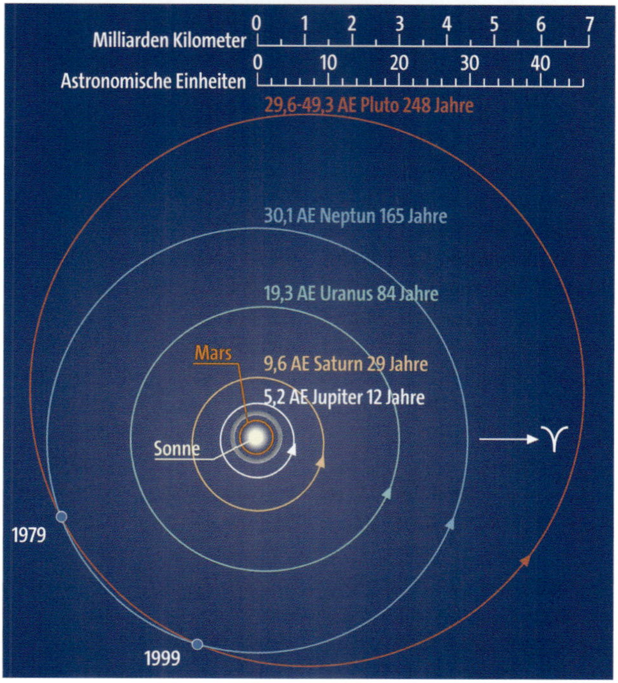

E.4 Die Bahnen der äußeren Planeten. Zwischen der Marsbahn und der Jupiterbahn laufen Abertausende Kleinplaneten (Planetoiden) um die Sonne. Wegen seiner stark exzentrischen Bahn war Pluto von 1979 bis Anfang Februar 1999 der Sonne näher als Neptun.

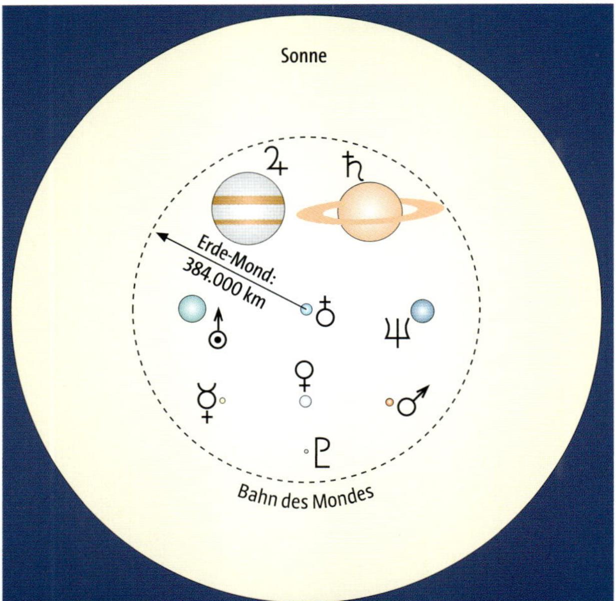

☉ Sonne	ø	1.392.000 km	♃ Jupiter	ø	142.796 km
☿ Merkur	ø	4.878 km	♄ Saturn	ø	120.536 km
♀ Venus	ø	12.104 km	⛢ Uranus	ø	51.118 km
♁ Erde	ø	12.756 km	♆ Neptun	ø	49.424 km
♂ Mars	ø	6.794 km	♇ Pluto	ø	2.300 km

E.5 Größenverhältnisse der Planeten und der Mondbahn im Vergleich zur Sonne. Darunter sind die astronomischen Symbole der Planeten vermerkt, die auch in den monatlichen Sternkarten des Himmelsjahres die Orte der betreffenden Planeten markieren.

bar (Oppositionshelligkeit $5{,}^{m}5$). Wohlgemerkt „theoretisch", es empfiehlt sich auf alle Fälle ein gutes Fernglas, um Uranus zu finden! Farbe: grünlich. Die im März 1977 entdeckten Ringe sind jedoch selbst in großen Fernrohren für Hobbyastronomen nicht zu sehen.

Neptun: sonnenfernster Planet, Helligkeit um $7{,}^{m}9$; zeigt im Fernrohr ein winziges, grünblaues Scheibchen.

Pluto: Seit IAU-Beschluss vom August 2006 als Zwergplanet eingestuft, ist sehr lichtschwach, Helligkeit 14^{m}. Nur gut ausgerüstete Amateurastronomen können ihn beobachten.

Die Angaben der scheinbaren Helligkeiten der Planeten sind – wie international üblich – V-Helligkeiten (nach dem UBV-System von Johnson). Die früher gebräuchlichen „visuellen" (m_{vis}) Helligkeiten sind um durchschnittlich $0{,}^{m}2$ geringer. Man beachte, dass manche Quellen noch die veralteten Werte bringen.

Kleinplaneten

Außer den acht großen Planeten schwirren noch Tausende kleiner und kleinster Planeten (Planetoiden oder Asteroiden) um die Sonne. Der erste wurde in der Neujahrsnacht des Jahres 1801 von Giuseppe Piazzi in Palermo entdeckt und auf den Namen Ceres getauft.

Heute sind weit über hunderttausend Planetoiden katalogisiert. Die meisten bewegen sich zwischen Mars und Jupiter um die Sonne. Einige haben jedoch sehr langgestreckte Bahnen, die die Bahnen anderer Planeten kreuzen. Sie können auch der Erde recht nahe kommen.

Einige Planetoiden, die in diesem Jahr heller als 9^{m} werden, sind in der Rubrik „Planetenlauf" verzeichnet.

Die Monde der Planeten

Die beiden winzigen Marsmonde, die zahlreichen Uranusmonde, die Neptunmonde und die Plutomonde sind so lichtschwach, dass sie nicht mit den bescheidenen optischen Hilfsmitteln der Sternfreunde zu beobachten sind. Deshalb sind sie hier nicht aufgeführt.

Jupiter: Die vier hellsten Monde sind schon in kleinen Teleskopen leicht zu sehen: I Io, II Europa, III Ganymed und IV Kallisto.

In den Monaten, in denen Jupiter zu beobachten ist, findet man jeweils eine Grafik, aus der die Positionen der Jupitermonde im umkehrenden Fernrohr ersichtlich sind. Sie lassen die gegenseitigen Stellungen und die Bewegungsabläufe der Jupitermonde erkennen.

Die waagerechten Linien in der Grafik beziehen sich auf 1^h MEZ des jeweiligen Datums, das links angegeben ist. Die Schnittpunkte der waagerechten Linien mit den Kurven der Jupitermonde geben somit deren Positionen jeweils um 1^h MEZ an.

Am unteren Rand jeder Grafik findet man eine Darstellung der Jupitermondbahnen relativ zum Beobachter.

Erscheinungen der Jupitermonde: Für den Fernrohrbesitzer ist es reizvoll, Bedeckungen, Verfinsterungen, Durchgänge und Schattenwürfe der Monde des Riesenplaneten auf Jupiter selbst zu beobachten.

Sofern diese Ereignisse von Mitteleuropa aus beobachtbar sind, findet man sie in der Rubrik „Jupitermonderscheinungen" verzeichnet. Es gelten folgende Abkürzungen:

B = Bedeckung, Mond verschwindet hinter der Jupiterscheibe
D = Durchgang, Mond geht vor der Planetenscheibe vorbei
S = Schattendurchgang, Mond wirft seinen Schatten auf Jupiter
V = Verfinsterung, Mond wird vom Jupiterschatten getroffen
A = Anfang der Erscheinung
E = Ende der Erscheinung
I: Io, II: Europa, III: Ganymed, IV: Kallisto.
Beispiel: Juli: 7. 3 18 II SA bedeutet: Am 7. Juli um 3^h18^m MEZ beginnt der Schatten von Mond II (Europa) über die Jupiterkugel zu wandern.

Saturn: Schon mit einem guten Fernglas ist der Riesenmond Titan zu erkennen. Im Fernrohr sind auch die Monde Rhea, Dione und Tethys sowie Japetus in westlicher Elongation (er ist dann rund 2^m heller) zugänglich. Für die Monate, in denen Saturn zu beobachten ist, findet man jeweils eine Grafik, aus der die Stellungen und die Bewegungsabläufe der Saturnmonde Tethys, Dione, Rhea, Titan und Japetus zu entnehmen sind. Die Bahnlagen der Saturnmonde relativ zum Beobachter sind jeweils darunter abgebildet.

Sternschnuppen

Sternschnuppen, die in Strömen periodisch auftreten, sind in den Monatsübersichten angegeben. Bei den verzeichneten Daten, vor allem, was die Häufigkeit betrifft, ist mit erheblichen Abweichungen zu rechnen. Die in vorliegendem Jahrbuch verwendeten Daten stammen von der International Meteor Organization (IMO) und werden jährlich aktualisiert.

Die Meteorrate bezieht sich auf den Idealfall, dass der Radiant im Zenit steht. Vor allem bei horizontnahen Radianten ist die pro Stunde zu beobachtende Sternschnuppenzahl erheblich geringer. Die systematische Beobachtung heller Meteore ist auch heute noch ein dankbares Aufgabengebiet für den Amateurastronomen.

Konstellationen und Ereignisse

Diese Übersicht weist auf Konjunktionen (Begegnungen) zwischen den großen Planeten, mit Sonne und Mond sowie auf alle Oppositionen zur Sonne und die

Das griechische Alphabet

Α	α	Alpha	a	Η	η	Eta	e	Ν	ν	Nü	n	Τ	τ	Tau	t
Β	β	Beta	b	Θ	ϑ	Theta	th	Ξ	ξ	Xi	x	Υ	υ	Ypsilon	y
Γ	γ	Gamma	g	Ι	ι	Jota	i, j	Ο	ο	Omikron	o	Φ	φ	Phi	ph
Δ	δ	Delta	d	Κ	κ	Kappa	k	Π	π	Pi	p	Χ	χ	Chi	ch
Ε	ε	Epsilon	e	Λ	λ	Lambda	l	Ρ	ϱ	Rho	r	Ψ	ψ	Psi	ps
Ζ	ζ	Zeta	z	Μ	μ	Mü	m	Σ	σ	ς Sigma	s	Ω	ω	Omega	o

größten Elongationen der inneren Planeten hin. Auch Perihel- (Sonnennähe) und Aphelstellungen (Sonnenferne) der Planeten sind angegeben.

Sind Begegnungen des Mondes mit Planeten prinzipiell beobachtbar, so sind die Winkeldistanzen topozentrisch (für +50° Breite) angegeben und durch **Fettdruck** hervorgehoben.

Für die übrigen Konjunktionen sind die Abstandsangaben geozentrische Werte (Normaldruck). Denn durch die relative Erdnähe des Mondes ergibt sich eine große Parallaxe, das heißt, der Winkelabstand des Mondes von einem Planeten kann bis etwa 1° differieren zwischen einem (fiktiven) Beobachter im Erdmittelpunkt (geozentrisch) und einem Beobachter auf der Erdoberfläche (topozentrisch). Ferner sind wichtige Ereignisse durch **Fettdruck** hervorgehoben.

Fixsternhimmel

Da die Sonne täglich um rund 1° unter den Sternen nach Osten vorrückt, ändert sich der Anblick des Himmels im Laufe eines Jahres. Genauer: Täglich durchschreiten die Fixsterne den Meridian vier Minuten früher als am Vortag. In 30 Tagen, also einem Monat, macht das schon zwei Stunden!

Mitte Dezember steht das Sternbild Orion gegen Mitternacht im Süden. Mitte Januar schon um 22 Uhr, und Mitte Februar geht Orion um 20 Uhr durch den Meridian. Dadurch ändert sich zur gleichen Beobachtungsstunde die Himmelsszene mit dem Datum. Nach einem Monat ist der Anblick noch nicht allzu verschieden vom Vormonat, aber nach einem Vierteljahr (sechs Stunden!) hat sich die Szenerie völlig umgestellt. Man spricht daher von einem Frühlings-, Sommer-, Herbst- und Wintersternhimmel. Gemeint ist der Anblick des Fixsternhimmels in den Abendstunden der jeweiligen Jahreszeit.

Die Monatssternkarte dient der schnellen Orientierung. Sie zeigt den beobachtbaren Himmelsausschnitt für 50° nördlicher Breite zur Standardbeobachtungszeit (am Monatsersten um 23^h MEZ, am 15. um 22^h MEZ). Ebenfalls in die Monatssternkarten eingetragen sind die fünf hellen Planeten (Merkur bis Saturn), sofern sie zur Monatsmitte um 22^h MEZ über dem Horizont stehen.

Zum Rand hin erscheint die Sternkarte aufgehellt. Es werden damit die Extinktion und die durch künstliche Lichtquellen fast immer aufgehellten Horizonte nachempfunden.

Die monatlichen Sternkarten können auch zur Beobachtung am Morgenhimmel herangezogen werden. Unter jeder Sternkarte finden sich die entsprechenden Datums- und Uhrzeitangaben. Man beachte noch, dass für andere Monate der Planetenstand nicht aktuell ist. Man entnehme ihn der monatlichen Grafik „Planetenlauf".

Monatsthemen

Hier wird monatlich ein Kapitel aus der Himmelskunde kurz und bündig dargestellt, zum leichteren und allmählichen Eindringen in die Wissenschaft von den Sternen. Auch über neue Forschungsergebnisse aus der Astronomie wird berichtet.

Wer ältere Jahrgänge des Himmelsjahres besitzt, möchte gelegentlich in einem Monatsthema der letzten Jahre nachsehen. Im *Kosmos Himmelsjahr 2010* findet man auf Seite 273 ein Verzeichnis der Monatsthemen von 2001–2010. Ferner ist im *Kosmos Himmelsjahr 2001* auf Seite 249 ein Verzeichnis der Monatsthemen 1990–2000 und im *Himmelsjahr 1989* auf Seite 193 ein Verzeichnis der Monatsthemen 1982–1989 abgedruckt.

Tabellen und Ephemeriden

Für den fortgeschrittenen Amateurastronomen sind im Anhang wichtige Beobachtungsgrundlagen vermerkt. Der Anfänger kann diese Angaben unberücksichtigt lassen. Ab Seite 254 findet man die **ekliptikalen Koordinaten** des Mondes, der Sonne und der großen Planeten von Merkur bis Saturn.

Die **äquatorialen Koordinaten** der Planeten und Kleinplaneten sind für das Äquinoktium J2000.0 angegeben, damit man sie leichter in vorhandene Sternkarten einzeichnen kann. Die Aufsuchkärtchen gelten ebenfalls für J2000.0. Ferner sind Kulminationszeiten sowie die Auf- bzw. Untergangszeiten, Scheibchendurchmesser in Bogensekunden und beleuchteter Teil der Planetenscheibchen vermerkt. Bei Saturn ist noch die Ringöffnung zur Erde und zur Sonne sowie die scheinbare Ausdehnung der großen und der kleinen Ringachse angegeben.

Für Sonne, Mars und Jupiter (System I und II) sind die **Zentralmeridiane** (Meridiane durch den Scheibenmittelpunkt) jeweils für 1^h MEZ vermerkt. Ferner gibt die Sonnenephemeride die Entfernung der Sonne von der Erde in AE an sowie ihren scheinbaren Durchmesser, die Achsenlage und die Sternzeit an.

Sternbedeckungen durch den Mond sind für Berlin, Dresden, Hamburg, Hannover, Düsseldorf, Frankfurt (Main), Leipzig, München, Nürnberg, Stuttgart, Wien und Zürich angegeben. Aus Platzersparnisgründen ist jeweils nur ein Positionswinkel angegeben, der lediglich dem leichteren Aufsuchen des zu bedeckenden Sternes dienen soll. In den Monatsübersichten wird unter der Rubrik „Mondlauf“ in der Spalte „Sterne und Sternbilder“ durch ein Sternchen (*) auf eine Sternbedeckung hingewiesen.

Veränderliche Sterne sind im Anschluss an die Fixsternmonatsübersichten aufgeführt. Für Algol (β Persei) und β Lyrae findet der Sternfreund jeweils die Minima-Zeiten, für δ Cephei die Lichtmaxima und für den langperiodischen Veränderlichen Mira (o Ceti) den jeweiligen Helligkeitszustand. Die Aufsuchkärtchen findet man auf der hinteren Umschlagklappe. Bei den Minima-Angaben für Algol ist die Lichtzeitkorrektur (heliozentrisch auf geozentrisch) berücksichtigt.

Eine **Sternzeittafel** soll die rasche Bestimmung der Sternzeit zur abendlichen Beobachtungsstunde ermöglichen. Die Sternzeit für 1^h MEZ, bezogen auf den Meridian von Greenwich (Nullmeridian), findet man in der Tabelle „Ephemeride der Sonnenscheibe“ (letzte Spalte).

Das **Julianische Datum** ist jeweils für den Monatsersten in der Rubrik „Sonnenlauf“ angegeben. Das Julianische Datum stellt eine fortlaufende Tageszählung dar, die mit dem 1. Januar des Jahres −4712 (= 4713 v. Chr.) beginnt.

Im Anhang finden sich **zwei Verzeichnisse astronomischer Institutionen**. Im Verzeichnis „Astronomische Institute, Planetarien und Sternwarten“ findet man die professionellen Einrichtungen im deutschen Sprachraum. Das Verzeichnis „Amateurastronomische Vereinigungen, Beobachtungsstationen und Privatsternwarten“ enthält astronomische Vereine, Schulsternwarten sowie ehrenamtlich betriebene Sternwarten mit Publikumsverkehr. Dieses Verzeichnis soll dem Leser den Kontakt zu Gleichgesinnten erleichtern und die eigene Beobachtungstätigkeit fördern. Das Verzeichnis erhebt keinen Anspruch auf Vollständigkeit. Weitere Adressen nimmt der Herausgeber gerne auf (Anschrift: Planetarium Stuttgart, Mittlerer Schlossgarten, 70173 Stuttgart).

Literaturhinweise

Erklärung astronomischer Fachbegriffe:
H.-U. Keller,
Wörterbuch der Astronomie

Einführung in die Astronomie:
W. E. Celnik, H.-M. Hahn,
Astronomie für Einsteiger

H.-U. Keller,
Kompendium der Astronomie

Sternkarten für eigene Beobachtungen:
H.-M. Hahn, G. Weiland,
Drehbare Kosmos-Sternkarte

E. Karkoschka,
Atlas für Himmelsbeobachter

E. Karkoschka,
Drehbare Welt-Sternkarte

R. W. Sinnott,
Kosmos Sternatlas kompakt

Software:
H.-U. Keller, E. Karkoschka,
Kosmos Himmelsjahr digital

United Soft Media
Redshift

Astronomie im Internet:
www.kosmos-himmelsjahr.de
www.astronomie.de
www.sternwarte.de

T.1 Die Größe der Planetenscheibchen im Jahre 2012. Man beachte den eingetragenen Maßstab in Bogensekunden. Anblick im umkehrenden Fernrohr (Norden unten, Osten rechts).

Planetensichtbarkeit

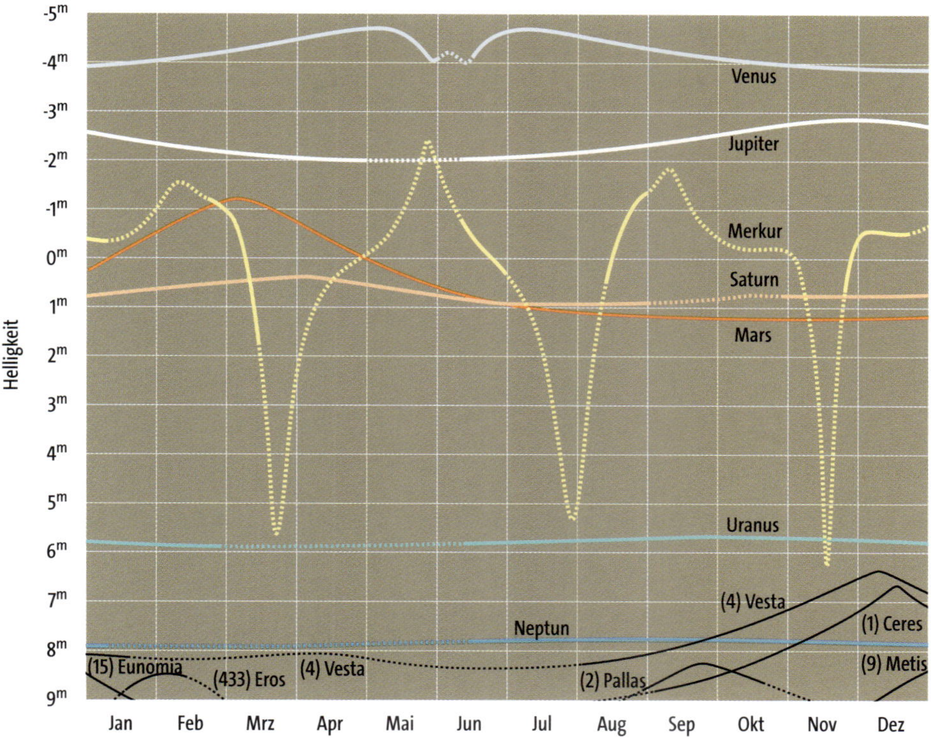

T.2 Die Helligkeiten der Planeten 2012.

T.3 Die Sichtbarkeiten der Planeten im Jahr 2012.

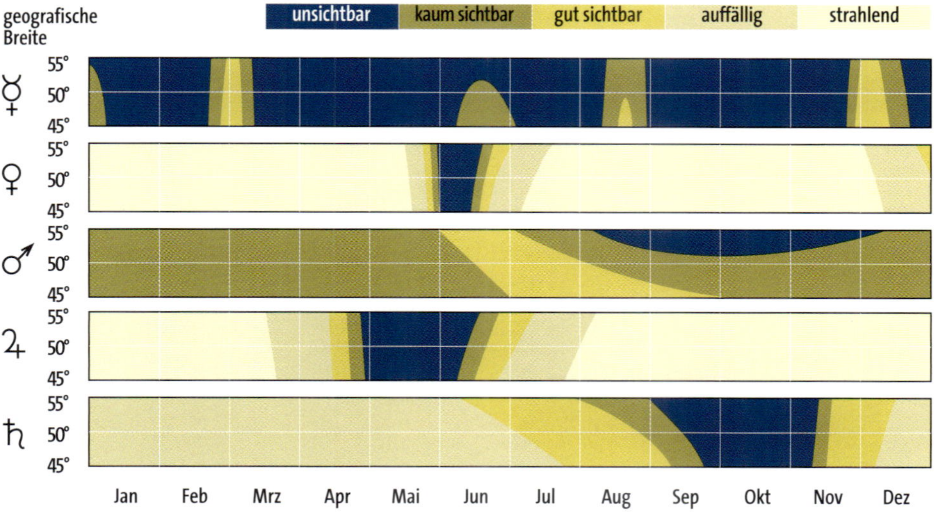

Ekliptikale Koordinaten des Mondes 2012

Tag	JANUAR		FEBRUAR		MÄRZ		APRIL		MAI		JUNI	
	Länge °	Breite °	Länge °	Breite °	Länge °	Breite °	Länge °	Breite °	Länge °	Breite °	Länge °	Breite °
2.	18,8	+4,3	62,2	+0,9	82,1	–1,1	128,3	–4,5	164,2	–5,2	216,9	–2,5
4.	42,5	+2,7	86,7	–1,3	107,1	–3,1	155,8	–5,1	193,3	–4,1	247,0	+0,2
6.	66,5	+0,7	112,4	–3,3	133,8	–4,5	185,1	–4,5	223,6	–1,9	276,9	+2,8
8.	91,4	–1,6	139,6	–4,7	162,2	–5,0	215,3	–2,6	253,8	+0,8	305,5	+4,6
10.	117,3	–3,6	167,9	–5,0	191,7	–4,2	245,2	0,0	283,0	+3,3	332,3	+5,3
12.	144,3	–4,9	196,7	–4,1	221,2	–2,3	273,9	+2,4	310,5	+4,8	357,6	+4,9
14.	172,0	–5,1	225,2	–2,2	249,9	+0,2	301,0	+4,3	336,3	+5,3	21,7	+3,6
16.	200,1	–4,1	253,2	+0,2	277,5	+2,5	326,9	+5,1	1,0	+4,8	45,4	+1,8
18.	228,4	–2,2	280,6	+2,5	304,1	+4,2	351,7	+5,0	24,9	+3,4	69,0	–0,4
20.	256,6	+0,3	307,3	+4,2	329,8	+5,0	15,9	+3,9	48,5	+1,5	93,1	–2,5
22.	284,5	+2,7	333,3	+5,0	354,7	+4,8	39,6	+2,2	72,1	–0,7	117,8	–4,2
24.	311,7	+4,4	358,4	+4,7	19,0	+3,8	63,2	+0,2	96,1	–2,8	143,4	–5,1
26.	337,7	+5,1	22,6	+3,7	42,8	+2,1	87,0	–2,0	120,8	–4,4	170,0	–5,0
28.	2,6	+4,8	46,3	+2,0	66,3	0,0	111,4	–3,8	146,5	–5,2	197,7	–3,8
30.	26,6	+3,7	–	–	90,3	–2,1	137,0	–5,0	173,5	–5,0	226,4	–1,6

Tag	JULI		AUGUST		SEPTEMBER		OKTOBER		NOVEMBER		DEZEMBER	
	Länge °	Breite °	Länge °	Breite °	Länge °	Breite °	Länge °	Breite °	Länge °	Breite °	Länge °	Breite °
2.	255,8	+1,0	308,1	+4,6	356,8	+4,5	30,1	+2,3	74,2	–1,7	106,8	–4,1
4.	285,2	+3,4	335,4	+5,0	21,9	+3,0	54,0	+0,2	97,9	–3,5	131,1	–5,1
6.	313,6	+4,8	1,4	+4,4	45,9	+1,1	77,6	–1,9	122,0	–4,8	156,3	–5,2
8.	340,6	+5,1	26,1	+3,0	69,6	–0,9	101,4	–3,7	147,3	–5,3	182,9	–4,2
10.	5,9	+4,4	49,9	+1,0	93,4	–2,9	126,2	–4,9	174,2	–4,7	211,1	–2,2
12.	30,1	+2,9	73,6	–1,0	118,2	–4,4	152,4	–5,2	202,9	–2,9	240,8	+0,5
14.	53,7	+0,9	97,7	–3,0	144,4	–5,0	180,4	–4,3	232,9	–0,3	271,3	+3,0
16.	77,5	–1,2	123,0	–4,4	172,2	–4,6	209,7	–2,3	263,2	+2,4	301,1	+4,8
18.	101,9	–3,2	149,5	–5,0	200,9	–3,1	239,5	+0,3	292,6	+4,4	329,4	+5,2
20.	127,2	–4,6	177,0	–4,5	229,9	–0,7	268,8	+2,8	320,4	+5,3	355,7	+4,5
22.	153,5	–5,1	205,2	–2,9	258,5	+1,8	296,9	+4,6	346,6	+5,0	20,6	+3,0
24.	180,6	–4,5	233,4	–0,6	286,4	+3,8	323,8	+5,2	11,5	+3,7	44,5	+1,0
26.	208,4	–2,9	261,6	+1,8	313,6	+5,0	349,6	+4,8	35,6	+1,8	68,0	–1,1
28.	236,7	–0,6	289,6	+3,8	339,9	+5,0	14,5	+3,5	59,3	–0,3	91,7	–3,1
30.	265,3	+1,9	317,2	+4,9	5,5	+4,0	38,7	+1,6	82,9	–2,4	115,9	–4,5

Koordinaten gelten für 1^h MEZ und sind geozentrische Werte.
Von Mitteleuropa aus steht der Mond etwa 0,°7 südlicher.
Abstand der Mondbahn relativ zu helleren Sternen 2012:

Stern:	Hamal	Aldebaran	Al Nath	Alhena	Pollux	Regulus	Spica	Antares	Nunki
Mond:	9° südl.	4° nördl.	8° südl.	3° nördl.	11° südl.	6° südl.	2° südl.	4° nördl.	6° nördl.

T.4 Lage der Mondbahn im Tierkreis relativ zur Ekliptik von 180° bis 360° ekl. Länge.

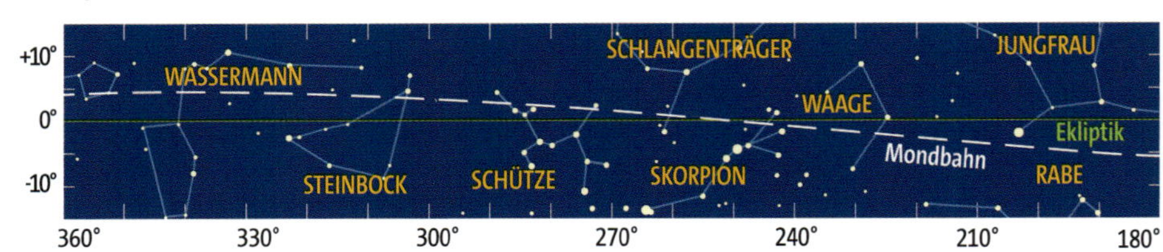

Ekliptikale Koordinaten der Sonne und der großen Planeten 2012

Datum		SONNE	MERKUR		VENUS		MARS		JUPITER		SATURN	
		Länge °	Länge °	Breite °	Länge °	Breite °	Länge °	Breite °	Länge °	Breite °	Länge °	Breite °
Jan	1.	279,7	259,6	+0,9	313,6	−1,8	170,0	+2,9	30,3	−1,2	208,1	+2,4
	10.	288,9	272,3	−0,3	324,7	−1,7	171,8	+3,2	30,6	−1,2	208,6	+2,5
	20.	299,1	287,4	−1,3	336,8	−1,4	172,9	+3,5	31,3	−1,1	209,0	+2,5
	31.	310,3	305,1	−2,0	350,0	−1,0	172,7	+3,8	32,4	−1,1	209,3	+2,5
Feb	10.	320,4	322,4	−2,0	1,9	−0,4	171,1	+4,0	33,6	−1,0	209,3	+2,6
	20.	330,5	340,7	−1,1	13,5	+0,3	168,4	+4,2	35,1	−1,0	209,2	+2,6
	29.	339,6	356,2	+0,5	23,7	+1,0	165,1	+4,2	36,7	−1,0	209,0	+2,7
Mrz	10.	349,6	6,2	+2,8	34,8	+1,8	161,2	+4,1	38,5	−0,9	208,5	+2,7
	20.	359,6	2,9	+3,5	45,4	+2,6	157,6	+3,8	40,6	−0,9	207,9	+2,7
	31.	10,4	354,5	+1,3	56,3	+3,4	154,9	+3,4	42,9	−0,9	207,2	+2,8
Apr	10.	20,3	355,0	−1,1	65,4	+4,1	153,7	+2,9	45,1	−0,9	206,5	+2,8
	20.	30,1	2,7	−2,5	73,3	+4,5	153,8	+2,5	47,4	−0,8	205,7	+2,8
	30.	39,8	15,2	−2,8	79,4	+4,7	155,0	+2,1	49,8	−0,8	204,9	+2,8
Mai	10.	49,5	31,1	−2,2	83,0	+4,5	157,2	+1,8	52,2	−0,8	204,3	+2,7
	20.	59,2	50,3	−0,8	83,1	+3,5	160,2	+1,4	54,5	−0,8	203,6	+2,7
	31.	69,7	74,1	+1,1	78,8	+1,5	164,2	+1,1	57,1	−0,8	203,1	+2,7
Jun	10.	79,3	94,7	+2,0	72,7	−0,8	168,4	+0,9	59,4	−0,8	202,8	+2,6
	20.	88,8	111,6	+1,7	68,1	−2,8	173,0	+0,7	61,7	−0,8	202,6	+2,6
	30.	98,4	124,1	+0,4	67,1	−4,0	178,0	+0,4	63,9	−0,8	202,6	+2,6
Jul	10.	107,9	131,3	−1,8	69,8	−4,5	183,3	+0,3	66,0	−0,8	202,8	+2,5
	20.	117,5	131,3	−4,1	75,2	−4,6	188,8	+0,1	67,9	−0,8	203,1	+2,5
	31.	128,0	124,4	−4,8	83,3	−4,2	195,2	−0,1	69,9	−0,8	203,6	+2,4
Aug	10.	137,5	121,4	−2,8	91,9	−3,6	201,3	−0,2	71,6	−0,8	204,3	+2,4
	20.	147,1	129,1	−0,1	101,5	−2,9	207,5	−0,4	73,0	−0,8	205,0	+2,4
	31.	157,8	147,6	+1,6	112,7	−2,1	214,5	−0,5	74,3	−0,8	206,0	+2,3
Sep	10.	167,4	167,0	+1,7	123,5	−1,3	221,1	−0,6	75,2	−0,8	207,0	+2,3
	20.	177,2	185,0	+0,9	134,6	−0,5	227,9	−0,7	75,9	−0,8	208,0	+2,3
	30.	187,0	201,5	−0,3	146,0	+0,1	234,8	−0,8	76,2	−0,8	209,1	+2,3
Okt	10.	196,8	216,4	−1,4	157,7	+0,7	241,8	−0,9	76,2	−0,8	210,3	+2,2
	20.	206,8	229,8	−2,5	169,5	+1,2	249,0	−1,0	75,8	−0,8	211,5	+2,2
	31.	217,7	241,2	−2,9	182,8	+1,6	257,0	−1,0	75,1	−0,8	212,8	+2,2
Nov	10.	227,7	243,3	−1,9	195,0	+1,7	264,5	−1,1	74,1	−0,8	214,0	+2,2
	20.	237,8	232,4	+1,2	207,3	+1,8	272,0	−1,1	72,9	−0,8	215,2	+2,2
	30.	247,9	228,7	+2,6	219,7	+1,7	279,6	−1,1	71,6	−0,8	216,3	+2,3
Dez	10.	258,1	238,4	+1,8	232,1	+1,5	287,3	−1,2	70,2	−0,8	217,4	+2,3
	20.	268,2	252,3	+0,6	244,6	+1,2	295,1	−1,2	68,9	−0,7	218,3	+2,3
	31.	279,5	268,9	−0,7	258,3	+0,7	303,7	−1,2	67,7	−0,7	219,3	+2,3

Länge	Jan 1.	Mrz 1.	Mai 1.	Jul 1.	Sep 1.	Nov 1.	Dez 31.	Breite
URANUS	0°,7	3°,0	6°,4	8°,3	7°,5	5°,2	4°,6	−0°,8 bis −0°,7
NEPTUN	328,7	330,8	332,6	332,8	331,4	330,2	330,9	−0,6 bis −0,5
PLUTO	277,1	279,0	279,3	278,0	276,8	277,3	279,1	+3,3 bis +3,9

T.4 Lage der Mondbahn im Tierkreis relativ zur Ekliptik von 0° bis 180° ekl. Länge.

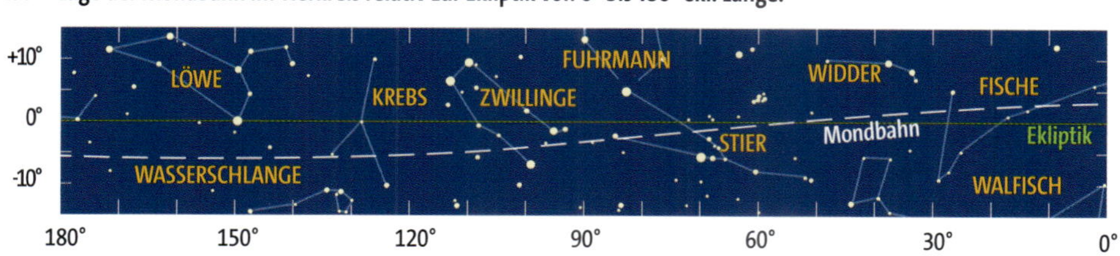

Ephemeriden der großen Planeten Januar – Juni 2012

Datum		Merkur						Venus					
		Rektas. h m	Deklin. °	Kulmin. h m	Aufg. h m	Du. ″	bel. %	Rektas. h m	Deklin. °	Kulmin. h m	Unterg. h m	Du. ″	bel. %
Jan	1.	17 15	−22,1	10 56	6 48	5,7	80	21 07	−18,5	14 48	19 20	13,0	83
	5.	17 39	−23,0	11 04	7 01	5,4	85	21 26	−17,0	14 51	19 32	13,3	82
	10.	18 10	−23,7	11 16	7 17	5,2	89	21 50	−14,9	14 56	19 48	13,6	80
	15.	18 43	−23,9	11 29	7 32	5,0	93	22 14	−12,7	14 59	20 03	13,9	79
	20.	19 16	−23,6	11 43	7 43	4,9	95	22 36	−10,3	15 02	20 18	14,3	78
	25.	19 50	−22,7	11 58	7 52	4,8	97	22 59	− 7,9	15 05	20 33	14,6	76
	31.	20 32	−20,9	12 16		4,8	99	23 25	− 4,8	15 07	20 50	15,1	74
Feb	5.	21 07	−18,7	12 31	Unterg.	4,8	100	23 46	− 2,2	15 09	21 04	15,6	73
	10.	21 42	−15,9	12 46	17 34	4,9	100	0 08	+ 0,4	15 10	21 18	16,1	71
	15.	22 16	−12,5	13 01	18 07	5,0	98	0 28	+ 3,0	15 12	21 32	16,6	69
	20.	22 50	− 8,6	13 15	18 41	5,3	93	0 49	+ 5,6	15 13	21 46	17,2	68
	25.	23 23	− 4,4	13 27	19 14	5,8	83	1 10	+ 8,1	15 14	21 59	17,9	66
	29.	23 45	− 1,0	13 34	19 36	6,3	70	1 26	+10,1	15 14	22 10	18,4	64
Mrz	5.	0 07	+ 2,6	13 35	19 53	7,2	48	1 47	+12,5	15 15	22 23	19,2	62
	10.	0 18	+ 5,0	13 25	19 53	8,4	27	2 08	+14,8	15 16	22 36	20,1	60
	15.	0 17	+ 5,6	13 03	19 32	9,8	10	2 28	+16,9	15 17	22 48	21,0	57
	20.	0 05	+ 4,3	12 31	18 52	10,8	1	2 49	+18,9	15 18	23 00	22,0	55
	25.	23 50	+ 1,9	11 56		11,2	2	3 09	+20,7	15 18	23 12	23,2	52
	31.	23 38	− 1,0	11 21	Aufg.	10,8	11	3 33	+22,6	15 18	23 24	24,8	49
Apr	5.	23 37	− 2,6	11 01	5 10	10,0	21	3 52	+24,0	15 18	23 33	26,3	46
	10.	23 43	− 3,0	10 49	5 00	9,2	31	4 11	+25,2	15 17	23 40	28,0	43
	15.	23 56	− 2,5	10 42	4 51	8,4	40	4 29	+26,2	15 15	23 44	29,9	39
	20.	0 14	− 1,2	10 41	4 42	7,7	48	4 45	+26,9	15 11	23 46	32,1	36
	25.	0 36	+ 0,8	10 43	4 35	7,1	56	5 00	+27,4	15 06	23 44	34,5	32
	30.	1 00	+ 3,4	10 48	4 27	6,6	63	5 12	+27,7	14 59	23 39	37,3	28
Mai	5.	1 28	+ 6,4	10 57	4 21	6,1	70	5 22	+27,8	14 48	23 29	40,4	23
	10.	1 59	+ 9,8	11 08	4 15	5,7	78	5 28	+27,7	14 35	23 13	43,8	18
	15.	2 34	+13,4	11 23	4 12	5,4	86	5 31	+27,4	14 17	22 52	47,4	14
	20.	3 12	+17,1	11 43		5,2	94	5 29	+26,8	13 55	22 25	51,0	9
	25.	3 55	+20,4	12 06	Unterg.	5,1	99	5 23	+25,9	13 29	21 52	54,3	5
	31.	4 50	+23,6	12 38	20 52	5,1	98	5 11	+24,5	12 53	21 05	57,2	1
Jun	5.	5 37	+25,0	13 05	21 28	5,3	91	4 58	+23,1	12 20		58,2	0
	10.	6 21	+25,4	13 29	21 52	5,6	81	4 45	+21,5	11 48	Aufg.	57,7	1
	15.	7 00	+24,7	13 48	22 06	6,1	70	4 35	+20,1	11 18	3 32	55,7	3
	20.	7 34	+23,4	14 02	22 09	6,6	60	4 27	+18,9	10 51	3 13	52,8	7
	25.	8 03	+21,6	14 10	22 05	7,2	51	4 24	+18,0	10 29	2 54	49,2	11
	30.	8 26	+19,6	14 13	21 55	7,9	42	4 24	+17,5	10 10	2 38	45,6	16

Datum		Saturn						Ring				
		Rektas. h m	Deklin. °	Kulmin. h m	Aufg. h m	Äqu. ″	Pol. ″	gr. A. ″	kl. A. ″	Öffn. °	hel. Ö. °	Leucht.
Jan	1.	13 48	− 8,5	7 27	2 06	16,7	15,0	37,9	9,7	14,8	12,6	0,72
	15.	13 51	− 8,8	6 35	1 15	17,1	15,4	38,8	10,1	15,0	12,8	0,72
	31.	13 53	− 8,8	5 34	0 14	17,6	15,8	39,8	10,4	15,1	13,0	0,73
Feb	15.	13 53	− 8,8	4 35	23 11	18,0	16,2	40,9	10,6	15,1	13,2	0,74
	29.	13 51	− 8,6	3 39	22 14	18,4	16,5	41,7	10,7	14,9	13,4	0,75
Mrz	15.	13 49	− 8,3	2 37	21 11	18,7	16,8	42,5	10,7	14,6	13,5	0,77
	31.	13 45	− 7,9	1 31	20 02	19,0	17,1	43,1	10,5	14,2	13,7	0,79
Apr	15.	13 41	− 7,5	0 27		19,1	17,1	43,3	10,3	13,7	13,9	0,92
	30.	13 37	− 7,1	23 20	Unterg.	19,0	17,1	43,1	9,9	13,3	14,1	0,78
Mai	15.	13 33	− 6,7	22 17	3 51	18,8	16,9	42,6	9,5	12,9	14,3	0,75
	31.	13 30	− 6,5	21 11	2 46	18,4	16,5	41,9	9,1	12,6	14,5	0,73
Jun	15.	13 28	− 6,4	20 11	1 46	18,0	16,2	40,9	8,9	12,5	14,7	0,72
	30.	13 27	− 6,4	19 11	0 47	17,6	15,8	39,9	8,7	12,5	14,9	0,71

Mars						Jupiter						Datum	
Rektas.	Deklin.	Kulmin.	Aufg.	Du.	bel.	Rektas.	Deklin.	Kulmin.	Unterg.	Äqu.	Pol.		
h m	o	h m	h m	″	%	h m	o	h m	h m	″	″		
11 28	+ 6,7	5 08	22 30	9,0	91	1 54	+10,4	19 32	2 29	43,4	40,6	1.	Jan
11 31	+ 6,4	4 55	22 19	9,3	92	1 55	+10,5	19 17	2 14	42,8	40,1	5.	
11 35	+ 6,2	4 39	22 04	9,7	92	1 56	+10,6	18 58	1 56	42,1	39,4	10.	
11 38	+ 6,1	4 22	21 48	10,2	93	1 57	+10,7	18 39	1 38	41,4	38,7	15.	
11 39	+ 6,0	4 04	21 29	10,7	94	1 58	+10,8	18 21	1 20	40,7	38,1	20.	
11 40	+ 6,1	3 45	21 10	11,1	95	2 00	+11,0	18 03	1 03	40,1	37,5	25.	
11 39	+ 6,4	3 21	20 44	11,7	96	2 02	+11,3	17 42	0 43	39,3	36,8	31.	
11 37	+ 6,8	2 59	20 20	12,2	97	2 04	+11,5	17 25	0 27	38,7	36,2	5.	Feb
11 34	+ 7,2	2 36	19 54	12,7	98	2 07	+11,7	17 07	0 11	38,1	35,6	10.	
11 29	+ 7,8	2 12	19 27	13,1	98	2 10	+12,0	16 51	23 53	37,6	35,1	15.	
11 24	+ 8,5	1 47	18 59	13,4	99	2 13	+12,3	16 34	23 37	37,0	34,6	20.	
11 17	+ 9,2	1 21	18 29	13,7	100	2 16	+12,6	16 17	23 23	36,5	34,2	25.	
11 12	+ 9,8	0 59	18 04	13,8	100	2 19	+12,8	16 04	23 11	36,2	33,8	29.	
11 04	+10,5	0 32		13,9	100	2 22	+13,1	15 48	22 56	35,7	33,4	5.	Mrz
10 57	+11,1	0 05	Unterg.	13,9	100	2 26	+13,5	15 32	22 42	35,3	33,0	10.	
10 50	+11,7	23 33	6 38	13,7	99	2 30	+13,8	15 17	22 28	35,0	32,7	15.	
10 43	+12,2	23 07	6 14	13,5	99	2 34	+14,1	15 01	22 14	34,6	32,4	20.	
10 37	+12,6	22 42	5 51	13,2	98	2 38	+14,5	14 45	22 00	34,3	32,1	25.	
10 32	+12,9	22 13	5 23	12,7	97	2 43	+14,9	14 27	21 44	34,0	31,8	31.	
10 29	+12,9	21 51	5 01	12,2	96	2 47	+15,2	14 12	21 31	33,7	31,5	5.	Apr
10 27	+12,9	21 29	4 39	11,8	95	2 52	+15,6	13 56	21 17	33,5	31,3	10.	
10 26	+12,7	21 09	4 18	11,3	94	2 56	+15,9	13 41	21 04	33,3	31,2	15.	
10 26	+12,5	20 50	3 57	10,9	93	3 01	+16,2	13 26	20 51	33,2	31,0	20.	
10 28	+12,1	20 32	3 37	10,5	92	3 06	+16,6	13 11	20 38	33,0	30,9	25.	
10 30	+11,7	20 15	3 18	10,0	92	3 10	+16,9	12 56	20 25	32,9	30,8	30.	
10 34	+11,1	19 59	2 59	9,6	91	3 15	+17,2	12 41	20 12	32,9	30,7	5.	Mai
10 38	+10,5	19 44	2 40	9,3	90	3 20	+17,5	12 26	19 58	32,8	30,7	10.	
10 43	+ 9,8	19 29	2 22	8,9	90	3 25	+17,8	12 11		32,8	30,7	15.	
10 49	+ 9,1	19 15	2 05	8,6	90	3 29	+18,1	11 57	Aufg.	32,8	30,7	20.	
10 55	+ 8,3	19 02	1 47	8,3	89	3 34	+18,4	11 42	4 05	32,9	30,7	25.	
11 03	+ 7,3	18 47	1 27	8,0	89	3 40	+18,8	11 24	3 45	32,9	30,8	31.	
11 11	+ 6,4	18 34	1 10	7,7	89	3 45	+19,0	11 09	3 29	33,0	30,9	5.	Jun
11 19	+ 5,4	18 23	0 53	7,5	89	3 50	+19,3	10 54	3 12	33,1	31,0	10.	
11 27	+ 4,4	18 11	0 37	7,2	89	3 54	+19,5	10 39	2 56	33,3	31,1	15.	
11 35	+ 3,4	18 00	0 21	7,0	89	3 59	+19,7	10 24	2 39	33,5	31,3	20.	
11 44	+ 2,3	17 49	0 05	6,8	89	4 04	+20,0	10 09	2 23	33,7	31,5	25.	
11 53	+ 1,2	17 39	23 46	6,7	89	4 08	+20,2	9 54	2 07	33,9	31,7	30.	

Uranus					Neptun					Pluto		Datum	
Rektas.	Deklin.	Kulmin.	Unterg.	Du.	Rektas.	Deklin.	Kulmin.	Unterg.	Du.	Rektas.	Deklin.		
h m	o	h m	h m	″	h m	o	h m	h m	″	h m	o		
0 04	− 0,4	17 41	23 42	3,5	22 04	−12,5	15 42	20 45	2,2	18 30	−19,3	1.	Jan
0 05	− 0,3	16 48	22 49	3,4	22 05	−12,3	14 49	19 52	2,2	18 32	−19,3	15.	
0 07	0,0	15 47	21 50	3,4	22 07	−12,2	13 48	18 52	2,2	18 34	−19,3	31.	
0 09	+ 0,2	14 50	20 54	3,4	22 09	−12,0	12 51	17 56	2,2	18 36	−19,3	15.	Feb
0 12	+ 0,5	13 58	20 03	3,4	22 11	−11,8	11 58		2,2	18 37	−19,3	29.	
0 15	+ 0,9	13 02	19 09	3,3	22 14	−11,6	11 01	Aufg.	2,2	18 38	−19,3	15.	Mrz
0 18	+ 1,2	12 02		3,3	22 16	−11,4	10 00	4 53	2,2	18 39	−19,2	31.	
0 21	+ 1,6	11 06	Aufg.	3,4	22 17	−11,2	9 03	3 54	2,2	18 39	−19,2	15.	Apr
0 24	+ 1,9	10 10	3 58	3,4	22 19	−11,1	8 05	2 56	2,2	18 39	−19,2	30.	
0 27	+ 2,1	9 14	3 01	3,4	22 19	−11,1	7 07	1 58	2,3	18 38	−19,2	15.	Mai
0 29	+ 2,4	8 13	1 59	3,4	22 20	−11,0	6 05	0 55	2,3	18 36	−19,3	31.	
0 31	+ 2,5	7 16	1 01	3,5	22 20	−11,0	5 06	23 52	2,3	18 35	−19,3	15.	Jun
0 32	+ 2,6	6 18	0 02	3,5	22 19	−11,1	4 06	22 53	2,3	18 33	−19,4	30.	

Ephemeriden der großen Planeten Juli – Dezember 2012

Datum		Merkur Rektas. h m	Merkur Deklin. °	Merkur Kulmin. h m	Merkur Unterg. h m	Merkur Du. ″	Merkur bel. %	Venus Rektas. h m	Venus Deklin. °	Venus Kulmin. h m	Venus Aufg. h m	Venus Du. ″	Venus bel. %
Jul	1.	8 30	+19,2	14 13	21 52	8,1	41	4 25	+17,5	10 06	2 35	44,9	17
	5.	8 43	+17,5	14 09	21 39	8,7	34	4 28	+17,3	9 54	2 24	42,1	20
	10.	8 53	+15,6	13 59	21 18	9,6	25	4 36	+17,4	9 42	2 11	38,8	25
	15.	8 56	+14,2	13 41	20 52	10,5	16	4 46	+17,7	9 33	2 00	35,9	29
	20.	8 51	+13,4	13 16		11,2	8	4 58	+18,1	9 26	1 50	33,3	33
	25.	8 39	+13,4	12 44	Aufg.	11,5	3	5 12	+18,5	9 20	1 42	31,0	37
	31.	8 22	+14,5	12 04	4 50	11,1	2	5 32	+19,1	9 16	1 35	28,5	41
Aug	5.	8 12	+15,8	11 35	4 14	10,2	7	5 49	+19,5	9 14	1 30	26,8	44
	10.	8 12	+17,1	11 16	3 47	9,0	19	6 08	+19,8	9 14	1 28	25,2	47
	15.	8 23	+17,9	11 09	3 34	7,8	36	6 28	+20,0	9 14	1 27	23,8	50
	20.	8 46	+17,9	11 12	3 38	6,8	55	6 49	+20,0	9 15	1 28	22,6	53
	25.	9 17	+16,7	11 25	3 57	6,0	75	7 10	+19,9	9 17	1 30	21,4	55
	31.	10 02	+13,8	11 46	4 33	5,4	91	7 37	+19,5	9 19	1 36	20,2	58
Sep	5.	10 39	+10,5	12 03	5 09	5,1	98	7 59	+18,9	9 22	1 42	19,4	60
	10.	11 15	+ 6,7	12 19	5 44	4,9	100	8 22	+18,1	9 25	1 49	18,6	63
	15.	11 48	+ 2,7	12 33		4,8	99	8 45	+17,1	9 28	1 58	17,8	65
	20.	12 20	− 1,2	12 45	Unterg.	4,8	97	9 08	+15,9	9 31	2 08	17,2	67
	25.	12 50	− 5,0	12 55	18 32	4,9	95	9 30	+14,6	9 34	2 19	16,6	69
	30.	13 19	− 8,6	13 04	18 24	5,0	92	9 53	+13,0	9 38	2 30	16,0	70
Okt	5.	13 47	−12,0	13 12	18 15	5,1	89	10 16	+11,3	9 40	2 42	15,5	72
	10.	14 14	−15,0	13 20	18 07	5,3	85	10 38	+ 9,4	9 43	2 55	15,0	74
	15.	14 41	−17,7	13 27	17 59	5,6	80	11 01	+ 7,4	9 46	3 07	14,6	76
	20.	15 06	−20,0	13 32	17 52	5,9	74	11 23	+ 5,3	9 49	3 21	14,2	77
	25.	15 30	−21,9	13 36	17 44	6,4	66	11 46	+ 3,1	9 52	3 34	13,8	79
	31.	15 53	−23,3	13 35	17 35	7,2	53	12 13	+ 0,3	9 55	3 50	13,4	81
Nov	5.	16 05	−23,6	13 26	17 25	8,1	38	12 35	− 2,0	9 58	4 04	13,1	82
	10.	16 04	−22,7	13 03		9,1	19	12 58	− 4,3	10 01	4 18	12,8	83
	15.	15 46	−20,4	12 25	Aufg.	9,9	3	13 21	− 6,6	10 04	4 32	12,6	85
	20.	15 21	−17,3	11 41	7 05	9,7	2	13 44	− 8,8	10 07	4 47	12,3	86
	25.	15 06	−15,1	11 07	6 19	8,7	20	14 07	−11,0	10 11	5 01	12,1	87
	30.	15 08	−14,9	10 51	6 02	7,6	44	14 31	−13,1	10 15	5 16	11,9	88
Dez	5.	15 23	−16,1	10 47	6 05	6,7	62	14 55	−15,1	10 20	5 31	11,7	89
	10.	15 46	−18,0	10 51	6 19	6,0	75	15 20	−16,9	10 25	5 46	11,5	90
	15.	16 14	−19,9	10 59	6 38	5,5	84	15 46	−18,5	10 31	6 01	11,3	91
	20.	16 44	−21,7	11 09	6 58	5,2	89	16 11	−19,9	10 37	6 15	11,2	92
	25.	17 15	−23,1	11 22	7 19	5,0	93	16 38	−21,1	10 43	6 29	11,0	93
	31.	17 55	−24,1	11 38	7 42	4,8	96	17 10	−22,2	10 52	6 44	10,9	94

Datum		Saturn Rektas. h m	Saturn Deklin. °	Saturn Kulmin. h m	Saturn Unterg. h m	Saturn Äqu. ″	Saturn Pol. ″	Ring gr. A. ″	Ring kl. A. ″	Ring Öffn. °	Ring hel. Ö. °	Ring Leucht.
Jul	1.	13 28	− 6,4	19 07	0 43	17,6	15,8	39,9	8,7	12,5	14,9	0,71
	15.	13 29	− 6,6	18 13	23 44	17,1	15,4	38,9	8,6	12,7	15,1	0,72
	31.	13 31	− 6,9	17 13	22 42	16,7	15,0	37,9	8,6	13,1	15,3	0,74
Aug	15.	13 35	− 7,3	16 18	21 45	16,3	14,7	37,0	8,6	13,5	15,4	0,76
	31.	13 40	− 7,9	15 20	20 44	16,0	14,4	36,3	8,8	14,1	15,6	0,79
Sep	15.	13 45	− 8,4	14 27	19 48	15,7	14,1	35,7	9,1	14,7	15,8	0,83
	30.	13 52	− 9,1	13 34	18 52	15,5	14,0	35,3	9,3	15,4	16,0	0,88
Okt	15.	13 58	− 9,7	12 42		15,4	13,9	35,1	9,7	16,0	16,2	0,95
	31.	14 06	−10,4	11 46	Aufg.	15,4	13,9	35,0	10,1	16,7	16,3	1,01
Nov	15.	14 13	−11,0	10 54	5 45	15,5	14,0	35,2	10,5	17,4	16,5	0,95
	30.	14 19	−11,5	10 01	4 55	15,7	14,1	35,5	10,9	17,9	16,7	0,94
Dez	15.	14 25	−12,0	9 08	4 04	15,9	14,4	36,1	11,4	18,4	16,9	0,94
	31.	14 31	−12,4	8 11	3 09	16,2	14,7	36,8	11,9	18,8	17,0	0,93

Mars Rektas. h m	Deklin. °	Kulmin. h m	Unterg. h m	Du. ″	bel. %	Jupiter Rektas. h m	Deklin. °	Kulmin. h m	Aufg. h m	Äqu. ″	Pol. ″	Datum	
11 55	+ 1,0	17 37	23 43	6,6	89	4 09	+20,2	9 51	2 03	34,0	31,8	1.	Jul
12 03	+ 0,1	17 28	23 30	6,5	89	4 12	+20,4	9 39	1 50	34,2	32,0	5.	
12 12	− 1,1	17 18	23 15	6,3	89	4 17	+20,5	9 23	1 34	34,5	32,2	10.	
12 22	− 2,2	17 09	23 00	6,2	89	4 21	+20,7	9 08	1 17	34,8	32,5	15.	
12 33	− 3,4	16 59	22 45	6,1	89	4 25	+20,9	8 52	1 01	35,1	32,8	20.	
12 43	− 4,6	16 50	22 30	5,9	89	4 29	+21,0	8 36	0 44	35,5	33,2	25.	
12 56	− 6,1	16 39	22 12	5,8	90	4 34	+21,2	8 17	0 24	36,0	33,6	31.	
13 07	− 7,3	16 31	21 57	5,7	90	4 37	+21,3	8 01	0 07	36,4	34,0	5.	Aug
13 18	− 8,5	16 22	21 43	5,6	90	4 41	+21,4	7 45	23 47	36,9	34,5	10.	
13 30	− 9,7	16 14	21 29	5,5	90	4 44	+21,5	7 28	23 30	37,4	34,9	15.	
13 42	−10,9	16 06	21 15	5,4	91	4 47	+21,6	7 12	23 12	37,9	35,4	20.	
13 54	−12,1	15 59	21 02	5,3	91	4 49	+21,7	6 55	22 55	38,4	35,9	25.	
14 08	−13,5	15 50	20 46	5,2	91	4 52	+21,7	6 34	22 34	39,1	36,6	31.	
14 21	−14,7	15 43	20 33	5,1	92	4 54	+21,8	6 16	22 16	39,7	37,1	5.	Sep
14 34	−15,8	15 36	20 20	5,1	92	4 56	+21,8	5 59	21 58	40,3	37,7	10.	
14 47	−16,8	15 30	20 08	5,0	92	4 58	+21,9	5 40	21 39	41,0	38,3	15.	
15 01	−17,9	15 24	19 56	5,0	93	4 59	+21,9	5 22	21 21	41,6	38,9	20.	
15 15	−18,8	15 18	19 45	4,9	93	5 00	+21,9	5 03	21 02	42,3	39,5	25.	
15 29	−19,8	15 12	19 34	4,8	93	5 00	+21,9	4 44	20 42	42,9	40,2	30.	
15 43	−20,6	15 07	19 24	4,8	93	5 00	+21,9	4 24	20 23	43,6	40,8	5.	Okt
15 58	−21,4	15 02	19 14	4,7	94	5 00	+21,9	4 05	20 03	44,3	41,4	10.	
16 13	−22,1	14 58	19 05	4,7	94	5 00	+21,9	3 44	19 43	44,9	42,0	15.	
16 29	−22,8	14 53	18 57	4,7	94	4 59	+21,9	3 24	19 22	45,5	42,6	20.	
16 44	−23,3	14 49	18 50	4,6	95	4 57	+21,8	3 03	19 01	46,1	43,1	25.	
17 03	−23,8	14 45	18 42	4,6	95	4 56	+21,8	2 37	18 36	46,7	43,7	31.	
17 19	−24,2	14 41	18 36	4,5	95	4 54	+21,7	2 16	18 15	47,2	44,1	5.	Nov
17 36	−24,4	14 38	18 31	4,5	95	4 51	+21,7	1 54	17 53	47,6	44,5	10.	
17 52	−24,5	14 35	18 27	4,5	96	4 49	+21,6	1 32	17 32	48,0	44,8	15.	
18 09	−24,5	14 32	18 24	4,4	96	4 46	+21,5	1 09	17 10	48,2	45,1	20.	
18 25	−24,4	14 29	18 22	4,4	96	4 43	+21,5	0 47	16 48	48,4	45,2	25.	
18 42	−24,2	14 26	18 21	4,4	96	4 41	+21,4	0 24	16 26	48,5	45,3	30.	
18 59	−23,9	14 23	18 20	4,3	97	4 38	+21,3	0 02		48,4	45,3	5.	Dez
19 16	−23,5	14 20	18 20	4,3	97	4 35	+21,2	23 35	Unterg.	48,3	45,2	10.	
19 32	−22,9	14 17	18 21	4,3	97	4 32	+21,1	23 12	7 09	48,1	45,0	15.	
19 49	−22,3	14 14	18 22	4,3	97	4 29	+21,0	22 50	6 47	47,8	44,7	20.	
20 06	−21,5	14 10	18 23	4,2	98	4 27	+21,0	22 28	6 24	47,5	44,4	25.	
20 25	−20,4	14 06	18 26	4,2	98	4 24	+20,9	22 02	5 57	46,9	43,9	31.	

Uranus Rektas. h m	Deklin. °	Kulmin. h m	Aufg. h m	Du. ″	Neptun Rektas. h m	Deklin. °	Kulmin. h m	Aufg. h m	Du. ″	Pluto Rektas. h m	Deklin. °	Datum	
0 32	+ 2,6	6 14	23 54	3,5	22 19	−11,1	4 02	22 49	2,3	18 33	−19,4	1.	Jul
0 32	+ 2,6	5 19	22 59	3,6	22 18	−11,2	3 06	21 53	2,3	18 32	−19,4	15.	
0 31	+ 2,6	4 15	21 56	3,6	22 17	−11,3	2 02	20 50	2,3	18 30	−19,5	31.	
0 30	+ 2,5	3 15	20 57	3,6	22 16	−11,5	1 02	19 50	2,4	18 29	−19,5	15.	Aug
0 29	+ 2,3	2 11	19 53	3,7	22 14	−11,6	23 53		2,4	18 28	−19,6	31.	
0 27	+ 2,1	1 10	18 53	3,7	22 12	−11,8	22 53	Unterg.	2,3	18 28	−19,6	15.	Sep
0 25	+ 1,8	0 09		3,7	22 11	−11,9	21 52	3 02	2,3	18 28	−19,7	30.	
0 22	+ 1,6	23 04	Unterg.	3,7	22 10	−12,0	20 52	2 01	2,3	18 29	−19,7	15.	Okt
0 20	+ 1,4	21 59	4 12	3,7	22 09	−12,0	19 49	0 57	2,3	18 30	−19,8	31.	
0 19	+ 1,2	20 58	3 11	3,6	22 09	−12,0	18 50	23 54	2,3	18 31	−19,8	15.	Nov
0 18	+ 1,1	19 58	2 10	3,6	22 10	−12,0	17 51	22 56	2,3	18 33	−19,8	30.	
0 17	+ 1,1	18 59	1 11	3,6	22 10	−11,9	16 53	21 58	2,2	18 35	−19,8	15.	Dez
0 18	+ 1,2	17 57	0 09	3,5	22 12	−11,8	15 52	20 57	2,2	18 38	−19,8	31.	

Ephemeriden hellerer Kleinplaneten 2012

Ceres (1)

Datum		Rektas. h m	Deklin. °	Kulmin. h m
Aug	10.	5 04	+19,2	8 09
	15.	5 11	+19,5	7 56
	20.	5 17	+19,7	7 43
	25.	5 24	+19,9	7 30
	31.	5 31	+20,1	7 14
Sep	5.	5 37	+20,3	7 00
	10.	5 43	+20,5	6 46
	15.	5 48	+20,6	6 31
	20.	5 53	+20,8	6 17
	25.	5 57	+20,9	6 01
	30.	6 01	+21,1	5 46
Okt	5.	6 05	+21,3	5 30
	10.	6 08	+21,4	5 13
	15.	6 11	+21,6	4 56
	20.	6 13	+21,8	4 38
	25.	6 14	+22,0	4 20
	31.	6 15	+22,3	3 57
Nov	5.	6 14	+22,5	3 37
	10.	6 13	+22,8	3 16
	15.	6 12	+23,1	2 55
	20.	6 09	+23,4	2 33
	25.	6 06	+23,7	2 10
	30.	6 02	+24,1	1 47
Dez	**5.**	5 58	+24,4	1 23
	10.	5 53	+24,7	0 58
	15.	5 48	+25,1	0 34
	20.	5 43	+25,4	0 09
	25.	5 38	+25,6	23 39
	31.	5 32	+26,0	23 09

Pallas (2)

Datum		Rektas. h m	Deklin. °	Kulmin. h m
Aug	1.	0 42	+ 3,5	4 23
	5.	0 43	+ 3,0	4 08
	10.	0 43	+ 2,3	3 49
	15.	0 43	+ 1,5	3 29
	20.	0 42	+ 0,6	3 08
	25.	0 41	− 0,4	2 47
	31.	0 39	− 1,7	2 21
Sep	5.	0 36	− 2,8	1 59
	10.	0 33	− 4,0	1 37
	15.	0 30	− 5,3	1 14
	20.	0 27	− 6,6	0 51
	25.	0 23	− 7,9	0 28
	30.	0 19	− 9,1	0 04
Okt	5.	0 15	−10,3	23 36
	10.	0 12	−11,5	23 13
	15.	0 08	−12,5	22 50
	20.	0 05	−13,5	22 27
	25.	0 02	−14,4	22 04
	31.	23 59	−15,3	21 38

Vesta (4)

Datum		Rektas. h m	Deklin. °	Kulmin. h m
Jan	1.	22 34	−15,2	16 14
	5.	22 41	−14,5	16 04
	10.	22 49	−13,6	15 53
	15.	22 57	−12,7	15 41
	20.	23 05	−11,8	15 30
	25.	23 14	−10,9	15 19
	31.	23 24	− 9,8	15 05
Jul	15.	4 02	+15,4	8 50
	20.	4 10	+15,8	8 38
	25.	4 18	+16,1	8 26
	31.	4 26	+16,4	8 11
Aug	5.	4 34	+16,6	7 59
	10.	4 41	+16,8	7 46
	15.	4 47	+17,0	7 33
	20.	4 54	+17,1	7 20
	25.	5 00	+17,3	7 06
	31.	5 07	+17,4	6 50
Sep	5.	5 13	+17,4	6 36
	10.	5 18	+17,5	6 21
	15.	5 22	+17,5	6 06
	20.	5 27	+17,5	5 50
	25.	5 30	+17,5	5 34
	30.	5 34	+17,5	5 18
Okt	5.	5 36	+17,5	5 01
	10.	5 38	+17,5	4 43
	15.	5 39	+17,5	4 25
	20.	5 40	+17,4	4 06
	25.	5 40	+17,4	3 46
	31.	5 39	+17,4	3 21
Nov	**5.**	5 37	+17,4	2 59
	10.	5 34	+17,4	2 37
	15.	5 31	+17,4	2 14
	20.	5 27	+17,5	1 50
	25.	5 22	+17,5	1 26
	30.	5 17	+17,6	1 02
Dez	**5.**	5 12	+17,6	0 37
	10.	5 06	+17,7	0 11
	15.	5 01	+17,8	23 41
	20.	4 55	+17,9	23 16
	25.	4 50	+18,0	22 52
	31.	4 45	+18,2	22 23

Eunomia (15)

Datum		Rektas. h m	Deklin. °	Kulmin. h m
Jan	**1.**	3 41	+31,2	21 19
	5.	3 41	+30,6	21 03
	10.	3 42	+29,9	20 44
	15.	3 43	+29,3	20 26
	20.	3 45	+28,7	20 09
	25.	3 48	+28,2	19 52
	31.	3 53	+27,6	19 33

Astraea (5)

Datum		Rektas. h m	Deklin. °	Kulmin. h m
Feb	1.	11 55	+ 3,2	3 33
	5.	11 55	+ 3,5	3 18
	10.	11 54	+ 3,9	2 57
	15.	11 53	+ 4,5	2 36
	20.	11 51	+ 5,0	2 15
	25.	11 48	+ 5,7	1 52
	29.	11 46	+ 6,3	1 34
Mrz	5.	11 42	+ 7,0	1 11
	10.	11 39	+ 7,7	0 48
	15.	11 35	+ 8,4	0 24
	20.	11 31	+ 9,0	0 01
	25.	11 27	+ 9,6	23 33
	31.	11 23	+10,2	23 05
Apr	5.	11 21	+10,6	22 43
	10.	11 19	+10,8	22 22
	15.	11 17	+11,0	22 01

Metis (9)

Datum		Rektas. h m	Deklin. °	Kulmin. h m
Nov	15.	7 18	+24,6	4 01
	20.	7 19	+24,9	3 42
	25.	7 19	+25,3	3 23
	30.	7 18	+25,7	3 02
Dez	5.	7 16	+26,1	2 40
	10.	7 13	+26,6	2 18
	15.	7 09	+27,0	1 54
	20.	7 05	+27,5	1 30
	25.	6 59	+27,9	1 05
	31.	6 53	+28,4	0 35

Eros (433)

Datum		Rektas. h m	Deklin. °	Kulmin. h m
Jan	1.	10 31	+25,5	4 12
	5.	10 35	+22,2	4 00
	10.	10 39	+17,6	3 45
	15.	10 41	+12,6	3 27
	20.	10 41	+ 7,3	3 07
	25.	10 39	+ 1,8	2 45
	31.	10 34	− 4,8	2 16
Feb	5.	10 28	−10,0	1 51
	10.	10 21	−14,7	1 24
	15.	10 14	−18,7	0 57
	20.	10 06	−21,9	0 30
	25.	9 59	−24,4	0 03
	29.	9 54	−25,8	23 38
Mrz	5.	9 49	−27,1	23 13
	10.	9 45	−27,8	22 50
	15.	9 44	−28,1	22 29

In den **halbfett** gedruckten Tagesintervallen sind die Kleinplaneten einfacher aufzufinden. Spaltenüberschriften: Rektaszension und Deklination für 1^h MEZ. Kulmination = Meridiandurchgang: MEZ für 10° östliche Länge. Aufgang oder Untergang: MEZ für 10° östliche Länge und 50° nördliche Breite. Scheinbarer Durchmesser für 1^h MEZ, Äqu.: Äquatordurchmesser, Pol: Poldurchmesser.

Zentralmeridiane Mars und Jupiter 2012 (1^h MEZ = 2^h MESZ)

	Mars						Jupiter System I								Jupiter System II							
Dat.	Jan	Feb	Mrz	Apr	Mai	Jun	Jan	Feb	Mrz	Aug	Sep	Okt	Nov	Dez	Jan	Feb	Mrz	Aug	Sep	Okt	Nov	Dez
1.	91°	167°	271°	360°	86°	153°	269°	120°	12°	18°	230°	288°	146°	207°	287°	261°	292°	210°	187°	15°	357°	189°
2.	82	158	263	351	76	143	67	277	170	175	28	86	304	5	78	51	82	1	337	166	147	339
3.	73	149	254	342	67	133	225	75	327	333	186	244	102	163	228	201	232	151	127	316	297	130
4.	63	140	245	333	58	124	23	233	125	131	344	42	260	321	18	351	22	301	277	106	88	280
5.	54	131	237	324	48	114	181	30	283	289	142	200	58	119	168	141	172	91	68	257	238	71
6.	45	122	228	315	39	105	338	188	80	87	300	358	216	277	318	291	322	241	218	47	29	221
7.	35	113	219	306	29	95	136	346	238	244	98	156	14	75	108	81	112	31	8	197	179	11
8.	26	104	210	297	20	85	294	143	36	42	256	314	172	233	258	232	262	182	158	348	330	162
9.	17	95	202	288	11	76	92	301	193	200	53	112	330	31	49	22	52	332	309	138	120	312
10.	7	86	193	279	1	66	250	99	351	358	211	270	128	189	199	172	202	122	99	288	270	103
11.	358	77	184	270	352	57	47	257	149	156	9	68	286	347	349	322	352	272	249	79	61	253
12.	349	69	176	261	342	47	205	54	306	313	167	226	84	145	139	112	143	62	39	229	211	43
13.	340	60	167	251	333	37	3	212	104	111	325	24	242	303	289	262	293	212	190	19	2	194
14.	331	51	158	242	324	28	161	10	262	269	123	182	40	102	79	52	83	3	340	170	152	344
15.	321	42	150	233	314	18	318	167	59	67	281	340	198	260	229	202	233	153	130	320	302	135
16.	312	33	141	224	305	8	116	325	217	225	79	138	357	58	20	352	23	303	281	110	93	285
17.	303	25	132	215	295	359	274	123	14	23	237	296	155	216	170	142	173	93	71	261	243	75
18.	294	16	123	206	286	349	72	280	172	180	35	94	313	14	320	292	323	243	221	51	34	226
19.	285	7	115	197	276	339	229	78	330	338	193	252	111	172	110	82	113	34	11	202	184	16
20.	275	358	106	187	267	330	27	236	127	136	351	50	269	330	260	232	263	184	162	352	335	166
21.	266	350	97	178	257	320	185	33	285	294	148	208	67	128	50	22	53	334	312	142	125	317
22.	257	341	88	169	248	311	342	191	83	92	306	6	225	285	200	172	203	124	102	293	275	107
23.	248	332	79	160	238	301	140	349	240	250	104	164	23	83	350	322	353	275	253	83	66	257
24.	239	323	71	151	229	291	298	146	38	47	262	322	181	241	140	112	143	65	43	234	216	48
25.	230	315	62	141	219	281	96	304	196	205	60	120	339	39	290	262	293	215	193	24	7	198
26.	221	306	53	132	210	272	253	102	353	3	218	278	137	197	81	52	83	5	344	174	157	349
27.	212	297	44	123	200	262	51	259	151	161	16	76	295	355	231	202	233	155	134	325	307	139
28.	203	289	35	113	191	252	209	57	308	319	174	234	93	153	21	352	23	306	284	115	98	289
29.	194	280	26	104	181	243	7	214	106	117	332	32	251	311	171	142	173	96	75	265	248	80
30.	185		17	95	172	233	164		264	275	130	190	49	109	321		323	246	225	56	39	230
31.	176		9		162		322		61	73		348		267	111		113	36		206		20
D	23	23	22	22	24	26	2.9	2.9	2.9	3.0	3.0	3.0	3.0	3.0								

D = Neigung der Planetenachse zur Erde

Korrektur für MEZ	0^h	1^h	2^h	3^h	4^h	5^h	6^h	7^h	17^h	18^h	19^h	20^h	21^h	22^h	23^h	24^h	Änderung
Mars	−15°	0°	+15°	+29°	+ 44°	+ 58°	+ 73°	+ 88°	−126°	−111°	−97°	−82°	−68°	−53°	−38°	− 24°	+14°,6/Stunde
Jupiter System I	−37	0	+37	+73	+110	+146	+183	+219	−135	− 98	−62	−25	+12	+48	+85	+121	+36°,6/Stunde
Jupiter System II	−36	0	+36	+73	+109	+145	+181	+218	−140	−104	−67	−31	+ 5	+41	+78	+114	+36°,3/Stunde

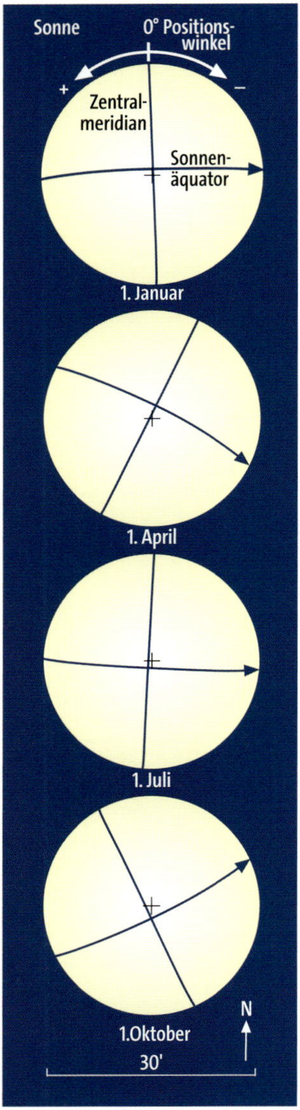

T.5 Lage des Zentralmeridians und des Äquators der Sonne im Verlauf des Jahres relativ zum Beobachter auf der Erde.

Ephemeride der Sonnenscheibe 2012 (1^h MEZ)

Datum		Entferng. AE	Du. ′	Z.M. °	B_0 °	P °	Sternzeit h m
Jan	1	0,983	32,5	117,7	−2,9	+ 2,5	6 40
	10.	0,983	32,5	359,2	−3,9	− 1,9	7 16
	20.	0,984	32,5	227,5	−5,0	− 6,6	7 55
	31.	0,985	32,5	82,6	−5,9	−11,4	8 38
Feb	10.	0,987	32,4	311,0	−6,5	−15,3	9 18
	20.	0,989	32,4	179,3	−7,0	−18,7	9 57
	29.	0,991	32,3	60,8	−7,2	−21,3	10 33
Mrz	10.	0,993	32,2	289,0	−7,2	−23,6	11 12
	20.	0,996	32,1	157,2	−7,0	−25,2	11 52
	31.	0,999	32,0	12,2	−6,6	−26,1	12 35
Apr	10.	1,002	31,9	240,2	−6,0	−26,3	13 14
	20.	1,005	31,8	108,2	−5,2	−25,6	13 54
	30.	1,007	31,8	336,0	−4,2	−24,3	14 33
Mai	10.	1,010	31,7	203,9	−3,2	−22,2	15 13
	20.	1,012	31,6	71,6	−2,1	−19,5	15 52
	31.	1,014	31,5	286,0	−0,8	−15,8	16 36
Jun	10.	1,015	31,5	153,7	+0,4	−11,9	17 15
	20.	1,016	31,5	21,3	+1,6	− 7,6	17 54
	30.	1,017	31,5	249,0	+2,8	− 3,1	18 34
Jul	10.	1,017	31,5	116,6	+3,8	+ 1,4	19 13
	20.	1,016	31,5	344,3	+4,8	+ 5,8	19 53
	31.	1,015	31,5	198,8	+5,7	+10,4	20 36
Aug	10.	1,014	31,6	66,5	+6,4	+14,3	21 15
	20.	1,012	31,6	294,3	+6,9	+17,7	21 55
	31.	1,009	31,7	149,0	+7,2	+20,8	22 38
Sep	10.	1,007	31,8	16,9	+7,2	+23,1	23 18
	20.	1,004	31,9	244,9	+7,1	+24,8	23 57
	30.	1,002	31,9	112,9	+6,7	+25,9	0 37
Okt	10.	0,999	32,0	341,0	+6,2	+26,3	1 16
	20.	0,996	32,1	209,1	+5,5	+25,9	1 55
	31.	0,993	32,2	64,0	+4,5	+24,7	2 39
Nov	10.	0,990	32,3	292,2	+3,4	+22,7	3 18
	20.	0,988	32,4	160,3	+2,2	+19,9	3 58
	30.	0,986	32,4	28,5	+1,0	+16,5	4 37
Dez	10.	0,985	32,5	256,8	−0,3	+12,4	5 16
	20.	0,984	32,5	125,0	−1,6	+ 7,9	5 56
	31.	0,983	32,5	340,1	−2,9	+ 2,6	6 39

Z.M. Zentralmeridian (Abnahme 13,°2/Tag), B_0 Neigung der Sonnenachse zur Erde, P Positionswinkel des Sonnen-Nordpols, Sternzeit Greenwich

Beginn der synodischen Sonnenrotation nach Carrington 2012

Rot. Nr.	Datum		MEZ h m	Rot. Nr.	Datum		MEZ h m
2119	Jan	9.	23 28	2126	Jul	18.	20 30
2120	Feb	6.	7 39	2127	Aug	15.	1 47
2121	Mrz	4.	15 42	2128	Sep	11.	7 46
2122	Mrz	31.	23 06	2129	Okt	8.	14 25
2123	Apr	28.	5 29	2130	Nov	4.	21 30
2124	Mai	25.	10 52	2131	Dez	2.	4 57
2125	Jun	21.	15 41	2132	Dez	29.	12 45

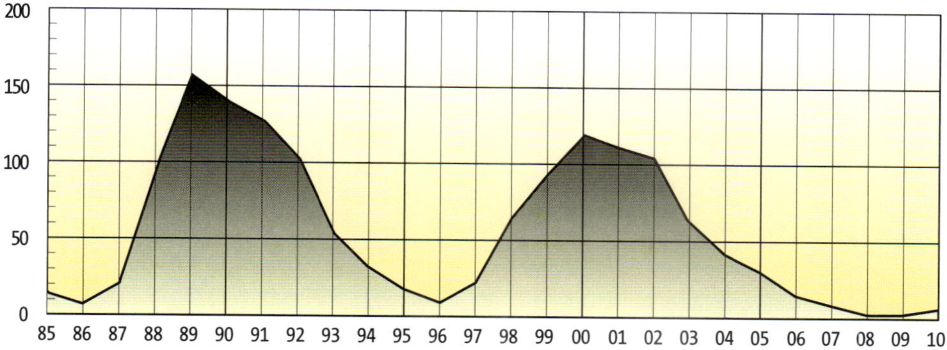

T.6 **Jahresmittel der Sonnenfleckenrelativzahlen von 1985 bis 2010.**

T.7 **Monatsmittel der Sonnenfleckenrelativzahlen von Januar 2005 bis März 2011.**

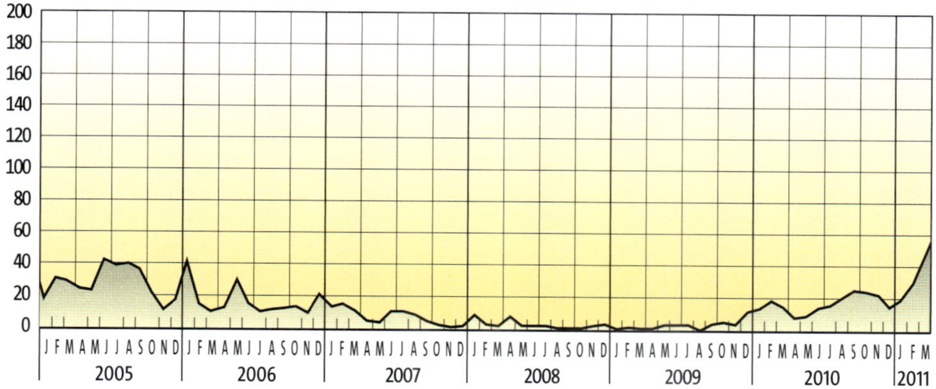

T.8 **Stellung und relative Lage der zunehmenden Mondsichel zum Westhorizont jeweils am ersten Sichtbarkeitsabend nach Neumond eine halbe Stunde nach Sonnenuntergang im Jahre 2012.**

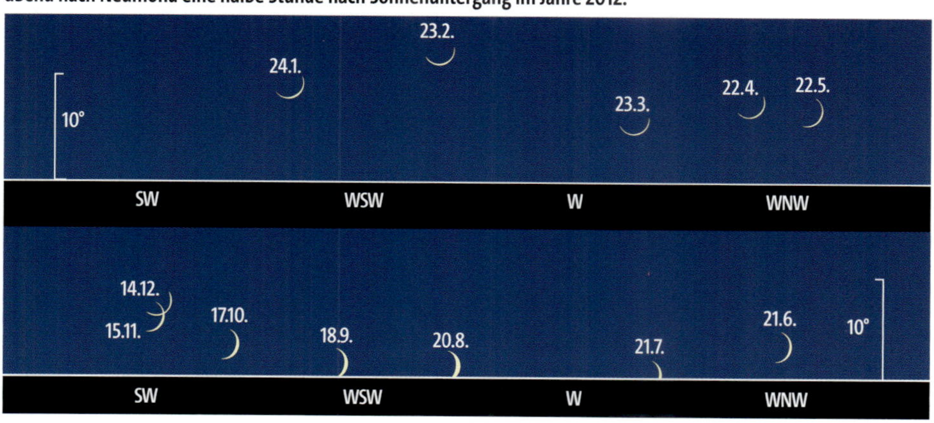

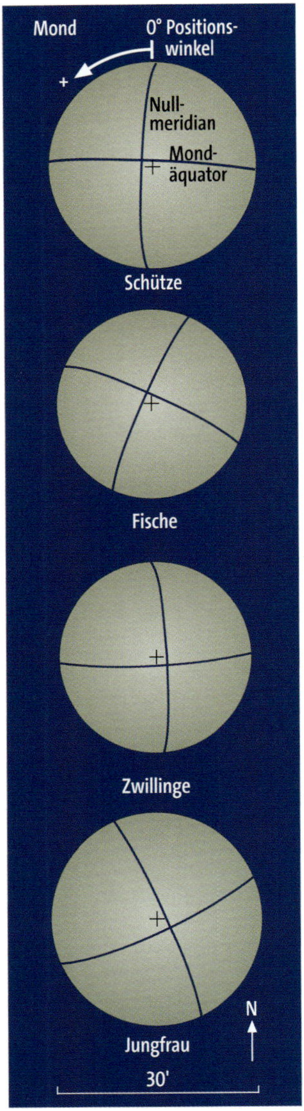

T.9 Lage des Nullmeridians und des Mondäquators relativ zum Beobachter auf der Erde in Abhängigkeit von der Position des Mondes im Tierkreis (siehe auch monatliche Rubrik „Der Mondlauf").

Sternbedeckungen durch den Mond 2012

Datum		MEZ h m	Stern	Hell. m	bel. %	E/A	P °
Jan	27.	16 55	19 Psc	5,0	19	E	20
	31.	17 50	45 Ari	5,9	55	E	125
Feb	3.	22 10	SAO 77358	6,4:	83	E	90
	18.	5 45	37 Sgr	3,5	15	A	225
	27.	21 25	36 Ari	6,4	29	E	55
	29.	17 55	53 Tau	5,4	47	E	105
	29.	19 35	SAO 76564	6,8:	47	E	145
	29.	21 00	V1141 Tau	6,0	47	E	165
Mrz	2.	21 40	SAO 78077	6,8	67	E	95
	6.	0 40	Acubens	4,3:	92	E	70
	26.	18 50	SAO 93345	6,5	14	E	65
	28.	23 25	HR 1633	6,2:	32	E	70
	29.	12 35	ζ Tau	3,0	38	E	95
	29.	19 30	HR 1997	6,0:	40	E	160
Apr	1.	20 35	29 Cnc	5,9:	70	E	40
	1.	23 40	HR 3376	6,3:	71	E	130
	3.	0 50	ω Leo	5,5:	81	E	55
	25.	21 40	ζ **Tau**	3,0	17	E	25
	25.	21 55	ζ **Tau**	3,0	17	A	355
	28.	21 00	HR 3198	6,2	44	E	160
	30.	0 05	κ Cnc	5,2:	55	E	45
Mai	25.	20 20	1 Cnc	5,8	20	E	70
	26.	20 10	50 Cnc	5,9	29	E	115
	28.	22 50	SAO 118347	6,6	50	E	60
Jul	15.	2 40	**Jupiter**	–1,9	15	E	25
	15.	3 10	Europa	5,9	15	A	315
	15.	3 15	Io	5,6	15	A	315
	15.	3 15	**Jupiter**	–1,9	15	A	315
	15.	3 25	Ganymed	5,2	15	A	310
	15.	3 30	Kallisto	6,2	15	A	310
Aug	22.	19 15	ET Vir	4,9	30	E	90
	23.	20 55	ι Lib	4,5:	41	E	125
	26.	20 45	14 Sgr	5,5	74	E	120
Sep	13.	4 10	Acubens	4,3:	10	A	5
	26.	22 55	46 Cap	5,1	89	E	120
Okt	6.	1 00	106 Tau	5,3	71	A	255
	7.	4 05	χ^2 Ori	4,6:	61	A	295
	11.	4 40	ω Leo	5,5:	22	A	310
	18.	17 25	ω **Oph**	4,5	14	E	65
	21.	18 20	HR 7743	5,7	45	E	140
	26.	19 00	22 Psc	5,6	91	E	100
Nov	7.	3 30	κ Cnc	5,2:	49	A	315
	16.	17 20	μ **Sgr**	3,9:	11	E	90
	16.	18 15	15 Sgr	5,4	11	E	30
	17.	18 25	**43 Sgr**	4,9	20	E	115
	18.	21 30	β Cap	3,1:	31	E	10
	19.	18 35	ν **Agr**	4,5	40	E	350
	23.	23 05	51 Psc	5,7:	81	E	105
Dez	18.	21 40	HR 8629	6,3:	35	E	95
	19.	17 35	HR 8897	6,3:	44	E	100
	19.	20 35	9 Psc	6,3:	45	E	30
	19.	21 00	κ Psc	4,9	45	E	340
	26.	19 25	106 Tau	5,3	98	E	80
	27.	22 35	χ^2 Ori	4,6:	100	E	55

Hell. = Helligkeit („:" = Doppelstern), E/A = Eintritt/Austritt,
bel. = beleuchteter Teil der Mondscheibe, P = Positionswinkel
halbfett: Ereignis bereits im Fernglas sichtbar

Sternbedeckungen

Datum		MEZ h	Hamburg m	Hannover m	Berlin m	Dresden m	Leipzig m	Düsseldorf m	Frankfurt m	Nürnberg m	Stuttgart m	München m	Zürich m	Wien m
Jan	27.	16/17	02,8	59,8	02,1	59,7	59,3	55,7	54,4	55,0	52,2	53,3	49,2	58,0
	31.	17/18	47,3	47,6	55,2	58,4	54,7	42,3	47,8	55,2	51,7	01,6	54,4	–
Feb	3.	22	05,0	04,9	10,5	11,6	09,4	00,5	04,0	08,4	05,8	10,2	05,8	17,8
	18.	5	50,1	47,5	51,6	49,1	48,2	42,1	41,5	42,8	39,1	40,5	35,0	46,5
	27.	21	23,5	23,6	25,9	26,6	25,7	22,0	23,9	25,8	25,1	26,9	25,6	29,4
	29.	17/18	52,0	51,7	57,7	59,0	56,5	46,7	50,3	55,1	51,9	57,1	51,7	06,3
	29.	19	22,8	25,8	30,2	35,6	32,8	25,3	32,8	39,8	42,2	49,9	–	52,3
	29.	20/21	55,3	–	02,7	–	–	–	–	–	–	–	–	–
Mrz	2.	21	36,2	36,8	41,6	43,5	41,4	33,7	37,6	41,7	39,9	44,1	40,9	50,3
	6.	0	39,3	39,2	45,4	46,5	44,1	34,8	38,5	42,9	40,2	44,5	40,1	52,1
	26.	18	–	–	48,4	49,5	48,0	–	–	48,0	46,5	49,6	–	54,0
	28.	23	21,9	23,2	23,2	24,6	24,4	24,4	25,7	26,4	27,2	27,8	28,8	27,2
	29.	12	37,9	35,9	37,7	35,8	35,5	33,2	32,2	32,3	30,6	31,1	28,7	34,1
	29.	19	16,3	20,0	22,5	27,9	25,9	22,9	29,5	34,1	38,8	42,5	–	41,4
Apr	1.	20	–	–	–	–	–	–	–	–	34,7	43,2	26,1	–
	1.	23	31,8	34,0	35,6	38,6	37,4	34,7	38,0	40,6	41,1	43,6	43,9	45,5
	3.	0	45,5	45,7	51,2	51,9	49,9	42,1	45,4	49,1	47,1	50,6	47,4	56,5
	25.	21	–	–	–	–	–	–	–	–	41,7	–	37,7	–
	25.	21	–	–	–	–	–	–	–	–	50,2	–	58,4	–
	28.	20/21	52,3	55,4	56,0	00,0	58,9	58,2	01,8	04,1	06,2	08,2	11,4	08,3
	30.	23/0	–	–	–	–	–	59,4	01,6	04,3	02,4	04,8	02,4	09,6
Mai	25.	20	–	18,4	21,3	23,1	21,7	–	19,8	22,7	21,8	24,5	23,0	28,1
	26.	20	–	–	06,2	09,1	07,7	–	–	10,3	10,3	13,1	12,6	16,0
	28.	22	46,7	47,7	50,4	52,1	50,8	46,3	49,1	51,7	50,9	53,4	51,8	56,5
Jul	15.	2	51,9	48,4	46,1	41,9	43,5	47,7	43,0	39,5	39,1	35,9	36,1	33,3
	15.	3	12,5	12,1	14,6	14,1	13,4	09,9	10,8	11,7	10,4	11,2	09,4	13,5
	15.	3	15,1	14,8	17,4	16,9	16,2	12,5	13,4	14,5	13,2	14,0	12,2	16,6
	15.	3	17,8	17,3	20,0	19,5	18,8	15,1	16,0	17,0	15,7	16,6	14,7	19,1
	15.	3	24,7	24,3	27,0	26,4	25,7	21,9	22,8	23,9	22,4	23,4	21,4	26,0
	15.	3	29,9	29,4	32,1	31,5	30,8	27,0	27,8	28,9	27,4	28,3	26,3	31,1
Aug	22.	19	–	–	–	15,4	–	–	–	14,5	–	16,7	–	21,5
	23.	20/21	46,3	48,1	51,2	54,2	52,4	47,1	50,9	54,6	53,9	57,7	55,9	02,2
	26.	20	43,4	43,7	49,5	51,4	48,8	39,4	43,2	48,1	45,2	50,3	45,2	59,5
Sep	13.	4	–	–	–	–	–	–	–	–	–	–	09,7	14,2
	26.	22/23	47,4	48,5	55,8	00,0	56,1	43,8	49,7	57,4	53,9	03,2	55,7	–
Okt	6.	0/1	06,6	04,4	07,8	05,5	04,8	00,1	59,5	00,2	57,4	58,0	54,1	02,1
	7.	3/4	01,0	01,3	07,0	08,6	06,2	57,1	00,4	04,7	01,5	05,8	00,4	14,4
	11.	4	40,3	40,2	42,9	43,1	42,1	38,1	39,1	40,8	39,1	40,8	38,0	45,0
	18.	17	20,5	20,9	24,1	25,4	24,0	–	–	23,9	–	25,2	–	29,8
	21.	18	11,9	12,7	20,8	24,8	20,6	07,6	13,3	21,1	17,2	29,2	19,0	–
	26.	18/19	02,2	00,3	05,2	04,0	02,4	55,3	56,1	58,4	55,1	57,7	52,5	05,8
Nov	7.	3	26,8	27,5	30,8	32,2	30,6	25,3	27,4	30,2	28,3	31,1	27,7	36,7
	16.	17	14,5	15,3	18,8	20,7	19,0	13,2	16,2	19,6	18,1	21,6	18,7	26,9
	16.	18	17,5	16,9	16,8	16,6	16,5	16,3	15,9	16,1	15,6	16,1	15,1	17,2
	17.	18	15,9	17,3	21,9	25,1	22,6	14,9	19,3	24,2	22,5	27,8	24,0	36,1
	18.	21	–	–	–	–	–	–	34,9	–	31,9	30,3	30,3	–
	19.	18	–	–	–	–	–	–	–	–	–	33,2	34,7	31,5
	23.	22/23	00,0	01,2	05,9	08,8	06,5	58,6	03,1	08,2	06,6	12,1	08,8	19,2
Dez	18.	21	36,2	37,8	39,2	41,7	40,6	37,8	40,7	43,2	43,4	46,0	45,7	48,1
	19.	17	34,5	33,9	40,5	41,6	38,9	28,5	31,7	36,7	32,9	38,4	31,8	50,2
	19.	20	37,0	35,3	37,4	36,3	35,7	32,1	32,0	33,2	31,2	32,7	29,6	36,5
	19.	21	–	–	–	–	–	–	–	–	–	–	–	02,3
	26.	19	31,0	28,5	31,5	29,3	28,6	24,4	23,7	24,4	21,8	22,8	19,1	27,6
	27.	22	39,9	35,7	41,4	38,0	36,6	28,2	27,9	–	–	28,0	21,6	36,3

Unter jeder Stadt sind die Minuten und Zehntelminuten der Sternbedeckungszeit angegeben.

Sternzeit um 20^h MEZ = 21^h MESZ auf 10° östlicher Länge

Tag	Jan	Feb	Mrz	Apr	Mai	Jun	Jul	Aug	Sep	Okt	Nov	Dez
	h m	h m	h m	h m	h m	h m	h m	h m	h m	h m	h m	h m
1.	2 23	4 26	6 20	8 22	10 20	12 23	14 21	16 23	18 25	20 24	22 26	0 24
2.	2 27	4 30	6 24	8 26	10 24	12 27	14 25	16 27	18 29	20 28	22 30	0 28
3.	2 31	4 33	6 28	8 30	10 28	12 31	14 29	16 31	18 33	20 32	22 34	0 32
4.	2 35	4 37	6 32	8 34	10 32	12 34	14 33	16 35	18 37	20 35	22 38	0 36
5.	2 39	4 41	6 36	8 38	10 36	12 38	14 37	16 39	18 41	20 39	22 42	0 40
6.	2 43	4 45	6 40	8 42	10 40	12 42	14 41	16 43	18 45	20 43	22 46	0 44
7.	2 47	4 49	6 44	8 46	10 44	12 46	14 45	16 47	18 49	20 47	22 50	0 48
8.	2 51	4 53	6 48	8 50	10 48	12 50	14 49	16 51	18 53	20 51	22 53	0 52
9.	2 55	4 57	6 51	8 54	10 52	12 54	14 52	16 55	18 57	20 55	22 57	0 56
10.	2 59	5 01	6 55	8 58	10 56	12 58	14 56	16 59	19 01	20 59	23 01	1 00
11.	3 03	5 05	6 59	9 02	11 00	13 02	15 00	17 03	19 05	21 03	23 05	1 04
12.	3 07	5 09	7 03	9 06	11 04	13 06	15 04	17 07	19 09	21 07	23 09	1 07
13.	3 11	5 13	7 07	9 09	11 08	13 10	15 08	17 10	19 13	21 11	23 13	1 11
14.	3 15	5 17	7 11	9 13	11 12	13 14	15 12	17 14	19 17	21 15	23 17	1 15
15.	3 19	5 21	7 15	9 17	11 16	13 18	15 16	17 18	19 21	21 19	23 21	1 19
16.	3 22	5 25	7 19	9 21	11 20	13 22	15 20	17 22	19 24	21 23	23 25	1 23
17.	3 26	5 29	7 23	9 25	11 23	13 26	15 24	17 26	19 28	21 27	23 29	1 27
18.	3 30	5 33	7 27	9 29	11 27	13 30	15 28	17 30	19 32	21 31	23 33	1 31
19.	3 34	5 37	7 31	9 33	11 31	13 34	15 32	17 34	19 36	21 35	23 37	1 35
20.	3 38	5 40	7 35	9 37	11 35	13 38	15 36	17 38	19 40	21 39	23 41	1 39
21.	3 42	5 44	7 39	9 41	11 39	13 41	15 40	17 42	19 44	21 42	23 45	1 43
22.	3 46	5 48	7 43	9 45	11 43	13 45	15 44	17 46	19 48	21 46	23 49	1 47
23.	3 50	5 52	7 47	9 49	11 47	13 49	15 48	17 50	19 52	21 50	23 53	1 51
24.	3 54	5 56	7 51	9 53	11 51	13 53	15 52	17 54	19 56	21 54	23 57	1 55
25.	3 58	6 00	7 55	9 57	11 55	13 57	15 56	17 58	20 00	21 58	0 00	1 59
26.	4 02	6 04	7 58	10 01	11 59	14 01	15 59	18 02	20 04	22 02	0 04	2 03
27.	4 06	6 08	8 02	10 05	12 03	14 05	16 03	18 06	20 08	22 06	0 08	2 07
28.	4 10	6 12	8 06	10 09	12 07	14 09	16 07	18 10	20 12	22 10	0 12	2 11
29.	4 14	6 16	8 10	10 13	12 11	14 13	16 11	18 14	20 16	22 14	0 16	2 15
30.	4 18	–	8 14	10 16	12 15	14 17	16 15	18 17	20 20	22 18	0 20	2 18
31.	4 22	–	8 18	–	12 19	–	16 19	18 21	–	22 22	–	2 22

Korrektur für andere östliche geografische Längen

Länge	4°	5°	6°	7°	8°	9°	11°	12°	13°	14°	15°	16°
Korr.	-24^m	-20^m	-16^m	-12^m	-8^m	-4^m	$+4^m$	$+8^m$	$+12^m$	$+16^m$	$+20^m$	$+24^m$

Korrektur für andere Uhrzeiten derselben Nacht (Datumswechsel um Mitternacht)

MEZ	18^h	19^h	21^h	22^h	23^h	0^h	1^h	2^h	3^h	4^h	5^h	6^h
MESZ	19^h	20^h	22^h	23^h	0^h	1^h	2^h	3^h	4^h	5^h	6^h	7^h
Korr.	-2^h00^m	-1^h00^m	$+1^h00^m$	$+2^h00^m$	$+3^h00^m$	$+4^h01^m$	$+5^h01^m$	$+6^h01^m$	$+7^h01^m$	$+8^h01^m$	$+9^h01^m$	$+10^h02^m$

Erläuterungen siehe auch Seite 242 unter „Sternzeit".
Die obige Tabelle gibt für jeden Tag des Jahres die Sternzeit um 20^h MEZ (= 21^h Sommerzeit) am Meridian 10° östlicher Länge an. Für den Ortsmeridian des Beobachters ist eine Korrektur entsprechend der geografischen Längendifferenz zu 10° östlicher Länge anzubringen. Pro Längengrad beträgt diese Korrektur vier Minuten. Für Orte westlich des Meridians ist die Korrektur abzuziehen, für Orte östlich hingegen zu addieren. Auf der rechten Seite findet man in der Tabelle „Geografische Koordinaten größerer Städte" in der letzten Spalte die Zeitkorrektur vermerkt. Wer zu einer anderen Zeit als 20^h beobachtet, muss noch die Zeitkorrektur gemäß der obigen Tabelle anbringen. Beispiel: Wieviel Uhr Sternzeit ist es am 25. März um 23^h in München? Aus der Tabelle entnimmt man: Sternzeit am 25. März um 20^h = 7^h55^m. Dies gilt für 10° östlicher Länge. Die Zeitkorrektur für München beträgt laut Tabelle rechts sechs Minuten. Da München östlich vom 10°-Meridian liegt, sind diese sechs Minuten zu addieren, und man erhält 8^h01^m (Achtung: Das Vorzeichen in der Spalte Zeitkorrektur der rechten Tabelle gilt für die Korrektur der Kulminationszeiten! Für die Sternzeitberechnung kehren sich die Vorzeichen um!). Am 25. März ist es also um 20^h MEZ 8^h01^m Sternzeit. Für 23^h MEZ ist gemäß obiger Tabelle die Korrektur von 3^h00^m anzubringen; um 23^h MEZ ist es also am 25. März in München 11^h01^m Sternzeit.

Geografische Koordinaten größerer Städte mit Zeitkorrektur

Stadt	östl. Länge	nördl. Breite	Zeitkorrektur gegen 10° östl. Länge
Aachen	6°,1	50°,8	+16ᵐ
Amsterdam	4,9	52,4	+20
Antwerpen	4,4	51,2	+22
Augsburg	10,9	48,4	− 4
Baden-Baden	8,2	48,8	+ 7
Basel	7,6	47,6	+ 9
Berlin	13,4	52,5	−14
Bern	7,4	46,9	+10
Bielefeld	8,5	52,0	+ 6
Bochum	7,2	51,5	+11
Bonn	7,1	50,7	+12
Bozen	11,3	46,5	− 5
Braunschweig	10,5	52,3	− 2
Bregenz	9,8	47,5	+ 1
Bremen	8,8	53,1	+ 5
Brünn	16,6	49,2	−26
Brüssel	4,3	50,8	+23
Chemnitz	12,9	50,8	−12
Coburg	11,0	50,3	− 4
Darmstadt	8,7	49,9	+ 5
Dortmund	7,5	51,5	+10
Dresden	13,7	51,1	−15
Düsseldorf	6,8	51,2	+13
Duisburg	6,8	51,4	+13
Eisenach	10,3	51,0	− 1
Emden	7,2	53,4	+11
Erfurt	11,0	51,0	− 4
Essen	7,0	51,5	+12
Frankfurt (Main)	8,7	50,1	+ 5
Frankfurt (Oder)	14,6	52,3	−18
Freiburg (Breisgau)	7,9	48,0	+ 9
Genf	6,2	46,2	+15
Görlitz	15,0	51,2	−20
Graz	15,5	47,1	−22
Halle	12,0	51,5	− 8
Hamburg	10,0	53,6	0
Hannover	9,7	52,4	+ 1
Heidelberg	8,7	49,4	+ 5
Heilbronn	9,2	49,1	+ 3
Innsbruck	11,4	47,3	− 6
Kaiserslautern	7,8	49,4	+ 9
Karlsruhe	8,4	49,0	+ 6
Kassel	9,5	51,3	+ 2
Kiel	10°,1	54°,3	− 1ᵐ
Klagenfurt	14,3	46,6	−17
Koblenz	7,6	50,4	+10
Köln	7,0	50,9	+12
Konstanz	9,2	47,7	+ 3
Krefeld	6,6	51,3	+14
Leipzig	12,4	51,3	−10
Linz (Donau)	14,3	48,3	−17
Ludwigshafen (Rh.)	8,4	49,5	+ 6
Lübeck	10,7	53,9	− 3
Lüttich	5,5	50,6	+18
Luxemburg	6,1	49,6	+15
Magdeburg	11,6	52,1	− 7
Mailand	9,2	45,5	+ 3
Mainz	8,3	50,0	+ 7
Mannheim	8,5	49,5	+ 6
Mönchengladbach	6,4	51,2	+14
München	11,6	48,1	− 6
Münster	7,6	52,0	+10
Nürnberg	11,1	49,5	− 4
Osnabrück	8,0	52,3	+ 8
Potsdam	13,1	52,4	−12
Prag	14,4	50,1	−18
Regensburg	12,1	49,0	− 8
Reutlingen	9,2	48,5	+ 3
Rostock	12,1	54,1	− 8
Rotterdam	4,5	51,9	+22
Saarbrücken	7,0	49,2	+12
Salzburg	13,1	47,8	−12
Schwerin	11,4	53,6	− 6
Stralsund	13,1	54,3	−12
Straßburg	7,7	48,6	+ 9
Stuttgart	9,2	48,8	+ 3
Trier	6,6	49,8	+13
Tübingen	9,1	48,5	+ 4
Ulm	10,0	48,4	0
Wien	16,4	48,2	−25
Wiesbaden	8,2	50,1	+ 7
Wilhelmshaven	8,1	53,5	+ 8
Worms	8,4	49,6	+ 7
Würzburg	9,9	49,8	0
Wuppertal	7,1	51,3	+11
Zürich	8,6	47,4	+ 6

Erläuterungen siehe auch Seite 242.
Die Tabelle enthält die geografischen Koordinaten einiger größerer Städte in Mitteleuropa. In der vierten Spalte ist der Zeitunterschied der Ortszeit zum Meridian 10° östlicher Länge in Minuten angegeben. Um diesen Betrag kulminieren die Gestirne in der jeweiligen Stadt früher (negativer Wert) oder später (positiver Wert). Beispiel: Für Stuttgart findet man $+3^m$, für München -6^m.
In Stuttgart gehen die Gestirne jeweils drei Minuten später durch den Meridian als im Himmelsjahr angegeben, in München dagegen um sechs Minuten früher.
Die Auf- und Untergangszeiten sind außer von der geografischen Länge auch noch von der geografischen Breite abhängig. Um sie für einen bestimmten Ort zu korrigieren, benutze man das Nomogramm auf Seite 268.

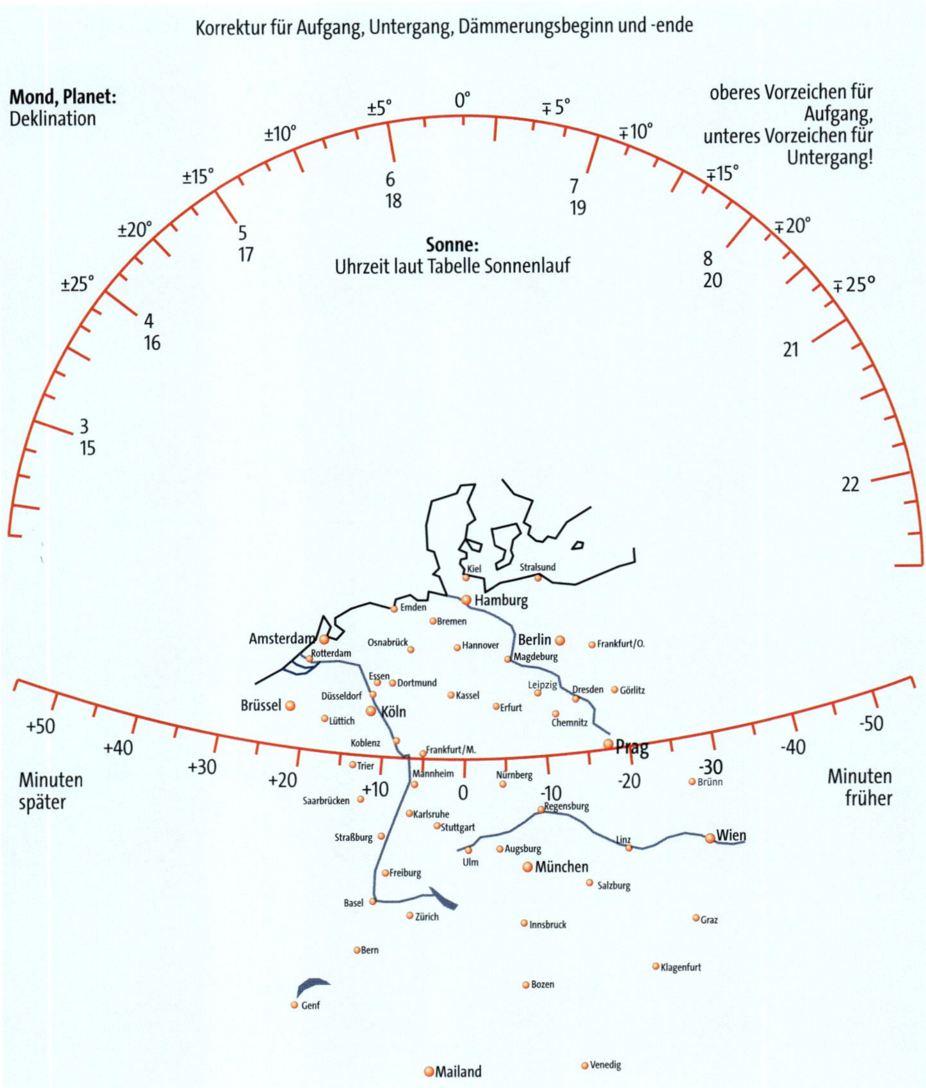

T.10 Nomogramm zur Bestimmung der Auf- und Untergangszeiten (Erläuterungen siehe Seite 242).

Korrektur für Auf- und Untergangszeiten

Sonne: Datum:			Jan. 21.	Febr. 8.	Febr. 23.	März 8.	März 20.	April 2.	April 16.	Mai 1.	Mai 20.	Juni 21.
		Dez. 22.	Nov. 22.	Nov. 3.	Okt. 19.	Okt. 6.	Sept. 23.	Sept. 10.	Aug. 27.	Aug. 12.	Juli 24.	
Mond, Planet:												
Deklination		–25°	–20°	–15°	–10°	– 5°	0°	+ 5°	+10°	+15°	+20°	+25°
Hamburg	Aufgang	+21^{m}	+15^{m}	+10^{m}	+ 6^{m}	+ 3^{m}	+ 1^{m}	– 4^{m}	– 7^{m}	–11^{m}	–16^{m}	–22^{m}
	Unterg.	–21	–15	–10	– 6	– 3	+ 1	+ 4	+ 7	+11	+16	+22
Hannover	Aufgang	+14	+11	+ 8	+ 5	+ 3	+ 1	– 1	– 4	– 6	– 9	–13
	Unterg.	–12	– 9	– 6	– 3	– 1	+ 1	+ 3	+ 6	+ 8	+11	+15
Berlin	Aufgang	+ 1	– 3	– 6	– 9	–12	–14	–16	–19	–21	–25	–29
	Unterg.	–28	–24	–21	–18	–16	–14	–11	– 9	– 6	– 3	+ 1
Dresden	Aufgang	– 9	–11	–12	–13	–14	–15	–16	–17	–18	–19	–21
	Unterg.	–20	–19	–18	–17	–16	–15	–14	–13	–12	–11	– 9
Leipzig	Aufgang	– 2	– 4	– 6	– 7	– 8	–10	–11	–12	–13	–15	–17
	Unterg.	–17	–15	–13	–12	–11	–10	– 8	– 7	– 6	– 4	– 2
Düsseldorf	Aufgang	+19	+18	+16	+15	+14	+13	+12	+11	+10	+ 8	+ 6
	Unterg.	+ 7	+ 8	+10	+11	+12	+13	+14	+15	+16	+18	+20
Frankfurt	Aufgang	+ 6	+ 6	+ 6	+ 5	+ 5	+ 5	+ 5	+ 5	+ 5	+ 5	+ 4
	Unterg.	+ 4	+ 5	+ 5	+ 5	+ 5	+ 5	+ 5	+ 5	+ 6	+ 6	+ 6
Nürnberg	Aufgang	– 6	– 6	– 5	– 5	– 4	– 4	– 3	– 3	– 2	– 2	– 1
	Unterg.	– 1	– 2	– 2	– 3	– 3	– 4	– 4	– 5	– 5	– 6	– 6
Stuttgart	Aufgang	– 3	– 1	0	+ 1	+ 2	+ 3	+ 4	+ 5	+ 6	+ 7	+ 9
	Unterg.	+ 9	+ 7	+ 6	+ 5	+ 4	+ 3	+ 2	+ 1	0	– 1	– 3
München	Aufgang	–15	–13	–11	– 9	– 8	– 6	– 5	– 3	– 1	+ 1	+ 3
	Unterg.	+ 3	0	– 2	– 3	– 5	– 6	– 8	– 9	–11	–13	–16
Zürich	Aufgang	– 7	– 3	0	+ 2	+ 4	+ 6	+ 8	+11	+13	+16	+20
	Unterg.	+19	+15	+12	+10	+ 8	+ 6	+ 4	+ 1	– 1	–4	– 8
Wien	Aufgang	–34	–32	–30	–28	–27	–25	–24	–22	–21	–19	–16
	Unterg.	–17	–19	–21	–22	–24	–25	–27	–28	–30	–32	–35
Halber Tagbogen												
53° nördl. Breite		3^{h}32^{m}	4^{h}09^{m}	4^{h}41^{m}	5^{h}10^{m}	5^{h}37^{m}	6^{h}04^{m}	6^{h}31^{m}	6^{h}58^{m}	7^{h}28^{m}	8^{h}00^{m}	8^{h}38^{m}
50° nördl. Breite		3 50	4 21	4 50	5 15	5 40	6 04	6 28	6 52	7 19	7 47	8 20
47° nördl. Breite		4 04	4 32	4 57	5 20	5 42	6 03	6 25	6 47	7 11	7 36	8 04

\+ positiv: Korrektur addieren, Auf- oder Untergang findet später statt
– negativ: Korrektur subtrahieren, Auf- oder Untergang findet früher statt

Beispiel: Auf- und Untergang der Sonne am 20. März in Stuttgart.
Laut Tabelle „Sonnenlauf" auf Seite 58 lauten die Werte 6^{h}22^{m} und 18^{h}33^{m} für 50° Nord und 10° Ost.
Korrektur +3 und +3. Also geht die Sonne in Stuttgart um 6^{h}25^{m} auf und um 18^{h}36^{m} unter.
Für Daten und Deklinationen, die nicht in obiger Tabelle aufgeführt sind, nimmt man den nächstliegenden Wert, ohne einen großen Fehler zu begehen.

2013

Januar

Mo		7	14	21	28
Di	1	8	15	22	29
Mi	2	9	16	23	30
Do	3	10	17	24	31
Fr	4	11●	18	25	
Sa	5☾	12	19☽	26	
So	6	13	20	27☺	

Februar

Mo	4	11	18	25☺
Di	5	12	19	26
Mi	6	13	20	27
Do	7	14	21	28
Fr	1	8	15	22
Sa	2	9	16	23
So	3☾	10●	17☽	24

März

Mo		4☾	11●	18	25
Di		5	12	19☽	26
Mi		6	13	20	27☺
Do		7	14	21	28
Fr	1	8	15	22	29
Sa	2	9	16	23	30
So	3	10	17	24	31

April

Mo	1	8	15	22	29
Di	2	9	16	23	30
Mi	3☾	10●	17	24	
Do	4	11	18☽	25☺	
Fr	5	12	19	26	
Sa	6	13	20	27	
So	7	14	21	28	

Mai

Mo		6	13	20	27
Di		7	14	21	28
Mi	1	8	15	22	29
Do	2☾	9	16	23	30
Fr	3	10●	17	24	31☾
Sa	4	11	18☽	25☺	
So	5	12	19	26	

Juni

Mo		3	10	17	24
Di		4	11	18	25
Mi		5	12	19	26
Do		6	13	20	27
Fr		7	14	21	28
Sa	1	8●	15	22	29
So	2	9	16☽	23☺	30☾

Juli

Mo	1	8●	15	22☺	29☾
Di	2	9	16☽	23	30
Mi	3	10	17	24	31
Do	4	11	18	25	
Fr	5	12	19	26	
Sa	6	13	20	27	
So	7	14	21	28	

August

Mo		5	12	19	26
Di		6●	13	20	27
Mi		7	14☽	21☺	28☾
Do	1	8	15	22	29
Fr	2	9	16	23	30
Sa	3	10	17	24	31
So	4	11	18	25	

September

Mo		2	9	16	23	30
Di		3	10	17	24	
Mi		4	11	18	25	
Do		5●	12☽	19☺	26	
Fr		6	13	20	27☾	
Sa		7	14	21	28	
So	1	8	15	22	29	

Oktober

Mo		7	14	21	28
Di	1	8	15	22	29
Mi	2	9	16	23	30
Do	3	10	17	24	31
Fr	4	11	18	25	
Sa	5●	12☽	19☺	26	
So	6	13	20	27☾	

November

Mo		4	11	18	25☾
Di		5	12	19	26
Mi		6	13	20	27
Do		7	14	21	28
Fr	1	8	15	22	29
Sa	2	9	16	23	30
So	3●	10☽	17☺	24	

Dezember

Mo		2	9☽	16	23	30
Di		3●	10	17☺	24	31
Mi		4	11	18	25☾	
Do		5	12	19	26	
Fr		6	13	20	27	
Sa		7	14	21	28	
So	1	8	15	22	29	

Feiertage:

Aschermittwoch:	13. Februar	Pfingstsonntag:	19. Mai	Totensonntag:	24. Nov.
Ostersonntag:	31. März	Fronleichnam:	30. Mai	1. Advent:	1. Dez.
Chr. Himmelfahrt:	9. Mai	Buß- und Bettag:	20. Nov.		

Das Jahr 2013 ist ein **Gemeinjahr** zu 365 Tagen.

Beginn der Jahreszeiten:

Frühling: 20. März 12^h02^m
Sommer: 21. Juni 6^h04^m

Herbst: 22. Sept. 21^h44^m
Winter: 21. Dez. 18^h11^m

Erde in Sonnennähe: 2. Jan. 6^h
Erde in Sonnenferne: 5. Juli 16^h

Finsternisse:

25. April: Partielle Mondfinsternis
10. Mai: Ringförmige Sonnenfinsternis
3. November: Ringförmig-totale Sonnenfinsternis

Planeten:

Innere Planeten

Merkur:	Größte östliche Elongation:	**16. Feb.** (18°)	*12. Juni* (24°)	9. Okt. (25°)
	Größte westliche Elongation:	31. März (28°)	30. Juli (20°)	**18. Nov.** (19°)
Venus:	Obere Konjunktion:	28. März		
	Größte östliche Elongation:	1. Nov. (47°)		

Äußere Planeten	Opposition	(Mio. km)	im Sternbild	Konjunktion
Mars:	–	–	–	18. April
Jupiter:	–	–	–	19. Juni
Saturn:	28. April	1319	Waage	6. November
Uranus:	3. Oktober	2848	Fische	29. März
Neptun:	27. August	4334	Wassermann	21. Februar
Pluto:	2. Juli	4705	Schütze	–

2014

Januar

Mo		6	13	20	27
Di		7	14	21	28
Mi	1●	8☽	15	22	29
Do	2	9	16○	23	30●
Fr	3	10	17	24☾	31
Sa	4	11	18	25	
So	5	12	19	26	

Februar

Mo		3	10	17	24
Di		4	11	18	25
Mi		5	12	19	26
Do		6☽	13	20	27
Fr		7	14○	21	28
Sa	1	8	15	22☾	
So	2	9	16	23	

März

Mo		3	10	17	24☾	31
Di		4	11	18	25	
Mi		5	12	19	26	
Do		6	13	20	27	
Fr		7	14	21	28	
Sa	1●	8☽	15	22	29	
So	2	9	16○	23	30●	

April

Mo		7☽	14	21	28
Di	1	8	15○	22☾	29●
Mi	2	9	16	23	30
Do	3	10	17	24	
Fr	4	11	18	25	
Sa	5	12	19	26	
So	6	13	20	27	

Mai

Mo		5	12	19	26
Di		6	13	20	27
Mi		7☽	14○	21☾	28●
Do	1	8	15	22	29
Fr	2	9	16	23	30
Sa	3	10	17	24	31
So	4	11	18	25	

Juni

Mo		2	9	16	23	30
Di		3	10	17	24	
Mi		4	11	18	25	
Do		5☽	12	19☾	26	
Fr		6	13○	20	27●	
Sa		7	14	21	28	
So	1	8	15	22	29	

Juli

Mo		7	14	21	28
Di	1	8	15	22	29
Mi	2	9	16	23	30
Do	3	10	17	24	31
Fr	4	11	18	25	
Sa	5☽	12○	19☾	26●	
So	6	13	20	27	

August

Mo		4☽	11	18	25●
Di		5	12	19	26
Mi		6	13	20	27
Do		7	14	21	28
Fr	1	8	15	22	29
Sa	2	9	16	23	30
So	3	10○	17☾	24	31

September

Mo	1	8	15	22	29
Di	2☽	9○	16☾	23	30
Mi	3	10	17	24●	
Do	4	11	18	25	
Fr	5	12	19	26	
Sa	6	13	20	27	
So	7	14	21	28	

Oktober

Mo		6	13	20	27
Di		7	14	21	28
Mi	1☽	8○	15☾	22	29
Do	2	9	16	23●	30
Fr	3	10	17	24	31☽
Sa	4	11	18	25	
So	5	12	19	26	

November

Mo		3	10	17	24
Di		4	11	18	25
Mi		5	12	19	26
Do		6○	13	20	27
Fr		7	14☾	21	28
Sa	1	8	15	22●	29☽
So	2	9	16	23	30

Dezember

Mo	1	8	15	22●	29
Di	2	9	16	23	30
Mi	3	10	17	24	31
Do	4	11	18	25	
Fr	5	12	19	26	
Sa	6○	13	20	27	
So	7	14☾	21	28☽	

Feiertage:

Aschermittwoch:	5. März	Pfingstsonntag:	8. Juni	Totensonntag:	23. Nov.
Ostersonntag:	20. April	Fronleichnam:	19. Juni	1. Advent:	30. Nov.
Chr. Himmelfahrt:	29. Mai	Buß- und Bettag:	19. Nov.		

Das Jahr 2014 ist ein **Gemeinjahr** zu 365 Tagen.

Beginn der Jahreszeiten:

Frühling: 20. März 17^h57^m
Sommer: 21. Juni 11^h51^m

Herbst: 23. Sept. 3^h29^m
Winter: 22. Dez. 0^h03^m

Erde in Sonnennähe: 4. Jan. 13^h
Erde in Sonnenferne: 4. Juli 1^h

Finsternisse:

15. April: Totale Mondfinsternis
29. April: Ringförmige Sonnenfinsternis
8. Oktober: Totale Mondfinsternis
23. Oktober: Partielle Sonnenfinsternis

Planeten:

Innere Planeten

Merkur:	Größte östliche Elongation:	*31. Jan.*	(18°)	**25. Mai**	(23°)	21. Sept.	(26°)
	Größte westliche Elongation:	14. März	(28°)	*12. Juli*	(21°)	**1. Nov.**	(19°)

Venus: Untere Konjunktion: 11. Januar — Größte westliche Elongation: 22. März (47°)
Obere Konjunktion: 25. Oktober

Äußere Planeten	Opposition	(Mio. km)	im Sternbild	Konjunktion
Mars:	8. April	92,9	Jungfrau	–
Jupiter:	5. Januar	630	Zwillinge	24. Juli
Saturn:	10. Mai	1331	Waage	18. November
Uranus:	7. Oktober	2844	Fische	2. April
Neptun:	29. August	4333	Wassermann	23. Februar
Pluto:	4. Juli	4737	Schütze	1. Januar

REICHT
WELT-RAUM-DRAMATIK ZUM GREIFEN NAH!
HUBBLE
DIE SCHÖNSTEN BILDER AUS DEM ALL
GILES SPARROW
KOSMOS
NEU!
Giles Sparrow
HUBBLE
224 Seiten
ISBN 978-3-440-12643-1
€/D 49,95
Die schönsten Seiten des Universums in über 380 fantastischen Bildern, eingefangen vom berühmtesten Teleskop unserer Zeit. Ein atemberaubender Ausflug ins All, vorbei an funkelnden Sternenhaufen und rotglühenden Nebeln.
Dieses Buch trifft MITTEN INS HERZ FERNER GALAXIEN – und bestimmt auch in Ihres!
KOSMOS

Rüdiger Vaas
HAWKINGS NEUES UNIVERSUM
336 Seiten
ISBN 978-3-440-11378-3
€/D 17,95

Die rätselhafte Geburtsstunde unseres Universums und was vor dem Big Bang wirklich war: Ein Lehrbuch der Extraklasse über den Kopfstand der bisherigen Lehrmeinung.
Überschreiten Sie mit diesem Buch die GRENZEN MENSCHLICHER VORSTELLUNGSKRAFT!

Rüdiger Vaas
TUNNEL DURCH RAUM UND ZEIT
400 Seiten
ISBN 978-3-440-12293-8
€/D 19,95

Wenn Science Fiction Wirklichkeit wird: Fantastische Einsichten in die Welt der Physik.
Jetzt heißt es anschnallen für die UNGLAUBLICHEN REISEN DURCH RAUM UND ZEIT!

NEU!

LESER FRAGEN – EXPERTEN ANTWORTEN!

DLR
WARUM NIMMT DER MOND ZU UND AB?
160 Seiten
ISBN 978-3-440-12795-7
€/D 14,95

Die 80 meist gestellten Fragen und Antworten zum Universum. Beantwortet von Experten des Deutschen Zentrums für Luft- und Raumfahrt.
Von SATURN BIS STERNENSTAUB: Dieses Buch macht Sie zum Himmelsexperten!

Geoffrey Cornelius
WAS STERNBILDER ERZÄHLEN
176 Seiten
ISBN 978-3-440-12156-6
€/D 14,95

Die heldenhafte Geschichte der schönen Cassiopeia und anderer Stars & Sternchen der Götter- und Fabelwelt.
Lassen Sie sich verzaubern von der SCHÖNHEIT ANTIKER SAGEN rund um die Himmelskörper.

KOSMOS

Klaus M. Schittenhelm
STERNE BEOBACHTEN IN DER STADT
128 Seiten
ISBN 978-3-440-12616-5
€/D 14,95

26 spannende Himmelstouren zu Sternbildern und Nebeln – mit dem bloßen Auge oder Fernglas sichtbar. Die schönsten Beobachtungsobjekte, unterhaltsam und leicht verständlich erklärt.
Genießen Sie STERNSTUNDEN AUF DEM BALKON mitten in der Stadt!

Roger W. Sinnott
KOSMOS STERNATLAS KOMPAKT
128 Seiten
ISBN 978-3-440-12642-4
€/D 19,95

Kleiner Atlas, große Wirkung: 80 ausgeklügelte Sternkarten weisen den Weg zu abertausenden Sternen. Ein wertvoller „Routenplaner" für erfahrene Beobachter. Entwickelt von der führenden Astronomie-Zeitschrift „Sky & Telescope".
Einmal Himmel und zurück: Ihr HANDLICHER WEGWEISER ZU ALLEN STERNEN!

NEU!

Stefan Seip
WAS SEHE ICH AM HIMMEL?
160 Seiten
ISBN 978-3-440-12743-8
€/D 12,95

Von Sternschnuppen, Schweifsternen und anderen phantastischen Phänomenen: Die 100 schönsten Himmelsschauspiele, die selbst den Blick aus dem Fenster zum echten Hingucker machen.
Sternsehen statt Fernsehen: Entdecken Sie HIMMLISCHE AHA-ERLEBNISSE für jeden Tag!

SEIT 1998 DER STAR UNTER DEN STERN-KARTEN!

Hermann-Michael Hahn, Gerhard Weiland
STERNKARTE FÜR EINSTEIGER
ISBN 978-3-440-12601-1
€/D 9,95

Verblüffend einfach und extra-übersichtlich: Der seit Jahren beliebte Anfänger-Leitfaden für die kinderleichte Orientierung am Sternenhimmel.
Das wahrscheinlich EINFACHSTE NAVIGATIONSSYSTEM DER WELT macht auch Sie zum Astro-Fan!

KOSMOS

Astronomische Institute, Planetarien und Sternwarten

Aschersleben
Planetarium Aschersleben
Im Tierpark
Auf der Alten Burg 40
06449 Aschersleben
Tel.: (0 34 73) 25 92
www.sternfreunde-aschersleben.de

Augsburg
S-Planetarium
Im Thäle 3
86152 Augsburg
Tel.: (08 21) 3 24 67 62

Bamberg
Dr.-Remeis-Sternwarte Bamberg
Astronomisches Institut der Universität Erlangen-Nürnberg
Sternwartstraße 7
96049 Bamberg
Tel.: (09 51) 9 52 22 0
www.sternwarte.uni-erlangen.de

Basel
Astronomisches Institut der Univ. Basel
Venusstraße 7
CH-4102 Binningen
Tel.: ++41 (0 61) 20 55 4 54
www.astro.unibas.ch

Berlin
Zentrum für Astron. und Astrophysik
Technische Universität Berlin
Hardenbergstraße 36
10623 Berlin
Tel.: (0 30) 31 42 37 34
www-astro.physik.TU-Berlin.de

Archenhold-Sternwarte
Alt-Treptow 1
12435 Berlin-Treptow
Tel.: (0 30) 5 34 80 80
www.astw.de

Wilhelm-Foerster-Sternwarte und Planetarium
Munsterdamm 90
12169 Berlin
Tel.: (0 30) 7 90 09 30
www.wfs-be-schule.de

Zeiss-Großplanetarium Berlin
Prenzlauer Allee 80
10405 Berlin
Tel.: (0 30) 4 21 84 50
www.astw.de

Bern
Astrodrom
Universität Bern
Muesmattstr. 29
CH-3012 Bern
Tel.: ++41 (3) 16 31 86 52
E-Mail: schweng@sis.unibe.ch

Bochum
Astronomisches Institut der Ruhr-Universität
Universitätsstr. 150/NA7
44780 Bochum
Tel.: (02 34) 32 2 34 54
www.astro.ruhr-uni-bochum.de

Planetarium und Sternwarte
Castroper Straße 67
44777 Bochum
Tel.: (02 34) 32 2 34 54
www.planetarium-bochum.de

Bonn
Argelander Institut
Auf dem Hügel 71
53121 Bonn
Tel. Sternwarte: (02 28) 73 36 55, 56
Tel. Radioastronomie: (02 28) 73 36 57, 58
Tel. Astrophysik: (02 28) 73 36 71, 76
www.astro.uni-bonn.de

Radioobservatorium Effelsberg
53902 Bad Münstereifel
Tel.: (0 22 57) 30 11 01

Observatorium Hoher List
54550 Daun/Eifel
Tel.: (0 65 92) 21 50

Max-Planck-Institut für Radioastronomie
Auf dem Hügel 69
53121 Bonn
Tel.: (02 28) 52 50
www.mpifr-bonn.mpg.de

Bremen
Sternwarte der Olbers-Gesellschaft
Olbers-Planetarium der Hochschule
Werderstr. 73
28199 Bremen
Tel.: (04 21) 70 68 82
http://olbers.hs-bremerhaven.de/

Bremerhaven
Planetarium Bremerhaven
Bussestr. 24
27570 Bremerhaven
Tel. (0471) 77755

Bremerhavener Sternfreunde e. V.
Buschkämpen 29
27576 Bremerhaven
www.bremerhavener-sternfreunde.de

Cottbus
Raumflugplanetarium Juri Gagarin
Lindenplatz 21
03044 Cottbus
Tel.: (03 55) 71 31 09
www.planetarium-cottbus.de

Freiburg im Breisgau
Kiepenheuer-Institut für Sonnenphysik
Schöneckstraße 6
79104 Freiburg
Tel.: (07 61) 31 98 0
www.kis.uni-freiburg.de

Planetarium Freiburg
Bismarckallee 7g
79098 Freiburg
Tel.: (07 61) 3 89 06 30
www.planetarium-freiburg.de

Garching siehe **München**

Göttingen
Institut für Astrophysik; Georg-August-Universität Göttingen
Friedrich-Hund-Platz 1
37077 Göttingen
Tel.: (05 51) 39 50 42 / 39 50 53
www.astro.physik.uni-goettingen.de

Graz
Sektion Astrophysik des Instituts für Geophysik, Astrophysik und Meteorologie der Universität Graz
Universitätsplatz 5
A-8010 Graz
Tel.: ++43 (0) 316 380 52 70
www.kfunigraz.ac.at/igam

Halle
Raumflugplanetarium
Peißnitzinsel 4 a
06108 Halle
Tel.: (03 45) 8 06 03 17
www.planetarium-halle.de

Gesellschaft für astronomische Bildung e. V.
Peißnitzinsel 4a
06108 Halle
www.astroverein-halle.de

Hamburg
Hamburger Sternwarte
Gojenbergsweg 112
21029 Hamburg
Tel.: (0 40) 4 28 91-41 42
www.hs.uni-hamburg.de

Planetarium
Hindenburgstraße 1b
22303 Hamburg
Tel.: (0 40) 4 28 86 52 52
www.planetarium-hamburg.de

Hannover
Astronomische Station am Institut für Erdmessung der Universität
Schneiderberg 50
30167 Hannover
Tel.: (05 11) 7 62 24 75

Heidelberg
Astronomisches Rechen-Institut
Mönchhofstraße 12–14
69120 Heidelberg
Tel.: (0 62 21) 40 50
www.ari.uni-heidelberg.de

Institut für Theoretische Astrophysik
Albert-Überle-Str. 2
69120 Heidelberg
Tel.: (0 62 21) 54 48 37
www.ita.uni-heidelberg.de

Max-Planck-Institut für Astronomie
Königstuhl 17
69117 Heidelberg
Tel.: (0 62 21) 52 80
www.mpia.de

Landessternwarte Königstuhl 12
69117 Heidelberg
Tel.: (0 62 21) 50 90
www.lsw.uni-heidelberg.de

Innsbruck
Institut für Astro- und Teilchenphysik
Technikerstraße 25
A-6020 Innsbruck
Tel.: ++43 (0) 512 5 07 60 31
http://astro.uibk.ac.at/

Jena
Universitäts-Sternwarte
Schillergäßchen 2
07745 Jena
Tel.: (0 36 41) 94 75 01
www.astro.uni-jena.de

Planetarium
Am Planetarium 5
07743 Jena
Tel: (036 41) 94 75 01
www.planetarium-jena.de

Kassel
Planetarium im Museum für Astronomie und Technikgeschichte
Orangerie
An der Karlsaue 20 c
34121 Kassel
www.astronomie-kassel.de

Kiel
Institut für Theoretische Physik und Astrophysik
Leibnizstr. 15
24118 Kiel
www.astrophysik.uni-kiel.de

Kieler Planetarium e. V.
Fachhochschule Kiel
Sokratesplatz 6
24149 Kiel
Tel: (04 31) 2 10 17 41
www.Kieler-planetarium.de

Klagenfurt
Raumflugplanetarium
Villacher Straße 239
A-9020 Klagenfurt
Sternwarte Kreuzbergl
Tel.: ++43 (04 63) 2 17 00
www.planetarium-klagenfurt.at

Laupheim
Volkssternwarte und Planetarium
Milchstraße 1
88471 Laupheim
Tel.: (0 73 92) 9 10 59
www.planetarium-laupheim.de

Locarno
Istituto Ricerche Solari Locarno (IRSOL)
via Patocchi
CH-6605 Locarno-Monti
Tel.: ++41 9 17 43 42 26
www.irsol.ch

Luzern
Planetarium im Verkehrshaus der Schweiz
Lidostraße 5
CH-6006 Luzern
Tel.: ++41 (0 41) 3 70 44 44
www.verkehrshaus.ch

Mannheim
Planetarium
Wilhelm-Varnholt-Allee 1
68165 Mannheim
Tel.: (06 21) 41 56 92
www.planetarium-mannheim.de

München
Europäische Südsternwarte (ESO)
Karl-Schwarzschild-Straße 2
85748 Garching
Tel.: (0 89) 32 00 62 76
www.eso.org

Institut für Astronomie und Astrophysik der Universität München
Scheinerstraße 1
81679 München
Tel.: (0 89) 21 80 60 01
www.usm.uni-muenchen.de

Max-Planck-Institut für Astrophysik
Karl-Schwarzschild-Str. 1
85741 Garching
Tel.: (0 89) 3 00 00 0
www.mpa-garching.mpg.de

Max-Planck-Institut für extraterrestrische Physik
Giessenbachstraße 1
85748 Garching
Tel.: (0 89) 3 00 00 0
www.mpe.mpg.de

Planetarium und Bayerische Volkssternwarte
Rosenheimer Str. 145h
81671 München
Tel.: (0 89) 40 62 39
www.sternwarte-muenchen.de

Planetarium Deutsches Museum
Museumsinsel 1
80538 München
www.deutsches-museum.de

Münster
Planetarium im Westfälischen Landesmuseum für Naturkunde
Sentruper Straße 285
48161 Münster
Tel.: (02 51) 5 91 05
www.lwl-planetarium-muenster.de

Nürnberg
Nicolaus-Copernicus-Planetarium
Am Plärrer 41

Astronomische Institute, Planetarien und Sternwarten

90429 Nürnberg
Tel.: (09 11) 9 29 65 53
www.planetarium-nuernberg.de

Osnabrück
Museum am Schölerberg/Planetarium
Klaus-Strick-Weg 10
49082 Osnabrück
Tel.: (05 41) 5 60 03 26
www.planetarium-osnabrueck.de

Potsdam
Astrophysikalisches Institut Potsdam
Sternwarte Babelsberg
An der Sternwarte 16
14482 Potsdam
Tel.: (03 31) 7 49 90
www.aip.de

Potsdam (Forts.)
Astrophysikalisches Institut Potsdam
Sonnenobservatorium Einsteinturm
Telegrafenberg A22
14473 Potsdam
Tel.: (03 31) 2 88 23 04 / 23 03

Observatorium für Solare Radio-astronomie Tremsdorf
14552 Tremsdorf
Tel.: (03 31) 7 49 92 92

URANIA-Planetarium
und „Bruno H. Bürgel-Gedenkstätte"
Gutenbergstr. 71/72
14467 Potsdam
Tel.: (03 31) 7 49 90
www.urania-potsdam.de

Recklinghausen
Westf. Volkssternwarte/Planetarium
Stadtgarten 6
45657 Recklinghausen
Tel: (023 61) 9 2 31 34
www.sternwarte-recklinghausen.de

Schneeberg
Sternwarte und Planetarium
Heinrich-Heine-Straße
08289 Schneeberg
Tel.: (0 37 72) 2 24 39
www.planetarium-schneeberg.de

Schwaz
Zeiss-Planetarium Schwaz
Alte Landstr. 15
A-6130 Schwaz/Tirol
Tel.: ++43 (0 52 42) 7 21 29
www.planetarium-schwaz.at

Siegen
Sternwarte der Universität
Adolf-Reichwein-Straße
57068 Siegen
Tel.: (02 71) 7 40 46 13
www.uni-siegen.de/fb7/didaktik/sternwarte

Sonneberg
Sternwarte Sonneberg
Sternwartestraße 32
96515 Sonneberg
Tel.: (0 36 75) 8 12 10
www.stw.tu-ilmenau.de

Stuttgart
Carl-Zeiss-Planetarium mit
Sternwarte Welzheim
Mittlerer Schlossgarten
70173 Stuttgart
Tel.: (07 11) 1 62 92 15
www.planetarium-stuttgart.de

Sternwarte Welzheim
www.sternwarte-welzheim.de

Tautenburg
Thüringer Landessternwarte Tautenburg
Karl-Schwarzschild-Observatorium
Sternwarte 5
07778 Tautenburg
Tel.: (03 64 27) 86 30
www.tls-tautenburg.de

Tübingen
Institut für Astronomie und Astrophysik
Abteilung Astronomie
Sand 1
72076 Tübingen
Tel.: (0 70 71) 29 7 24 86
www.astro.uni-tuebingen.de

Abt. Theoretische Astrophysik
Auf der Morgenstelle 10
72076 Tübingen
Tel.: (0 70 71) 29 7 40 07
www.tat.physik.uni-tuebingen.de

Welzheim
Siehe Planetarium **Stuttgart**

Wernigerode
Harzplanetarium
Sekundarschule „Maxim Gorki"
Walther-Rathenau-Straße 11
38855 Wernigerode
Tel.: (0 39 43) 3 22 77
www.harzplanetarium.bildung-lsa.de

Wien
Astronomisches Büro
Hasenwartgasse 32
A-1230 Wien
http://members.ping.at/astbuero

Institut für Astronomie der Universität
Wien, Universitäts-Sternwarte
Türkenschanzstraße 17
A-1180 Wien
Tel.: ++43 (0) 14 27 75 18 01
www.astro.univie.ac.at

Kuffner-Sternwarte
Johann Staud-Straße 10
A-1160 Wien
Tel.: ++43 (0) 19 14 81 30
www.kuffner.ac.at

URANIA-Sternwarte
Uraniastraße 1
A-1010 Wien
Tel.: ++43 (0) 17 12 61 91
www.urania-sternwarte.at

Planetarium
Oswald Thomas-Platz 1
A-1020 Wien
Tel.: ++43 (0) 1 7 29 54 94
www.planetarium-wien.at

Wolfsburg
Planetarium
Uhlandweg 2
38440 Wolfsburg
Tel.: (0 53 61) 2 19 39
www.planetarium-wolfsburg.de

Würzburg
Institut für Theoretische
Physik und Astrophysik
Am Hubland
97074 Würzburg
Tel: (09 31) 8 88 50 31
www.astro.uni-wuerzburg.de

Zürich
Institut für Astronomie
ETH-Zentrum
CH-8092 Zürich
Tel.: ++41 6 32 38 13
www.astro.phys.ethz.ch

URANIA-Sternwarte Zürich AG
Uraniastraße 9
CH-8001 Zürich
Tel.: ++41 (01) 2 11 65 23
www.urania-sternwarte.ch

Amateurastronomische Vereinigungen und Privatsternwarten

Aachen
Sternwarte am Hangeweiher
VHS Aachen
Peterstr. 21–25
52062 Aachen
www.sternwarte-aachen.de

Aalen
Astronomische Arbeitsgemeinschaft
Aalen e. V.
Sonnenbergstr. 23
73447 Oberkochen
www.sternwarte-aalen.de

Aichwald
Schurwaldsternwarte e.V.
Im Lutzen 21
73773 Aichwald
www.schurwaldsternwarte.de

Albstadt
Sternwarte und Planetarium
Hartmannstraße 140
72458 Albstadt-Ebingen
www.sternwarte-zollern-alb.de

Alzey
Interessengemeinschaft der Hobby-astronomen Alzey u. Umland e.V.
Theodor-Heuss-Ring 34
55232 Alzey

Arnstadt-Espenfeld
Privatsternwarte Arnstadt-Espenfeld
Espenfeld Nr. 39 a
99338 Arnstadt-Espenfeld

Augsburg siehe **Diedorf**

Bad Driburg
Sternwarte der F.-W.-Weber-Realschule
Elsterweg 13
33014 Bad Driburg

Bad Dürkheim
Astronomischer Arbeitskreis
Pfalzmuseum für Naturkunde
Hermann-Schäfer-Str. 17
67098 Bad Dürkheim

Bad Mergentheim
Astronomische Vereinigung
Weikersheim e. V.
Bregenzer Str. 9
97980 Bad Mergentheim
www.sternwarte-weikersheim.de

Bad Zwesten
Sternwarte der Hardtwaldklinik I
Hardtstr. 31
34596 Bad Zwesten

Baindt s. **Waldburg-Weingarten**

Basel
Astronomischer Verein
Venusstraße 7
CH-4102 Binningen

Bautzen
Sternwarte Bautzen
Schulsternwarte und Planetarium
Czornebohstraße 82 (Naturpark)
02625 Bautzen

Beelitz
Sternfreunde Beelitz e. V.
Jahnstr. 9
14547 Beelitz
www.sternwarte-beelitz.de

Bentheim
Astronomischer Verein der
Grafschaft Bentheim e. V.
Jahnstr. 3,
49828 Neuenhaus

Bittenfeld
Privatsternwarte Bittenfeld
Ofengasse 8
71336 Waiblingen
www.allbert.de

Bochum
Institut für Umwelt- und
Zukunftsforschung e. V.
Blankensteiner Str. 200 a
44797 Bochum
www.sternwarte-bochum.de

Bonn
Volkssternwarte Bonn e. V.
Poppelsdorfer Allee 47
53115 Bonn

Bozen
Amateurastronomen „Max Valier“
Neustifterweg 5
I-39100 Bozen
www.maxvalier.org

Braunschweig
Sternfreunde Braunschw.-Hondelage e. V.
Ackerweg 1 B
38108 Braunschweig
www.sternwarte-braunschweig.de

Brittheim
Sternwarte Zollern-Alb
Am Wasserturm 4
72348 Rosenfeld
www.sternwarte-zollern-alb.de

Buchloe
Astronomische Gesellschaft Buchloe e. V.
Alois-Reiner-Str. 15b
86807 Buchloe
www.astronomie-buchloe.de

Bülach
Schul- und Volkssternwarte Bülach
Rotzibüch bei Eschenmosen
CH-8180 Bülach

Buxtehude
Astronomie-AG der VHS Buxtehude
Braunschweiger Str. 4
21614 Buxtehude
www.buxastro.de

Casablanca
Sahara Sky
Dunes de Tinfou
45900 Zagora Marokko
www. saharasky.com

Donzdorf
Sternfreunde Donzdorf
Messelberg-Sternwarte
73072 Donzdorf
www.sternwarte-donzdorf.de

Dornbirn
Vorarlberger Amateur-Astronomen
Kreuzgasse 8
A-6850 Dornbirn
www2.vobs.at/astronomen

Dortmund
Sternwarte im Westfalenpark
Astronomischer Verein Dortmund e. V.
Hörder Bahnhofstr. 9
44263 Dortmund
www.sternwarte-dortmund.de

Drebach
Volkssternwarte und Zeiss-Planetarium
Straße der Jugend 14
09430 Drebach
www.sternwarte-drebach.de
www.planetarium-drebach.de

Amateurastronomische Vereinigungen und Privatsternwarten

Duisburg
Rudolf-Römer-Sternwarte
Rheinhausen e. V.
Schwarzenberger Str. 147 (im KFR)
47226 Duisburg

Durmersheim
Sternfreunde Durmersheim e. V.
Im Eck 1/19
76448 Durmersheim

Egloffstein
Sternwarte Feuerstein e. V.
Sternwarte 1
91320 Ebermannstadt
www.sfeu.ebermannstadt.de

Erkrath
Sternwarte Neanderhöhe Hochdahl
und Planetarium
Sedentaler Str. 105
40699 Erkrath

Ersigen
Privatsternwarte Lohberg
Gsteigweg 7
CH-3423 Ersigen
www.ursusmajor.ch

Eschwege
Vereinigte Amateur-Astronomen
Eschwege VAAE 1975 e. V.
Hauptstraße 36
36205 Sontra-Ulfen
http://home.arcor.de/vaae/

Essen
Walter-Hohmann-Sternwarte Essen e. V.
Wallneyer Str. 159
45133 Essen
www.sternwarte-essen.de

Frankfurt/Main
Volkssternwarte des Phys. Vereins
Robert-Mayer-Straße 2–4
60054 Frankfurt/Main
www.physikalischer-verein.de

Astro-AG der Liebigschule Frankfurt a. M.
Kollwitzstr. 3
60488 Frankfurt/Main
www.astro.junetz.de

Freiburg
Sternfreunde Freiburg e. V.
Rosenstr. 1a
79108 Freiburg
www.sternfreunde-breisgau.de

Freigericht
Sternwarte der Kopernikusschule
Freigericht
Konrad-Adenauer-Ring 1
63579 Freigericht
www.astro-freigericht.de

Fulda
Hans-Nüchter-Sternwarte
Freiherr-von-Stein-Schule
Domänenweg 2
36037 Fulda
www.hans-nuechter-sternwarte.de

Planetarium im Vonderau-Museum
Jesuitenplatz 2
36037 Fulda
www.museum-fulda.de

Fuldatal
Volkssternwarte Rothwesten
Brüder-Grimm-Str. 24
34233 Fuldatal

Germering
Sternwarte des
Max-Born-Gymnasiums
Johann-Sebastian-Bach-Str. 8
82110 Germering

Gilching
Volkssternwarte Gilching in der VHS
Landsberger Str. 17a
82205 Gilching
www.astrogilde.de

Gmunden
Eisner-Sternwarte
Kalvarienberg
A-4810 Gmunden
www.eisner-sternwarte.at

Goch
Volkssternwarte Goch/Kleve e. V.
Berliner Str. 69
47574 Goch-Nierswalde
www.volkssternwarte-goch-kleve.de

Görlitz
Scultetus-Sternwarte und Planetarium
An der Sternwarte 1
02827 Görlitz
www.goerlitzer-sternfreunde.de

Gondelsheim
Kraichgau-Sternwarte Gondelsheim e. V.
Lilienstraße 25
76669 Bad Schönborn
www.sternwarte-kraichtal.de

Göttingen
Amateurastronomische Vereinigung
Göttingen e. V.
Schlesierring 8
37085 Göttingen
www.avgoe.de

Förderkreis Planetarium
Göttingen e. V.
Nordhäuser Weg 18
37085 Göttingen
www.planetarium-goettingen.de

Hagen
Volkssternwarte
Eugen-Richter-Turm
58135 Hagen
www.sternwarte-hagen.de

Halberstadt
Verein für astronomische Bildung e. V.
Wilhelm-Trautewein-Str. 19
38820 Halberstadt

Halle
Astronomische Station „Johannes R. Kepler" Kanena e. V.
Schkeuditzer Str. 4 B
06116 Halle-Kanena
www.sternwarte-halle.de

Hamburg
Gesellschaft für volkstümliche
Astronomie e. V.
Eiffestraße 426
20537 Hamburg
www.gva-hamburg.de

Handeloh
Arbeitskreis Astronomie in Handeloh
und Umgebung e.V.
Häschenstieg 16
21256 Handeloh
www.astronomie-Handeloh.de

Hannover
Planetarium der Bismarckschule
An der Bismarckschule 5
30173 Hannover
www.bismarckschule-hannover.de

Volkssternwarte
Am Lindener Berg 27
30449 Hannover
www.sternwarte-hannover.de

Hattingen
Volkssternwarte Hattingen e. V.
Ruhrhöhenweg 16
45527 Hattingen
www.sternwarte-hattingen.de

Heilbronn
Robert-Mayer-Volks- und Schulsternwarte
Bismarckstraße 10
74072 Heilbronn
www.sternwarte.org

Heppenheim
Starkenburg-Sternwarte
Kleine Bach 3
64646 Heppenheim
www.starkenburg-sternwarte.de

Heringsdorf
Volkssternwarte „Manfred von Ardenne"
Strandpromenade
17424 Heringsdorf
www.sternwarte-usedom.de

Herzberg
Planetarium und Volkssternwarte
Lugstr. 3
04916 Herzberg
www.herzberger-sternfreunde-eV.de

Ilsede
Privatsternwarte
Alter Weg 4 B
31241 Ilsede
http://Astro-Stammtisch.Korn-Deele.de

Ingolstadt
Sternwarte Ingolstadt AAI e. V.
Lilienthalstr. 137
85077 Manching
www.aai-Ingolstadt.de

Kelheim
Sternfreunde Kelheim e. V.
Eschenstr. 5
93326 Abensberg
www.sternfreunde-kelheim.de

Kempten
Volkssternwarte Kempten e. V.
Saarlandstr. 1
87437 Kempten
www.sternwarte-kempten.de

Kiel
GvA Gruppe Kiel
Hofbrook 64
24119 Kronshagen
www.gva-kiel.de

Volkssternwarte Kronshagen
Suchsdorfer Weg 33
24119 Kronshagen

Köln
Planetarium
Blücherstr. 15 17
50733 Köln
www.koelner-planetarium.de

Volkssternwarte Köln
Nikolausstr. 55
50937 Köln
www.volkssternwarte-koeln.de

Königsleiten
Sternwarte und Planetarium
Königsleiten 29
A-5742 Wald im Pinzgau
www.sternwarte-koenigsleiten.com

Krauschwitz
Lausitzer Sterngucker e. V.
Görlitzer Str. 30 A
02957 Krauschwitz
www.lausitzer-sterngucker.de

Krefeld
Vereinigung Krefelder Sternfreunde e. V.
Yorckstr. 42
47800 Krefeld
www.vks-krefeld.de

Kreuzlingen
Sternwarte Kreuzlingen
Breitenrainstraße 21
CH-8280 Kreuzlingen

Leonberg
Sternwarte Höfingen
Theodor-Heuss-Str. 6/1
71229 Leonberg
www.sternwarte-hoefingen.de

Lilienthal
Astronom. Vereinigung Lilienthal e. V.
Chemnitzer Str. 35
28832 Achim
www.avl-lilienthal.de

Linz
Johannes Kepler
Sternwarte Linz
Sternwarteweg 5
A-4020 Linz

Lübeck
Sternwarte Lübeck
Am Ährenfeld 2
23564 Lübeck
www.sternwarte-luebeck.de

Lustenau siehe **Dornbirn**

Luxembourg
Astronomes Amateurs du Luxembourg
16 B, Rue Emile Mayrisch
L 3522 Dudelange
www.aal.lu

Luzern
Astronomische Gesellschaft Luzern
Sternwarte Hubelmatt
Kreuzbühlweg 9
CH-6045 Meggen
www.agl.astronomie.ch

Mainz
Volkssternwarte Mainz
Karmeliterplatz 1
55116 Mainz
www.astro-mainz.de

Marburg
Volkssternwarte Marburg e. V.
Dresdener Str. 18 (Schulzentrum)
35274 Kirchhain
www.volkssternwarte-marburg.de

Mönchengladbach
Astronomischer Arbeitskreis
Mönchengladbach e. V.
Engelsholt 143
41069 Mönchengladbach
http://astro-mg.de

Moers
Moerser Astronom. Organisation e. V.
Drinhausstr. 2
47447 Moers
www.sternwarte-moers.de

Monschau
Eifelastronomen e. V.
Görgesstr. 42
52156 Monschau
www.eifelastronomen.de

Münster
Sternfreunde Münster e. V.
Sentruper Straße 285
48161 Münster
www.sternfreunde-muenster.de

Amateurastronomische Vereinigungen und Privatsternwarten

Neumarkt i.d. OPf.
Bayerische Volkssternwarte Neumarkt
Am Höhenberg 31
92318 Neumarkt i.d. OPf.
www.sternwarte-neumarkt.de

Neumünster
VHS-Sternwarte Neumünster
Hahnknüll 58
24537 Neumünster
www.sternwarte-nms.de

Neustadt/Weinstraße s. **Bad Dürkheim**

Nordenham
Planetarium
Bahnhofstraße 52
26954 Nordenham
www.sternfreunde.nordenham.de

Norderney
Astronomischer Arbeitskreis Norderney
„Wilhelm Dorenbusch Sternwarte"
Birkenweg 22
26548 Norderney
www.sternwarte-norderney.de

Norderstedt
Volkssternwarte Norderstedt e. V.
Am Wittmoor 52
24558 Henstedt-Ulzburg

Nürnberg
Regiomontanus-Sternwarte
Nürnberger Astronomische
Arbeitsgemeinschaft e. V.
Regiomontanusweg 1
90491 Nürnberg
www.naa.net

Nürtingen
Neckar-Alb-Sternwarte
Am Lerchenberg
Astronomische Vereinigung
Nürtingen e. V.
Birkenweg 7
72622 Nürtingen
www.sternwarte-nuertingen.de

Oberwallis
Astronomische Gesellschaft Oberwallis
Ebnetstr. 12
CH-3982 Bitsch

Oldenburg
Oldenburger Sternfreunde e.V.
Herbartstr. 15
26122 Oldenburg

Osnabrück
Astronomische Arbeitsgemeinschaft /
Naturwissenschaftlicher Verein
Museum am Schölerberg
Am Schölerberg 8
49082 Osnabrück
www.naturwissenschaftlicher-verein-os.de

Ottobeuren
Allgäuer Volkssternw. Ottobeuren e. V.
Bgm.-Hasel-Str. 17
87724 Ottobeuren
www.avso.de

Paderborn
Volkssternwarte Paderborn e. V.
Im Schlosspark 13
33104 Paderborn
www.vspb.de

Papenburg
Astronomischer Verein der
Volkssternwarte Papenburg e. V.
Wilhelm-Leuschner-Str. 48
26871 Papenburg

Passau
Volkssternwarte
Veste Oberhaus 125
94034 Passau
www.Sternwarte-Passau.de

Prince Albert, South Africa
Starfriends of Prince Albert for Celestial
Enjoyment
Astro Tours
Klipstr. 17
6930 Prince Albert
South Africa
www.astrotours.co.za

Radebeul
Sternwarte und Planetarium
„Adolph Diesterweg"
Auf dem Ebenbergen 10a
01445 Radebeul
www.sternwarte-radebeul.de

Regensburg
Verein der Freunde der Volkssternwarte
Regensburg
Ägidienplatz 2
93047 Regensburg
www.sternwarte-regensburg.de

Remscheid
Astronomischer Verein Remscheid
Bismarckturm Am Stadtpark
42801 Remscheid
www.sternwarte-remscheid.de

Riesa
Sternwarte Riesa e. V.
Greizer Str. 2
01587 Riesa
SternwarteRiesa@web.de

Rodewisch
Schulsternwarte und
Planetarium „Sigmund Jähn"
Rützengrüner Str. 41 a
08228 Rodewisch (Vogtland)
www.sternwarte-rodewisch.de

Rüsselsheim
Rüsselsheimer Sternfreunde e. V.
Staudenweg 3
65428 Rüsselsheim

Rostock
Astronomische Station „Tycho Brahe"
Astronomischer Verein Rostock e. V.
Nelkenweg 6
18057 Rostock
www.sternwarte-rostock.de

Saar
Verein der Amateurastronomen des
Saarlandes e. V. (VAS)
Sternwarte Peterberg
66625 Nohfelden-Eiweiler
www.sternwarte-peterberg.de

Saarlouis
Verein der Astronomiefreunde
Cassiopeia Saarlouis e. V.
Großstr. 37
66740 Saarlouis
www.cassiopeia-saarlouis.de

Salzburg
Arbeitsgruppe für Astronomie
am Museum Haus der Natur
Tischlerstr. 8
A-5101 Bergheim/Salzburg

Salzburger Volkssternwarte
Auer von Welsbach-Str. 22
84489 Burghausen
www.hausdernatur.at/astronomie

Schaffhausen
Dr. h. c. Hans-Rohr-Sternwarte
Astro-AG der Naturforschenden Gesellschaft
Etzelstr. 11
CH-8200 Schaffhausen

Schkeuditz
Astronomisches Zentrum
An der Bergbreite
04435 Schkeuditz

Schwanden ob Sigriswil
Sternwarte Planetarium SIRIUS
CH-3657 Schwanden/Sigriswil
www.sternwarte-planetarium.ch

Seewalchen
Astronomischer Arbeitskreis Salzkammergut +
Sternwarte Gahberg
Sachsenstraße 2
A-4863 Seewalchen
www.astronomie.at

Senftenberg
Planetarium
An der Ingenieurschule
01968 Senftenberg
www.planetarium-senftenberg.de

Singen
Volkssternwarte Singen e. V.
Zeppelin-Realschule
Rielasingerstr. 37
78224 Singen

Sohland
Volks- und Schulsternwarte
„Bruno H. Bürgel" Sohland e.V.
Zöllnerweg 12
02689 Sohland
www.sternwarte-sohland.de

Solingen
Walter-Horn-Ges. e. V. Sternwarte
Sternstraße 5
42719 Solingen
www.sternwarte-solingen.de

Steißlingen
Sternwarte Steißlingen
Im Städtle 19
78256 Steißlingen

Stuttgart
Schwäbische Sternwarte
Zur Uhlandshöhe 41
70188 Stuttgart
www.sternwarte.de

Suhl
Volks- und Schulsternwarte
Auf dem Hoheloh 1
98527 Suhl
www.suhler-sternfreunde.de

Tirschenreuth
Gerhard Franz Volkssternwarte
Marienstraße 49
95643 Tirschenreuth
www.sternwarte-tirschenreuth.de

Tornesch
Regionale Volks- und Schulsternwarte Tornesch e. V.
Klaus Groth-Str. 11
25436 Tornesch
www.astronomie-tornesch.de

Trebur
Michael Adrian Observatorium
Fichtenstr. 7
65468 Trebur
www.tlt-trebur.de

Trier
Verein Sternwarte Trier e. V.
Hofberg 40
54296 Trier
www.uni-trier.de/sternwarte

Tübingen
Astronom. Vereinigung Tübingen e. V.
Waldhäuser Straße 64
72076 Tübingen
www.sternwarte-tuebingen.de

Überlingen
Sternwarte Überlingen e.V.
Ob. St. Leonhardstraße 45
88662 Überlingen
www.sternwarte-ueberlingen.de

Villingen
Werner Antritter Sternwarte
Hoptbühl-Gymnasium
Stationenweg 2
78048 VS-Villingen

Violau
Sternwarte
Bruder-Klaus-Heim
86450 Violau

Waghäusel
Astronomiefreunde Waghäusel e. V.
Kettelerstr. 19
68753 Waghäusel
www.afw2000.de.vu

Waldburg
Astronom. AK Waldburg-Weingarten e. V.
Gartenstraße 31
88255 Baindt
www.sternwarte-waldburg.de

Weikersheim siehe **Bad Mergentheim**

Weil der Stadt
Johannes-Kepler-Sternwarte
Max-Caspar-Str. 47
71263 Weil der Stadt
www.kepler-sternwarte.de

Wertheim
Johann-Kern-Sternwarte Wertheim e.V.
Am Galgengraben
97877 Wertheim-Reicholzheim

Wetzlar
Astronomischer Arbeitskreis Wetzlar e. V.
Sternwarte Burgsolms
Lindenstr. 11
35606 Solms

Wien
Astronomischer Jugendclub
Richard Wagner-Platz 2/8
A-1160 Wien

Wiesbaden
Astronomische Gesellschaft Urania e. V.
Volkssternwarte
Bierstadter Str. 47
65189 Wiesbaden

Winterthur
Sternwarte Eschenberg
der AG Winterthur
Breitenstraße 2
CH-8542 Wiesendangen

Winzer
Volkssternwarte Bayerischer Wald e. V.
Am Vogelsang 1
94577 Winzer

Amateurastronomische Vereinigungen und Privatsternwarten

Zeilarn
Sternfreunde Pfarrkirchen-Zeilarn
Johanniskirchen (Sternwarte)
Mahlgassinger Weg 52c
84347 Pfarrkirchen
www.cosmopan.de

Zollern-Alb siehe **Brittheim**

Zweibrücken
Sternwarte des Naturwissensch. Vereins
FH Campus
Amerikastr. 1
66482 Zweibrücken
www.nawi-zw.de

Überregionale astronomische Amateur-Vereinigungen

Arbeitskreis Meteore e. V.
Mehlbeerenweg 5
14469 Potsdam

Bundesdeutsche Arbeitsgemeinschaft für Veränderliche Sterne e. V. (BAV)
Munsterdamm 90
12169 Berlin
www.bav-astro.de

Österreichischer Astronomischer Verein
Baumgartenstraße 23/4
A-1140 Wien

Schweizerische Astronomische Gesellschaft (SAG)
Mittlere Gstücktstrasse 14d
CH-8180 Bülach
http://sas.astronomie.ch/

Vereinigung der Sternfreunde e. V. (VdS)
Geschäftsstelle
Lehrstr. 4
64646 Heppenheim
www.sternfreunde.de

Das Verzeichnis erhebt keinen Anspruch auf Vollständigkeit. Weitere Vereinigungen nimmt der Herausgeber gerne auf. Entsprechende Hinweise sende man bitte an:

PLANETARIUM STUTTGART
Mittlerer Schlossgarten
70173 Stuttgart

Impressum

Umschlaggestaltung von eStudio Calamar unter Verwendung einer Illustration von Ralf Schoofs/astrofoto Bildagentur.

Mit 22 Farb- und Schwarzweißfotos, 202 Illustrationen von Gerhard Weiland, zwei Illustrationen von Ralf Schoofs/astrofoto Bildagentur (S. 1 und 236), einer Illustration von Gunther Schulz (S. 200) sowie zwölf Monatssternkarten von Wil Tirion.

Unser gesamtes lieferbares Programm und viele weitere Informationen zu unseren Büchern, Spielen, Experimentierkästen, DVDs, Autoren und Aktivitäten finden Sie unter **www.kosmos.de**

Gedruckt auf chlorfrei gebleichtem Papier

FSC www.fsc.org MIX Papier aus verantwortungsvollen Quellen FSC® C012425

ISSN: 1438-3306
ISBN: 978-3-440-12608-0
Redaktion: Sven Melchert
Produktion: Ralf Paucke, Siegfried Fischer
Printed in Germany/Imprimé en Allemagne

Anschrift des Herausgebers:
Prof. Dr. Hans-Ulrich Keller
Planetarium Stuttgart
Mittlerer Schlossgarten
D-70173 Stuttgart